Der kreative Kosmos

Thomas Görnitz ist Professor für Didaktik der Physik an der Johann Wolfgang Goethe-Universität Frankfurt und Vorsitzender der Carl Friedrich v. Weizsäcker-Gesellschaft. Nach Physikstudium und Promotion an der Universität Leipzig und einer politisch bedingten Unterbrechung seiner Forschungslaufbahn ging er 1979 nach der Ausreise aus der DDR an das Max-Planck-Institut zur Erforschung der Lebensbedingungen der wissenschaftlich-technischen Welt in Starnberg. Damit begann eine jahrzehntelange gemeinsame Arbeit mit Carl Friedrich v. Weizsäcker, um die grundlegenden Verständnisfragen der Quantentheorie zu erforschen. Es folgten Forschungsprojekte zu kosmologischen und mathematischen Fragen der Quantentheorie, an verschiedenen Max-Planck-Institutionen und an der TU Braunschweig. Görnitz ist Autor des Elsevier-Taschenbuchs „Quanten sind anders" (2006).

Brigitte Görnitz ist promovierte Tierärztin und Diplompsychologin. Sie führt in München eine Praxis als Psychotherapeutin und ist daneben als Dozentin in der Erwachsenenbildung tätig. Ihre wissenschaftliche Arbeit in der Tiermedizin betraf Erblichkeitsstudien bei Vollblutpferden und neurophysiologische Untersuchungen an landwirtschaftlichen Nutztieren. Sie ging 1979 mit ihrem Mann Thomas Görnitz und ihren fünf Kindern nach München und begann dort ein Psychologiestudium an der LMU. Nach sozialpsychologischen Untersuchungen und einer Tätigkeit in der sozialpsychologischen Beratung schloss Brigitte Görnitz eine Zusatzausbildung zur Psychoanalytikerin ab und baute ihre eigene Praxis auf.

Thomas Görnitz • Brigitte Görnitz

Der kreative Kosmos

Geist und Materie aus Quanteninformation

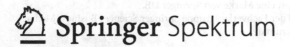

🦄 **Springer** Spektrum

Thomas Görnitz
Brigitte Görnitz

Institut für Didaktik der Physik
Johann Wolfgang Goethe-Universität
Frankfurt am Main, Deutschland

ISBN 978-3-642-41750-4   ISBN 978-3-642-41751-1 (eBook)
DOI 10.1007/978-3-642-41751-1

Die Deutsche Nationalbibliothek verzeichnet diese Publikation in der Deutschen Nationalbibliografie; detaillierte bibliografische Daten sind im Internet über http://dnb.d-nb.de abrufbar.

Springer Spektrum
© Springer-Verlag Berlin Heidelberg 2002, Nachdruck 2007, 2014

Planung und Lektorat: Katharina Neuser-von Oettingen, Anja Groth
Einbandentwurf: deblik, Berlin

Gedruckt auf säurefreiem und chlorfrei gebleichtem Papier

Springer Spektrum ist eine Marke von Springer DE.
Springer DE ist Teil der Fachverlagsgruppe Springer Science+Business Media.
www.springer-spektrum.de

Inhaltsverzeichnis

Vorwort zur Taschenbuchausgabe

Die Gelegenheit dieser Taschenbuchausgabe ermöglicht es, unsere Darstellung aus dem „Kreativen Kosmos" an einigen Stellen zu präzisieren.

Die Beziehungen zwischen Geist und Gehirn, oder poetischer formuliert zwischen Leib und Seele, und damit das Wesen des Menschen gehören zu den in der Öffentlichkeit wie in der Wissenschaft am meisten diskutierten Problemen. Die Frage, ob wir Menschen frei handeln können – und falls ja, in welchem Unfang – bewegt viele. Wie wir im vorliegenden Buch zeigen, wird ein naturwissenschaftliches Verstehen, das in Übereinstimmung mit der Selbstwahrnehmung jedes gesunden Erwachsenen steht, dadurch möglich, dass man sich auf die gesamte Breite der modernen Naturwissenschaften stützt. Dabei spielt die Quantentheorie, die grundlegende, universale und genaueste naturwissenschaftliche Theorie, eine fundamentale Rolle. Erst sie ermöglicht Konzepte, die die Erfahrungen der Menschen mit sich und mit ihrer Umwelt zutreffend beschreiben. Sie hat es vor allem ermöglicht, die Information in die Naturwissenschaft einzubeziehen. Wie wir zeigen, kann eine abstrakte Quanteninformation als die Grundlage alles Seienden verstanden werden. Damit begründet sie eine Erweiterung der Äquivalenz von Materie und Energie – und Materie erklärt sich damit als „gestaltete" Quanteninformation. Da Bewusstsein eine Information ist, die sich selbst erlebt und kennen kann, wird es damit ebenso real wie Energie oder Elementarteilchen.

Die abstrakte, über die Schwarzen Löcher und die Kosmologie definierte Quanteninformation entfaltet sich in der kosmischen Evolution in eine Fülle von Gestalten, deren komplexeste die menschliche Kultur darstellt. Da der Sprachgebrauch es aber fast unmöglich macht, „Information" so abstrakt zu denken, dass sie bedeutungsfrei wird, haben wir für sie einen Begriff gesucht, der den lateinischen Wortstamm „forma" durch einen griechischen ablöst. Mit „Protyposis"[1] bezeichnen wir die bedeutungsfreie, abstrakte und kosmologisch fundierte Quanteninformation, der sich eine Gestalt, eine Form und schließlich sogar eine Bedeutung einprägen *kann*. Da die Quantentheorie zu erkennen erlaubt, dass eine abstrakt verstandene Quanteninformation äquivalent zu Materie und Energie ist, kann mit dieser Erkenntnis das Psychische als ebenso real wie das sogenannte Materielle begriffen werden.

---

[1] Griech.: typeo – ich präge ein; wir danken Herrn Roland Schüßler für philologischen Rat.

Vorwort

Der Mensch kann mit seinem Denken vieles von der Welt um ihn herum erkennen. Wenn er darüber hinaus die Grundlagen seines eigenen Denkens verstehen will, so zeigt es sich interessanterweise, dass er dafür auch einen Großteil der Kenntnisse über die äußeren Bereiche der Welt benötigt. Sie stammen aus vielen Wissenschaftsgebieten mit ihren jeweiligen Fachsprachen und Methodiken.

Wir haben das Vergnügen, dieses Buch zu zweit zu schreiben, und haben in unsere gemeinsame Arbeit unsere Kenntnisse aus den verschiedenen Wissenschaften einbringen können, in denen wir gearbeitet haben. So liegt es auf der Hand, wer von uns die speziellen psychologischen und tiefenpsychologischen und ebenso die speziellen mathematischen und physikalischen Beiträge beigesteuert hat, dennoch ist das gesamte Buch in allen seinen Teilen das Ergebnis einer gemeinsamen Denk- und Diskussionsarbeit, hinter der wir auch gemeinsam stehen.

All das in eine sprachliche Form zu bringen, die auch außerhalb der jeweiligen Fächer verstanden werden kann, ist dennoch eine Aufgabe, die der Unterstützung durch andere bedarf. Daher soll an dieser Stelle den Hörern mehrerer Vorlesungszyklen zu diesem Themenbereich an der Universität Frankfurt gedankt werden sowie den Teilnehmern vieler Weiterbildungsveranstaltungen, die wir gemeinsam gehalten haben. Sie haben uns mit ihren Fragen immer wieder herausgefordert, unsere Thesen verständlich zu formulieren.

Ein besonderer Dank gilt Alexander Görnitz und Sebastian Görnitz-Rückert, Christian Hellweg, Elisabeth Nerl, Friedrich A. Schröder, Elke Wagner und Annelies Wolfram, von denen wir aus ihrer jeweiligen Sicht konkrete Anregungen zu einzelnen Teilen des Manuskriptes erhalten haben, die sie im Vorab gelesen haben.

Frau Katharina Neuser-von Oettingen vom Lektorat und Frau Kreutzer danken wir für ihre Unterstützung.

Ein Buchmanuskript muss irgendwann einmal abgeschlossen werden, so auch dieses. Das bedeutet für uns aber nicht, dass wir deshalb der Meinung wären, dass damit bereits alles gesagt sei. Wir sehen in der Ergänzung, Erweiterung und Vertiefung eine weiterhin fortdauernde Aufgabe.

1 Einleitung

Wenn wir in einer sternklaren Nacht den Blick in die Weiten des Alls öffnen, kann dies uns dazu verführen, über uns selbst und unsere Stellung in der Welt nachzudenken, und darüber, wie wir dies alles verstehen können. Im Trubel des Alltages hingegen verstecken sich zumeist die tieferen Fragen über das Leben und den Himmel, den wir im übrigen heute eher als Kosmos denn als Himmel bezeichnen, hinter den aktuellen Problemen.

Wir Erwachsenen haben die Naivität verloren, mit der die Kinder ganz selbstverständlich nach dem Warum, dem Woher und dem Wohin fragen. Kinder geben sich auch noch mit einfachen und klaren Antworten zufrieden. Wir Erwachsenen hingegen erwarten, dass die Antworten über solche nicht leicht zu durchschauenden Zusammenhänge auch etwas von der Komplexität verspüren lassen, die ohne Zweifel dem allen zugrunde liegt. Diese Erwartung mag sich auch aus der Tatsache speisen, dass wir heute Zugang zu einer ungeheuren Fülle an Informationen haben, sei es über die Milliarden von Galaxien im Kosmos, deren jede über 100 Milliarden von Sonnen enthalten, sei es über die mehr als 100 Milliarden von Nervenzellen, die in jedem unserer Gehirne tätig sind.

Mit unserem Gehirn können wir dies alles bedenken und verstehen - und zugleich wollen wir natürlich auch diesen Vorgang des Verstehens verstehen.

Wir wollen in diesem Buch darlegen, welche Zusammenhänge hinter diesen Erscheinungen liegen, wie die Entwicklung im Kosmos und auf der Erde zur Herausbildung des Geistes geführt hat und wie dieser sich selbst verstehen kann.

Die Naturwissenschaften hatten bisher ein Menschenbild propagiert, das viel zu mechanistisch war, um von den Geisteswissenschaften akzeptiert zu werden. Wir zeigen, dass es die modernen Entwicklungen der Naturwissenschaften erlauben, das Geistige ernst zu nehmen und es damit ermöglichen, die tiefe Trennung zwischen Geistes- und Naturwissenschaften zu überbrücken.

Die Geisteswissenschaften verweisen darauf, dass unsere Vorstellungen von der Welt und unsere Theorien, mit denen wir sie beschreiben, Konstrukte unseres Geistes sind. In den Naturwissenschaften kann man lernen, dass diese Theorien etwas beschreiben, das nicht von uns konstruiert ist, etwas, in dem wir uns vorfinden – und von dem wir uns eines Tages auch wieder zu verabschieden haben.

Wenn wir also mit Hilfe unseres Geistes uns und unseren Geist verstehen wollen, mündet dies in einen selbstreflexiven Prozess, dessen Struktur das Buch darstellen wird.

Wir wollen aufzeigen, dass die umfassendste, allgemeinste und damit auch abstrakteste Struktur, die allem in der Welt zugrunde liegt und von der die Menschen bereits eine Menge erkannt haben, am besten mit dem Informationsbegriff erfasst werden kann. Dabei werden wir „Information" einführen als das, was seinem Wesen nach verstanden werden kann, was also dem Geistigen recht nahe steht. Dieses Ernstnehmen des Geistigen allein gibt der Welt noch keinen Sinn, lässt aber die Suche nach einem solchen nicht mehr als sinnlos erscheinen.

Objektivität und Subjektivität erscheinen bis heute als die beiden Gegenpole des Weltverstehens. Das Objektivitätsideal der bisherigen Naturwissenschaft, das aus der klassischen Physik abstrahiert wurde, wird durch die Quantentheorie eingeschränkt. Andererseits gibt es für die Subjektivität eines jeden Menschen objektive Grundlagen, die wir schildern wollen.

Auch wenn es die Meinung gibt, dass wir Menschen verschiedene Rollen verkörpern, so gibt es doch in jedem eine Kernidentität, deren Verlust als eine schwere Erkrankung angesehen werden muss. Ebenso gibt es hinter den vielen effektiven und auch effizienten Theorien der Naturwissenschaften eine einheitliche Grundstruktur, die im Buch aufgezeigt werden soll.

Wir werden zeigen, mit welchen Größenordnungen der empirisch erfahrbare Kosmos zu erfassen ist und dass der Geist als sein Entwicklungsziel verstanden werden kann. Die riesigen Zahlen, die uns dabei begegnen werden, sind jenseits unserer tagtäglichen Anschauung, beinahe auch jenseits unserer Vorstellungskraft. Auch Beispiele aus dem Finanzbereich helfen nur bedingt weiter: Eine Million, das sind 2000 Fünfhundert-Euro-Scheine, die kann man noch im Aktenkoffer transportieren, für eine Milliarde hingegen, für Tausend solcher Taschen, benötigt man einen Lastzug.

Wenden wir uns zurück zu dem Abendhimmel, dann kann in uns das Gefühl erwachen, dass dieses alles – wir, die Bäume, die Erde und der Himmel, ein Ganzes ist, in dem sich alles zu einem verbundenen Gewebe zusammenfügt.

In anderen Kulturkreisen, vor allem im Bereich des Buddhismus, wird die Einheit des Menschen mit dem Kosmos viel stärker betont als bei uns im Abendland. Aber auch hier haben die Dichter und Sänger solche Gefühle und Einsichten immer wieder beschrieben. Die großen Philosophen der Menschheitsgeschichte haben über diese Einheit des Seins nachgedacht.

Auf der Grundlage der Quantentheorie kann heute ein neues Bild von der Einheit des Ganzen entwickelt werden.

1.1 Die Wahrnehmung von Ganzheit

Die klassische Naturwissenschaft zerlegt die Welt in eine Ansammlung von Objekten, und so nehmen wir sie üblicherweise auch wahr. Die Wahrnehmung von Ganzheit beginnt wohl zuerst bei uns selbst. Wohl jeder von uns dürfte sich als ein Individuum, als etwas Unteilbares empfinden, das er durch sein Bewusstsein als ein Ganzes wahrnimmt.

Für lange Zeit war es eine Selbstverständlichkeit, dass unser Bewusstsein, unser Geist, auch nur durch diejenigen Wissenschaften erfasst und beschrieben wird, die man als die Geisteswissenschaften bezeichnet hat. Für diese sind z.B. „Sinn" und „Bedeutung" zentrale Kategorien. Die Vorstellung von „Gesetzen", wie sie z.B. für die Physik fundamental sind, ist in den Geisteswissenschaften weniger grundlegend. Gesetze, die aufs Allgemeine zielen, sind nicht geeignet, eine jeweilige Individualität erfassen zu können – und diese steht im Zentrum geisteswissenschaftlicher Untersuchungen.

1.1.1 Individualität und Information in den Naturwissenschaften

Heute, am Beginn des dritten Jahrtausends, eröffnet sich die überraschende Erkenntnis, dass sich ein Zweig der modernen mathematisierten Naturwissenschaften, die Quantentheorie, sowohl mit dem Phänomen der Individualität, der Un-Teilbarkeit, als auch mit dem Felde der Information befasst. Mit der Information gelangt aber ein Begriff in das Blickfeld der Naturwissenschaft, mit dem normalerweise das bezeichnet wird, was den Inhalt unseres Denkens, unseres Geistes ausmacht. Wir erleben damit, dass die Wissenschaften, das höchste Produkt unseres Geistes, sich diesem Geist von zwei entgegengesetzten Seiten herkommend nähert:

> Die Naturwissenschaften suchen das Gesetzmäßige am Gehirn und seiner Arbeitsweise, die Geisteswissenschaften das, was das Individuelle unseres Denkens umfasst. Das Ziel dieses Buches ist es, beides mit Hilfe des Begriffs der Information zu erfassen.

Wenn hinter dem Gegenstand sowohl von Geistes- als auch von Naturwissenschaft eine Wirklichkeit – die eine Wirklichkeit – steht, dann ist zu erwarten und zu hoffen, dass beide Wissenschaftsbereiche sich dieser Wirklichkeit annähern – und sich damit in diesem Prozess auf eine gewisse Weise auch einander näher kommen.

Ein solches Näherkommen aber ist nicht problemlos. Es erfordert zuerst ein Wahrnehmen der unterschiedlichen Sprechweisen und den Versuch, den jeweils anderen verstehen zu wollen. Den völlig unterschiedlichen Arbeitsmethoden in den beiden Wissenschaftsbereichen entsprechen die oben dargelegten unterschiedlichen Zielsetzungen.

Sicherlich bewegt sich jegliches Erkennen von Wirklichkeit zwischen den beiden Möglichkeiten, einerseits die gegebene Situation einfühlend und verstehend zu erfassen oder andererseits nach Regeln zu suchen, die sie anderen Situationen ähnlich macht.

Während die Naturwissenschaften ihr Augenmerk stärker auf die zweite Form richten, sind Geistes- und Humanwissenschaften eher auf die erste ausgerichtet. Dennoch aber sind sie nicht zu trennen. Ein Naturgesetz soll auch den Einzelfall erklären können und auch das Verstehen des einzelnen Menschen, z.B. im therapeutischen Prozess, sucht nach den Regelhaftigkeiten, die dem Denken, Fühlen und Verhalten zugrunde liegen, unter welchem er leidet.

Darüber hinaus ist aber heute jede Einzelwissenschaft bereits so umfangreich, dass sie die Verständniskapazität eines einzelnen Menschen übersteigen kann. Wenn dann zusätzlich zu erkennen ist, dass mit jedem neuen Forschungsgerät weitere neue Erkenntnisse über bisher nicht Gesehenes und nicht Verstandenes hinzukommt, so stellt sich die bange Frage: Wie können wir es schaffen, all die vielen Informationen zu einem gemeinsamen Ganzen werden zu lassen?

Der Weg dazu, zum Versuch einer Gesamtschau unseres Wissens, kann nur einer sein, der uns Abstand gewinnen lässt, so dass an Stelle einer Unzahl von Bäumen ein Wald erscheint. Dann können hinter der unermesslichen Fülle der Einzeltatsachen die grundlegenden Strukturen sichtbar werden.

Die grundlegenden Strukturen, die wir in der Welt finden können, werden – und das zu zeigen ist ein Ziel des Buches – auch unser eigenes Selbstverständnis erhellen.

1.2 Die Entwicklung zum Menschen

Leben bedeutet immer auch Kampf um knappe Ressourcen. Oft wird daher Darwins These des „Survival of the fittest" als die zutreffendste Charakterisierung für das Leben gesehen. Daraus wird dann weiter gefolgert, dass alle jetzigen Lebewesen gleichermaßen „fittest" sind, und somit von einer Höherentwicklung nicht gesprochen werden kann. Von uns wird hier ein anderer Standpunkt vertreten, der sich aus der Einschätzung der Rolle der Information ergibt.

1.2.1 Information als „Weltsubstrat"

Nicht nur die irdische Evolution mit ihrer Herausbildung von immer differenzierteren Lebewesen, sondern auch die gesamte kosmische Entwicklung davor kann als eine Entwicklung von Gestalten angesehen werden. Da Gestalten das sind, was erkannt werden kann, stellen sie zugleich Information dar, die im Prinzip auch wahrnehmbar ist.

Die kosmische Entwicklung selbst kann betrachtet werden als eine immer weitergehende Ausdifferenzierung des „Weltsubstrates".

Für die Bezeichnung des „Weltsubstrates" werden in den verschiedenen philosophischen Systemen verschiedene Begriffe verwendet, z. B. „Materie" oder „Energie" oder auch „Geist".

Die moderne Physik ermöglicht es, als die grundlegende Substanz die „Information" anzusehen. Dazu muss die Information allerdings in einer höchst abstrakten Weise verstanden werden.

Hierfür ist es notwendig, der Information einen objektiven Charakter zu geben, damit sie als absolute Größe aufgefasst werden kann. Da im normalen Alltagsgebrauch „Information" mit „Bedeutung" gleichgesetzt wird und Bedeutung immer einen subjektiven Anteil besitzt, ist es notwendig, von aller Bedeutung zu abstrahieren. Im wissenschaftlichen Sprachgebrauch hat Information neben der Bedeutung, d.h. dem semantischen und pragmatischen Bezug, auch einen syntaktischen. Wir wollen im Buch zeigen, dass der Informationsbegriff so abstrakt gefasst werden kann, dass von diesen drei Aspekten zeitweilig abgesehen werden kann. Um einen solchen absoluten und abstrakten Begriff von Information zu entwerfen, werden wir ihn auf das universellste System beziehen müssen, das denkbar ist, d.h. auf den Kosmos als Ganzen.

Für diese abstrakte und absolute Quanteninformation, die kosmisch begründet und noch bedeutungsfrei ist, führen wir einen neuen Begriff ein: Protyposis. (Er basiert auf dem Griech.: typeo – ich präge ein). Diese noch bedeutungsfreie Quanteninformation ist etwas, dem sich eine Form, eine Gestalt, schließlich sogar eine Bedeutung einprägen kann.

1.2.2 Evolution als zunehmende Differenzierung

Der augenscheinlichste Befund für die kosmische Entwicklung wird heute in der Expansion des Alls gesehen, die den wichtigsten empirischen kosmologischen Befund darstellt. Eine solche Aussage ist aber inhaltsleer, wenn wir nicht angeben, im Verhältnis wozu diese Ausdehnung geschieht. Ohne Zweifel beschreiben wir sie unter der Annahme, dass das Verhältnis des Durchmessers des kosmischen Raumes zu unserem Längennormal, dem Meter, ständig größer wird.

Ein Verhältnis, d.h. ein Bruch, kann aber sowohl dadurch wachsen, dass der Zähler wächst oder aber dadurch, dass der Nenner kleiner wird. Wir können daher die kosmologische Grunderfahrung entweder so interpretieren, dass der Durchmesser des Weltraumes in Metern gemessen immer größer wird, oder aber, dass das Meter im Verhältnis zum kosmischen Durchmesser immer kleiner wird.

Diese zweite Lesart kann so interpretiert werden, dass in einem kosmischen Raum mit konstantem Durchmesser eine ständig wachsende Möglichkeit von immer weitergehender Strukturierung gegeben ist. Das bedeutet, dass die Menge an Gestalten, der Informationsgehalt im Kosmos, ständig zunimmt und dass die kleinste, durch eine Gestalt definierbare Länge im Verhältnis zum kosmischen Radius immer kleiner wird.

An der Relation zwischen beiden Längen ändert diese Form der Beschreibung nicht das geringste, aber in diesem Bild wird es leichter, die kosmische Entwicklung als einen direkten Vorläufer der chemischen und später biologischen Entwicklung zu verstehen, die alle zu einer immer weiter gehenden Ausdifferenzierung führen.

Da unsere Körpergröße an atomare Maßeinheiten angekoppelt ist, und wir uns selbst als unveränderlich wahrnehmen, ist es natürlich naheliegender, eher von einer Expansion des Kosmos als von einer Schrumpfung der Atome zu sprechen. Zur Klarstellung sei aber noch einmal betont, dass *wir im Alltag von einer Veränderung zwischen atomaren und kosmischen Maßstäben gleich viel wahrnehmen - nämlich überhaupt nichts.* Erst nach mehreren Jahrhunderten wissenschaftlicher und technischer Entwicklung konnten so gute Messgeräten gebaut werden, mit denen diese Veränderung entdeckt werden konnte.

In der Entwicklung zu immer weiter fortschreitender Gestaltenfülle und immer weiterer Komplexität der Informationsorganisation sehen wir den grundlegenden Zug jeglicher Evolution.

Aus dem Tohuwabohu des Urknalls entstehen die vielfältigen Formen der Himmelskörper, in den Sternen die chemischen Elemente, später auf der Erde Pflanzen und Tiere, und mit dem Menschen dann als höchste Form das, was wir bereits historisch früh als Religion und Kunst finden und wozu später noch die Entfaltung von Kultur und Wissenschaft hinzukommen.

Daher bietet sich als Maßstab für die Entwicklung der Lebensformen der Komplexitätsgrad ihrer Informationsverarbeitung an.

Unter diesem Gesichtspunkt können wir den Menschen zu Recht als das am höchsten entwickelte Wesen betrachten. Er zeigt die differenziertesten Reaktionsmöglichkeiten auf die verschiedensten Veränderungen der Umwelt und kann bereits heute sogar über den Bereich der Erde hinaus gelangen.

Durch seine Fähigkeit zur Sprache und später zur Schrift konnte er eine hochdifferenzierte Sozialstruktur entstehen lassen. Sie bildet die komplexeste Struktur, die uns überhaupt bekannt ist. Sie hat es ermöglicht, dass die Menschheit zu Erkenntnissen gelangt ist, die die Fähigkeiten des Einzelnen nahezu unbegrenzt übersteigen. Dass solche Erkenntnisse sowohl zum Guten als auch zum Bösen verwendet werden können, ist eines der Probleme, denen wir uns als Menschen immer wieder stellen müssen.

1.3 Die Rolle des Gehirns

Seitdem wir erkannt haben, dass das Gehirn das wichtigste Organ für unser Wahrnehmen und Denken ist, ist dieses immer wieder mit anderen, menschengemachten Dingen verglichen worden, um es zu verstehen. Leibniz, der große deutsche Mathematiker und Philosoph, der als einer der Ersten eine mechanische Rechenmaschine erfunden hatte, überlegte sich, ob man nicht das Gehirn so ähnlich wie diese Mechanik ansehen dürfte, z.B. als eine Mühle. Dann allerdings könnte man im Inneren dieser Mühle nur die Zahnräder ineinander greifen sehen, vom Geist wäre nichts wahrzunehmen.

In unseren Tagen werden für ein naturwissenschaftliches Verstehen der Arbeitsweise des Gehirns neue Modelle gewählt, an Stelle des Modells der Mühle wird heute das Gehirn sehr oft mit einem Computer verglichen. Für das Wesen der Sache macht dies allerdings keinen prinzipiellen Unterschied. Es ist gleichgültig, ob ich Schalter mechanisch realisiere wie in Leibniz' Mühlenbeispiel oder durch Lichtschalter wie in jedem Hause oder durch Transistoren wie im Computer. Denn das, was das Wesen des Computers ausmacht, der Prozessor oder ein technisch realisiertes neuronales Netz, ist tatsächlich nichts anderes als eine riesige Anzahl von Schaltern, die eben heute aus Transistoren gebaut werden. Allerdings werden im Gegensatz zur Mühle im Computer Tätigkeiten erledigt, die vielfach als „geistige" eingestuft werden, wie das Rechnen und das Sortieren von Daten. In der Tat verarbeitet der Computer Informationen und kann manches heute schneller erledigen als der Mensch.

Wenn nun eine solche technische Realisierung als Vorbild für das Verstehen des Gehirns zu ernst genommen wird, dann liegt der Schluss nahe, dass nur die Hardware „das Reale" ist, da von „Geist" an und in ihm nichts zu sehen ist.

1.3.1 Künstliche Intelligenz

Da man Hardware immer besser den theoretischen Modellen und ihren Zielvorgaben annähern kann, wird seit Jahrzehnten das Ziel der Schaffung von „künstlicher Intelligenz" angepeilt. Diese will mehr sein als mechanische Datenverarbeitung, als das Abzählen von Lochkarten. Unzählige Versuche zielen darauf ab, die künstliche Intelligenz (KI) dem Menschen gleichwertig werden zu lassen.

Allerdings ist man als außenstehender Betrachter eher geneigt, von einem „Horizont der KI" zu sprechen, denn der Horizont ist durch ein einfaches Daraufzulaufen nicht zu erreichen. Was man mit den bisher verwendeten Konzepten aber sicherlich bewerkstelligen kann, ist eine immer bessere Simulation von Intelligenz. Derartige Systeme der KI werden, von außen betrachtet, schließlich all das leisten können, was man von intelligentem Verhalten erwarten möchte. Unsere menschliche Intelligenz kann sich aber nur in Verbindung zum eigenen Körper und in Beziehungen zu den anderen Menschen entwickeln. Neben den kognitiven Eigenschaften muss daher die Fülle dessen mit berücksichtigt werden, was mit den Begriffen Gefühl, Motiv, Affekt und Emotion beschrieben wird. Sie verbinden unsere kognitiven Leistungen mit unseren Motivations- und Affektsystemen. Daher wird das bereits begonnene Einbeziehen von Emotionen in die Konzepte der KI, wie es beispielsweise von Doerner[2] unternommen wird, ein notwendiger Schritt sein.

Für eine echte Selbstreflexion ist aber eine Struktur notwendig, die in einer mathematisch durchgeführten und ausgearbeiteten Form vorliegen sollte und damit als verstanden begriffen werden darf. Dies wird bisher nur von der Quantentheorie geboten. Zwar ist es zutreffend, dass man ein Quantensystem bis zu einem gewissen Grade durch ein klassisches System simulieren kann, aber eine solche Simulation von Bewusstsein wird das eigentliche Selbstbewusstsein, das wir von uns Menschen kennen, nicht erreichen können.

Falls es einmal gelingen sollte, Quantencomputer auch noch mit der Flexibilität und Beziehungsfähigkeit auszurüsten, wie sie biologische und zugleich soziale Systeme besitzen, und mit denen dann durch die Quanteneigenschaften sowohl echte Spontaneität als auch echte Selbstreflexion möglich würde, dann würde sich das Problem der KI in einem neuen Lichte darstellen.

---

[2] Doerner (1999)

1.3.2 Die Rolle der Logik

Obwohl es für viele Leser erstaunlich klingen mag, ist unseres Erachtens das Ziel von „künstlicher Intelligenz" lediglich mit den Mitteln der klassischen Logik allein nicht zu erreichen. Denn die klassische Logik, die auf dem Satz von der Identität, dem Satz vom Widerspruch und vom ausgeschlossenen Dritten basiert, und die die Grundlage für die Arbeit unserer Computer darstellt, liefert nur einen Teil dessen, was wir am Menschen als Intelligenz wahrnehmen.

Beim Erkennen der Natur haben wir in der Physik durch die Quantentheorie lernen können – und lernen müssen –, über die klassische Logik hinauszugehen.

Wenn wir annehmen, dass das, was logisch ist, dadurch auch beweisbar wird, so bedeutet ein Hinausgehen über die Logik, dass man damit zulässt, dass es sinnvolle Aussagen gibt, die nicht beweisbar sind. Natürlich kann man Kontrahenten nicht durch einen Appell an ihre Vernunft dazu bewegen, solche Aussagen ebenfalls als sinnvoll anerkennen zu müssen, denn diese unabweisbare Überzeugungskraft kommt allein der Logik zu. Aber die allgemeine Lebenserfahrung zeigt, dass menschliche Kommunikation weit weniger durch die Logik bestimmt ist, als man dies nach Lektüre wissenschaftlicher Werke vermuten sollte.

Dieses Übersteigen der klassischen Logik hat eine – nicht nur äußerliche – Entsprechung in der wesentlichen Rolle, die Gefühle und Affekte für die Herausbildung der Intelligenz spielen – eine Rolle, die ebenfalls mit der klassischen Logik nur schwer zu erfassen ist.

Dass außerdem die Beziehungen der Menschen untereinander und ihre Kommunikation miteinander unverzichtbare Voraussetzungen für die Entwicklung unseres Geistes darstellen, ist in den Naturwissenschaften noch keine so verbreitete Einsicht.

1.4 Zerlegende und vereinheitlichende Wissenschaft

Naturwissenschaftliches Erklären bedeutet ein Zurückführen von komplexen Sachverhalten auf einfachere. Einfachere Naturzusammenhänge werden häufiger zu finden sein, daher ist die Konzeption eines „allgemeinen Gesetzes" für sie eher zutreffend als für diejenigen Bereiche der Naturwissenschaften, die ihr Augenmerk mehr auf eine klassifizierende Beschreibung komplexer Vorgänge richten. Die aller einfachsten und damit überall anzutreffenden Gesetze werden von der Physik behandelt. Diese Gesetzmäßigkeiten sind so simpel, dass sie sogar mit der uns heute zur Verfügung stehenden Mathematik vollständig erfasst werden können. Es gibt überhaupt keinen Bereich der Natur, in dem die Gesetze der Physik nicht gelten würden, hingegen weite Gebiete, in denen die Biologie nicht zuständig ist, weil kein Leben vorhanden ist. Und es existieren andere Gefilde im Kosmos wie im Inneren der Sterne und in der zeitlichen Nähe zum Urknall, in denen die Chemie keinen Geltungsbereich hat, weil keine molekularen Verbindungen möglich sind.

Die Physik hat mit der Erkenntnis der Gesetzmäßigkeiten der Atomhüllen die wissenschaftliche Basis für die Chemie legen können. Dies bedeutet keineswegs, dass die Chemie als Wissenschaft damit ihre Eigenständigkeit verloren hätte, sondern vielmehr, dass wir alle chemischen Gesetzmäßigkeiten in der Tat als „im Prinzip verstanden" ansehen können. Auch für die Biologie ist man weithin der Meinung, dass deren physikalischen und chemischen Grundlagen - wiederum im Prinzip – heute verstanden sind. Aus unserer Sicht war allerdings der Informationsaspekt des Lebens bisher unzureichend erfasst, wenn dessen Quantencharakter unberücksichtigt blieb.

Wenn wir die Geschichte der grundlegendsten und damit einfachsten Naturwissenschaft, der Physik, betrachten, so sehen wir eine gleichermaßen erstaunliche wie auch konsequente Entwicklung. Die Physik war angetreten, den objektiven Aspekt der Natur zu erfassen und hatte daher das „Subjekt" gänzlich aus ihren Betrachtungen ausgeschlossen. Sie musste nach einer langen Phase einer sehr erfolgreichen Entwicklung feststellen, dass eine derartige Idealisierung nur eine Zeitlang ausreichend ist, dass diese Vorstellung aber unzureichend wird, wenn man sehr genau arbeiten kann. In diesem Fall zeigt es sich, dass man entweder dem Subjekt eine bestimmte Entscheidungsfähigkeit und Verantwortlichkeit für seine Weltbeschreibung im Rahmen der Physik zuschreiben muss, oder dass man Zuflucht zu der Idealisierung von aktual vorhandenen Unendlichkeiten nehmen muss – z. B zu unendlich vielen Freiheitsgraden.

Die gedankliche Zerlegung der Welt in unzusammenhängende Teilbereiche war sehr wohl die Voraussetzung für den Erfolg dieser Wissenschaft im 18. und 19. Jahrhundert. Und gerade dieser Erfolg führte dann im 20. Jahrhundert dazu, dass die unzureichenden Seiten dieser Weltsicht nicht mehr verdrängt werden konnten. Die Physik kam nicht mehr daran vorbei, dass es sehr viel tiefere Zusammenhänge als nur Kraftwirkungen zwischen den Objekten in der Welt gibt. Solche Korrelationen werden allerdings erst bei einer sehr genauen Betrachtung deutlich.

Es zeigt sich für uns heute immer mehr, dass diese Zusammenhänge, die den Bereich der klassischen Physik übersteigen und die für die Physik fundamental wurden, auch nicht vernachlässigt werden können, wenn wir uns und unser Denken verstehen wollen. Unsere Psyche stellt sich heute, wie wir zeigen werden, als Folge nicht nur einer biologischen, sondern darüber hinaus als Folge einer kosmischen Evolution dar.

Ein solches Zusammendenken des Ganzen wird heute gern unter dem Schlagwort des Holismus zusammengefasst. Diese treffende Bezeichnung, die auf das Erfassen der Ganzheit in der Fülle von Möglichkeiten in der Welt verweist, könnte geeignet sein, das zum Ausdruck zu bringen, was durch die Quantentheorie an neuer Sichtweise in die Physik gekommen ist. Allerdings ist das Wort „Holismus" durch seine fast inflationäre Verwendung mit zu vielen Assoziationen verbunden, die leider nicht das geringste von der mathematischen Strenge verspüren lassen, die hinter dieser Aussage über die Quantentheorie steht.

Der Holismus der Quantentheorie hat so gut wie nichts mit einem unklaren „alles ist mit allem verbunden" zu tun, sondern bezeichnet eine eindeutige mathematische

Struktur mit klar definierten Folgerungen, die z.B. als „verschränkte Zustände" heute
auch experimentell und bereits sogar technisch bedeutsam geworden sind.[3]

1.4.1 Quantentheorie ist henadisch

Die Quantentheorie soll daher als henadisch (von Griechisch *hen* (τό 'έν das Eine) bezeichnet
werden, was auf die Einheit zielt, die bei ihr im Gegensatz zu der auf Vielheit beruhenden
klassischen Physik als fundamentales Prinzip vor allem in ihrer mathematischen Struktur
vorgegeben ist. Diese Einheit der Wirklichkeit wird uns auch helfen, uns selbst zu verstehen.

1.5 Schichtenstruktur der Naturbeschreibung

Jede der Sichtweisen der beiden Teile der Physik – die der klassischen und die der quantischen
– ist allein zu einseitig.

Wir benötigen eine Schichtenstruktur zur Beschreibung der Wirklichkeit, die diese beiden
Aspekte gleichermaßen ernst nimmt, auch wenn die Quantentheorie sich als die „fundamentalere Theorie" gegenüber der klassischen erweist.

Wie kann diese Aussage begründet werden? Nach der klassischen Physik müsste sich - wenn
ihre mathematische Struktur ernst genommen wird - all das auflösen oder ins Nichts verflüchti-
gen, womit sie so erfolgreich umgeht. Vom Festkörper über die Flüssigkeiten bis zu den Gasen
und den Atomen könnte gemäß den Gesetzen der klassischen Physik nichts existieren. Wie im
Kapitel 5 ausführlicher dargelegt werden wird, wird die Möglichkeit der Existenz von all diesen
Beschreibungsmodellen und das Verstehen ihrer Eigenschaften erst mit der Quantentheorie
gewährleistet.

Wie in Abschnitt 5.3 gezeigt wird, würde umgekehrt wiederum eine streng und alleinig gültige
Quantentheorie wegen ihrer mathematischen Struktur jede Möglichkeit von Kommunikation
unmöglich machen, denn die lineare Struktur der Quantentheorie ist unverträglich mit der
multiplikativen Beziehungsstruktur, die bei einer Vervielfältigung von Information zum Tragen
kommt und die eine zentrale Voraussetzung von Kommunikation darstellt.

Anders gesagt: eine Theorie des absoluten Einen benötigt und erlaubt keine Kommunikation
– Kommunikation kann es nur zwischen Verschiedenem geben.

Eine strenge Einheit wird bereits durch ein Selbstgespräch aufgehoben, da ich dabei mein Ich
in zwei Gesprächspartner aufteile. Falls von uns eine Einheit in parmenideischer Begriffsstrenge,
die nicht einmal in der Theorie eine Aufteilung erlauben würde, im Buch einmal tatsächlich
gemeint sein sollte, so wird dies explizit vermerkt werden. Wenn nachfolgend von der „Einheit

---

[3] siehe z.B. Görnitz (1999)

von Leib und Seele" gesprochen wird, dann soll dies nur mit dem Grad von Strenge gelten, der für die gesamte Physik typisch ist. Diese als strengste und genaueste Naturwissenschaft ist als empirische Wissenschaft immer nur näherungsweise gültig.

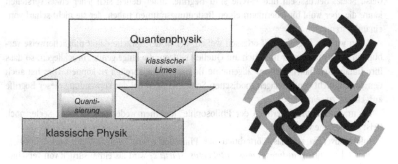

Abb. 1.1: Die Schichtenstruktur der Naturbeschreibung – klassische und quantische Beschreibung sind eng verwoben

1.6 Der Zufall in der Naturwissenschaft

Während im alltäglichen Sprachgebrauch alles als zufällig bezeichnet wird, was man nicht vorhergesehen hat, wird durch die Mathematisierung der modernen Naturwissenschaften der Begriff des Zufalls wesentlich verschärft. Nach der klassischen Physik ist der Zufall eine rein subjektive Erscheinung, die darauf gegründet ist, dass ein vollkommen determiniertes Geschehen nicht durchschaut und vorausberechnet werden kann. Nach der Mathematik der Quantentheorie sind *die Möglichkeiten eines Systems* ebenfalls vollkommen festgelegt, aber *nicht deren Realisierung als Fakten*. Fakten ergeben sich, wenn die Schichten der Naturbeschreibung von Quantenphysik und klassischer Physik miteinander agieren. Die sich im Einzelfall ergebenden Fakten sind objektiv zufällig. Die Annahme, sie seien an sich wohlbestimmt aber unbekannt, ist experimentell widerlegt. Da aber in jedem Fall die Fakten sich nur im Rahmen der naturgesetzlich festgelegten Möglichkeiten realisieren können, unterscheidet sich der quantenphysikalische Zufall von einer reinen strukturlosen Willkür, die gleichsam „alles" als möglich erachten würde.

1.7 Geist und Bewusstsein, Leib und Seele

Geist, Seele, Bewusstsein und Psyche sind Begriffe, unter denen sich jeder etwas vorstellen kann, die aber wohl für jedermann einen Bedeutungsrahmen haben, der sie nicht scharf voneinander trennt.

Wenn wir den Begriffsinhalt erfassen wollen, der in der Sprache damit möglicherweise verbunden wird, müssen wir uns auch auf Quellen stützen, die lange genug zurückliegen, so dass ihre Inhalte Zeit hatten, sich ins allgemeine Bewusstsein ausbreiten zu können. Dies hat auch den Vorteil, nicht den jeweiligen modischen Schwankungen bei der Verwendung dieser Begriffe ausgeliefert zu sein.

Im marxistischen Wörterbuch der Philosophie[4] kommen weder das Stichwort Seele, noch Geist oder Psyche vor.

Informativer ist z.B. das Wörterbuch der Philosophie von Eiseler[5]: Geist (*nous* {$\nu o \tilde{v} \varsigma$}, *pneuma* {$\pi \nu \varepsilon \tilde{v} \mu \alpha$}, *animus, mens, intellectus, spiritus*) wird als ein Ausdruck von verschiedener Bedeutung erläutert. Der Bedeutungsrahmen in den verschiedenen philosophischen Überlieferungen reicht von einer Art eines feinsten Stoffes als Träger seelischer Zustände über eine metaphysische immaterielle Substanz, die auch als Seele bezeichnet wird, zum aktual Psychischen und dem Bewusstsein bis zum Denken und dem Intellekt.

Im heutigen Sprachgebrauch wird das von lat. *mens* (Geist) abgeleitete Adjektiv „mental", das auch seinem englischen Pendant entspricht, häufig und gern verwendet.

Die Seele (*psyche* {$\psi v \chi \acute{\eta}$}, *anima*, Hauch) wird ursprünglich als Atem oder Lebenshauch aufgefasst. In den verschiedenen philosophischen Traditionen wird die Seele sehr unterschiedlich gesehen. Dies reicht von der Seele als Sprössling der Weltseele, die den Leib umfasst, bis zur Ansicht, dass die Seele ein Produkt des Gehirnes sei oder mit diesem gleichzusetzen ist bzw. überhaupt inexistent ist. Auch als Gedächtnis wird die Seele aufgefasst. Bei Aristoteles, dessen Wirkung im Abendland bis zur Neuzeit bestimmend war, wird die Seele dem Geist gegenübergestellt. Sie ist immateriell, aber mit dem Leib verbunden, während der Geist von ihm getrennt werden kann. Von Aristoteles bis Galileo ist die Seele die Ursache der Kräfte und damit von all den Bewegungen, bei denen nicht ein Körper seinen natürlichen Ort sucht. Deshalb wird erst mit Newton die Kraft von einem Begriff der Metaphysik zu einem der Physik.

Wegen der starken religiösen Konnotationen, z.B. der Annahme einer unsterblichen Seele, die den Tod des Trägers überdauert, überlässt die empirische Psychologie die Seele der Metaphysik. Und unter dem Stichwort „Psyche" wird bei Eiseler lediglich auf „Seele" verwiesen.

---

[4] Klaus, G., Buhr, M. (1966)
[5] Eiseler (1922)

1.7.1 Versuch einer Begriffsklärung

Da wir die soeben aufgeführten Begriffe Geist, Seele, Bewusstsein und Psyche alle verwenden wollen, werden auch wir nicht an dem Umstand vorbei können, dass ihre Bedeutungen keineswegs scharf voneinander getrennt werden können. Außerdem müssen wir registrieren, dass es teilweise als unmodern gilt, die Begriffe Geist oder gar Seele zu verwenden - selbst bei Geisteswissenschaftlern. Allenfalls „geistige Prozesse" werden noch zugelassen. Wir hingegen teilen die Ängste nicht, dass die Verwendung von „Geist" oder „Seele" wegen eines möglichen Anklangs an religiöse Vorstellungen notwendigerweise anti-wissenschaftlich sein müsste.

Wir möchten unsere Darlegungen mit dem Begriff des reflektierten Bewusstseins beginnen. Die Möglichkeit, über Inhalte des eigenen Bewusstseins nachdenken zu können, ist jedem erwachsenen und gesunden Menschen gegeben. Daher halten wir es für erlaubt, auf diese Grunderfahrung zu verweisen. Diese Möglichkeit der Reflexion erlaubt es, ein „Ich" auszubilden. Beim Menschen ist dazu ein Reifungsprozess notwendig, der erst nach etwa 18 Monaten erreicht wird. Auch manche Primaten sind dazu rudimentär in der Lage.

Hinter diesem Anfang steht die Erkenntnis, dass eine Definition der Versuch ist, einen Begriff durch den Verweis auf grundlegendere Begriffe zu erklären. Daran wird aber auch ersichtlich, dass Grundbegriffe nicht definiert werden können. Man kann lediglich auf sie verweisen, wenn sie der allgemeinen Erfahrung zugänglich sind, oder man kann versuchen, ihren Bedeutungsrahmen umschreibend abzustecken.

Das Bewusstsein ist etwas, das von uns reflektorisch bedacht werden kann. In der Regel führen wir viele unserer bewussten Handlungen ohne Reflexion durch, können diese aber bei Bedarf jederzeit nachholen.

Das Bewusstsein eines Menschen ist diesem eigen, es kann von anderen nur teilweise erfasst oder erfahren werden.

Darüber hinaus gibt es noch den weiten Bereich des *Unbewussten*. Seine Inhalte können nur unter Mühe oder nur indirekt erschlossen werden. Man könnte sagen, dass das Unbewusste einen weiten Bereich des „inneren Kosmos" unseres geistigen Seins ausmacht, der sich uns – ebenso wie der äußere Kosmos – nicht mit dem „bloßen Auge" und ohne jede Mühe erschließt. Es zu erschließen bedarf der Anstrengung. Die meisten physiologischen Abläufe gehören zum Unbewussten, aber daneben gibt es weitere Bereiche des Vergessenen und Verdrängten, die obwohl unbewusst, Einfluss auf unser Verhalten besitzen. Es ist Freuds großes Verdienst, als erster die wichtige Rolle des psychisch Unbewussten herausgearbeitet zu haben. Wenn an Symptomen deutlich wird, dass aus dem Unbewussten ein Fühlen und Verhalten gesteuert wird, an dem man leidet, dann kann durch eine Bewusstwerdung der unbewussten Konflikte das Symptom überwunden werden. Nach einer solchen Erkenntnis aber sind diese betreffenden Inhalte nicht mehr unbewusst. Nach einer langen Phase der Leugnung des Unbewussten durch den Teil der Psychologie, der sich selbst als naturwissenschaftlich verstanden hatte, erkennt man auch dort heute das Unbewusste als wichtigen Teil der Psyche.

Wir wollen die Psyche als Gegenstand der Psychologie verstehen. Die *Psyche* umfasst die *Gesamtheit des Erlebens und Verhaltens eines Menschen* und hat somit bewusste und unbewusste Anteile.

Bei der Untersuchung der Psyche wird von manchen Wissenschaftlern die Aufmerksamkeit mehr auf das Verhalten gelegt, was ja von außen beobachtet und z.T. gemessen werden kann und damit einen objektiven Charakter erhält. Eine andere Sichtweise konzentriert sich auch auf das innere Erleben. Mit diesem Zugang können nicht nur die bewussten Teile des Fühlen und Denkens, sondern auch die unbewussten Anteile mit in den Blick genommen werden.

Den Begriff des *Geistes* möchten wir gern in einem abstrakten Sinne verwenden. Dies eröffnet uns die Möglichkeit, mit ihm über den Bereich der menschlichen Psyche hinauszugehen. Er umfasst neben dem Denken auch einen möglichen Bezug zur *künstlichen Intelligenz* und auch zur *Transzendenz*.

Wir wollen das Zusammenwirken des Psychischen und des Somatischen, des Geistigen und des Körperlichen, des Seelischen und des Leiblichen untersuchen. Daher ist der Begriff der *Seele* wichtig und soll in *enger Beziehung zu Psyche und Geist* verstanden werden. Die Begriffe zeigen eine gewisse Redundanz und einen nicht scharf eingegrenzten Bedeutungsrahmen. Dies eröffnet die Möglichkeit, sie entwicklungsfähig zu halten, und dies sollte aus unserer Sicht nicht vermieden werden.

1.8 Die Einheit von Leib und Seele

Von dem Konzept der Schichtenstruktur von klassischer und Quantenphysik ausgehend wird im Buch gezeigt, wie Geist und Gehirn, wie Seele und Leib zusammengedacht werden können und wie sie jeweils als solche auch mit ihren Beziehungen zueinander ernst genommen werden können und müssen. Auf diesen weiten Weg, der vom Urknall bis zu den bewussten und unbewussten Aspekten der Psyche führt, möchten wir den Leser mitnehmen. Dabei wird sich erweisen, dass wir Menschen nicht nur den Kosmos und die merkwürdigsten Objekte in ihm mit unserem Geist erkennen können, sondern dass dort auch wichtige Aspekte für die Erkenntnis unseres Geistes selbst zu finden sind.

Die Kompliziertheit des Themas und die Schnelllebigkeit unserer Zeit, die für ein gründliches Durchdenken schwieriger Probleme nur selten ein günstiges Umfeld bietet, erlauben und erfordern es aus unserer Sicht sogar, eine gewisse Redundanz in die Darstellung einzubauen und die schwierigen Sachverhalte aus den verschiedenen Perspektiven zu schildern. In mehreren von uns gehaltenen Vorlesungs- und Seminarzyklen über die hier geschilderten Sachverhalte ist deutlich geworden, dass die Notwendigkeit, die verschiedensten Wissensgebiete anzusprechen, für viele Menschen in unserer auf Spezialisierung gerichteten Zeit ein Problem darstellt. Besonders deutlich wird dies an den Stellen, die die Einbeziehung der Quantenphysik erfordern. Bis heute noch bezeichnen exzellente Kenner der mathematischen Struktur der Quantentheorie diesen Teil der Physik als in einem philosophischen Sinne unverstanden. Daher ist eine breitere Betrachtung von deren Konsequenzen unter verschiedenen Blickwinkeln sicherlich legitim.

Da wir der Meinung sind, dass in dieser Theorie auch der Schlüssel für das Verstehen unseres Geistes zu finden sein wird, werden wir immer wieder auf die Konsequenzen der Quantentheorie zu sprechen kommen, die den Alltagsvorstellungen der Welt der äußeren Objekte weithin entgegenstehen. Nicht unerwartet wird sich aber zeigen, dass die Alltagsvorstellungen aus unserer inneren Welt dazu viel eher anschauliche Modelle liefern können.

1.8.1 Dogmatismus und Erfahrung

Nicht nur die Kirchen, auch die Naturwissenschaften haben in dogmatischen Phasen ihrer Entwicklung die Menschen nötigen wollen, eigene Erfahrungen zu leugnen, wenn diese nicht in das jeweils aktuelle Schema der herrschenden Meinungen passten. Die aufgeklärte These des Buddha: „Wenn Deine Erfahrung meiner Lehre widerspricht, musst Du Deiner Erfahrung und nicht meiner Lehre folgen", wird nicht nur von dogmatischen religiösen, sondern oft auch von naturwissenschaftlichen Strukturen zurückgewiesen, wenn sie sich einmal zu fest etabliert haben. So mag es den einen oder anderen Leser erfreuen, dass manches in den Naturwissenschaften sich heute anders darstellt, als ihm noch in der Schule beigebracht worden ist. Mit den Methoden der Naturwissenschaft sind heute solche merkwürdigen Phänomene an der Natur entdeckt worden, dass man sie früher als Wundermärchen angesehen hätte. Aus der Sicht der Wissenschaft des 19. Jahrhunderts klingen sie genauso unglaublich wie manche Schilderungen, die uns in den alten Mythen überliefert worden sind.

Wir wünschen daher unseren Lesern, dass ihnen das Entdecken dieser großartigen Zusammenhänge auf dem Wege der kosmischen und biologischen Evolution, das „Nachvollziehen des Plans der Schöpfung" hin zu einem Selbstverständnis des Menschen Freude und auch Vergnügen bereiten möge.

1.9 Der Weg der universalen Evolution

Wir sehen im Rahmen dieser universalen Evolution im Kosmos, dass sie von den völlig undifferenzierten kosmischen Anfängen bis zu einer immer mehr zunehmenden Ausformung von Gestalten des Lebens führt.

Die kosmische Entwicklung beginnt mit einem extrem heißen und vollkommen strukturlosen Plasma, in dem von allen chemischen Elementen lediglich Wasserstoff und Helium vorhanden sind. Daraus lassen sich anfangs weder chemische Verbindungen noch unterscheidbare Objekte bilden.

Dichteschwankungen in diesem heißen Gas scheinen zuerst dazu geführt zuhaben, dass sich riesige Schwarze Löcher bildeten. Diese wiederum lieferten die Keimzellen für die Galaxien. Wir werden beschreiben, wie durch die Herausformung von Sternen die Basis für die Entstehung der Elemente, dann für Planeten und schließlich für das Leben geschehen ist.

Wir können also sagen, dass die kosmische Entwicklung immer reichhaltigere und differenzier-
tere Gestalten hervorbringt. Diese Gestalten verkörpern Information, und die Menge dieser
Information nimmt ständig zu. Das Entstehen von Information scheint somit der Grundzug der
kosmischen Evolution zu sein. Information ist, was verstehbar ist. Daher liegt die Hypothese
sehr nahe:

„Das, was es gibt, kann im Prinzip verstanden werden."

Der Beginn der Philosophie kann in der Erleuchtung des Parmenides gesehen werden, dem die
Göttin offenbarte, dass das Seiende und das, was man wissen kann, nicht verschieden sind.
Diese Idee kann mit der modernen Physik wieder aufgegriffen werden, und wir sehen dass das,
was wir oben als „Weltsubstrat" umschrieben haben, mit einem Konzept von Information, und
zwar von Quanteninformation, am besten bezeichnet werden kann. Dieser Information kann
anfangs keine Bedeutung zugeordnet werden, sie ist sehr abstrakt zu denken. Bei Parmenides ist
das Seiende das „Eine", und dieses „Eine" erlaubt natürlich keine Differenzierung. Platon greift
dieses Bild auf und ergänzt es durch die Hinzunahme der „unbegrenzten Zweiheit", d.h. durch
die Möglichkeit, im „Einen" Gestalten ausdifferenzieren zu können.

1.9.1 Entwicklung ist Ausdifferenzierung von Information

Aus unserer Sicht ist die gesamte kosmische Entwicklung als eine Ausformung von immer
differenzierterer Information zu verstehen. Diese abstrakte und noch bedeutungsfreie Information, die wir „Protyposis" nennen, kann sich mehr und mehr an Gestalt und an Bedeutung
einprägen. So zeigt sich eine Entwicklungslinie, die von den ersten Himmelskörpern über die
Entstehung der chemischen Elemente, die Entstehung von Planeten, über die Entstehung von
Lebensformen auf diesen und die Herausbildung informationsverarbeitender Organe in manchen Lebewesen weiterführt zur Entstehung von reflexionsfähigen Lebewesen, die Sprache,
Schrift und Kultur entwickeln.

Auf diesem ganzen Entwicklungsgang wird die Quanteninformation im Universum in eine
Gestalt überführt, in der sie sich schließlich selbst verstehen kann. Ein Teil der Protyposis wird
dabei von lediglich abstrakter zu bedeutungstragender Information im umgangssprachlichen
Sinne. Seit der Entdeckung der Quantentheorie kann dieser Aufstieg zum Geistigen auch mit
naturwissenschaftlichen Methoden erforscht und beschrieben werden.

Der Abgrund zwischen Geistes- und Naturwissenschaften, der sich im Gefolge der klassischen Physik geöffnet hatte, kann durch diese Entwicklung wieder überbrückt werden.

2 Der Verlust des Geistes aus der Naturwissenschaft

2.1 Objektive Naturerkenntnis – Ausschaltung des Subjektes

2.1.1 Dritte Person statt erster Person

Im Gegensatz zu „subjektiven Empfindungen, Meinungen, Ansichten" sucht die Naturwissenschaft nach „objektiver Erkenntnis". Damit werden gesetzesförmige Aussagen über die Natur gesucht, die mit Sicherheit gelten sollen und deren Geltungsrahmen nicht auf einige wenige Fälle beschränkt ist. Dazu wird eine strenge Trennung von Hypothesen und Folgerungen gefordert, wobei interessanterweise in der öffentlichen Wahrnehmung der hypothetische Charakter der Folgerungen oft ausgeblendet wird. Dabei können natürlich die Folgerungen nie gewisser sein als die Hypothesen, aus denen sie abgeleitet werden.

Dennoch sind die Naturwissenschaften unter dem Banner einer „objektiven Naturerkenntnis" in einer beispiellosen Weise erfolgreich geworden. Das Rezept dieses Erfolgs beruht darauf, dass von den mir als Person unmittelbar gegebenen Phänomenen übergegangen wird zu einer Beschreibung derselben, in der von der „ersten Person" nichts mehr zu spüren ist. Obwohl das „Ich" bei jedem Erkenntnisprozess stets dabei ist, wird es damit für diesen Vorgang des Erkennens bedeutungslos gemacht.

> Der Versuch einer Sichtweise aus dem Blickwinkel einer fiktiven 3. Person bedeutet aber eine Abspaltung eines Teils der Realität, man versucht, die Welt so zu sehen, als ob das „Ich" nicht existiere.

Das unmittelbare Erleben, dass jede Wahrnehmung von Welt zuerst meine Wahrnehmung, meine Erfahrung ist, wird dabei abgetrennt und geht verloren. Zugleich aber – das bedeutet die Stärke dieses Standpunktes – erhält man damit die Chance, zu solchen Aussagen über die Welt zu gelangen, die für jeden beliebigen Menschen Gültigkeit besitzen können – ja vielleicht sogar für nur hypothetisch existierende Wesen, die wir noch nicht kennen gelernt haben, weil sie jenseits unserer heutigen Kommunikationsmöglichkeiten auf fremden Planeten oder erst in der Zukunft leben.

2.1.2 Klassische Naturwissenschaft – eine Weltbeschreibung ohne Zufall

Wenn wir die Entwicklung dieser Form von „nicht-subjektiver" Wissenschaft untersuchen, so sehen wir, dass sie mit der Mathematisierung der Weltbeschreibung ihre volle Wirkung entfaltet hat. Diese Mathematisierung wurde durch die klassische Physik begonnen. Newton und Leibniz haben die Kunst der Differentialrechnung erfunden, die die Grundlage für diese Entwicklung geschaffen hat.

Bei beiden Wissenschaftlern war von einer Trennung in Geistes- und Naturwissenschaften, so wie sie später erfolgte, noch nichts zu spüren. Bei vielen Gebildeten galt und gilt Leibniz zurecht vor allem als bedeutender Philosoph. Wenig geläufig ist in der Öffentlichkeit, dass Newton ein großes Interesse an Alchimie und Theologie hatte. Allerdings sind seine Aufzeichnungen zu diesen Feldern bei weitem nicht so bekannt geworden wie seine mathematischen und physikalischen Schriften. Da er die Lehre von der Trinität Gottes ablehnte, hatte er selbst ein großes Interesse daran, sich nicht durch seine theologischen Ansichten der Ungnade der Obrigkeit auszusetzen.

Wieso ist ohne Differentialrechnung die klassische Physik nicht verstehbar? Auch wenn der eine oder andere Leser unangenehme Erinnerungen aus seiner Schulzeit an diesen Bereich der Mathematik haben mag, so ist doch das grundlegende Prinzip leicht zu verstehen. Die gesamte klassische Physik – d.h. im Wesentlichen Mechanik, Elektromagnetismus, Relativitäts- und Chaostheorie – beruht auf der Annahme, dass es „beliebig kleine" Veränderungen gibt, die dennoch von Null verschieden sein können und müssen. Wir alle haben in der Schule gelernt, dass das Teilen durch Null nicht erlaubt ist, bzw. dass es sinnlos ist, dies zu tun. Ganz viele Ereignisse passieren aber „in einem Augenblick" und nicht über einen längeren Zeitraum. Um dies mathematisch erfassen zu können, ist es wichtig, zum Beispiel sehr kurze Zeitdauern definieren zu können, ohne dass diese jedoch die Dauer „Null" erhalten. In der Schule ist uns mit den Dezimalbrüchen dafür ein Formalismus gelehrt worden, der sehr gut geeignet ist, so etwas zu beschreiben. Dezimalbrüche kann man beliebig klein werden lassen, man muss nur vor dem Komma eine und direkt danach hinreichend viele weitere Nullen schreiben.

> Die klassische Physik beruht auf dieser Annahme der Möglichkeit beliebig kleiner Größen, der Annahme, dass alle Änderungen in der Welt im Wesentlichen „glatt" vonstatten gehen, dass es im Grunde „keine Sprünge" gibt.

So hat bereits Aristoteles gedacht, und so ist es mit riesigem Erfolg in der neuzeitlichen Physik angewendet worden. Natürlich kann man springen, z.B. über eine Pfütze. Aber der Sprung geschieht nicht so, dass ich auf der einen Seite verschwinde und dann plötzlich auf der anderen aus dem Nichts auftauche, sondern ich bewege mich – wie man die ganze Zeit auch sehen kann – recht gleichmäßig durch die Luft. Hinter dieser „Sprunglosigkeit" steht das Bild, dass jede „Plötzlichkeit" sich als etwas „Allmähliches" entpuppt, wenn man nur genau genug nachschaut.

Diese Möglichkeit des – von Null verschiedenen! – „beliebig Kleinen" erlaubt es, eine Geschwindigkeit für einen Augenblick definieren zu können, d.h. für eine beliebig kleine Zeitspanne oder Wegstrecke. Dieses ist von fundamentaler Bedeutung für die gesamte klassische Physik.

Heute ist es eine für jedermann alltägliche Erfahrung, dass man beim Autofahren Kräften ausgesetzt ist. Dies bemerkt man beim scharfen Bremsen oder manchmal sogar beim Anfahren, und dann in Kurven. In der Kurve spürt man Kräfte, selbst wenn die Tachonadel ihre Stellung nicht verändert. Im Altertum und bis in die Neuzeit gab es nur schlechte Strassen und langsame Fahrzeuge. Unter solchen Umständen sind derartige Erfahrungen nicht zu machen. Die Kraftwirkungen, z.B. beim Bremsen, spüren wir weder davor noch danach, sondern nur in dem Augenblick, in dem sich die Geschwindigkeit ändert. Solch ein Vorgang kann sehr kurz sein und es ist es für eine mathematische Beschreibung wichtig, auch in einem solchen Moment die Geschwindigkeit definieren zu können.

Vor Newton und Leibniz war Geschwindigkeit nur als eine Durchschnittsgeschwindigkeit definierbar gewesen. Sie wird erhalten, wenn der zurückgelegte Weg durch die Zeit dividiert wird, so dass wir angeben können, wie viele Meilen wir in einer Stunde oder in einer halben gefahren sind. Aber aus einer solchen Durchschnittsgeschwindigkeit folgt nichts für den einzelnen Moment. Man muss die Wegstrecken im Prinzip beliebig klein oder den Augenblick beliebig kurz wählen dürfen, um die Momentangeschwindigkeit erfassen zu können.

Genau dies wird mathematisch mit den Begriffen der Differentialrechnung möglich, mit ihr konnte die augenblickliche Änderung der Geschwindigkeit erfasst werden – man bezeichnet sie als Beschleunigung – und damit stand der Weg offen für einen objektivierbaren Kraftbegriff – für einen Kraftbegriff, der nicht an die subjektiven Muskelempfindungen gebunden ist und der damit ein Teil der Natur werden kann. Diese großartige Entdeckung Newtons führte die Kraft aus dem Bereich des Lebendigen in die Physik hinein. Wir können uns heute kaum mehr vorstellen, dass – wie erwähnt – von Aristoteles bis einschließlich Galilei die Kräfte nicht zur unbelebten Natur gehörten, sondern für sie in den Bereich der Metaphysik fielen.

„Kraft ist Masse mal Beschleunigung" wird heute allen Schülern beigebracht. Das Bedeutsame an dieser langweilig erscheinenden Formel ist, dass durch sie die Bewegung eines Systems bereits exakt, eindeutig und vollständig festgelegt wird, wenn sein Zustand[6] d.h. beispielsweise bei einem Teilchen sein Ort und seine Geschwindigkeit, lediglich zu einem einzigen Zeitpunkt gegeben ist.

Seit dieser großen Entdeckung können Naturvorgänge durch Differentialgleichungen erfasst werden, die als der mathematische Kern der klassischen Physik betrachtet werden müssen. Differentialgleichungen haben nach der Festlegung von Anfangsbedingungen eine vollständige Festlegung des Zukünftigen zwingend zur Folge. Hier lässt die Mathematik keine Abmilderung zu.

Wenn ein Vorgang mit den Modellen der klassischen Physik beschrieben wird, ist diese Aussage des vollständigen Festgelegtseins eine unvermeidbare Behauptung, die nur dadurch entschärft werden kann, dass die Gültigkeit der klassischen Physik bestritten wird.

Diese Aussage über die totale Festlegung der künftigen Entwicklung eines Systems gilt selbst in solchen Bereichen des Systemverhaltens, in denen wegen einer zu empfindlichen Abhängigkeit der Entwicklung von den Anfangsdaten eine tatsächliche Berechnung nicht in einer überschaubaren Zeit durchgeführt werden kann.

---

[6] Für eine Erklärung siehe Anhang

Unter dem Schlagwort „deterministisches Chaos" ist ein solches Verhalten heute weithin bekannt. Derartige Probleme sind dadurch ausgezeichnet, dass bei ihnen die Anforderungen an die Anfangsgenauigkeit und an die Rechenleistung überproportional im Verhältnis zur Länge der berechneten Vorhersagedauer ansteigen. Diese extreme Empfindlichkeit im Hinblick auf die tatsächlichen Anfangsbedingungen führt zu einem sehr unübersichtlichen Verhalten der verschiedenen Bahnkurven, die auch *bei sehr benachbarten Ausgangsdaten vollkommen unterschiedliches Verhalten* zeigen können. Die Bereiche mit gut berechenbarem und solche mit chaotischem Verhalten können sich eng vermischen, so dass eine Trennung sehr schwierig ist. Wenn die Ausgangspunkte für die Systembahnen aufgezeichnet werden, dann kann für manche dieser Punkte nicht gesehen werden, zu welchem Typus sie gehören. Bei einer graphischen Darstellung dieser Verhältnisse ergeben sich Phänomene der *fraktalen Geometrie*, die z.B. am „Apfelmännchen" mit großem öffentlichen Interesse wahrgenommen werden.

Ausschnitt für nächstes Bild

Abb. 2.1: Das „Apfelmännchen"

Abb. 2.2: Ausschnittsvergrößerung aus dem Apfelmännchen

An diesen Bildern wird auch einem mathematischen Laien deutlich, dass trotz der sichtbaren Regelhaftigkeit an den Rändern des Apfelmännchens eine Vorhersage darüber, ob ein Punkt zu Innen- oder zum Außenbereich gehört und damit den Startpunkt einer Bahn mit diesem oder jenem Verhalten bildet, fast nicht zu ermöglichen ist.

Die Ränder, die die Bereiche unterschiedlichen Verhaltens trennen, können nicht tatsächlich angegeben werden. Eine immer stärkere Vergrößerung zeigt, dass somit ein vollkommen verschiedenes Systemverhalten aus beliebig eng benachbarten Ausgangsdaten erfolgen kann.

2.1.3 Ein anschauliches Modell

Wenn für das Wesen der Differentialgleichungen, also für die Strukturen hinter diesen Zusammenhängen, eine Veranschaulichung gesucht wird, so bietet sich das Bild von Gleisen an, die keine Weichen besitzen.

Als Kind wurde das Spielen mit der Eisenbahn sehr schnell langweilig, solange man lediglich die Schienen für ein einfaches Oval geschenkt bekommen hatte. Selbst wenn sich die Gleise offen durch das Zimmer schlängelten, stand doch bei der Abfahrt des Zuges bereits fest, wo dieser ankommen musste. Die Lösungen von Differentialgleichungen kann man sich vorstellen wie solche Eisenbahngleise ohne jede Weiche. Ohne Weichen kann nichts Zufälliges geschehen, eine durchaus langweilige Vorstellung.

Diese Aussage ist von prinzipieller Natur und hängt nicht davon ab, ob man dies alles, was gemäß Theorie festgelegt ist, auch tatsächlich in der Praxis ausrechnen kann.

Es gibt „gutartige" Probleme der klassischen Physik, bei denen solche Berechnungen relativ einfach und gut möglich sind. Zu ihnen gehört das zuerst von Kepler gelöste Problem der Bewegung eines einzelnen Planeten um die Sonne. Für diese Sorte von Aufgaben folgt aus einer kleinen Veränderung am Anfang auch nur eine kleine Veränderung in der späteren Bahnkurve.

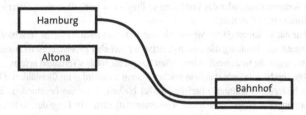

Abb. 2.3: Klassische Physik: Gleise ohne Weichen

Um beim Beispiel mit den Gleisen zu bleiben: Man steigt auf dem Bahnhof aus Versehen auf der falschen Seite des Bahnsteigs in einen Zug und landet in Altona statt in Hamburg. Hier gilt die bequeme Regel, dass kleine Änderungen am Anfang auch nur kleine Änderungen in den Folgen bewirken. „Chaotisches Verhalten" liegt vor, wenn man durch einen gleichen kleinen Irrtum am Anfang statt in Hamburg dann in Paris landet. In den realistischen Modellen der Physik, z.B. bei einem Planetensystem mit mehreren Planeten, ist dies fast immer die Regel und das „Gutartige" ist die Ausnahme in der Mechanik.

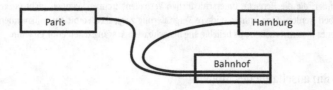

Abb. 2.4: Chaotisches Verhalten der klassischen Physik (Gleise ohne Weichen)

Bereits drei Himmelskörper, z.B. Sonne, Erde und Mond, bilden schon ein chaotisches System. Es ist sicherlich verblüffend, dass dieses simpel anzusehende Dreikörperproblem chaotisch ist, aber man kann zeigen, dass geringe Änderungen an den Bahndaten in einem solchen System dazu führen können, dass plötzlich eines der Objekte das System verlässt. Technisch wird ein solches Verhalten beim so genannten „swing by" von Raketen genutzt. Dabei kann durch eine sehr genau festgelegte Bahn der Rakete von der Erde um einen dritten Himmelskörper – z.B. den Jupiter – herum die Rakete dazu gebracht werden, aus dem Sonnensystem heraus zu fliegen. Die Rakete muss so starten, dass sie dem Jupiter genau entgegenfliegt, und dieser Startzeitpunkt muss ganz exakt eingehalten werden. Dann wird sie auf einem Stück einer Kepler-Ellipse um diesen Himmelskörper herumfliegen und danach eine so große Geschwindigkeit besitzen, dass sie in den interstellaren Raum gelangen kann. Wird der richtige Abflugtermin von der Erde nur um weniges verpasst, wird dagegen die Rakete in einer Bahn zwischen den Planeten verbleiben. Eine winzige Abweichung beim Losfliegen entscheidet somit über das Verlassen des Sonnensystems oder das Verbleiben in ihm – das heißt über einen Unterschied von vielen Billiarden von Kilometern!

Für ein so kompliziertes System wie das Wetter mit seinen vielen verschiedenen, gar nicht abschätzbaren Einflussgrößen ist man sicherlich viel eher geneigt, dessen Chaotizität zu glauben – zumal uns die Wettervorhersagen einen Spiegel für solches Verhalten liefern.

Die Abschätzung, wie stabil ein solches System sein wird – im Gleisbild: wie lange die Schienen hinter dem Bahnhof ungefähr parallel bleiben, bevor sie beginnen, in alle Richtungen auseinander zu laufen –, stellt eine schwierige mathematische Frage dar. So ist es eine erst recht neue Erkenntnis, dass das Sonnensystem in seiner jetzigen Form noch für viele Millionen Jahre stabil sein wird. Beim Wetter ist der Bereich der Stabilität, für den es sich also lohnt, etwas auszurechnen, leider meist nur wenige Tage groß. Trotz dieser Unmöglichkeit, aus dem Modell durch Rechnung eine sinnvolle langfristige Prognose erhalten zu können, bleibt aufgrund des Modells die Lösungskurve, die das Verhalten des Modells für die Zukunft erfasst, vollständig festgelegt. Solche Lösungskurven können sich weder verzweigen noch vereinigen.

Dieses Verhalten wird auch nicht dadurch verändert, dass meine Beschreibung eines solchen Anfangspunktes ungenau ist. Wenn ein Modell, zum Beispiel die Bewegung der Planeten um die Sonne, auf Herz und Nieren geprüft werden soll, dann kann doch der wahre Ort der Planeten nicht davon abhängen, ob ich ihn weiß oder nicht. Meine mangelnde Kenntnis wird die Beschreibung ungenau werden lassen, dies hat aber überhaupt nichts mit der mathematischen Struktur des Modells und des Teils der Wirklichkeit zu tun, die es erfassen soll.

Wir sollten uns noch einmal verdeutlichen, dass in den Naturwissenschaften stets über Modelle gesprochen wird. Von denen hofft man natürlich, dass sie das Modellierte möglichst gut erfassen.

Die Modelle der klassischen Physik können nur deterministisch sein, da in ihnen an einem einzigen Zeitpunkt alles, die ganze künftige Entwicklung, festgelegt wird. Die klassische Physik stellt also die Verkörperung des kausalen Denkens in seiner reinsten Form dar, weshalb sie auch bei vielen Physikern so beliebt ist und zugleich für andere Wissenschaften als Vorbild angesehen wird.

Denn in der Praxis bedeutet dies, dass bei einem genau getroffenen Abschuss eine Rakete über Millionen von Kilometern richtig fliegen wird, und auch, dass eine gemäß dieser Theorie ordnungsgemäß gebaute Brücke nicht einstürzen wird.

Trotz aller Erfolge ist aber gerade der prinzipielle Ausschluss des Zufalls eine Schwäche des klassischen Ansatzes. Oft wird versucht, die klassische Theorie damit zu erweitern, dass die Unfähigkeit, absolut genaue Messungen machen zu können, auf eine Ungenauigkeit des zu messenden Objektes umgedeutet wird. Dies ist aber im Rahmen des Modells der klassischen Physik unzulässig. Wenn wir so etwas in Alltagssprache übersetzen, dann müssten wir sagen, der Tisch vor mir habe keine feste Länge nur deshalb, weil ich meinen Maßstab nicht zur Hand habe. So etwas würde niemand glauben, denn der Tisch hat seine Länge unabhängig davon, ob ich sie messe oder nicht – so die klassische Physik in Übereinstimmung mit der Alltagswirklichkeit.

Wenn der Messfehler die Quelle von Zufall sein soll, dann kann dieser Zufall nur der des deterministischen Chaos sein. Selbstverständlich ist es richtig, dass auf der Grundlage von ungenauen Anfangsdaten nur ungenaue Vorhersagen möglich sind. Dann werde ich vielleicht verwundert sein, wenn die tatsächliche Entwicklung eines Systems nicht so verläuft, wie ich erwartet habe. Ein solcher Zufall ist aber nur in meiner Unfähigkeit begründet, genauer arbeiten zu können, er ist nicht objektiv. Nach den mathematischen Modellen der klassischen Physik ist alles festgelegt, nur ich werde wegen meiner unzureichenden Kenntnis überrascht.

Wenn damit der Zufall aus meiner unzureichenden Vorhersagefähigkeit folgen soll, so wird ein subjektiver Zug in die Theorie eingeführt, für den sie keinen Platz bietet, denn mit einem solchen „Hineinpacken des Zufalls von außen und per Hand" wird die mathematische Struktur der Theorie zerstört. Für diese willkürliche Abänderung kann die klassische Physik keine Rechtfertigung liefern.

Dass in der Praxis diese Außerkraftsetzung der klassischen Physik dennoch mit großem Erfolg gehandhabt werden darf, liegt daran, dass hinter allen klassischen Modellen das bessere Modell der Quantentheorie steht, die mit ihrer neuen mathematischen Struktur die Begründung für ein solches Vorgehen liefern kann und die die Realität des Zufalls begründet. Aber ohne den quantentheoretischen Hintergrund kann eine solche Erklärung nicht gegeben werden und die Abänderung der klassischen Theorie sähe dann wie reine Willkür aus.

2.2 Ist alles vorherbestimmt – auch unsere Erkenntnis?

Ein solches – sehr erfolgreiches – Weltbild, wie es die klassische Physik anbietet, legte nahe, es auch für das Verstehen der Vorgänge zu verwenden, die allem Erkennen zugrunde liegen, d.h. für das Verstehen der Entwicklung der menschlichen Erkenntnis aufgrund ihrer naturwissenschaftlichen Basis im Gehirn.

Bis heute werden noch immer für die Abläufe der biochemischen und biologischen Prozesse im Gehirn die Beschreibungsmodelle der klassischen Physik vorausgesetzt und angewendet und damit auch – zumeist unausgesprochen – ihre Differentialgleichungsstruktur, bei der von einem Startpunkt ausgehend die ganze Zukunft festliegt.

Ein Grund für diese Verwendung der klassischen Physik in der Hirnforschung liegt darin, dass bis heute diese Modelle noch ausreichend gut sind und dass sie in diesem Bereich der Forschung ihre Unzureichendheit noch nicht unwiderleglich aufgezeigt haben.

Hier sehen wir eine Analogie zur Geschichte der Physik, in der es ebenfalls einer sehr langen Entwicklung bedurfte, bis die experimentelle und theoretische Entwicklung soweit vorangeschritten war, dass die klassische Physik sich definitiv als nicht mehr ausreichend für eine sehr genaue Naturbeschreibung erwiesen hat.

Solange man nicht zu weit entfernt von der Alltagsgenauigkeit arbeitet, ist die klassische Physik völlig ausreichend. Das Wirkungsquantum ist eine extrem winzige Größe, und wenn man es – wie die klassische Physik – einfach ignoriert, macht es in vielen Fällen sehr wenig aus.

Erst nachdem die Experimente *sehr genau* geworden waren und sich auch die Theorien weit genug entwickelt hatten, musste die Weltbeschreibung mit Hilfe der klassischen Physik ergänzt werden durch eine solche, die die Quantentheorie mit einbezieht.

Wegen dieser Kleinheit des Wirkungsquantums wird oft noch geglaubt, der Geltungsbereich der Quantentheorie sei lediglich der inneratomare Bereich der Welt. Natürlich ist es richtig, dass man im sehr Kleinen sehr genau messen muss, um überhaupt etwas Sinnvolles erhalten zu können. In größeren Bereichen hingegen erhält man mit weniger Genauigkeit oft bereits ausreichende Resultate. Weil Nervenzellen natürlich sehr viel größer sind als einzelne Atome, wird es zumeist noch nicht als notwendig angesehen, für die Arbeitsweise des Gehirns, also für den materiellen Bereich unserer Erkenntnisgrundlagen, die Quantentheorie in den Rahmen der theoretischen Beschreibungen einzubinden. Der Verzicht auf eine quantentheoretische Beschreibung erzwingt aber – wie bereits ausgeführt – aus mathematischen Gründen, eine Determiniertheit aller Prozesse anzunehmen. Dies ist die einzige Möglichkeit, die von der Physik erlaubt wird, wenn die Prozesse ohne Quantentheorie und natürlich dann auch ohne versteckte Anleihen bei dieser Theorie beschrieben werden sollen.

Wollte man dennoch die strikte Vorherbestimmung ablehnen ohne die Quantentheorie zu akzeptieren, müsste man die noch viel kühnere Hypothese aufstellen, dass wir es im Hirn mit Vorgängen zu tun hätten, die aus prinzipiellen Gründen einer physikalischen Beschreibung nicht zugänglich seien. Als Physiker hätte man mit einer solchen Hypothese natürlich große Schwierigkeiten und andererseits gibt es wenig Argumente dafür, die gegenwärtig beste und genaueste Theorie der Naturwissenschaften ausgerechnet in diesem Bereich nicht verwenden zu sollen. Viele Menschen wissen, dass viele Naturwissenschaften nur einen begrenzten Geltungsbereich besitzen. So gibt es riesige Bereiche im Weltall, wo die Chemie, die Wissenschaft vom Bau und den Eigenschaften der Moleküle, als Wissenschaft vollkommen irrelevant ist. So sind fast alle Sterne viel zu heiß, als dass auf oder in ihnen Moleküle gebildet werden könnten. Die Biologie hat im Weltall noch weniger Bereiche, wo sie als Wissenschaft vom Leben etwas finden könnte, dass ihr Gegenstand sein könnte. Denn zuerst müssen für Leben chemische Verbindungen möglich sein, aber das ist noch nicht ausreichend. Obwohl auch wir glauben, dass Leben überall dort zu finden sein wird, wo es nicht absolut unmöglich ist, dass Leben existieren kann, wissen wir bisher erst von unserem eigenen Planeten, dass es auf ihm Leben gibt. Wahrnehmungen und später beispielsweise Sprache und Kultur sind nach all unserem Wissen selbstverständlich daran gebunden, dass Leben möglich war und ist.

Oft macht man sich aber nicht bewusst, dass es im gesamten Universum nicht einen einzigen Ort gibt, an dem die Physik unzuständig wäre. Der Geltungsbereich der Physik erstreckt sich auf alles, wovon man Wissen erwerben kann – wenn wir Parmenides und Platon folgen –, aufs ganze Sein. Dies muss auch so sein, da ja die Physik sich nur auf die einfachsten Strukturen konzentriert, auf Strukturen, die so einfach sind, dass sie mit mathematischen Gesetzen erfasst und beschrieben werden können. Diese einfachen Strukturen werden zurecht als die grundlegenden verstanden, deshalb ist es im Rahmen jeder Naturwissenschaft sehr wichtig, zuerst diese Grundlagen zu betrachten, bevor man sich dem zuwendet, das wegen seiner Komplexität vielen Menschen als viel interessanter erscheint.

Im Bereich der Hirnforschung sehen wir, dass die grundlegende Rolle der Physik durchaus erkannt worden ist. Allerdings wird bisher von ihr lediglich der Teil assimiliert, den die Physiker als die klassische Physik bezeichnen. Die Annahme von der durchgehenden Gültigkeit der klassischen Physik ist aber seit einem dreiviertel Jahrhundert obsolet geworden. Seitdem kann man sie nur noch als den Juniorpartner der Quantentheorie ansehen.

Auf Grund der bisherigen Modelle auf der Basis der klassischen Physik musste man vollkommen zu Recht auf dem Standpunkt beharren, dass der Mensch wegen solcher naturgesetzlichen Festgelegtheit z.B. gar keinen freien Willen besitzen kann. Das bisher als gültig angesehene naturwissenschaftliche Dogma der vollständigen Prädestination unseres Geistes steht im Widerspruch zu den Erfahrungen, die die meisten Menschen an sich selbst machen. Auch aus naturwissenschaftlicher Sicht ist der Determinismus eine – wie wir zeigen werden – meist unzureichende Beschreibung der Welt.

2.2.1 Die Welt ist nicht langweilig

Die Theorien, die wir in der Schule lernen, und die Bilder, die wir uns dazu machen, können für lange Zeit unser Weltbild bestimmen. Wer, wie viele Menschen, von der Physik lediglich ihren klassischen Teil rezipiert hat und von der Quantentheorie lediglich das Vorurteil kennt, sie sei unverstehbar und außerdem außerhalb der Atome bedeutungslos, der kommt – wenn er nicht auf die Konsequenzen der mathematischen Modelle und damit auf eine physikalische Erklärung vollkommen verzichten will – an einer Welt „ohne Weichen" nicht vorbei.

Nimmt man aber die moderne Physik zur Kenntnis, wird die Welt faszinierend und interessant. Bereits in der unbelebten Natur können wir dann Spontaneität und Geheimnis finden.

2.3 Der Zusammenhang von Gehirn und Kosmos

Wenn man die Vorgänge im Gehirn, die neuronalen Prozesse, die unser Denken generieren, aus deren möglicher Entwicklung verstehen will, dann muss man auch – zumindest prinzipiell – darlegen, wie man sich diese Evolution vorstellt.

Die Begründung für Thesen zu diesem Entwicklungsprozess kann nicht erst mit dem erwachsenen Menschen beginnen, auch nicht mit dem Neugeborenen, nicht einmal mit der Entstehung des Menschen als einer biologischen Art. Denn wenn mit einem solchen sehr komplexen und unübersichtlichen Modell wie einem Lebewesen begonnen wird, dessen mathematische Grundstruktur absolut undurchsichtig ist, weiß man nicht, welche Vorannahmen damit implizit bereits mit eingebaut sind.

Für ein wirkliches Verständnis muss man von den grundlegenden physikalischen Begriffen ausgehen. Somit wird ein Zurückgehen auf den tatsächlichen Beginn der Evolution erforderlich. Dies wird im nächsten Kapitel ausgeführt werden. Dabei wird es sich zeigen, dass die Welt viel überraschender und abwechslungsreicher ist, als sich unsere Schulweisheit träumen lässt.

Die Geschichte des Kosmos und die der Objekte in ihm ist keineswegs bis in alle Einzelheiten festgelegt. Es gibt kein Buch des Schicksals, in dem der Held des Epos nur das erleben kann, was ihm vorbestimmt ist. Dieses Bild aus manchen alten – und auch aus einigen neuen naturwissenschaftlichen – Mythen ist nicht nur ausweglos, sondern zum Glück auch unzutreffend.

Dass das Verstehen des Menschen und das Verstehen des Universums in der Tat zusammengehören, das haben die Menschen seit alters her gespürt. Die großen Mythen, die darüber sprechend die Erfahrungen und Ahnungen vieler Generationen zusammengefasst haben, verbinden stets diese beiden Bereiche.

Dass dabei durchaus etwas Wichtiges erfasst worden ist, können wir aus heutiger Sicht mit unseren wissenschaftlichen Methoden verdeutlichen. Auch die moderne Naturwissenschaft führt zu der Einsicht, dass das Verstehen der Welt und das Verstehen des Menschen ineinander verwoben sind.

3 Die kosmische Evolution: Der lange Weg vom Urknall zum menschlichen Gehirn

Der Startpunkt für die Beschreibung der Evolution ist nicht der Beginn des Lebens auf der Erde oder die Entstehung unseres Sonnensystems, sondern notwendigerweise bereits der Beginn der Welt, soweit wir von ihm empirisch gesicherte Kenntnisse haben können. Wir sehen uns Menschen in einen kosmischen Zusammenhang eingebunden und von diesem Zusammenhang her wird auch das Wechselspiel von Leib und Seele verstehbar.

Einen solchen Zusammenhang des menschlichen Geistes mit dem kosmischen Ganzen haben die Dichter und Philosophen gespürt. So formuliert Goethe[7]:

> Müsset im Naturbetrachten
> immer eins wie alles achten
> Nichts ist drinnen, nichts ist draußen,
> Denn was innen, das ist außen.

und an anderer Stelle

> Alles, was im Subjekt ist, ist im Objekt, und noch etwas mehr.
> Alles, was im Objekt ist, ist im Subjekt, und noch etwas mehr.

Heute können wir auf der Basis der modernen Naturwissenschaften etwas von dem erklären, was dort erahnt werden konnte.

Das Wort vom Urknall ist in aller Munde. Wenn wir nach einer naturwissenschaftlichen Beschreibung der Herausentwicklung dessen suchen, was als Denken und Fühlen den Menschen von all den anderen uns bekannten Lebewesen unterscheidet, dann werden mögliche Anfangsbedingungen für diese Beschreibung am absoluten Beginn aller Entwicklung vom Niederen zum Höheren zu finden sein, am Urknall. Darüber hinaus – in ein hypothetisches „Davor" – lässt sich keine Kausalkette hinausdenken.

Der Begriff des Urknalls erweckt von seinem Lautklang her einen recht definierten Eindruck und er markiert in der Tat die Grenze jeglicher Naturwissenschaft, die auf Erfahrung, auf Empi-

---

[7] Goethe (1977), S. 34

rie gegründet sein will. Ob in seinem Zusammenhang das mathematisch-physikalische Konzept von Anfangsbedingungen sinnvoll ist, braucht uns hier nicht weiter zu beschäftigen. Jedenfalls können wir nicht auf kosmologische Betrachtungen verzichten, für die nach all unserem heutigen Wissen der Urknall eine für die Empirie unüberschreitbare Grenze setzt.

Das Bild der „Kausalkette" verdeckt allerdings die Tatsache, dass in allen den Vorgängen vom Anfang an bis jetzt auch stets ein objektiver Zufall bedeutsam war und ist. Er ergibt sich aus dem Zusammenwirken der klassischen Physik mit der Quantentheorie, deren universelle Gültigkeit viel zu oft unterschätzt wird. So spielt bei jeder Mutation der Zufall eine Rolle, denn besonders bei diesen Änderungen des Erbgutes ist der Einfluss von Quantenvorgängen keinesfalls zu vernachlässigen. Während im Rahmen der klassischen Physik jede einzelne Mutation als vorherbestimmt angesehen werden muss, setzen die quantentheoretischen Naturgesetze lediglich einen Rahmen von Möglichkeiten fest. Innerhalb dieses Rahmens existiert für die Einzelmutation keine zusätzliche oder genauere Festlegung; welche Einzelmutation tatsächlich eintritt, liegt also nie fest.

Zuerst soll aber über die mögliche Reichweite naturwissenschaftlicher Aussagen nachgedacht werden, die den Kosmos als Ganzen betreffen.

3.1 Kosmologie als notwendiger Teil empirischer Naturwissenschaft

Das Ziel der mathematisierten Naturwissenschaften besteht darin, allgemeine Gesetze zu suchen, Gesetze, die für jede sinnvolle Anfangsbedingung eine gesicherte Entwicklung des Beschriebenen liefern.

Der Sinn eines solchen Gesetzes besteht also darin, für sehr viele Fälle gültig sein zu sollen. Der heute zu beobachtende Kosmos ist riesig groß, fast alles, was wir *darin* finden, gibt es in einer Vielzahl von Fällen. Daher ist es ein sehr sinnvolles Konzept, nach solchen allgemeinen Gesetzen für diese Vielheiten zu suchen. Deren mögliche Anwendungsgrenzen zeigen auf, an welchen Stellen diese Theorien zu erweitern oder zu verbessern sind.

Es gehört zum Wesen der Naturwissenschaften, dass sie ihre Anwendungsmöglichkeiten, die Reichweite ihrer Prognosen, so weit wie möglich überprüft. Daher müssen wir für die Naturgesetze, die wir hier auf der Erde gefunden haben, untersuchen, ob und wo sie möglicherweise ihre Gültigkeit und Anwendbarkeit verlieren. Wir müssen daher den Bereich unserer Naturgesetze notwendigerweise soweit ausdehnen, wie dies irgend möglich ist.

Alles, was wir mit unseren Geräten erforschen können, alles, was in unseren Teleskopen sichtbar wird, muss auf seine Übereinstimmung mit den geltenden Theorien geprüft werden. Nur so, aus einem möglichen Versagen der Modelle, kann man lernen, wie diese zu verbessern sind.

Wenn wir alles im Kosmos untersuchen wollen, dann schöpfen wir damit das Universum gleichsam „von innen her aus", bekommen es als Ganzes in den Blick, betreiben Kosmologie! Somit wird Kosmologie für die empirischen Naturwissenschaften zu einer unverzichtbaren Notwendigkeit.

Wir sehen es heute zurecht als einen großen wissenschaftlichen Fortschritt an, dass die Kosmologie von einem Bereich mythischer oder später philosophischer Spekulationen übergegangen ist zu einer Theorie, die in mathematischer Gestalt eine genaue Beschreibung erlaubt und die überprüfbare Konsequenzen der mathematischen Konzepte ermöglicht. Durch diese Anbindung an Beobachtungen verstehen wir sie als einen Teil der Physik.

Dennoch muss man sich auch deutlich machen, dass Kosmologie einen anderen Status als die anderen Naturwissenschaften hat.

Die Kosmologie, die sich mit dem Kosmos als Ganzem befasst, findet natürlich im Kosmos statt, handelt also in einem gewissen Sinne auch von sich selbst. Für solche selbstbezüglichen Systeme gilt, dass sie in ihrer Totalität nicht völlig von der Logik erfasst werden können.

Wie wir seit Gödels großer Entdeckung wissen, gilt derartiges selbst für die Mathematik, dass nämlich die Widerspruchsfreiheit eines mathematischen Systems nicht mit den Mitteln dieses Systems bewiesen werden kann. Das bedeutet nicht, dass Gödel oder die späteren Mathematiker etwa an Widersprüche innerhalb der Mathematik glauben würden, aber wie bei allen selbstreferentiellen Systemen lässt sich diese Überzeugung nicht mit den Mitteln der Logik in eine absolute Gewissheit überführen. Für das „Bewusstsein" werden wir ebenfalls eine analoge Struktur erwarten dürfen.

Wir werden also Kosmologie betreiben, betreiben müssen, allerdings mit einer gewissen Vorsicht und ohne den Gewissheits- und Absolutheitsanspruch, den ihr manche zeitgenössische Philosophen oder Naturwissenschaftler zubilligen. Mit einem solchen Anspruch würde die Kosmologie – zumindest aus unserer Sicht – zu sehr in die Nähe einer pseudoreligiösen Welterklärung gerückt.

Die Suche nach „allgemeinen Gesetzen" für den Kosmos selbst hat eine Analogie zum Menschen. Auch für diesen gibt es sinnvolle naturwissenschaftliche Beschreibungen seiner einzelnen Teile, die bei allen Menschen vorkommen und bei allen dem gleichen Zweck dienen.

Es kann aber kein *allgemeines* Gesetz geben, das ein *Individuum* in seiner Ganzheit wirklich erfassen könnte.

Ein Gesetz für einen Einzelfall würde sogar im Bereich der Justiz als systemwidrig gelten, um wie viel mehr dann im Rahmen der Naturwissenschaften! Und wenn ein „Gesetz" dies tun würde, dann könnte es nicht allgemein sein, es wäre kein Gesetz sondern eine Beschreibung. Wir müssen also bedenken, dass dies auch für den Fall des Kosmos gilt, zumindest solange wir ihn als beobachtbar ansehen. Der Kosmos ist ein Einzelfall wie ein Mensch, was sich leicht einsehen lässt:

Wenn wir den Kosmos definieren als „die Gesamtheit all dessen, wovon es nicht prin-
zipiell unmöglich ist, Wissen erhalten zu können – also die Gesamtheit all dessen, was
Gegenstand von empirischer Wissenschaft sein kann", dann ist dieser – als Gegenstand
von Wissenschaft – notwendigerweise ein einziger.

Empirische Wissenschaft basiert auf Erfahrung, man muss also etwas messen, etwas beobachten können. Die Anbindung an die Erfahrung unterscheidet die wissenschaftliche Kosmologie
von den Mythen und von der reinen Mathematik, die beide diese Verknüpfung zur Empirie nicht
fordern.

Wie steht es dann um einen weiteren „Kosmos" – oder gar um viele von ihnen? Wenn es
nicht prinzipiell unmöglich ist, Wissen aus oder über ihn erhalten zu können, dann ist er ein –
möglicherweise ferner – Teil des einen Kosmos. Ist aber jede Beobachtung ausgeschlossen,
dann steht es um ihn nicht viel besser als um den Olymp der griechischen oder um das Walhal-
la der germanischen Götter.

Natürlich kann man nicht ausschließen, dass es noch andere Kosmen gibt, selbstverständlich
macht es Spaß, über „Multiversen" zu phantasieren und im Science-Fiction-Umfeld über den
Wechsel zwischen ihnen zu fabulieren.

Aber eine Wissenschaft, die sich als „empirisch" verstehen will, kann sich nicht mit dem befassen, wovon es erkennbar unmöglich ist, Wissen erhalten zu können.

Alles aber, von dem wenigstens im Prinzip nicht ausgeschlossen ist, dass es gewusst werden könnte, das gehört gemäß Definition zum Kosmos, zu *dem Uni*versum.

Die naturwissenschaftliche Denkweise mit ihrem berechtigten Beharren auf Gesetzen hat die
erste Person, das *Ich* des Menschen, ausgeschaltet, um dadurch Objektivität zu erreichen. Eine
objektive Beschreibung wird daher einem einzelnen Menschen nicht wirklich gerecht werden
können.

Die andere Grenze der naturwissenschaftlichen Methode stellt, wie erwähnt, der Kosmos dar,
der als ein Einzelnes gewiss beschrieben und vielleicht auch verstanden werden kann. Wenn
aber allgemeine Gesetze nicht nur für seine Teile sondern auch für das Ganze aufgestellt werden, ist dies jedoch mit der oben dargestellten Problematik behaftet.

3.1.1 Der Urknall als Grenze der Erfahrung

Wir hatten gesehen, dass es unvermeidlich ist, im Rahmen der modernen empirischen Naturwissenschaften Kosmologie zu betreiben, die Gültigkeit unserer Theorien bis an mögliche Grenzen auszudehnen.

Diese Ausdehnung stößt am hypothetischen Anfang des Kosmos an eine besondere Grenze.
Die Voraussetzung von empirischer Naturwissenschaft, d.h. die Möglichkeit, Erfahrungen machen zu können, erscheint immer weniger begründet, je weiter wir in die Vergangenheit zurückgehen. Diese Aussage gilt genau dann, wenn unsere heutigen Theorien einen hohen Grad an

Gewissheit beanspruchen dürfen. Das ist nicht die Folge davon, dass wir hier so unermesslich weit in die Vergangenheit zurückgehen müssen, sondern ist deswegen nicht möglich, weil die Strukturen verschwinden, die notwendig sind, um über „Erfahrung" überhaupt sinnvoll sprechen zu können. Die Zeit selbst verschwindet immer mehr und damit die Möglichkeit von Empirie.

Wie ist dies zu verstehen? Nach allen Beobachtungen darf es heute als gesichert gelten, dass sich vor etwa 15 Milliarden Jahren der Kosmos in einem Zustand befunden hat, der vollkommen verschieden war von allem, was wir heute kennen. Er war ungeheuer viel dichter und heißer als die normalen Sterne, und sicherlich auch viel kleiner. Dies ist bereits eine Aussage über Bestandteile des Kosmos und genügt so den Ansprüchen, die wir oben für ein naturwissenschaftliches Gesetz gefordert haben. Seit dieser Phase hat sich der Kosmos ständig ausgedehnt und dadurch die niedrige Temperatur und die geringe Dichte erhalten, die wir heute an ihm beobachten können.

Umgekehrt gilt, je dichter und heißer bei unserem gedanklichen Zurückgehen in die Vergangenheit das kosmische Gas wird, desto weniger wird es möglich, von der Gültigkeit und Notwendigkeit einer Quantenbeschreibung absehen zu können. Dies ist heute allgemeiner Konsens unter den Physikern, denn damals existierte noch nichts von den heute vorhandenen Formen der Materie. Die ungeheure Temperatur und Dichte und die geringe räumliche Ausdehnung erfordern es, die Elementarteilchenphysik zu Hilfe zu nehmen, um den Zustand der Materie in dieser Phase des Universums zu beschreiben. Daher gibt es kaum Widerstände gegen die Einbeziehung der Quantentheorie in der Form der Quantenfeldtheorie der Elementarteilchen für die Beschreibung des Universums kurz nach dem Urknall.

Weniger allgemein verbreitet ist die Einsicht in eine notwendige Folge, die sich aus der Annahme einer alleinigen Gültigkeit der Quantenphysik ergibt. *Damit sich aus dem Quantenzustand, der in der Frühzeit des Kosmos vorhanden war, Fakten herauskristallisieren können, ist es erforderlich, dass auch die klassische Physik dort gewisse Gültigkeitsbereiche hat.*

Das kann aber nach allen heutigen Kenntnissen in der unmittelbaren zeitlichen Nähe zum Urknall nicht zutreffen. Unter den Bedingungen, die damals geherrscht haben müssen, sind Bereiche, die der klassischen Physik genügen, nicht vorstellbar.

Wenn aber erst durch die Übergänge von Quantenzuständen zu klassischen Zuständen die Fakten entstehen, kann auch erst mit deren Entstehen die Zeit in ihrer Zeitlichkeit begründet werden. Denn nur ein Faktum erlaubt eine unverrückbare Unterscheidung von Vorher und Nachher, von vor dem Geschehen des Faktums und nach seinem Eintritt. Wir müssen daher über das Wesen der Zeit etwas mehr nachdenken.

3.1.2 Über die Zeit

Die Relativitätstheorie und die Quantentheorie haben viel von unseren naiven Vorstellungen über Zeit relativiert.

Im so genannten „Zwillingsparadox" zeigt es sich, dass der Zeitablauf für verschieden bewegte Beobachter verschieden ist. Der Zwilling, der im Raumschiff geflogen war, ist weniger gealtert als sein auf der Erde verbliebener Bruder. Dieser „unterschiedliche Zeitablauf" ist heute in vielen Experimenten mit instabilen Elementarteilchen bestätigt worden. Ferner stellte sich in der

Relativitätstheorie heraus, dass der Begriff der Gleichzeitigkeit für verschieden bewegte Beobachter nicht universell definiert werden kann. Somit ist nicht nur das subjektive Erleben der Betreffenden, sondern der ganze Zeitablauf aller Vorgänge in verschieden gegeneinander bewegten Systemen verschieden.

In der Quantentheorie wird im „individuellen Prozess", dem reinen Quantenprozess zwischen zwei Messungen, der Zeitablauf etwa so strukturlos, wie es in manchen literarischen Darstellungen über meditative Zustände berichtet wird. Erst die Fakten, die bei den Messungen entstehen, ermöglichen, dass sich durch die entstehende Vorher-Nachher-Struktur das Wesen der Zeit zeigt. Ohne eine zumindest theoretische Möglichkeit von Fakten wird die Zeit immer weniger eine sinnvolle physikalische Größe, sie bleibt lediglich ein mathematischer Parameter, dessen Deutung schwierig ist.

Es gibt die unter den heutigen Physikern weit verbreitete Meinung, dass es ein sinnvolles Unterfangen sei, die Gültigkeit der Physik als einer Wissenschaft mit empirischem Anspruch bis direkt an den Urknall auszudehnen. Dieser Ansatz übersieht aber, dass die Grundvoraussetzung der Empirie, die Struktur von Zeit, in der Nähe des Urknalls immer mehr fraglich wird. Genau dann, wenn die heutigen allgemein anerkannten physikalischen Theorien richtig sind, ist diese Grundvoraussetzung einer jeden Erfahrungswissenschaft, einer jeden Empirie – die Existenz von Fakten – umso weniger erfüllbar, je mehr man sich in seinen Vorstellungen dem fiktiven Anfang des Universums nähert. Dort besteht eine strukturlose Einheit, die es nicht erlaubt, zwischen „Vorher und Nachher" zu unterscheiden, denn es existiert nichts zu Unterscheidendes. Daher kann die Naturwissenschaft über diesen „Anfang" kein gesichertes empirisches Wissen haben, denn dieser „Anfang" liegt aus den genannten Gründen jenseits des Geltungsbereiches aller Empirie.

Diese Überlegungen würden auch dann gelten, wenn man versuchen würde, nur im Rahmen der klassischen Physik und unter Ausschaltung von Quantenvorstellungen Kosmologie zu betreiben. Diejenigen kosmologischen Modelle aus der allgemeinen Relativitätstheorie, welche die heute überschaubare Entwicklung zutreffend beschreiben, haben fast alle eine Anfangssingularität. Den Sinn einer „Singularität" kann man auch dem Nichtmathematiker einfach erklären:

„Singularität meint, die Theorie ist so gut, dass sie dort ihre eigene Unanwendbarkeit aufzeigt."

Es gibt ein Modell, das den „Big Bang" durch einen „Big Bounce"[8] ersetzt und an Stelle eines „Urknalles" das Zusammenstürzen eines Prä-Kosmos postuliert, der dann aus einem „Fast-Urknall" heraus wieder expandierend zu dem heutigen wird. Damit könnten die Probleme einer Anfangssingularität in der allgemeinen Relativitätstheorie zwar von den 15 Milliarden Jahren weg auf eine unendlich ferne Vergangenheit verschoben werden, aber ob man dies als Vereinfachung ansehen will, bleibt jedem selbst überlassen. Dass aber auch dann der Anfang dieses Prä-Kosmos nicht zur Empirie gehört, bleibt auch in diesem Modell noch immer wahr.

---

[8] Blome, Höll, Priester (1997), Blome, Priester (1984, 1991); „Bounce" ist das Aufschlagen und wieder Hochspringen eines Gummiballes

In der gegenwärtigen Kosmologie spricht man zwar viel von den „ersten drei Minuten", nachdem ein populäres Buch mit diesem Titel viel Aufmerksamkeit gefunden hat[9], aber man sollte dies im Grunde nur als eine Metapher verstehen. Natürlich können wir mathematische Modelle in Bereiche fortsetzen, in denen sie mit dem, was sie eigentlich beschreiben sollten, nichts mehr gemeinsam haben. Aber dann sind sie nur noch reine Mathematik, die als solche natürlich auch sehr spannend sein kann und ihre Existenzberechtigung besitzt.

Die Kosmologie kann aber beim Überschreiten dieser Grenze nicht mehr in Anspruch nehmen, darüber hinaus auch noch Physik, d.h. eine an mögliche Erfahrungen angebundene Naturwissenschaft sein zu können.

Und wenn in der zeitlichen Nähe des Urknalles die Voraussetzungen für die Gültigkeit von *Physik als Modell von Welterklärung, die auf Empirie beruht*, nicht erfüllbar sind, so ist gewiss, dass wir über den „Anfang" nichts naturwissenschaftlich Gesichertes wissen können.

3.2 Die kosmische Entwicklung: Vom Urknall zur Erde

Wir wollen nun die wesentlichen Etappen der kosmischen Entwicklung zusammenfassen und zeigen, wie sich aus dem Tohuwabohu des Anfangs das herausbildet, was wir heute im Kosmos vorfinden.

Der entsprechende griechische Ausdruck, das „Chaos", beschreibt heute in der mathematischen Physik eine vollkommen gesetzmäßig festgelegte Situation. Somit kann heutzutage dieser Begriff die Offenheit der Möglichkeiten nicht mehr ausdrücken. Wir verwenden aus diesem sprachlichen Grund hier den hebräischen Ausdruck, der im ersten Schöpfungsbericht der Bibel für „wüst und leer", für die Situation am Beginn der Schöpfung gebraucht wird. Unserer Meinung nach wird mit „wüst" die Strukturlosigkeit dieses Zustandes und mit „leer" die Abwesenheit erkennbarer Objekte gut erfasst.

Auch wenn wir meinen, dass wir Menschen den Anfang des Universums „nicht in den Griff bekommen können", so glauben wir doch, dass die heutigen naturwissenschaftlichen Aussagen für die Phasen, die auf die „ersten drei Minuten" folgen, sehr gut begründet und fundiert sind.

Tatsächliche Beobachtungsergebnisse haben wir aus der Epoche vorliegen, die auf die „ersten dreihunderttausend Jahre" folgt. Die Zeit davor können wir nur indirekt erschließen, weil der Kosmos undurchsichtig war. Er war so extrem heiß, dass alle Materie ionisiert war. Das Licht hatte damals keine Möglichkeiten, weite Strecken zurücklegen zu können, da es wegen der hohen Temperaturen noch keine Atome gab. Lediglich Elektronen und Protonen, die Wasser-

---

[9] Weinberg (1989)

stoffkerne, sowie Alpha-Teilchen, die Heliumkerne, flogen frei herum. Die freien Elektronen konnten mit allen Photonen, den Teilchen des Lichts, wechselwirken, da sie noch nicht in Zustände innerhalb der Atome gebunden waren. So emittierten sie bei jedem Abbremsen Licht und konnten andererseits von *jedem* Photon gestoßen werden.

Wenn wir heute ein Photon empfangen, so erhalten wir damit eine Information über den Zustand, der zu seiner Aussendung geführt hat. Wenn es allerdings gestreut worden ist, dann trägt es vor allem die Information über die Quelle der Streuung mit sich. Wenn wir beispielsweise einen Baum sehen, so trägt das Licht für uns nicht mehr die Information über die Sonne mit sich, von wo es ursprünglich gekommen war, sondern über den Baum, von dem es zuletzt gestreut worden ist. Die Historiker kennen ein ähnliches Problem, wenn nämlich alte Pergamente abgeschabt worden sind und mit einem neuen Text beschrieben wurden. Dann bedarf es eines großen technischen Aufwandes, um dennoch etwas von der alten Information zu erlangen.

Durch die ständigen Stöße war in der frühen heißen Phase des Kosmos der Weg eines Photons nach kurzer Zeit beendet und die Information über den Zustand, der zu seiner Aussendung geführt hatte, war danach nicht mehr zu erhalten.

Mit der Abkühlung der frühen Materie wurden immer mehr Elektronen an Atomkerne gebunden. Wenn Elektronen in Atomen gebunden sind, dann zeigt die Quantentheorie, dass nur noch ganz scharfe und von einander wohlunterschiedene Energiezustände für die Elektronen zu Verfügung stehen. Dann können wegen der Quantengesetze nicht mehr beliebige Photonen mit den Elektronen wechselwirken. Nur die wenigen Photonen, deren Energie *genau* der Energiedifferenz zwischen zwei Elektronenzuständen im Atom entspricht, können absorbiert und danach wieder neu emittiert werden.

Nach den ersten dreihunderttausend Jahren war der Kosmos so weit abgekühlt, dass die Elektronen fast alle in den Atomen gebunden waren und das Licht dann fast keine Wechselwirkung mit dem Rest der Welt hatte. Damit wurde das All durchsichtig und die Materie konnte beginnen, sich zu separieren. Dieses Licht läuft seit damals durch das All.

Durch die Ausdehnung des Kosmos wird das Licht „immer kälter", d.h. immer energieärmer, und kann heute als eine Mikrowellenstrahlung, als die so genannte „Hintergrundstrahlung", beobachtet werden. In dieser Hintergrundstrahlung ist die Information darüber enthalten, wie das Universum nach dreihunderttausend Jahren strukturiert gewesen ist. Man findet die ersten schwachen Anzeichen einer Herausbildung von Klumpen in der Materie des frühen Kosmos.

Je „klumpiger" die kosmische Materie wurde, desto wahrscheinlicher wurde es, dass solche Ansammlungen weiter bestehen blieben und nicht von allein wieder verschwanden. Dadurch wurde es immer mehr berechtigt, sie als „faktisch" anzusehen, als Zustände, die immer besser mit der klassischen Physik beschreibbar waren. Eine solche Möglichkeit der Entstehung von Fakten wiederum ist die Voraussetzung dafür, dass wir sinnvoll über Zeit sprechen können. Im Laufe dieser Entwicklung kann die „Zeit" mehr und mehr von einem bloßen mathematischen Parameter, der nur in den Gleichungen steht, in dasjenige Phänomen übergehen, das wir normalerweise mit diesem Begriff verbinden, nämlich mit der Unterscheidung zwischen „vor und nach einem Ereignis".

3.2.1 Schwarze Löcher als primäre Strukturen

Wir haben uns gerade überlegt, dass eine Entstehung von Strukturen schwer vorstellbar ist, solange die kosmische Materie so heiß war, dass das Licht in ständiger Wechselwirkung mit den freien Elektronen und den Atomkernen stand und daher eine Bildung neutraler Atome nicht möglich war. Ein solches Plasma aus lauter geladenen Teilchen ist in einer ständigen Bewegung und erlaubt keinerlei feststellbare dauerhafte Zustände oder gar eine Herausbildung von erkennbaren Objekten.

Die frühesten Nachrichten, die wir mit den heutigen Instrumenten erhalten können, stammen wie erwähnt von dem Licht aus der Zeit, als es nicht mehr durch ständige Wechselwirkungen mit der ionisierten Materie unaufhörlich verändert wurde.

An den Spraydosen hat wohl jedermann die Erfahrung gemacht, dass sich ein Gas bei der Ausdehnung abkühlt. Dieser Vorgang trifft auch auf das Licht im Kosmos zu. Es hat sich während der Expansion des Alls immer mehr abgekühlt, so wie sich auch die kosmische Materie abgekühlt hat. Damit wir ein Objekt im All erkennen können, muss es sich von dieser überall vorhandenen Strahlung unterscheiden lassen. Es müsste also heißer sein oder einen deutlichen Schatten werfen. Da die Strahlung aus allen Richtungen gleichermaßen zu uns gelangt, ist aber eine Schattenbildung nicht möglich, folglich kann man nur solche Objekte sehen, die wesentlich heißer sind als dieser Hintergrund und deswegen viel heller.

Die Objekte im All, von denen das Licht zu uns am längsten unterwegs ist, werden wir in einer besonders frühen Phase ihrer Existenz sehen. Sie müssen auch besonders hell sein, damit wir ihr Licht vor diesem Hintergrund noch erkennen können, der damals selbst noch sehr hell gewesen ist. Zugleich werden sie wegen der langen Lichtlaufzeit auch die am weitesten entfernten Objekte sein. Diese entfernten Objekte sind „Quasare". Dies ist die Abkürzung für „quasistellare Objekte", denn sie erscheinen in unseren Teleskopen als „punktförmig". Sie leuchten so hell wie eine ganze Galaxie, obwohl sie lediglich die Ausdehnung eines großen Sternes haben.

Neue Beobachtungen legen nahe, dass dies in der Tat die ersten Objekte im Kosmos sein können. Es sind riesige Schwarze Löcher, zu denen Materie im frühen Universum kollabierte.

Wir können heute die Gesetze verstehen, nach denen beim Zusammenstürzen der Materie bis zur Bildung des Horizontes und danach beim Hineinstürzen von weiterer Materie in ein bereits existierendes Schwarzes Loch solche ungeheuren Energiemengen ausgestrahlt werden können.

Während bei der Kernfusion in der Sonne lediglich 4 % der Ruhmasse in Strahlungsenergie verwandelt wird, sind es beim Einfall von Materie in den Horizont eines Schwarzen Loches etwa 25 %. Die Strahlung kommt also nicht aus dem Schwarzen Loch, sondern aus seiner Umgebung, aus der die Materie hineingesaugt wird.[10] Wir werden uns noch genauer mit den Schwarzen Löchern befassen, den seltsamsten Objekten des Universums. Jetzt soll erst einmal angemerkt werden, dass diese Objekte eine ungeheure Schwerkraftwirkung auf ihre weitere

---

[10] Hierzu werden auch etwas andere Werte angegeben. So sprach R. Bender auf dem ESO-CERN-ESA Symposium 2002 davon, dass beim Wasserstoffbrennen etwa 0,6 % von dessen Ruhmasse als Strahlung den Stern verlässt, während aus den Aggretionsscheiben der supermassiven Schwarzen Löcher etwa 10 % der einfallenden Masse in Strahlung verwandelt wird.

Umgebung ausüben, eine Schwerkraftwirkung, die so gewaltig ist, dass selbst das Licht zu langsam ist, aus ihrem Inneren entkommen zu können.

Die ersten Objekte in der Welt, die also als Objekte vom Rest der Welt unterschieden waren und die daher eine Unterscheidung zwischen Innen und Außen erlauben, waren möglicherweise solche extreme Strukturen, aus deren Innenraum keinerlei Information nach außen dringen kann.

Wenn man ein Schwarzes Loch allein mit der allgemeinen Relativitätstheorie beschreibt, dann erhält man Resultate, die vollkommen absurd erscheinen. Nach solchen Rechnungen müsste die gesamte Materie, die in das Innere des Schwarzen Loches gelangt, in einem einzigen mathematischen Punkt verschwinden. Solche ähnlich absurden Resultate waren in der Physik auch bereits früher aufgetreten, als man versuchte, Atome mit der klassischen Physik zu beschreiben. Die Quantentheorie ermöglichte die Befreiung von solchen abwegigen Vorstellungen. Auch für den Fall der Schwarzen Löcher ist die hilfreiche Korrektur durch die Quantenphysik geeignet, eine glaubwürdigere Beschreibung für deren Inneres zu ermöglichen.[11]

Ein Schwarzes Loch stellt einen idealen „Kasten" dar, aus dem überdies nichts entweichen kann. Über solche Kästen sagt die Quantentheorie, dass ihre endliche Ausdehnung zu einem Zustand minimaler, aber dennoch *von Null verschiedener* Energie führt. Ein solcher Zustand wird in der Physik auch als *Vakuum* bezeichnet, was wegen einer solchen *Grundzustandsenergie* nicht einfach „Nichts" ist.

Wird dies berücksichtigt, so erweist sich das Innere eines Schwarzen Loches wie die Innenansicht eines Kosmos, wie es der unsere ist, eventuell zu einer früheren Zeit. Dies eröffnet die spannende Denkmöglichkeit, dass wir selbst uns im Inneren eines – natürlich riesigen – Schwarzen Loches befinden könnten. Jedenfalls spricht aus theoretischer Sicht wenig dagegen, außer man beschließt, dass man die absurden Resultate der klassischen Schwarzen Löcher mit den unendlichen Energie- und Materiedichten in ihrem Zentrum behalten möchte und fordert, dass die Quantentheorie trotz aller Erfolge und Bewährung für die Kosmologie und das Innere der Schwarzen Löcher keine Bedeutung haben darf.

In der Physik haben wir oft extreme Situationen mit absurden Konsequenzen erhalten, solange die Quantentheorie noch nicht entdeckt worden war oder diese von der Beschreibung solcher Situationen ausgeschlossen wurde.

Dies trifft auch auf die Schwarzen Löcher zu. Für sie ergibt sich beim Verbot der Gültigkeit von Quantentheorie der bereits erwähnte Effekt, dass sämtliche Materie im Innern in einem mathematischen Punkt verschwindet. Dies ist aus Sicht der Physik eine vollkommen absurde Vorstellung.

Die Möglichkeit, dass wir uns im Inneren eines Schwarzen Loches befinden, würde auch erklären, warum für die Beschreibung der Welt und auch für die Beschreibung der Information die Schwarzen Löcher eine so große Bedeutung erhalten[12] Die Physik erlaubt es, für die Schwar-

---

[11] Görnitz, Ruhnau (1989)

[12] a.a.O.

zen Löcher auszurechnen, welche Menge an Information in ihrem Inneren für uns von außen für alle Zeit verborgen bleibt. Wenn unser Kosmos ebenfalls die Struktur eines Schwarzen Loches besitzt – nur mit dem Unterschied, dass wir in Inneren sind –, so können für die Berechnung seines Gesamtinformationsgehaltes die gleichen Formeln angewendet werden, die wir von außen auf die Schwarzen Löcher anwenden, in die wir nicht hineinsehen können.

Da wir in unserem Kosmos viele Schwarze Löcher vorfinden, liegt – wie geschildert – die Spekulation nahe, dass auch unser Kosmos wiederum ein Schwarzes Loch in einem umfassenderen Kosmos sein könnte.

Gleichzeitig bleibt aber die Aussage zutreffend, dass nach allem unserem heutigen Wissen eine Kenntnisnahme von uns über diese hypothetischen Welten ausgeschlossen ist, so dass diese nicht zum empirisch erfahrbaren Kosmos gehören können, denn wir können weder in Schwarze Löcher „hineinschauen" noch aus dem Kosmos „herausschauen".

Hineinschauen und herausschauen ist ein altertümlicher Sprachgebrauch, der noch die Vorstellung der vom Auge ausgehenden Sehstrahlen verwendet. Heute wissen wir, dass das Licht von der Quelle zu uns gelangt, und dass aus dem Inneren des Schwarzen Loches kein Licht heraus kann, und dass es für uns kein „Außen" des Kosmos gibt, von wo uns etwas erreichen könnte.

Falls wir einmal unsere Theorien so erweitern müssten, dass diese Aussage nicht mehr zutreffend wäre, dann bliebe dennoch kein Raum für eine Mehrzahl von Universen, wenn man nicht die sinnvolle Definition des Universums als die Gesamtheit aller möglichen Empirie aufgeben will.

Später werden wir genauer zeigen, welche wichtige Rolle die Schwarzen Löcher für das Verstehen des Wesens von Information spielen. Damit stellen sie auch eine zentrale Struktur für das Verstehen von Denken und vom menschlichen Geist dar.

3.2.2 Die Herkunft der Elemente

Die kosmische Entwicklung führt im frühen Universum zur Herausbildung von Wasserstoff- und Heliumatomen und wohl auch zu geringen Spuren von Lithium. Lediglich diese, die ersten Elemente des Periodensystems, waren nach den „ersten drei Minuten" vorhanden. Bis heute noch besteht der überwiegende Teil aller Atome im Universum zu etwa 75 % aus Wasserstoff und zu etwa 25 % aus Helium. Dies ist eine zutiefst eintönige Mischung, mit der keinerlei Chemie und erst recht keine Biologie vorstellbar ist.
Wo aber kommen die anderen chemischen Elemente her?

Hierzu können die Astrophysiker eine gesicherte Antwort geben. Alle anderen Elemente bis zum Eisen entstehen im Inneren der Sterne als Folge der Energiefreisetzung in diesen. Aus der Kernphysik sind die Bindungsenergien der jeweiligen Atomkerne gut bekannt. Daher weiß man, dass beim Aufbau der schwereren Elemente aus den leichten Energie frei wird, die der Stern dann abstrahlen kann und muss.

Die Sterne, die man im Kosmos sehen kann, finden sich so gut wie alle in riesigen Sterninseln, den Galaxien. Die unsrige nennen wir die Milchstraße, sie enthält etwa 100 Milliarden

Sonnen. Die neuesten Beobachtungen legen nahe, dass das Vorkommen der Sterne in den Galaxien kein Zufall ist, sondern dass diese genau die Orte im Kosmos darstellen, an denen sich Sterne bilden können.

Die ersten Objekte, die im All entstanden sind, sind – wie gesagt – die Quasare. Sie sind Schwarze Löcher, zu denen Teile der Materie im frühen Universum kollabierte. Diese Objekte übten eine ungeheure Schwerkraftwirkung auf ihre weitere Umgebung aus, wodurch es zu einer Verdichtung der vorhandenen Materie zur Vorform einer Galaxie kommen kann. Der Strahlungsdruck des zentralen Schwarzen Loches bewirkt sehr turbulente Bewegungen der Gasmassen, wodurch diese sich zu normalen Sternen zusammenballen können.

Ein Stern beginnt seine Existenz damit, dass eine große Gaswolke unter ihrer eigenen Schwerkraft kollabiert.

Das Innere des entstehenden Sternes erhitzt sich unter dem ungeheuren Druck der äußeren Schichten so stark, dass Temperatur und Dichte ausreichen, um dort die Atomkerne der Elemente zu verschmelzen. Diese Energiefreisetzung durch Kernfusion baut über verschiedene Zwischenschritte aus den jeweils vorhandenen Atomkernen schwerere auf. Dieser Prozess endet beim Eisen, danach gibt es keine weitere kernphysikalische Möglichkeit mehr für die Bildung von noch schwereren Elementen. Wenn ein Stern im Inneren zu Eisen geworden ist, dann ist der bisherige Druckaufbau, der durch die Hitze der Kernfusion aus dem Inneren heraus gestützt wurde, nicht mehr möglich – „der Ofen ist aus" – und der Stern wird unter seiner eigenen Schwere zusammenstürzen.

Wenn der Stern ein Stück größer ist als unsere Sonne, d.h. wenn er mehr als die achtfache Masse der Sonne besitzt, kann er sich bei diesem Kollaps noch einmal so stark erhitzen und dabei so gewaltige Energien freisetzen, dass alle übrigen Elemente des Periodensystems bis zum Uran in diesem Prozess entstehen können. Der Stern explodiert dabei als „Supernova" und verstreut einen großen Teil seiner Materie in den umgebenden Raum.

Eine solche Explosion gehört zu den gewaltigsten Ereignissen in einer Galaxis. Sie sind nach menschlichen Maßstäben relativ selten, man rechnet im Durchschnitt pro Galaxis mit etwa einer solchen Explosion in hundert Jahren. Da in unserer Milchstraße die letzte Supernova zu Keplers Lebzeiten gewesen war, wäre ein solches Ereignis „eigentlich wieder einmal an der Tagesordnung".

Im Jahre 1987 konnte auf der Südhalbkugel der Erde in der Großen Magellanschen Wolke eine Supernova gesehen werden. Obwohl diese Sterninsel nicht mehr zu unserer Milchstraße gehört, konnte man die Supernova mit dem bloßen Auge beobachten. Der betreffende Stern wird für kurze Zeit so hell wie eine ganze Galaxis, mehr als eine Milliarde Mal heller als zuvor. Nur in diesem Prozess entstehen alle die Elemente, die ein Atomgewicht schwerer als Eisen besitzen.

Nur in diesem Prozess werden nennenswerte Mengen von den „erbrüteten" Elementen freigesetzt. Von daher ist es evident, dass wir Menschen tatsächlich „Kinder der Sterne" sind.

Helium ist ein Edelgas und geht unter normalen Umständen keine chemischen Verbindungen ein, so dass bis auf den Wasserstoff alle Atome unseres Körpers aus einem solchen explodierten Stern stammen müssen. Ohne eine Explosion verbleiben die „erbrüteten" Elemente in der „Sternleiche". Ein explosionsloses Ende ist der Endzustand von vielen kleineren Sternen und wird auch wohl bei unserer Sonne einmal der Fall sein.

3.2.3 Die Entstehung von Planeten

Die Explosionen von Supernovae sind auch die Voraussetzung dafür, dass sich überhaupt Planeten um die Sterne herum bilden können. Denn aus Wasserstoff und Helium allein können sich keine solch kleinen Himmelskörper wie die Erde formen. Damit Körper stabil sein können, die allein aus diesen beiden Gasen bestehen, müssen sie durch die eigene Schwerkraft zusammengehalten werden, und dies ist nur für Massen möglich, die nicht wesentlich kleiner sein können als unsere Sonne. Erst die schwereren Elemente können zu Staub und Gestein zusammenbacken und auch ohne die Wirkung der Gravitation zu dauerhaft festen Körpern kondensieren. Aus ihnen können sich daher auch kleinere kosmische Körper bilden.

Die Astrophysiker haben aus der Elementverteilung in unserem Sonnensystem berechnen können, dass es eines der „dritten Generation" nach dem Urknall sein muss. Daraus folgt, dass die meisten der hier vorkommenden schweren Elemente sogar durch zwei Supernova-Explosionen hindurchgegangen sind.

Neubildungen von Sternen und Planetensystemen aus Gas- und Staubmassen kann man auch jetzt noch beobachten. Im Sternbild des Orion beispielsweise, der im Winter an unserem Südhimmel eindrucksvoll leuchtet, gibt es im Inneren der leuchtenden Wolken solche „Geburtsstätten" für Sterne und Planeten.

3.2.4 Planeten als Geburtsstätten für Leben

Bereits in den Gas- und Staubwolken zwischen den Sternen konnten die Astronomen eine Vielzahl an chemischen Verbindungen entdecken, die zu den Grundbausteinen der biologischen Strukturen gehören. Diese Kenntnisse werden nicht nur durch die Spektralanalyse von Strahlung erworben sondern auch durch Meteoriten, die Materie aus der Anfangszeit des Sonnensystems so gut wie unverändert auf die Erde bringen. Durch die Strahlung der Sterne entstehen in ihnen so genannte „freie Radikale". Der Leser kennt diesen Begriff vielleicht aus den Anzeigen der Gesundheitsindustrie, die vor ihnen warnt und die wir im Körper mit reichlichen Vitamingaben bekämpfen sollen. Wenn diese Verbindungen im Körper entstehen, können sie tatsächlich Schaden anrichten. Die freien Radikale sind sehr reaktiv und können daher Moleküle miteinander Verbindungen eingehen lassen, die sonst nicht ohne weiteres gebildet würden. In den urtümlichen Meteoriten sorgt die Kälte des Weltraumes dafür, dass die Wärmebewegung und damit ein Abtransport der Reaktionsprodukte nur extrem langsam vonstatten gehen können. Damit können die Moleküle dort immer wieder miteinander reagieren und sich damit aus kleineren Einheiten größere herausbilden. So hat man vor kurzem in Simulationen derartiger Bedingungen Aminosäuren finden können.[13] Auch wurden in Meteormaterie einfache Zuckermoleküle gefunden. Das ist von besonderem Interesse, stellen doch die Zucker einen wesentli-

---

[13] Muñoz Caro et al. (2002)

chen Teil der Bausteine des Erbgutes, von RNA und DNA dar (oder deutsch: RNS = Ribonukleinsäure und DNS = Desoxyribonukleinsäure).[14]

Auf den Planeten besteht nun zusätzlich die Möglichkeit, dass die Gesteins-, die Wasser- und die Gashülle im Kontakt miteinander sein können. Dadurch ist eine ungeheure Vielzahl weiterer chemischer Reaktionen möglich. Durch den Kontakt der Elemente miteinander – vor allem der Moleküle im Wasser mit den Schwermetallen im Gestein – können die katalytischen Eigenschaften der Metalle ihre Wirkung entfalten. Adhäsionsvorgänge an den festen Oberflächen unter Wasser ermöglichen oder begünstigen wahrscheinlich die Bildung von Membranen. Membranen stellen eine zentrale Voraussetzung für Leben dar, da sie die Vorbedingung für eine Trennung zwischen „Innen" und „Außen" darstellen. Und ein Lebewesen, das nicht von seiner äußeren Umwelt durch so etwas wie eine Membran getrennt ist, die zugleich einen Austausch mit dieser ermöglicht und dennoch den Innenraum schützt, so dass es in seinem Inneren Informationen verarbeiten kann, ist nicht vorstellbar.

In der Frühphase der Herausbildung eines Planetensystems geschehen unaufhörlich Zusammenstöße zwischen den vorhandenen Materieklumpen und den sich herausbildenden größeren Himmelskörpern wie Planeten und Monden. Auf dem Mond, dessen Oberfläche nicht durch eine Atmosphäre geglättet wurde, sind die riesigen Einschlagkrater noch deutlich sichtbar. Bei diesem Einfall wird laufend Meteoritenmaterie auf die größeren Himmelskörper verbracht.

Die im interstellaren Medium entstandenen organischen Moleküle stehen dann auf einem Planeten für weitere Reaktionen zur Verfügung. Allerdings streben chemische Reaktionen immer zu einem Gleichgewicht, in dem sich dann Aufbau und Zerfall der gebildeten Substanzen die Waage halten. Nach der Herausbildung eines solchen Gleichgewichtes passiert dann „nichts Neues" mehr, der Zustand gleicht dem des Todes.

Daher sind neben Wind und Wetter auch Vulkanismus und Plattentektonik, die u.a. durch die in den Planeten vorhandenen radioaktiven Elemente angetrieben werden, so wichtig für den weiteren Fortgang der Evolution. Sie sorgen durch die globale Umschichtung der Planetenmaterie für eine Wiederherstellung von Unterschieden, für eine „Erneuerung der Gradienten". Dadurch werden immer wieder neue Reaktionsmöglichkeiten eröffnet.

Die Chemie kennt seit langem die Wirkung bestimmter Stoffe, zumeist Schwermetalle, die alle erst durch Supernovaexplosionen in den Weltraum gelangen, die geeignet sind, Gleichgewichtsreaktionen nach einer Seite zu verschieben. Durch solche Katalysatoren, die uns heute von der Abgasreinigung des Autos ein Begriff sind, wird ein starker Einfluss auf bestimmte Moleküle ausgeübt, so dass die entsprechenden Reaktionen extrem in eine Richtung gelenkt werden. Dadurch finden wir dann fast nur die einen Partner des Gleichgewichtsprozesses vor. Katalysatoren werden von den chemischen Umsetzungen, die sie beeinflussen, in der Regel selbst nicht verändert. Ein Katalysator im Auspuff muss nicht wie das Benzin laufend erneuert werden. Es gibt aber darüber hinaus sogar solche Moleküle, die fähig sind, ihre eigene Entstehung katalytisch zu befördern. Wenn sie erst einmal vorhanden sind, können sie ihre weitere Entstehung ähnlich wie eine biologische Vermehrung bewirken.

---

[14] Cooper et al. (2001)

Wenn einmal solche autokatalytische Prozesse – eine Vorform von Leben – in Gang gekommen sind, werden diese sich weiterhin immer mehr selbst verstärken. Vermutlich werden sie zuerst einmal auf dem Untergrund der Mineralien Schichten bilden, die die Eigenschaften von Membranen besitzen. Lösen sich die Membranen von ihrer Unterlage ab, können sich Blasen bilden, in denen Reaktionspartner eingeschlossen sein können und in denen die Reaktionsprodukte vor anderen, aggressiven Molekülen geschützt bleiben. Zu den besonders reaktionsfähigen Molekülen gehören die Ribonukleinsäuren. Diese Moleküle können als Baupläne für noch komplexere Proteine und Zucker angesehen werden.

Nach der „Erfindung" der RNS-Synthese wird also eine weitere Katalyse von Zuckern und Proteinen möglich. Besonders mit den Proteinen bilden sich schwach gebundene Molekül-Assoziationen heraus, in denen van-der-Waals-Bindungen und Wasserstoffbrücken wirksam sind. Diese bewirken bei den Proteinen, dass sich verschiedene räumliche Formen bilden können, die auch verschiedene chemische und physikalische Eigenschaften besitzen können. Wir kennen heute mit den Prionen so etwas wie eine Zwischenform zwischen der belebten und unbelebten Materie. Das sind große Eiweißmoleküle, die z.B. im Gehirn gebildet werden. Von diesen besitzen bestimmte Faltungsformen solche Eigenschaften, dass sie einer Umwandlung und einem Weitertransport nicht mehr zur Verfügung stehen. Sie häufen sich in den befallenen Nervenzellen an und verursachen die Creutzfeldt-Jakob-Krankheit beim Menschen und BSE beim Rind. Das Merkwürdige daran, was sie von einer bloßen Vergiftung unterscheidet, ist ihre Fähigkeit zur „Ansteckung". Die krank machende Form der Prionen kann die harmlose Form in einem autokatalytischen Prozess in die schlechte umwandeln. Hier liegt kein Leben vor, aber so etwas wie eine „Vermehrung" der krank machenden Substanz.

Nach der RNS-Entstehung ist als weiterer wichtiger Schritt die Bildung der eigentlichen Erbsubstanz, der DNS anzusehen. Die DNS-Synthese eröffnet die Möglichkeiten für ein Wechselspiel mit den Proteinen. Dabei nutzen die enzymatischen Reaktionen die jeweils spezielle räumliche Gestalt der Proteine. Wie besonders H. Primas[15] herausgearbeitet hat, können die Gestalten der Proteine als klassische Eigenschaften von Molekülen verstanden werden.

Der Bereich der großen Moleküle ist ein besonders aufregender Bereich der Physik. Alle Reaktionen zwischen Molekülen sind ohne Ausnahme der Quantenphysik zuzuordnen. Andererseits treten bei diesen großen Objekten zunehmend Eigenschaften auf, die *im Rahmen der Quantentheorie als klassisch* verstanden werden können.[16] Der Erfolg zeigt, dass dieses Modell eine recht gute Näherung an die Wirklichkeit darstellt.

Dass Quantensysteme nicht nur Quanteneigenschaften, sondern darüber hinaus sogar auch klassische Eigenschaften besitzen können, ermöglicht eine Schichtenstruktur von quantischem und klassischem Verhalten.

---

[15] Primas (1983)

[16] Für solche physikalischen Messgrößen, die in der Quantenfeldtheorie als „Superauswahlregeln" bezeichnet werden, gilt keine Unbestimmtheitsrelation. Sie können – im Gegensatz zu anderen quantenphysikalischen Größen – zugleich mit *allen* anderen Observablen gemessen werden. Genau dieses zeichnet aber klassische Größen aus. Damit dies im Rahmen der Mathematik der Quantentheorie möglich wird, muss man allerdings aktual unendlich viele Freiheitsgrade für das elektromagnetische Feld postulieren.

Durch eine solche Schichtenstruktur werden Voraussetzungen erfüllt, die aus physikalischen Gründen für eine Informationsspeicherung notwendig sind. Wie wir in späteren Kapiteln zeigen werden, ist nämlich Information – aus naturwissenschaftlicher Sicht – primär quantenhaft. Wenn Information jedoch dauerhaft gespeichert werden soll und damit jederzeit abgerufen werden kann und duplizierbar ist, so muss sie deswegen notwendig klassisch sein.

3.3 Der Beginn der Evolution des Lebendigen

Vor etwa 4,5 Mia. Jahren hat sich aus einer Gas- und Staubwolke unser Sonnensystem mit seinen Planeten gebildet, und bereits vor etwa 3,5 Mia. Jahren hat es auf der Erde das erste nachweisbare Leben gegeben.

3.3.1 Leben ist Lernen

Wie können wir den Begriff „Leben" definieren? Wir werden hier zuerst einmal eine einfache Begriffserklärung vornehmen, die in Kapitel 8 noch einmal überdacht und erweitert werden soll.

Die kosmische Evolution ist von uns dargestellt worden als eine Entfaltung und Ausdifferenzierung von Information. Diese Entwicklung erfährt eine weitere Steigerungsstufe mit der Herausbildung von Leben. Wesentlich ist in unserem Zusammenhang die Möglichkeit alles Lebendigen, Informationen aus seiner Umwelt in einem gewissen Sinne zu erfassen, auszuwerten und verarbeiten zu können. Hinzu muss die Fähigkeit kommen, dann diese verarbeitete Information zu speichern, um sich besser mit künftigen Situationen auseinander zu setzen, d.h. Erfahrungen machen zu können.

> *Leben ist demgemäß verbunden mit einer Fähigkeit, die man sehr zutreffend auch als „Lernen" bezeichnen kann.*

Nachdem im Einführungskapitel der Begriff der Information in einem eher umgangssprachlichen Kontext verwendet wurde, wird der Leser im jetzigen Zusammenhang vielleicht eine genauere Definition des damit gemeinten erwarten. Wir werden auf den Begriff der Information später noch sehr ausführlich zu sprechen kommen. Hier soll es erst einmal genügen, an die Alltagsverwendung von Information zu erinnern. Als Synonyme für Information findet man z.B. Mitteilung, Angabe, Belehrung, Bekanntmachung, Nachricht, Erklärung. All diese Bedeutungen sollen für den Leser beim Begriff der Information erst einmal mitschwingen.

In einer eher biologischen Sprache wird die Fähigkeit der Informationsaufnahme der Lebewesen als *Reizbarkeit* bezeichnet.

Unbelebte Objekte unterliegen lediglich passiv der Wirkung von Kräften, Lebewesen können auf Reize aktiv reagieren, bevor sie vielleicht durch Kräfte zerstört werden würden.

Jedes Lebendige ist von seiner Umwelt in gewisser Weise abgetrennt und zugleich mit ihr verbunden. In der Physik spricht man daher wegen des fast ständigen Austausches bei Lebewesen von einem „offenen System".

Die Möglichkeit, unter wechselnden äußeren Bedingungen und bei einem durch den Stoffwechsel bedingten ständigen Austausch mit der Umwelt die eigene Existenz und Stabilität zu gewährleisten, wird als *Homöostase* bezeichnet.

3.3.2 Die Zelle

Die Grundorganisation des Lebens stellt die Zelle dar. Sie ist die kleinste Einheit, die ohne weitere Voraussetzungen lebensfähig sein kann.

Einzellige Lebewesen haben die verschiedensten Bereiche auf der Erde in Besitz genommen und eine enorme Vielfalt entwickelt. Aus ihnen heraus geschah eine Weiterentwicklung zu Vielzellern. Außerdem kennen wir die Viren, die wahrscheinlich eine Rückentwicklung darstellen und keine eigenständigen Lebensformen mehr sind. Sie können sich nur mit Hilfe lebender Wirtszellen vermehren.

Alle Lebewesen sind durch eine Zellwand oder eine andere Bildung wie Haut oder Rinde von ihrer Umwelt getrennt. Ohne eine Abtrennung könnte ein Lebewesen nicht einmal bezeichnet und als solches beschrieben werden, ohne eine gewisse Verbindung zur Umwelt wäre sein Informationsaustausch mit dieser unmöglich. Informationsverarbeitung und -speicherung benötigt eine innere Dynamik. Leben kann sich daher nie im thermodynamischen Gleichgewicht befinden, in einem Zustand, bei dem „nichts mehr passiert". Fernab vom Gleichgewicht ist aber Stabilität immer nur auf eine dynamische Weise möglich.

Lebewesen sind daher – physikalisch gesprochen – notwendigerweise thermodynamisch offene Nichtgleichgewichtssysteme.

Diese können ihre Existenz nur durch fortwährenden Energie- und auch Materialaustausch mit ihrer Umwelt gewährleisten, d.h. Lebewesen besitzen notwendigerweise einen *Stoffwechsel*.

Außerdem ist Leben dadurch gekennzeichnet, dass es seine Fähigkeiten an Gleichartiges weitergeben kann, dass also eine Vermehrung des Lebendigen möglich sein sollte.

Man kann sich überlegen, dass dies keine zwingende Notwendigkeit darstellt. Allerdings ist sofort einsehbar, dass eine hypothetische Lebensform ohne Vermehrung darauf angewiesen wäre, sich immerwährend vor allen schlimmen und widrigen Umwelteinflüssen schützen zu können. Anderenfalls würde eine Schädigung dieses einen Lebewesens, die dessen Tod zur Folge hätte, dazu führen, dass diese Form hinfort überhaupt nicht mehr zu finden sein würde. Lebensformen mit Vermehrung hingegen sind nicht vom Schicksal eines Einzelexemplars abhängig, daher wird man solche viel öfter und sicherer in der Welt finden können.

Lebewesen werden sich in ihrem Lebensraum so lange ausbreiten, bis dessen Ressourcen erschöpft sind. Diese Ausbreitung kann sowohl durch Wachstum als auch zusätzlich durch eine Eigenbewegung erfolgen.

Sind die Ressourcen erschöpft, müssen die Lebensformen untergehen.

Da Lebewesen also ihren Lebensraum notwendigerweise verändern, werden diejenigen unter ihnen im Vorteil sein, die in der Lage sind, auf diese Veränderung reagieren zu können, bevor der Untergang stattfindet. Dies könnte zum einen durch eine entsprechende Veränderung des Stoffwechsels geschehen, der neue Ressourcen erschließen würde. Die andere Möglichkeit ist das Verschwinden der früheren Exemplare, die damit für spätere Platz machen würden. Diese können sich möglicherweise von den Vorfahren unterscheiden und daher mit der dann vorliegenden Situation vielleicht besser umgehen.

Das Verschwinden der früheren Exemplare kann durch Teilung der Lebewesen erfolgen, wie sie bei den Einzellern vorkommt. Dabei wird die Existenz des Ausgangslebewesens dadurch beendet, dass es als zwei Exemplare weiterlebt. Für die mehrzelligen Lebewesen ist in der Regel eine Teilung nicht typisch, sondern die jeweilige Elterngeneration stirbt und macht dadurch Platz für die Nachfolgenden.

3.3.3 „Survival of the fittest"?

Bereits diese sehr einfachen Überlegungen machen deutlich, dass Leben, welches „vorgefunden werden kann", notwendig mit Evolution verbunden sein muss.

Die von Darwin stammende Formulierung des „Survival of the fittest", das „Überleben des Passendsten"[17], die bei Ernst Haeckel zum „Sieg des Besten"[18] wird, ist leider geeignet, unzutreffende Assoziationen zu wecken.

Sicherlich mag man einwenden, dass eine Bezeichnung belanglos ist, dass also ein halb volles Glas genauso voll ist wie ein halb leeres. Aber dieses Argument verkennt die *Veränderungstendenz hinsichtlich der Zeit,* mathematisch gesprochen die erste Ableitung nach der Zeit. Wenn man auf diese schaut, dann ist naturgemäß die *Tendenz* von „halb leer" die entgegengesetzte zu „halb voll" – und dies ist ein wichtiger Unterschied! Eine geeignete Begriffswahl wird daher auch für das Verstehen des Lebens wesentlich sein.

Bei den Lebensformen ist es offenbar so, dass immer, wenn es nur irgend möglich ist – wenn also die physikalischen und chemischen Vorbedingungen erfüllt sind – Leben entstehen wird, und dass Lebensformen nur dann vergehen, wenn es absolut unmöglich wird, dass sie weiterhin existieren.

Das könnte so übersetzt werden, dass nur die, die so unfähig und unangepasst sind, dass ihr Weiterleben unmöglich ist, untergehen werden, und dass alle anderen weiter existieren werden.

---

[17] Darwin (1860)
[18] Haeckel (1899)

Damit ist die Vorstellung verbunden, dass – grob gesagt – die „ganze Mitte" bleibt und nur der „schlechteste Teil" weggeschnitten wird.

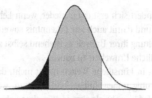

Abb. 3.1: Normalverteilung

Wir wenden uns gegen die These, dass „nur die Besten – die Fittesten – überleben", denn sie impliziert, dass nur die Spitze bleibt und bereits die Mitte wegfällt.

Das Schlagwort vom „Survival of the fittest" ist eine Formel, die vor allem in ihrer sozialdarwinistischen Interpretation viel Unheil angerichtet hat, vor allem dann, wenn Menschen mit politischer Macht sich einbilden, sie wüssten, was künftig das „Beste" ist oder wer „die Besten" sein würden.

"Survival of the fittest" ist eine Formel, die unserer Meinung nach unzutreffend ist. Unsere Gegenthese lautet, dass nur das Unangepassteste, das keinesfalls Überlebensfähige stirbt.

Es ist unsere Überzeugung, dass die Entwicklung im Kosmos auf die Schaffung von immer differenzierteren Gestalten gerichtet ist. Dann ist das Entstehen von Leben eine notwendige Folge der Gesetze der Physik und der Chemie, die ihrerseits aus der Quantenphysik begründet werden können.

Wir postulieren, dass das Entstehen, die Entfaltung und das Überleben von allem, was überhaupt lebensmöglich ist, als die Grundmaxime der kosmischen Evolution anzusehen ist.

Wenn heute in der Debatte um die neuen gentechnischen Möglichkeiten oft von „Verbesserung" gesprochen wird, so geht dies an der Wirklichkeit der Evolution vorbei. Als Leitmotiv für die menschlichen Aktivitäten sollte vielmehr die Ermöglichung von Leben und von dessen Vielgestaltigkeit dienen.

3.3.4 Die fast unvorstellbaren Möglichkeiten für Leben

Die Biologie hat in den letzten Jahren enorme Fortschritte darin gemacht zu entdecken, unter welchen zuvor unvorstellbaren Bedingungen Leben möglich ist.
So findet man auf der Erde Lebewesen bei ungeheurem Druck im tiefsten Ozean und tief im Gestein, unter dem ewigen Eis und an Quellen von siedend heißer Säure.

Daher ist es auch vernünftig, anzunehmen, dass es auf anderen Himmelskörpern Leben geben wird, sofern die Bedingungen dem nicht absolut entgegenstehen. Während es aber für einzelliges Leben extrem weite Bereiche seiner Existenz gibt, ist für mehrzelliges Leben der Existenzbereich enger.

Diese Einschränkung ändert sich erst dann wieder, wenn Lebewesen mit ihrer Fähigkeit zur Informationsverarbeitung und damit auch zur Erkenntnis soweit vorangeschritten sind, dass sie befähigt werden, die Gestaltung ihrer Umwelt weitgehend selbst zu steuern und in lebensfeindlichen Räumen neue, künstliche Umwelten zu bauen.

Ein solches Ausweichen in künstliche Welten meint nicht, dass der Mensch die Erde durch unvernünftiges Handeln ruhig unbewohnbar machen kann, weil er sie dann verlassen kann. Solche Gedanken halten wir für mehr als absurd. Wir wissen aber heute bereits, dass die lebensspendende Kraft der Sonne nicht beliebig lange zur Verfügung stehen wird. Auch Sterne altern und vergehen. Wir wissen noch nicht, wie sich Zivilisationen verhalten. Wir kennen Milliarden von Sternen aber bisher nur eine Zivilisation, die auf unserer Erde.

Uns Menschen als eigenständige Spezies gibt es erst seit etwa 2 – nach anderen Einordnungen vielleicht sogar 5 – Millionen Jahren, aber wir sehen keine Gründe, warum unsere Gattung nicht länger existieren sollte als die Dinosaurier, die über hundert Millionen Jahre die Erde beherrschten. Wenn aber intelligente Lebensformen noch für mehrere hundert Millionen Jahre auf unserer Erde vorhanden sein sollten, dann würde das Altern der Sonne für sie bedeutsam werden. Eine menschliche oder andere Kultur auf der Erde wäre spätestens dann zur Raumfahrt genötigt, denn die Sonne wird sich in einen Glutball verwandeln, der sich bis zur Erde ausdehnt und mit seiner zerstörenden Hitze sämtliches Leben auf der Erde auslöschen wird.

3.3.5 Die erste Stufe der Informationsverarbeitung im Lebendigen: Das Genom

Leben organisiert sich primär in Zellen, die Zellwand trennt Innen von Außen. Die Informationsverarbeitung findet bei den ganz frühen Lebensformen im ganzen Organismus statt. Später entwickelt sich ein Zellkern, in dem die für das Lebewesen relevante Information gespeichert wird. Bereits bei den Einzellern findet die Informationsspeicherung in speziellen Makromolekülen statt, der Desoxiribo/NukleinSäure (DNS, bzw. im englischen Sprachraum DNA). Diese Moleküle können als Speicher für die Baupläne von Eiweißmolekülen verstanden werden, welche die Lebensvorgänge in den Zellen steuern und aufrechterhalten. Die DNS wird bei den meisten der uns bekannten Arten von Lebensformen im Zellkern in den Genen konzentriert und die Information von dort bei Bedarf abgerufen. Diese Gen-DNS kommt bei den meisten Vielzellern je zur Hälfte von Mutter und Vater, manche Fälle von Jungfernzeugung finden sich aber auch.

Neben der DNS in den Genen existiert noch eine weitere Form in den Mitochondrien, „den Kraftwerken der Zelle", die jeweils von den Müttern allein an die Kinder vererbt wird.

Die in den Genen gebundene Information ist aber nicht die einzige in der lebenden Zelle. Zwei weitere „Alphabete" werden durch die Proteine und die Zucker geformt. Proteine sind lineare

Strukturen, die aber durch Faltung in dreidimensionale Anordnungen ganz verschieden wirken können. Zucker haben einen baumartigen Aufbau und sind daher noch komplexer. Die wichtige Rolle von Zuckermolekülen auch als Signal- und Botenstoffe, die an der Zelloberfläche sitzen und für die Kommunikation zwischen Zellen bedeutsam sind, wird immer besser erkannt.

Bei der Weitergabe der genetischen Information an die Nachkommen können bei dem Prozess der Verdoppelung Abweichungen entstehen, die diese Informationen verändern. Eine Nachkommenschaft mit Abweichungen, die so gravierend sind, dass sie ein Weiterleben nicht erlauben, wird aussterben. Die anderen werden mit anderen Möglichkeiten als ihre Vorfahren weiterleben.

Auf diese Weise hat sich das Leben der einzelligen Organismen auf der Erde ausgebreitet und über einen Zeitraum von etwa 2 bis 3 Milliarden Jahre bestanden, bevor auf ihr mehrzellige Organismen erschienen. Eine gewaltige Veränderung der Umwelt durch das Leben selbst war in dieser Zeit die zunehmende Freisetzung von Sauerstoff. Dieser ist ein besonders reaktives Gas, das für etwa 90 % der damals bestehenden Lebensformen absolut tödlich war und schließlich zu deren Untergang geführt hat. Die überlebenden Lebensformen passten sich meist der neu entstandenen atmosphärischen Zusammensetzung der Erde an, nur wenige anaerobe Bakterienarten blieben weiterhin bestehen. Und für uns heute ist – wie für alle Tiere – ein Mangel an Sauerstoff absolut tödlich.

3.3.6 Die zweite Stufe der Informationsverarbeitung im Lebendigen: Das Nervensystem

Die Herausbildung von Mehrzellern stellte für die Informationsverarbeitung in den Lebewesen eine neue Herausforderung dar.

Lebewesen, die autotroph leben und ortsfest sind, konnten mit der Möglichkeit weiterleben, Informationen in spezieller chemischer Codierung, z.B. als Hormone, durch den Organismus zu leiten. So haben Pflanzen durchaus die Möglichkeit, Informationen in ihrem Körper zu verteilen, viele Botenstoffe oder „Pflanzenhormone" sind bereits entdeckt worden. Damit sind Pflanzen beispielsweise zu solch überraschenden Leistungen fähig, dass sie Krankheitskeime oder Fress-feinde gezielt bekämpfen können. Dies geht sogar so weit, dass manche Pflanzen beim Befall mit Schadinsekten spezielle Duftstoffe absondern, die natürliche Feinde dieser Schädlinge anlocken. Dabei geschehen ohne Zweifel wichtige Vorgänge der Informationsverarbeitung, ohne dass wir bis heute wüssten, dass dazu etwas Analoges zu den Nervenzellen vorhanden oder notwendig wäre.

Für die Tiere, heterotrophe Lebewesen, die ortsveränderlich leben und auf Nahrungssuche gehen müssen, erwies es sich als sehr vorteilhaft, Zellen zu besitzen, die speziell für die Weiter-leitung und Verarbeitung von Information geeignet sind, die Nervenzellen.

Die am leichtesten zu messende Fähigkeit der Nervenzellen ist es, Entscheidungen fäl-len zu können. Nervenzellen können verglichen werden mit Schaltern, die unter be-stimmten Bedingungen ein- bzw. ausschalten: Nervenzellen feuern oder feuern nicht!

Dazu benötigen sie ein nichtlineares Verhalten, was zu einer solchen Ja-Nein-Entscheidung befähigt. Nervenzellen stellen somit die einfachsten Realisierungen einer Logik dar.

Während Einzeller als Ganze auf Umwelteinflüsse reagieren, z.B. sich in Richtung eines Konzentrationsgradienten bewegen, können Lebewesen mit Nervenzellen komplexere Reaktionen ausführen.

Heute kann man künstliche Modelle von Nervenzellnetzen bauen, die Schalterfunktionen besitzen und die im Prinzip in der Lage sind, beliebige logische Funktionen und die damit zusammenhängenden Entscheidungen zu simulieren.

Seit einiger Zeit baut man „künstliche neuronale Netze", die bislang gern als Modelle für das Verhalten realer Neuronen-Netze verwendet werden. Eine künstliche logische Schaltung mit vorgegebener Hardware ist allerdings viel weniger universell als ein Netz realer Nervenzellen. Diese nämlich sind als Lebensformen selbst lernfähig und können ihr Verhalten daher in Abhängigkeit von ihrer Umwelt weiter verändern. Diese Fähigkeit kommt technischen Netzen, die real als „gelötete Schaltungen" vorliegen, natürlich nicht zu. Wenn sie aber lediglich virtuell, als Software auf einem Rechner installiert sind, wird es eher möglich, dass sie sich im Betrieb verändern.

Nervenzellen

Wie sieht eine Nervenzelle etwa aus?

Die Nervenzelle hat einen zentralen Zellkörper mit dem Zellkern sowie eine Vielzahl von kleineren Fortsätzen, die Dendriten, über die sie Information aufnehmen kann und ein Axon, das Informationen über eine größere Strecke weiterleitet. Unser Bild stellt eine ungeheure Vereinfachung dar. So hat eine Nervenzelle im Gehirn etwa 1.000 bis 10.000 Dendriten. Die Purkinje-Zellen im Kleinhirn haben sogar bis zu 200.000 Dendriten.

Die Fortsätze sind in der Lage, von anderen Nervenzellen oder gegebenenfalls anderen Zellen Informationen aufzunehmen. Solche Sinneszellen wandeln z.B. chemische Reize von Geschmacks- und Geruchsrezeptoren oder von Druck auf Tastzellen in eine solche Form um, dass sie von den Nervenzellen verarbeitet werden kann. Diese einlaufende Information gelangt ins Zellinnere. Wenn die damit erfolgte Reizung der Zelle einen bestimmten Schwellwert übersteigt, dann sendet diese eine Erregung über ihr Axon weiter.

Das Vorliegen einer solchen Schwelle bedeutet ein nichtlineares Verhalten und entspricht der Wirkung eines Schalters.

Im Laufe der Evolution auf der Erde hat sich bei vielen Tieren das Nervengewebe weiter differenziert. Es entwickelte sich ein Zentrum der Informationsverarbeitung und Bahnen, welche die Information zu diesem Zentrum leiten, und andere, die verarbeitete Information an ausführende Körperorgane weiterleiten.

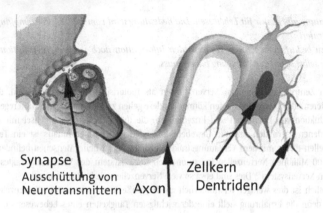

Synapse
Ausschüttung von   Zellkern
Neurotransmittern   Axon   Dentriden

Abb. 3.2: Nervenzelle (schematisch)

Sensorische Nerven nehmen Informationen über physikalische und chemische Bedingungen der Umwelt von den Sinneszellen auf. Dies können Informationen über Licht, pH-Wert, Druck, Temperatur, Magnetfelder, elektrische Felder, elastische Spannungen, über die Lage im Raum und vieles andere sein. Alle diese Informationen werden dann in den Nervenzellen im Wesentlichen in Form elektrischer Impulse oder chemischer Gradienten weitergeleitet. Die einlaufenden Informationen unterscheiden sich daher nicht in der Art ihrer Impulse in den Nervenzellen, auch wenn sie von verschiedenen Sinneszellen stammen. Ihre Bedeutung für das Lebewesen wird durch die jeweilige Nervenzelle festgelegt, die mit den betreffenden Sinneszellen verbunden sind.

Später in der Evolution werden vor allem die Bereiche im Gehirn, zu denen die Reize weitergeleitet werden, deren Bedeutung festlegen. So werden Nervenreizungen, die aus dem Auge stammen und das Sehzentrum erreichen, als Licht interpretiert, auch dann, wenn der Reiz ein Druckreiz war: nach einem Schlag aufs Auge sehen wir Sternchen. Es gilt aber auch, dass eine direkte Reizung im Gehirn mit Elektroden am Sehzentrum uns ein Bild sehen lässt, auch dann, wenn wir die Augen geschlossen halten.

Wie dies im Einzelnen möglich ist, hat die Forschung seit langem beschäftigt. Bereits 1826 postulierte Johannes Müller sein Gesetz der spezifischen Nervenenergien, das diese Spezifität der Reizleitung beschrieb. Wie sich später herausgestellt hat, sind tatsächlich die verschiedenen sensorischen Nervenfasern verschieden verschaltet. Die Bedeutung eines Reizes wird also einmal von dem Sinnesorgan und andererseits von der Hirnregion bestimmt, in die er gelangt. Durch die Flexibilität des Nervensystems ist die aber nicht als eine starre Verdrahtung wie in einem technischen Gerät zu denken.

Wir haben hier den Begriff „Bedeutung" verwendet. Auch dieser Begriff wird uns noch intensiv beschäftigen. Er ist nicht einfach gleichbedeutend mit Information.

Bedeutung gibt es nur für Lebewesen. Die Bedeutung wird vom Informationsempfänger konstruiert.
Dazu bedarf es neben der einlaufenden Information noch weiterer Informationen, die er selbst schon zur Verfügung haben muss.

Die vom Zentrum ausgehenden Nerven führen als motorische Nerven zu Muskeln, die sie kontrahieren oder entspannen lassen können. Andere gehen zu inneren Organen und regen dort die Produktion von Hormonen und Enzymen an, die ihrerseits den Stoffwechsel mit seinen verschiedenen Aktivitäten und die Gewebebildung steuern. Darüber hinaus ist ein Teil der Nervenzellen direkt mit dem Verdauungstrakt assoziiert. Selbst beim Menschen befinden sich einige 100 Millionen Nervenzellen im autonomen Nervensystem des Verdauungstraktes, dem enteralen Nervensystem[19]. Dies sind etwa so viele Nervenzellen wie im Rückenmark.

Eigentlich ist dies weniger verwunderlich als die große Konzentration von Nervenzellen im Gehirn, denn die Ernährung stellt eine der wichtigsten Tätigkeiten eines Lebewesens dar. Bei kleinen Kindern hängt deren Befindlichkeit viel stärker vom Zustand des Verdauungstraktes ab als beim Erwachsenen. Bei dem kann der Einfluss der Verdauungsorgane in gewissen Maße von den Gedanken des Gehirns überwunden werden. So können wir, wenn wir uns entschließen, eine Zeitlang zu fasten, durchaus die Hungergefühle überwinden und danach sogar noch eine Weile lang in gehobener Stimmung verbleiben. Diese wird von den körpereigenen Opiaten ausgelöst, die vermehrt produziert werden, um den Stress der fehlenden Nahrung erträglich zu gestalten. Für unser Thema aber ist der eigentlich spannende Teil die Zentrale der Informationsverarbeitung, das Gehirn.

Die Herausbildung des Gehirnes

Bereits bei Würmern gibt es ein Nervensystem. Wegen seiner Form wird es als Strickleiternervensystem bezeichnet. Einzelne Ganglienknoten von Nervenzellen erlauben einfache Reaktionen, eine ganzheitliche Wahrnehmung ist allerdings nicht erkennbar. Bei solch einfach gebauten Lebewesen kann es beispielsweise vorkommen, dass das Vorderteil weiter frisst, auch wenn das Hinterteil durch einen Unfall abgetrennt wurde. Da ein wichtiger Körperbereich der Mund ist, finden sich in seiner Nähe vermehrt Ganglienknoten. Bei den Insekten sind diese rings um den Schlund angeordnet, auch beim Tintenfisch ist dies der Fall. Bei diesen Tieren besteht ein Widerstreit zwischen einem ungehemmten Wachstum des Gehirns und einer möglichen Blockade der Nahrungszufuhr. Anders ist es bei den Wirbeltieren, die ein großes Gehirn ausbilden können. Bei allen Wirbeltieren hat das Gehirn die gleiche Struktur, man kann stets verschiedene Teile an ihm unterscheiden. Für unsere Fragestellung ist das Gehirn des Menschen am wichtigsten, daher werden wir uns gleich ihm zuwenden.

Auch wenn es unser „Denkorgan" ist, so stellen doch die bewussten Informationsverarbeitungsprozesse den kleinsten Teil seiner Aktivität dar. Dem Zentralnervensystem (ZNS) obliegt

---

[19] Goyal und Hirano (1996)

die Organisation der Abläufe in unserem Körper von der Temperaturkonstanz über die hormo-
nelle Regulation bis zur Verarbeitung von Affekten und Emotionen und vieles andere mehr.

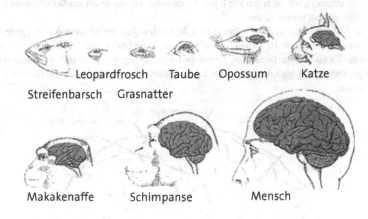

Abb. 3.3: Wirbeltiergehirne

*Das meiste dieser Vorgänge ist uns nicht bewusst, vieles können wir auch nicht oder fast
nicht willentlich beeinflussen.*

Dass dies keine absolute Unmöglichkeit bedeutet, kann man an den erstaunlichen Fähigkeiten von Yogis erkennen, die nach jahrzehntelangem Training fähig sind, sehr viele „unwillkürli
che" Vorgänge im Körper wie Blutdruck und Herzschlag willkürlich zu beeinflussen.

Die wichtigsten Teile des ZNS, die bei allen Wirbeltieren zu finden sind, sind das Rückenmark, der Hirnstamm, Zwischen-, Klein- und Großhirn. Das Rückenmark empfängt u.a. sensorische Informationen vom Körper, leitet diese ans Hirn weiter und verteilt von dort Befehle an
die Muskulatur. Außerdem werden Reflexbewegungen in ihm direkt geschaltet, so dass dabei der
Weg über das Hirn „kurzgeschlossen" werden kann.

Im Hirnstamm werden neben Verteilungsfunktionen auch Wachheit und Aufmerksamkeit
gesteuert, Blutdruck, Atmung und Körpertemperatur geregelt und die Vermittlung der Daten
zum Kleinhirn gesteuert. Dem schließt sich der als Zwischenhirn bezeichnete Teil mit Thalamus
und Hypothalamus an. Im Thalamus werden alle sensorischen und motorischen Informationen
bearbeitet und bewertet, die in die Großhirnrinde weiterlaufen. Dazu erfolgt eine Verkopplung
von diesen Informationen mit Affekten und Emotionen. Im Hypothalamus wird das autonome
Nervensystem, welches für die inneren Organe zuständig ist, und der Hormonhaushalt gesteuert. Das Kleinhirn ist vor allem für die Kontrolle der Bewegungen sowie für die
Wahrnehmungsteuerung zuständig.

Beim Menschen nimmt das Großhirn den größten Teil des Hirnvolumens ein. Seine ober-
flächlichen Strukturen gliedern sich in mehrere Lappen, in denen die primären sensorischen
Informationen verarbeitet werden, wobei die primären visuellen, auditorischen und somatosensorischen Felder voneinander abgetrennt sind. An diese schließen sich dann Bereiche „höherer"

Ordnung an, in denen die Daten aus den primären Feldern weiter verarbeitet und zusammengeführt werden. Die größten Bereiche werden beim Menschen von den so genannten Assoziationscortices eingenommen, in denen alle Daten miteinander und mit denen des Gedächtnisses in
Beziehung gesetzt werden können.

Die tieferen Strukturen des Großhirnes sind die Basalganglien, die vor allem der Bewegungs-
regulation dienen, sowie Hippocampus und Amygdala. Diese beiden sind Teile des limbischen
Systems. Sie sind für das Gedächtnis, die emotionale Bewertung, das emotionale Ausdrucksver-
mögen sowie für die Auswirkungen auf die fundamentalen physiologischen Regulationsvorgänge
zuständig.

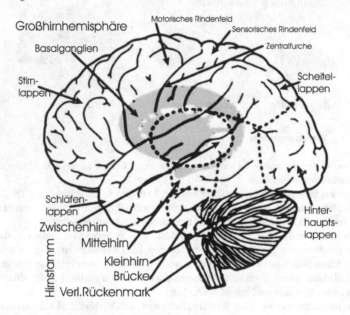

Abb. 3.4: Zentralnervensystem des Menschen

Mit den modernen nichtinvasiven Darstellungsverfahren, die alle auf quantentheoretischer
Grundlage arbeiten, ist es heute möglich geworden, dem Gehirn „bei der Arbeit" zuzuschauen.
Bei der Positronen-Emissions-Spektroskopie (PET) wird eine Infusionslösung mit schwach
radioaktiv markiertem Traubenzucker gegeben. Dieser Zucker wird im Gehirn vor allem dorthin
geleitet, wo die Zellen besonders stark arbeiten. In einigen der Zuckermoleküle zerfallen die
markierten Atomkerne und senden dabei Positronen aus, welche mit den Elektronen, ihren
überall vorhandenen Antiteilchen, in zwei Gammaquanten zerstrahlen. Diese Strahlung und
damit die besonders aktiven Gehirnregionen lassen sich leicht beobachten.

Bei der Kernspin-Magnet-Resonanz-Spektroskopie (NMR = Nuclear Magnetic Resonance)
wird der zu beobachtende Körperteil – hier der Kopf – in ein extrem starkes Magnetfeld einge-

bracht.[20] Da das Wort „nuclear – Atomkern" bei vielen unangenehme Assoziationen hervorruft, wird heute zumeist der Begriff „funktionelle Magnetresonanz" (fMR) verwendet. Man nutzt die unterschiedliche Reaktion verschiedener Gewebe oder auch von sauerstoffreichen bzw. -armen Blut auf die magnetischen Einflüsse, um sie voneinander zu unterscheiden. Da hierbei keine energiereiche ionisierende Strahlung auf den Körper wirkt, ist daher auch keine Zellschädigung durch Ionisierung zu erwarten. Somit erlauben diese beiden Methoden, die unterschiedlichen Aktivitäten und den verschiedenen Energieumsatz von Gehirnbereichen bei verschiedenen Aufgaben zeitnah darzustellen. Dies darf allerdings nicht so interpretiert werden, dass in den anderen Hirnbereichen in dieser Zeit keine Aktivitäten vorhanden wären.

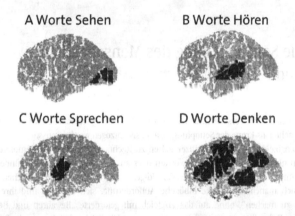

A Worte Sehen   **B Worte Hören**

C Worte Sprechen   **D Worte Denken**

Abb. 3.5: PET-Aufzeichnung der Aktivität von Cortex-Regionen

Das Gehirn des Menschen umfasst mit seinen knapp 1,5 l Volumen nur etwa ein Fünfzigstel der Körpermasse, beansprucht aber fast ein Fünftel des gesamten Energieumsatzes. Daher ist verständlich, dass nicht alle seine Teile stets mit maximalem Energieumsatz arbeiten, sondern nur dann, wenn dies tatsächlich benötigt wird.

Bereits seit dem I. Weltkrieg werden Untersuchungen an den bedauernswerten Fällen von Hirnverletzungen durchgeführt, die damals durch die Kriegseinwirkungen entstanden. Aber auch z.B. durch Schlaganfälle und die damit verbundenen Ausfälle an Leistungsfähigkeit wird es möglich, die Aufgaben der Hirnregionen zu erforschen. Heute kann man auch am gesunden Gehirn die verschiedenen Aktivitäten verdeutlichen, indem man die Stoffwechselaktivität sicht-

---

[20] Die Protonen, die Atomkerne des Wasserstoffs, verhalten sich wie kleine Magnete und richten sich im starken Magnetfeld des Untersuchungsgerätes aus. Dann können sie durch das Einstrahlen von Radiowellen zum Schwingen gebracht werden, dessen Stärke durch eine zweite Welle gemessen werden kann. Die Protonen schwingen unterschiedlich, je nachdem wo und wie sie chemisch gebunden sind. Daher kann man mit dieser Methode beispielsweise sauerstoffreiches Blut von anderem unterscheiden. Gehirnzellen, die stark beschäftigt sind, benötigen viel frisches Blut und können dadurch sichtbar gemacht werden.

bar macht, z.B. durch einen höheren Zucker- oder Sauerstoffverbrauch. Allerdings zeigen neueste Experimente, bei denen das Gehirn mit NMR-Untersuchungen und zugleich mit einge-pflanzten Elektroden beobachtet wird, dass seine Aktivität weit über die Anzeigenbereiche der nichtinvasiven Untersuchungsmethoden hinausreicht.[21] Wir dürfen daraus schließen, dass das ganze Gehirn an allen Informationsverarbeitungsvorgängen beteiligt ist, allerdings nicht alle Bereiche immer mit voller Intensität. Während eine Grundaktivität der Nervenzellen ständig vorhanden ist, wie auch durch EEG -Untersuchungen (Elektro-Encephalo-Graphie) deutlich wird, ist „Aufmerksamkeit" an die *koordinierte* Entladung der beteiligten Nervenareale gekop-pelt.

3.4 Die Sonderstellung des Menschen in der Evolution

Es gibt eine Reihe von Forschern, denen es besonders wichtig zu sein scheint, dass dem Spruch vom „Menschen als Krone der Schöpfung" die Basis entzogen werden muss.

Verhaltensbiologen und Tierschützer sehen zu Recht, dass leidens- und empfindungsfähige Lebewesen nicht artgerecht gehalten werden oder aus den verschiedensten Gründen in ihrem Lebensraum beschränkt werden. Die Verteidiger eines solchen wenig ethischen Verhaltens berufen sich manchmal auf die biblische Aufforderung, sich die Erde und ihre Geschöpfe „untertan zu machen", ohne auf das zugleich mit geforderte „Bewahren und Bebauen" zu reflektieren. Daher kann man verstehen, dass eine solche, sich scheinbar auf die Bibel stützen-de Begründung unmöglich gemacht werden soll. Darüber hinaus mag die Bedeutung, die manche Forscher der Einordnung des Menschen als Tier unter Tieren beimessen, auch aus einer historisch gut begründbaren Abwehr gegen übergriffige Religionsgemeinschaften zu erklä-ren sein.

Wenn die Evolution des Kosmos verstanden werden kann als eine Vermehrung und Differen-zierung von Information, dann kann man davon sprechen, dass dieser Prozess letztlich auf eine Selbstreflexion der Information abzielt. In dieser wird dann *„Information über Information"* möglich.

Ein Wesen, das zur Selbstreflexion fähig ist, nimmt daher notwendigerweise eine Sonder-stellung in der Evolution ein.

Dieser Sonderstellung gerecht zu werden, würde bedeuten, sich nicht nur der Folgen seiner Handlungen, sondern auch der Folgen dieser Folgen bewusst zu werden. Tatsächlich einzuse-hen, dass die zunehmende Verfügungsmacht von uns Menschen, die aus unserer Erkenntnis der Naturzusammenhänge folgt, auch eine zunehmende Verantwortung für Folgen und Folgens-folgen bedingt, ist die nächste Stufe, vor der wir im Evolutionsprozess stehen.

---

[21] Logothetis (2001)

Pottwal	Elefant	Mensch	Pferd	Gorilla	Rind	Schimpanse	Löwe	Hund	Katze	Ratte	Maus
8 500	5 000	1 350	590	550	540	400	220	135	30	2	0,4

Tab. 3.1: Absolute Gehirngewichte (in Gramm) bei Säugetieren

Die Ausnahmestellung des Menschen wurde oft mit seinem Gehirn und dessen Größe begründet. Dagegen wendet sich z.B. G. Roth, der großen Wert darauf legt, dass der Mensch weder absolut noch relativ das größte Gehirn unter den Tieren besitzt.[22] Große Tiere können natürlich absolut ein größeres Gehirn als kleine haben, aber bei kleinen Tieren entfällt generell ein prozentual größerer Anteil des Körpergewichtes auf das Gehirn als bei den großen. Auch was die Furchung der Hirnrinde angeht, wird der Mensch z.B. vom Tümmler übertroffen.

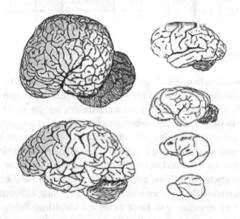

Abb. 3.6: Gehirnfurchungen: Zahnwal, Mensch,
zweite Spalte: Affe, Hund, Hase, Gürteltier

Da wir Menschen uns allerdings durch die Sprache und später zusätzlich durch die Schrift von allen bekannten Tieren unterscheiden, fragt man sich dann doch, woran sich dies eventuell auch anatomisch festmachen lassen könnte. Der Parameter, der schließlich und offensichtlich eine vernünftige Differenzierung zwischen Mensch und Tier erfasst, ist das relative Verhältnis der Gehirngröße zum Körpergewicht, die so genannte *Hirnallometrie*.

Der Mensch besitzt also – bezogen auf seine Körpergröße und im Vergleich mit allen gleich schweren Tieren – ein größeres Gehirn als alle anderen Tiere. Trotzdem ist es wichtig, sich klar zu machen, dass es nicht möglich und sinnvoll ist, eine scharfe Trennlinie zwischen den Hirn-

---

[22] In Roth und Prinz (1996)

funktionen von Mensch und Tier zu ziehen. Dies wäre etwa so sinnvoll, als wolle man den Unterschied zwischen klein und groß mit einer scharfen Grenzziehung definieren.

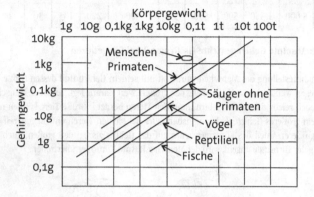

Abb. 3.7: Hirnallometrie

Die moderne Primatenforschung liefert ein immer umfangreicheres Material darüber, in welchem Maße bereits bei den großen Menschenaffen kulturelle Überlieferungen vorhanden sind, die sich auch zwischen verschiedenen Gruppen unterscheiden und die an die Jungtiere weitervermittelt werden. So ist beispielsweise neben verschiedenem Werkzeuggebrauch beobachtet worden, dass Schimpansen bei Durchfall bestimmte heilende Wurzeln fressen. Daher darf ihnen ein Wissen um die medizinische Wirkung bestimmter Pflanzen unterstellt werden.[23]

Zwischen den einzelnen Wirbeltierformen ergeben sich aus den unterschiedlichen Entwicklungsgraden auch unterschiedliche Fähigkeiten zur Ausgestaltung von Sozialstrukturen. So ist es bis zu den Reptilien unmöglich, zu Tieren eine zweiseitige Beziehung aufbauen zu können. Ein hungriges Krokodil wird versuchen, jede Beute zu fressen, unabhängig davon, ob diese mit der Aufzucht des Tieres befasst war oder nicht. Reptilien können keine Affekte ausbilden und reagieren nur über ihre Reflexe. „Dressuren" bei Reptilien – „Schlangenbeschwörer" – beruhen auf einer Art von Hypnose, in der die normale Reaktion der Tiere ausgeschaltet ist. Bereits bei Vögeln und zu allen Säugetieren ist es auf Grund von deren Hirnentwicklung möglich, eine Beziehung aufzunehmen. Säuger müssen wegen ihrer Abhängigkeit von der versorgenden Mutter die Fähigkeit entwickeln, ihren inneren Zustand nach außen zu verdeutlichen. Daher sind sie auch fähig, diesen bei anderen mehr oder weniger deutlich wahrzunehmen und können deswegen sehr komplexe und differenzierte Sozialstrukturen entwickeln.

Die Entwicklung der komplexen Gehirne von unseren Primatenvorfahren zum modernen Menschen geht Hand in Hand mit einer zunehmend komplexeren Sozialstruktur. Diese ist bereits bei den Menschenaffen sehr ausgeprägt. In der Entwicklung von den Vorformen des Menschen bis zum Neandertaler ist eine Gehirnzunahme von etwa 500 g auf etwa 1400 g erfolgt.

---

[23] *Bild der Wissenschaften* Heft 3 (2002)

Dass die Gehirngröße nicht allein ausschlaggebend ist, zeigt sich auch daran, dass beim heutigen Menschen mit etwa 1300 g bis 1350 g das Gehirngewicht etwas kleiner ist. Zugleich ist beim modernen Menschen eine immer weitere Entfaltung seiner Sozialstruktur zu bemerken und auch eine weitere Ausdifferenzierung des Gehirns.

Ein solch großes Gehirn bedingt ein weiteres intensives Wachstum desselben auch nach der Geburt. Man kann daher den Menschen als ein Wesen betrachten, dessen schnelle cerebrale Embryonalentwicklung nicht auf die 9 Monate vor der Geburt beschränkt ist, sondern danach noch mehrere Monate außerhalb des Mutterleibes in der engen Beziehung zur Mutter fortgesetzt wird, um sich dann auf die „normale" Entwicklung wie bei anderen Säugern zu verlangsamen.

Das im Vergleich zu etwa gleich schweren Menschenaffen doppelt so große Gehirngewicht des Menschen bei seiner Geburt bedeutet, dass die Mutter wesentlich mehr an Energie investieren muss und kann als z.B. Affen, was nur durch eine bessere Nahrungsversorgung auf Grund der besseren sozialen Beziehungen möglich ist.[24] Auch die Ablösung des Neandertalers, homo neandertalensis, durch den modernen Menschen, homo sapiens sapiens, könnte mit den nochmals erweiterten Sozialbeziehungen des letzteren verbunden sein. Vor etwa 35.000 Jahren breiteten sich die modernen Menschen, die viel später als die Vorfahren der Neandertaler aus Afrika ausgewandert waren und offenbar eine auch andere genetische Basis hatten, in Europa aus und zugleich verschwanden in dieser Zeit die Neandertaler. Möglicherweise gab es auch Vermischungen zwischen diesen beiden Menschenarten.

Manche Forscher meinen, dass auch noch bei heutigen Menschen Neandertaler-Gene vorhanden sind. Bei den modernen Menschen der Steinzeit wurden stets Schmuckstücke gefunden, bei den Neandertalern sehr selten. Eine Besonderheit beim homo sapiens aber war, dass deren Schmuck teilweise aus Handelsverbindungen über den halben Kontinent hinweg stammte. Hier war offensichtlich das Beziehungsgeflecht noch einmal weit über den Rahmen der lokalen Gruppe hinaus geflochten worden, wofür es bei den Neandertalern keinerlei Belege gibt.

---

[24] Lewin (1992)

4 Das Universum der Information

4.1 Was alles ist „Information"?

Wir haben in einer kurzen Abfolge die Entwicklung des Universums bis hin zum Menschen aufgezeigt. Diese Entwicklung kann auch beschrieben werden als die Herausbildung von immer komplexeren Informationsverarbeitungssystemen. Soweit uns bekannt ist, stellt deren komplexeste Form das reflexionsfähige menschliche Bewusstsein dar. Die kosmische Evolution ist daher unauflöslich verbunden mit der Entwicklung von dem, was Verstehen möglich macht. Wir wollen diese Aussage sogar noch verschärfen und deutlich machen, dass Information die grundlegende Kategorie für das Verstehen der Welt und ihrer Bestandteile darstellt.

Was wollen wir unter dem Begriff „Information" verstehen?

Ein informierter Mensch ist über Sachverhalte belehrt, er hat etwas Bedeutungsvolles erfahren, er weiß um die Tatsachen. In den Massenmedien gibt es neben den vielfältigen „Unterhaltungen" auch „Informationssendungen". Mit denen kann ich mein Wissen vermehren, ich kann etwas erfahren, was mich interessiert, was für mich Relevanz haben kann.

Bereits an dieser kurzen Schilderung wird einiges von dem deutlich, das in der Umgangssprache mit dem Begriff „Information" verbunden wird:

Üblicherweise wird als Erstes wohl „Bedeutung" mit Information assoziiert, des Weiteren gibt es einen Sender und einen Empfänger.

Information codiert einen Sachverhalt: Wenn der Wetterbericht Regen meldet, so tropft es keineswegs aus meinem Fernseher, sondern der Sprecher spricht – in Worten – über den Regen. Information über einen Sachverhalt ist etwas anderes als dieser Sachverhalt selbst. In diesem Fall ist die Information eine Mitteilung über etwas anderes.

Wir wollen aber den Informationsbegriff wesentlich weiter fassen, als in dieser kurzen Schilderung deutlich wird. All das, was wir in unserem Geist kennen und was in ihm vorgeht, ist auch Information – und dieses ist ein wesentlicher Gesichtspunkt unserer Betrachtungen. Oft haben wir zuerst vage Gefühle und Bilder, die noch nicht einmal in Worte gefasst sind. Die nächste, bereits bewusstere Form wäre vielleicht eine sprachliche Formulierung in unseren Gedanken. Diese können wir danach sogar aussprechen oder zu Papier bringen. Auf jeder von diesen Stufen haben wir den Eindruck, dass die Information immer konkreter und auch immer dauerhafter wird. Wenn uns der Hauch eines Gedankens vielleicht nur kurz streift, haben wir den Eindruck einer Fülle von Möglichkeiten, die er alle, da unausgesprochen, noch mit umfassen kann. Bei der Reflexion und sprachlichen Präzisierung eines solchen Gedankens kann dieser immer schärfer werden. Sprechen wir ihn aus, so sind wir zusätzlich auch mit unserem Körper präsent, der jetzt sichtbar an die Information gekoppelt ist. Dieser Unterschied ist jedem bekannt, die Körpersprache eines Redners lässt uns einen Vortrag ganz anders wahrnehmen als seine bloße Niederschrift. In dieser wird die Information schließlich so scharf, dass sie als schriftliches Dokument überdauern kann. Aber von den Assoziationen, die ursprünglich bei seinem Schöpfer vorhanden waren, sind viele am Dokument unerkennbar geworden.

Wenn wir einen Gedanken aufgeschrieben haben, ist weder das Papier noch die Tinte die Information. Man könnte sagen, die Gestalt der Tinte ist die Information, aber selbst das wäre noch zu konkret. Schicke ich die Nachricht mit einem Fax an Freunde in Amerika, so wird die Information in eine spezielle Gestalt elektromagnetischer Impulse übersetzt, die durch den leeren Raum zu einem Nachrichtensatelliten laufen und von dort zurück zur Erde. Dabei ist von der Gestalt der Tinte nichts mehr zu sehen, die Information erscheint aber wieder beim Ausdruck des Faxes.

In diesen Beispielen war die Information an einen Träger gebunden. Ein solcher Träger ist das Papier, die Tinte, für die Faxnachricht sind es elektrische Ströme in Draht und die elektromagnetischen Wellen im Vakuum. Die Information war aber in allen Fällen von diesen Trägern verschieden. Wir wollen zeigen, dass der Informationsbegriff so abstrakt gefasst werden kann, dass unter Umständen ein Träger gänzlich weggedacht werden kann. Dieser Abstraktionsprozess wird dazu führen, dass auch von einem Sender und sogar auch von einem Empfänger abgesehen werden kann. Ohne Empfänger wird dann natürlich auch der Aspekt der Bedeutung nicht mehr präsent sein.

4.1.1 Information als Bedeutung

Die „Bedeutung" erscheint auf den ersten Blick das Wesentlichste an der Information zu sein. Allerdings ist dies keine triviale Angelegenheit, denn die Bedeutung einer Information ergibt sich erst aus dem Zusammenspiel der eingehenden Information mit all den anderen Informationen, die der Empfänger bereits besitzt. Diese Bewertung der einkommenden Information entscheidet darüber, ob dieser eine Bedeutung zuzumessen ist – oder auch nicht. Die Kriminalromane leben davon, dass der Detektiv hinter scheinbar Bedeutungslosem dennoch wichtige Bedeutungen wahrnimmt.

Wir verfolgen in diesem Buch das Ziel, die Information zu einer objektiven Größe werden zu lassen, die schließlich als Protyposis, als abstrakte Quanteninformation den Platz einer „Grundsubstanz der Welt" einnimmt. Wenn sie mit diesem Ziel in den Geltungsbereich der Naturwissenschaften eingebettet werden soll, wird es daher nötig sein, ihren Bedeutungsaspekt zu ignorieren, der ja notgedrungen subjektiv und nicht objektiv ist.

Die Naturwissenschaften werden daher kaum etwas über die Bedeutung von Informationen sagen können, zumindest nicht über diejenige, die bei einer gegebenen eingehenden Information für jeden Menschen eine andere sein kann.

Was bleibt dann von der Information übrig?

4.1.2 Informationsmenge

Man kann in gewisser Weise die „Menge" der Information messen. Die Telekom z.B. hat ein ganz nüchternes Maß: An der Telefonrechnung können wir ablesen, wie sie die übertragene Information bewertet. Dass aber dabei die „Bedeutung" völlig verloren ist, liegt auf der Hand. Außerdem gilt aus gutem Grund das Telefongeheimnis, dass uns davor schützen soll, dass die Bedeutung der übermittelten Telefonate anderen in die Hände fällt. Aber auch dann, wenn wir die Bedeutung von Telefonaten nicht kennen oder kennen können, werden wir in der Regel akzeptieren, dass zwischen Sender und Empfänger Information übertragen wurde.

Die Begründung der Informationstheorie wird mit dem Namen Shannon verbunden. Leider ist auch dies ein Fall, bei dem wichtige wissenschaftliche Erfolge ihre Anstöße kriegerischen Auseinandersetzungen verdanken. Während des II. Weltkrieges versuchte Shannon, die Übertragungsvorgänge in Nachrichtenkanälen zu erfassen und zu optimieren. In einem modernen Krieg sind für die kriegführenden Staaten die logistischen Probleme, das heißt die zeit- und bedarfsgerechte Verteilung von Menschen und Material, die Abstimmung der Bedürfnisse der verschiedenen Bereiche und eine möglichst gute Kommunikation von entscheidender Bedeutung. Während des Weltkrieges überstiegen die Anforderungen an den Austausch von Informationen die Möglichkeiten bei weitem und so bestand eine gesteigerte Notwendigkeit, die vorhandenen Informationskanäle so optimal wie möglich zu nutzen.

Wie kann man festlegen, was mit „optimal" gemeint ist? Der Weg zu einer mathematischen Behandlung öffnete sich durch die vereinfachende Annahme, dass alle übermittelten Daten gleich wichtig sind. Unter dieser Voraussetzung kann man die Frage ihrer konkreten „Bedeutung" ausklammern und sich darauf beschränken, die Bedingungen für einen maximalen Durchsatz der reinen Datenmengen zu suchen. Dies kann wegen der vorausgesetzten „Bedeutungslosigkeit" einfach und mathematisch behandelt werden. Die Shannonsche Theorie hilft z.B. dabei, durch eine geschickte Codierung die Übertragungskapazität der Kanäle maximal auszunutzen und gleichzeitig durch das Belassen einer gewissen Redundanz, d.h. von eingebauten Wiederholungen, die Möglichkeit von Fehlerkorrekturen zu erhalten.

Bei der Shannonschen Informationstheorie ist trotz des Verlustes von „Bedeutung" allerdings von der umgangssprachlichen Auffassung der Information noch immer der Aspekt von Sender und Empfänger vorhanden geblieben: Information ist, was zwischen diesen beiden ausgetauscht wird.

Wenn wir eingesehen haben, dass der Bedeutungsaspekt zwar für uns Menschen der wichtigste ist, dass aber Information auch ohne ihn gedacht und behandelt werden kann, ergibt sich als nächste Frage, ob man dann auch Sender und/oder Empfänger wegdenken kann?

4.1.3 Information ohne Sender und Empfänger?

Geologen fliegen mit einem Messflugzeug über eine unbewohnte Gegend hinweg, um nach Erzlagerstätten zu suchen. Aus den gemessenen Werten erhalten sie Informationen über die Bodenbeschaffenheit. Die Bedeutung ist da, die Empfänger sind da, ist jemand auch der Sender? Natürlich könnte man sagen, dass das Erz durch seine Anwesenheit das Erdmagnetfeld verändert und damit die Quelle der Information ist. Aber dies ist kein Sendevorgang im alltäglichen Sinne – und genau darum soll es hier gehen.

Der landläufige Geltungsbereich von „Information" kann erweitert werden, ohne dass durch diesen Abstraktionsschritt das uns an diesem Begriff Interessierende dabei völlig verloren geht.

So wird durch die Erweiterung der Anwendbarkeit des Informationsbegriffes dieser zugleich vertieft. Sie bedeutet, dass alles das, was bisher unter diesen Begriff gefallen ist, auch weiterhin unter ihn subsummiert wird, dass aber erklärt wird, in welchem Sinne auch Geltungsbereiche hinzukommen, die bisher als ausgeschlossen angesehen worden sind.

Wer ist der Sender, wenn die Astronomen Daten von Sternsystemen aufnehmen, von denen das Licht Milliarden von Jahren unterwegs war? Dennoch ist dieses Licht eine Information! Wir möchten dafür plädieren, den Begriff der Information nicht notwendig daran zu knüpfen, dass ein Sender im gewöhnlichen Sinne des Wortes existiert. Allerdings waren in den beiden Beispielen Empfänger vorhanden, die entschieden haben, dass die empfangenen Daten für sie etwas bedeuten und damit für die Empfänger zu Information im gewohnten bisherigen Sinne wurden. Daher könnte man für eine Ausweitung des Informationsbegriffes beispielsweise formulieren:

Information ist etwas, von dem es nicht unmöglich erscheint, ihm Bedeutung zuschreiben zu können.

Information ist also etwas, das in der Alltagssprache mit Bedeutung verbunden ist. Für eine Einbettung in die Naturwissenschaften muss von der Bedeutung abstrahiert werden. Das Wesen der Information, Bedeutung tragen zu können, dass ihr Bedeutung zugeordnet werden kann, bleibt aber dadurch unberührt.

Somit wäre zwar noch immer ein möglicher Empfänger mitgedacht, es wäre aber z.B. nicht notwendig, dass er aktual vorhanden sein müsste.

Zurzeit erlebt die Molekulargenetik einen großen Aufschwung. Die in den Genen vorhandene Information liefert u.a. die Baupläne für die Proteine, die in der Zelle erzeugt werden. Die Zelle oder das Lebewesen wäre demnach der Empfänger dieser Informationen.

Wie steht es nun um eine Eizelle, die nicht befruchtet worden ist, und daher absterben wird? Die genetische Information hat dann keinen Empfänger, ist dann auch keine Information vorhanden?

Auch bei diesem Beispiel dürfte es nicht schwer fallen, über Information zu sprechen, auch wenn in diesem Fall ein Empfänger nicht vorhanden ist.

An allen diesen Beispielen ist sicherlich deutlich geworden, dass es vernünftig erscheint, als Arbeitshypothese zu formulieren, dass Information wie folgt beschrieben werden kann. *Information ist etwas, von dem es nicht prinzipiell unmöglich erscheint, dass es gewusst werden könnte, etwas, das die Struktur von Wissbarem hat, was Gegenstand von Wissenschaft sein kann.* Damit ist Information in allem zu finden, wovon Wissenschaft überhaupt handeln kann. Wie wir zeigen werden, ist sie die fundamentale Grundlage von allem.

4.1.4 Was ist Information ihrem Wesen nach?

Dass Information mit Bedeutung verbunden ist, war der erste Aspekt dieses Begriffes. Wir haben soeben deutlich gemacht, dass seine Reichweite sich aber darüber hinaus erstrecken kann, dass von Information auch dann noch gesprochen werden kann, wenn kein Sender, kein Empfänger und somit auch keine Bedeutung mit ihr verbunden ist.

Information in diesem erweiterten Sinne kann also diese drei Begriffe mit umfassen, muss es aber nicht.

Was aber ist dann Information? Die Information scheint etwas Seltsames zu sein. Ist sie neben Materie und Energie ein Drittes?

Information ist wohl keine Energie, denn für sie scheint es z.B. keinen Erhaltungssatz zu geben, und der Erhaltungssatz der Energie wird vielfach als das Fundament aller Naturwissenschaft angesehen. In der philosophischen Diskussion wird beispielsweise recht oft das Argument verwendet, dass eine Einflussnahme des Geistes auf die Materie den Energiesatz verletzen würde und daher undenkbar sei. Oft wird dann weiter geschlossen, dass daher auch das Konzept des Geistes mit der modernen Naturwissenschaft nicht vereinbart werden könne. Erst recht nicht ist Information materiell, denn sie kann ohne Trägermaterial übertragen werden. Bei einem Brief wird natürlich das Papier bewegt, aber wenn ein Fax durch das Vakuum des Weltraumes zu einem Nachrichtensatelliten gesendet wird und dann von dort zurück an eine andere Stelle der Erde gelangt – dabei wird kein Stoff bewegt.

Information ist dasjenige, was übrig bleibt, wenn jeder konkrete Träger weggedacht wird.

Information wird zuerst als „Information über etwas" angesehen, im obigen Beispiel: Der Wetterbericht handelt vom Regen, aber er ist kein Regen. Wenn wir weiter nachdenken, wird die Angelegenheit komplizierter. Ein Gedicht, das ich in einem Buch finde, ist bereits selbst der Sachverhalt, die Information fällt hier mit dem zusammen, worüber informiert wird.

Wie wir gesehen haben, ist Information nicht notwendig an den Träger gebunden, mit dem sie mich erreicht. Wenn das Blatt Papier mit dem Gedicht verbrennt, so kann es dennoch in meinem Gedächtnis erhalten bleiben. Wenn ich es mit einem Faxgerät weitersende, so bleibt das Papier bei mir und nur „das Gedicht" kommt beim Empfänger an. Die Information war hierbei

zwar durch elektromagnetische Wellen übertragen worden, aber auch diese sind nicht die
Information, auch sie sind nur deren Träger.

Wir können uns daher die Frage stellen, ob Information, da sie offenbar an keinen speziellen Träger gebunden ist, auch gänzlich ohne einen Träger vorstellbar ist, ob sie ohne Träger existieren kann – und was eine solche Behauptung wohl bedeuten könnte?

Das Gedicht ist das Gedicht, nicht mehr und nicht weniger, für eine Computerdatei gilt das
gleiche. Wenn sie ohne Fehler kopiert ist, dann haben wir wiederum diese Datei. Unter diesem
Blickwinkel erscheint Information als etwas, das in einem bestimmten Sinne „vollständig" sein
kann.

Wir hatten damit begonnen zu schildern, dass der Wetterbericht nicht der Regen ist, sondern ihn
bedeutet. Durch die Zuschreibung von Bedeutung wird die Information verändert, nun bedeutet
sie etwas, ist sie etwas anderes als sie „eigentlich" ist.

Wenn also der Bedeutungsaspekt ausgeklammert wird, dann sollte es möglich sein, die
Information als solche zu sehen, ohne auf anderes zu verweisen. Damit würde sie „absolut" werden können.

Natürlich benötigt man ein Betriebssystem, um eine Datei zu lesen und zu kopieren, aber
dennoch erscheint die Datei als das, was sie ist und nur als das. Könnte man wohl so etwas wie
ein „universales Betriebssystem" denken, welches die Information dann wirklich „absolut"
werden lässt?

Nach C. F. v. Weizsäcker gibt es Information „relativ auf zwei semantische Ebenen".[25] Dies
meint, dass man einen Oberbegriff und einen Unterbegriff bzw. zwei Ereignisklassen hat und
dann die Information daran misst, wie viele Ereignisse des Unterbegriffes unter ein Ereignis des
Oberbegriffes fallen. Mit dieser Definition müsste Information notwendig eine lediglich relative
Größe bleiben: „Ein ‚absoluter' Begriff der Information hätte keinen Sinn".[26]

Unser Bestreben läuft darauf hinaus, diesen Ansatz zu erweitern. Mit Hilfe der Kosmologie
können wir eine „unterste Ebene" oder besser eine „universelle Ebene" definieren, mit deren
Hilfe dann auch die Information zu einer absoluten Größe in unserem Universum werden kann.

Ein historisches Analogon, auf das wir noch weiter unten eingehen werden, lieferte im 19.
Jahrhundert die Definition einer absoluten Temperatur.

Eine „absolute Information" ist etwas, was naturgemäß unter die Gegenstände der Physik
fällt, denn diese Wissenschaft befasst sich mit den grundlegenden Zusammenhängen. Dass das
Grundlegende zugleich das Einfachste ist, wird nicht von allen Menschen so gesehen. Einfachheit meint hier, dass klare – d.h. mathematische – Strukturen vorhanden sind, die damit auch
anzeigen, dass mit ihnen tatsächlich Zusammenhänge verstanden werden. Dass nicht jedermann diese Mathematik beherrscht, ist kein Argument gegen die behauptete Einfachheit.

---

[25] Weizsäcker, C. F. v. (1985), S. 172
[26] a. a. O., S. 172

4.2 Information als Begriff der Physik

Die meisten Strukturen in der Welt sind so kompliziert, dass zurzeit eine zutreffende mathematische Modellierung nicht möglich ist. Damit fehlt ein wichtiger Aspekt, um sie strukturell zu verstehen. Andererseits steht hinter einer mathematischen Formulierung auch das Postulat eines allgemeinen Gesetzes. Dies kann manchmal ein falsches Konzept sein, da es Einzelfälle gibt, die in dem, was an ihrer Einmaligkeit bedeutsam ist, nicht unter ein allgemeines Gesetz fallen. Wenn wir alle die verschiedenen Aspekte der Information von der „Codierung" bis zur „Bedeutung" betrachten wollen, dann wird spätestens bei der „Bedeutung" die Angelegenheit so speziell, dass zur Physik noch mehr hinzukommen muss. So kann beispielsweise die Physik nicht zuständig dafür sein, wie ein Gedicht zu interpretieren ist. Wahrscheinlich hat niemand eine Vorstellung, wie man messen sollte, was ein Gedicht „bedeutet". Man könnte den Leser des Gedichtes danach fragen – aber wie sollte man die Antworten messen? Man könnte vielleicht die Änderung seines Blutdruckes beobachten oder heute auch, welche Bereiche des Gehirns durch das Gedicht besonders aktiviert werden – wäre damit die Bedeutung des Gedichtes auch nur irgendwie erfasst?

All dies würde uns sicherlich nicht sehr viel weiter bringen, und mit Physik hat es bisher noch nichts zu tun. Wenn wir aber die Information unter naturwissenschaftlichen Gesichtspunkten betrachten wollen, so wird es nötig sein, ihre Messbarkeit herauszuarbeiten und auch zu zeigen, wie dieser Begriff mit anderen Begriffen zusammenhängt, deren physikalische Bedeutung bereits verstanden ist.

4.2.1 Wie kam die Information in die Physik?

In manchen Physikbüchern kann man lesen, dass die Wärmelehre der Teil der Physik war, über den die Information in diese Wissenschaft eingeführt wurde. Dies ist auf den ersten Blick eine ziemlich verblüffende Aussage, außerdem ist sie so nicht ganz zutreffend, denn die Wärmelehre allein genügte dafür nicht.

4.2.2 Was ist Wärme?

Ursprünglich wurde die Wärme als ein eigenständiger Stoff verstanden, der Phlogiston genannt wurde, und der zu einem anderen Stoff hinzukommen konnte und ihn dabei erwärmte, vielleicht so wie man Zucker im Tee verrührt und ihn damit süß macht. Noch mit dieser Vorstellung begann man, die ersten Dampfmaschinen zu bauen, die die Grundlage für die Industrialisierung und die gesamte weitere moderne Technik legten. Später, als man den Energiebegriff verstanden hatte, konnte auch die Wärme mit ihm verbunden werden. Diese wurde jetzt nicht mehr als ein besonderer Stoff, sondern als eine Form von Energie begriffen. Wie wir von den Autobremsen wissen, lässt sich Arbeit bzw. Bewegungsenergie, vollständig in Wärme verwandeln.

Aber Wärme lässt sich nur zu einem bestimmten Teil in Arbeit umwandeln. Deshalb gibt es an jeder Wärmekraftmaschine „Abwärme", die beim Auto durch den Kühler oder beim Kraftwerk durch den Kühlturm abgeführt werden muss und die leider zu keiner Arbeitsleistung mehr genutzt werden kann. Da Wärme nicht vollständig in Arbeit umgewandelt werden kann, hat man ein Maß für den nicht als Arbeit nutzbaren Teil der Gesamtenergie eingeführt, die Entropie.

4.2.3 Was ist Entropie?

Während die kinetische Energie, z.B. bei einem Hammer, darin besteht, dass sich alle seine Bestandteile mit der gleichen Geschwindigkeit bewegen und damit z.B. ein Nagel eingeschlagen werden kann, wurde die Wärme in der Physik bald als eine ungeordnete Bewegung der Elementarbausteine verstanden.

Arbeit kann also recht zutreffend definiert werden als „geordnete Bewegung", Wärme als „ungeordnete Bewegung". Wenn nun die Entropie ein Maß für den „nicht in Ordnung" umwandelbaren Anteil der Wärmebewegung darstellt, so ist leicht zu verstehen, dass sie zumeist einfach als „Maß für Unordnung" bezeichnet wird. Dies ist im Allgemeinen ein nützliches Bild, kann aber unter bestimmten Umständen irreführend sein.

Der zweite Hauptsatz und die fundamentale Rolle der Zeit

Die Entropie hat ihre öffentliche Berühmtheit durch den „zweiten Hauptsatz der Wärmelehre" erlangt. Dieser war das erste grundlegende physikalische Gesetz, in dem die Zeit eine tatsächlich fundamentale Rolle spielt. In allen anderen Bereichen der Physik konnte man „die Zeit rückwärts laufen lassen", ohne dass dies zu einer Verletzung von bekannten Naturgesetzen geführt hätte. Die Physik mit allen ihren fundamentalen Gleichungen war bis zum Aufstellen des zweiten Hauptsatzes „zeitsymmetrisch". Wenn man einen Film betrachtet, in dem nur Vorgänge ohne Entropieänderung ablaufen, wie z.B. elastische Stöße von Kugeln, die sich bereits bewegen, so wird das Vorwärtsablaufen und das Rückwärtslaufenlassen keine Verwunderung beim Zuschauer hervorrufen. Für andere Vorgänge aber, wie z.B. das Zerschellen eines Glases am Boden, wird jeder die falsche Laufrichtung des Films erkennen können. Für derartige Vorgänge ist aber in den Grundgesetzen der klassischen Physik kein Raum. Daher kann man auch heute noch Bücher kaufen, in denen Physiker sehr ernsthaft über den „Zeitpfeil" nachdenken, also darüber, wieso die Zeit so verläuft, dass wir alle älter werden und niemand jünger, obwohl die Gleichungen, die von diesen Autoren als fundamental angesehen werden, so etwas erlauben würden.

In diesem Zusammenhang darf hier noch einmal an unsere Ausführungen zur Kosmologie erinnert werden. Allgemeine Gesetze, auch und gerade die der Physik, sind nur dann eine sinnvolle Bildung zur Beschreibung der Natur, wenn sie sich aus prinzipiellen Gründen auch auf eine Vielheit von Geltungsbereichen beziehen können. Damit sind sie sozusagen automatisch auf die Objekte im Kosmos beschränkt. Die Zeit aber ist eine physikalische Größe, die zuvorderst mit der Entwicklung des Kosmos als Ganzen verbunden ist. Damit ist die Zeit eine der Vorbedingungen für die Gültigkeit der allgemeinen Gesetze über die Dinge im Kosmos und somit in diesen Gesetzen offen oder verborgen präsent, aber nicht aus diesen herzuleiten. Als fundamentale Gesetze der Physik werden in der Regel Differentialgleichungen verstanden. Der zweite Hauptsatz fällt aus diesem mathematischen Schema heraus, da er nicht als Differentialgleichung sondern als eine Monotonieforderung formuliert wird. Er besagt, dass ein System, das sich selbst überlassen bleibt – das „abgeschlossen ist" – sich nur so verändern kann, dass die Entropie dabei nicht kleiner wird.

Diese mathematische Aussage übersetzt man in Alltagsbedeutung, dass nach dem zweiten Hauptsatz „die Unordnung zunimmt". Wenn dies mit Beispielen aus dem Alltag garniert wird, wie z.B. dem Aussehen eines Schreibtisches oder Zimmers, welche „von selber" immer unordentlicher werden, so ist dies auch für Nichtphysiker eine zutreffende Erfahrung. „Unordnung" aber ist ein subjektiver Begriff und daher ungeeignet für ein Naturgesetz. So ist es gerade keine Verletzung des zweiten Hauptsatzes sondern seine zwingende Folge, wenn z.B. eine unterkühlte Flüssigkeit, die gut isoliert ist – also „abgeschlossen" – von selbst auskristallisiert, d.h. gefriert, obwohl den meisten Menschen ein Eiskristall „viel ordentlicher" vorkommen mag als eine Flüssigkeit.

Besser kann die Entropie veranschaulicht werden, wenn man sie mit der Wahrscheinlichkeit verbindet. Dann kann der zweite Hauptsatz so interpretiert werden, dass bei einem System, das nicht von außen manipuliert wird, das Wahrscheinlichere geschieht. Nun kann man einwenden, dass dies wie eine Binsenweisheit klingt, aber dies macht die Sache nicht falsch, manches Richtige klingt simpel.

Für die Mikrozustände folgt damit noch nicht viel. Für diese wird angenommen, dass jeder von ihnen mit der gleichen Wahrscheinlichkeit auftreten kann, so dass auf diesem Niveau keinerlei Regelhaftigkeit zu erkennen sein wird. Für die Makrozustände hingegen darf man erwarten, dass fast immer derjenige von ihnen zu finden sein wird, der mit der größten Anzahl von Mikrozuständen vereinbar ist. Die Unterscheidung von Mikro- und Makrozuständen verdanken wir Boltzmann, dem wir uns jetzt zuwenden wollen.

4.2.4 Entropie als fehlende Information

Es war Boltzmanns große Entdeckung, dass die Entropie etwas mit Wahrscheinlichkeit zu tun hat. Dazu musste er für ein gegebenes System davon ausgehen, dass dieses eine „innere Struktur" besitzt, dass z.B. ein Gas gedacht werden darf als „aus Molekülen bestehend". Dass man sich in der Wärmelehre zuerst mit Gasen befasst hatte, ist ein Tribut an ihre Herkunft aus einer Theorie der Dampfmaschinen. Von einem Gas kann man ohne weiteres das Volumen, den Druck, die Temperatur, die Dichte messen, aber nicht viel mehr. Dies nennt man makroskopische Daten, weil das gesamte System auf einmal erfasst wird und eine Unterteilung dabei nicht beabsichtigt ist. Wenn ein Gas tatsächlich aus Molekülen besteht, dann kann man sich vorstellen, dass man – sicherlich mit ungeheurem Aufwand – vielleicht von jedem Molekül messen könnte, wo es ist und wohin es fliegt. Das alles würde man als die mikroskopischen Daten bezeichnen. Eine solche Kenntnis wäre gewiss das Maximum, was man sich erträumen könnte (oder besser, was wohl nur ein Physiker erträumen könnte – niemand anderes würde wohl solche Träume haben) –, denn dann wüsste man „alles" über das Gas.

Nun kann man sich ein mathematisches Modell eines Gases erstellen, indem man sich überlegt, wie viele Moleküle in dem gegebenen Volumen sind, und mit welcher jeweiligen Geschwindigkeit diese wohl bei einer gegebenen Temperatur herumfliegen würden. Dies hatte Boltzmann getan und sich dann überlegt, wie viel von diesem Wissen fehlt, wenn nur die wenigen makroskopischen Daten zu Verfügung stehen. Dazu musste er alle die möglichen mikroskopischen Zustände abzählen, die zu den makroskopischen Daten passen. Der Logarithmus dieser Anzahl, die fehlende Information, war – wenn man ihn noch mit der so genannten Boltzmann-Konstante multipliziert – gerade die Entropie.

Mit Boltzmanns Entdeckung war die Information zu einem Begriff der Physik geworden.

Es soll hier noch einmal hervorgehoben werden, dass es nicht notwendig ist, dass man die Information über die Mikroelemente tatsächlich besitzt, damit man eine Aussage darüber machen kann, wie viel Information fehlt. Es genügt, ein Modell über die Mikrozustände zu besitzen. Leicht veranschaulichen lässt sich dies am Beispiel einer Diskette. Wenn ich eine Diskette sehe, dann weiß ich sofort, dass mir 1,4 MB an Information fehlen, denn dies ist die Speicherkapazität, die dieser Diskette gemäß meinen Modellvorstellungen von Disketten und deren Eigenschaften zukommt. Dieses Modell der Diskette sieht beispielsweise nicht vor, dass etwa auf die Hülle noch weitere Information geschrieben werden könnte – was natürlich mit einem feinen Stift möglich wäre, aber natürlich vom Computer nicht erfasst werden könnte. Die 1,4 MB fehlen mir immer, denn beispielsweise eine „leere" Diskette hätte an allen Speicherplätzen eine Null stehen, und ob dies der Fall ist, kann ich erst nach einer Überprüfung wissen. In diesem Sinne ist leicht zu verstehen, dass die fehlende Informationsmenge einer Diskette, die ich nicht im Computer ausgelesen habe, stets diesen Wert 1,4 MB hat – unabhängig davon, ob sie „voll" oder „leer" ist.

Dieses Beispiel sollte deutlich machen, dass man durchaus ein Wissen über die Menge fehlender Information besitzen kann, ohne dass man eine Ahnung davon haben muss, was einem konkret fehlt.

4.2.5 Der Informationsbegriff reicht über die Wärmelehre hinaus

Wir hatten oben darauf verwiesen, dass die Wärmelehre allein nicht ausreichend ist, die Information zu einem Begriff der Physik werden zu lassen. Der Grund dafür ist, dass die klassische Physik keine Möglichkeiten kennt, eine sinnvolle Beschreibung von Mikrozuständen zuzulassen. Boltzmann musste für die Atome Eigenschaften fordern, die erst mit der Quantentheorie gerechtfertigt werden können.

Erst mit der Quantentheorie wird Information ein Begriff der Physik, und unserer Meinung nach ist für die Quantentheorie der Informationsbegriff sogar zentral, d.h. mindestens ebenso wichtig wie die Begriffe Energie oder Materie.

Die klassische Physik verbietet die Existenz ihrer Gegenstände

Wenn man die mathematische Struktur der klassischen Physik ernst nimmt – und ohne ein solches „Ernstnehmen" ist jede Analyse ein Unfug –, dann muss man feststellen, dass die Existenz eines jeden Gegenstandes der klassischen Physik von dieser selbst verboten wird. Dies beginnt bei den Atomen, die im Inneren Ladungen mit unterschiedlichen Vorzeichen besitzen.

Diese Ladungen können nach den Gesetzen der klassischen Physik nicht einfach in Ruhe verharren, denn sie ziehen sich an. Die Lösung, die die Gravitationstheorie Newtons für einen solchen Fall gegenseitiger Anziehung vorschlagen kann, ist eine Bewegung der Ladungen auf Kepler-Ellipsen umeinander. Wenn aber elektrische Ladungen im Spiel sind, kann diese Lösung keine Rettung bieten, denn Ladungen, die umeinander laufen, also die Richtung ihrer Geschwindigkeit ständig ändern, sind beschleunigt – und beschleunigte Ladungen müssen ständig Energie abstrahlen. Dadurch wird der Durchmesser der Ellipse immer kleiner und die Ladungen stürzen, wenn auch einen Augenblick später als beim direkten Sturz, dennoch ineinander. Wenn es aber keine stabilen Atome geben kann, wie sollte man dann die Existenz fester Körper erklären können?

Wenn die Atome zu mathematischen Punkten schrumpfen, um damit stabil sein zu können, dann müssten die daraus aufgebauten Objekte ebenfalls ineinander zusammenstürzen. Wenn man die Existenz der elektrischen Ladungen in den Atomen leugnet und ausgedehnte Atome ohne innere Ladungsstruktur phantasiert, dann könnte auch der Zusammenhalt der Körper oder der Flüssigkeiten nicht erklärt werden, sie müssten beispielsweise wie eine Wolke trockenen Sandes auseinander fliegen.

Ernst Mach, ein Kollege Boltzmanns in Wien, der die klassische Physik sehr gut beherrschte, wusste um die Unmöglichkeit der Atome in deren Rahmen und kritisierte seinen Kollegen. Boltzmann wusste auch um die Probleme der klassischen Physik, sah aber den großen Erfolg und die Erklärungskraft seiner Theorie und bestand auf dem Atombegriff.

Das Durchbrechen der Fundamente der klassischen Physik, das durch Boltzmann begonnen wurde, wurde wenige Jahre später von Max Planck unumkehrbar gemacht, als er 1899 das Wirkungsquantum entdeckte. Die sich entwickelnde Quantentheorie lieferte dann die Begründung für Boltzmanns Ansatz und damit für die Einführung der Information in die Physik.

4.2.6 Die Realität der Information

In der klassischen Thermodynamik wird die Veränderung der Entropie ausgedrückt durch die Veränderung der Wärmemenge, dividiert durch die Temperatur. Da mit dieser Definition lediglich die Veränderung einen objektiven Charakter erhält, bedeutet das, dass ein Absolutwert für diese physikalische Größe sinnlos erscheint, nur ihre Differenzen könnten realistisch interpretiert werden.

Diese Unbestimmtheit des Absolutwertes der Entropie in der Wärmelehre tritt auch in ihrer statistischen Interpretation zu Tage, denn er hängt davon ab, welche internen Freiheitsgrade in das jeweilige Modell einbezogen werden. Beispielsweise würde die rechnerische Gesamt-Entropie allein dadurch wachsen, dass außer den Atomen noch interne Zustände der Atome oder sogar die der Atomkerne zu dem Beschreibungsmodell hinzugefügt würden. Für Vorgänge, bei denen diese Freiheitsgrade nicht zusätzlich angeregt würden, würde natürlich trotz der hinzugenommenen Freiheitsgrade die Entropie-Differenz ungeändert bleiben.

Solche Fälle, in denen ein Absolutwert einer Größe noch nicht definiert werden kann, weisen im Umfeld der Physik darauf hin, dass ein fundamentaler Zusammenhang noch nicht ausreichend verstanden worden ist. Ein gutes Beispiel für einen solchen Fall liefert die Temperatur. Für diese gab es ebenfalls für lange Zeit einige recht willkürlich gewählte Nullpunkte, die zum Teil noch heute im Alltag verwendet werden: Celsius und Fahrenheit.

Mit der Definition von Temperatur als Ausdruck der inneren Bewegung eines Stoffes ließ sich ein Absolutwert definieren, denn weniger Bewegung als keine kann es nicht geben.

Damit war der absolute Nullpunkt (– 273 °C) gefunden und die Temperatur verstanden. Wir werden später zeigen, wie ein derartiger Fortschritt auch für die Information erzielt werden kann.

Vorerst kann man nur feststellen, dass bisher lediglich die Änderung der Information durch obige Überlegungen als Entropieänderung zu einer physikalischen Größe geworden ist, die allerdings denselben Realitätsgrad wie die Moleküle und Atome erhalten hat. Wenn also Atome und Moleküle etwas mit dem Verstehen der Entropie als Information und damit mit der Einbeziehung der Information in die Physik zu tun haben, wird es notwendig sein, den Teil der Physik vorzustellen, ohne den Atome überhaupt nicht verstanden werden können, die Quantentheorie.

5 Die zentrale Rolle der Quantentheorie

Bevor wir uns mit der Quantentheorie genauer befassen, die für die Moderne die philosophisch bedeutsamste Konstruktion des menschlichen Geistes ist, soll kurz darauf hingewiesen werden, dass sie missverstanden würde, wenn man sie als eine eher esoterische Vergnügung weltfremder Theoretiker auffassen würde. Die Quantentheorie hat bereits heute eine kolossale ökonomische Bedeutung, die immer weiter zunehmen wird.

Etwa ein Viertel des Bruttosozialproduktes in den hochentwickelten Industriestaaten geht auf Anwendungen der Quantenphysik zurück.[27]

Zu diesen Anwendungen der Quantenphysik gehören u.a. die gesamte Festkörperphysik mit den modernen Halbleitern, und damit auch Computer, Laser, Handys usw., natürlich die Kernkraftwerke, aber auch Solarzellen. In der Medizin sind Kernspintomographie, Positronen-Emissions-Spektroskopie und die Krebsbehandlung mit ionisierenden Strahlen Ergebnisse der Quantenphysik. Nachweis- und Untersuchungsmethoden mit Neutronen und radioaktiven Isotopen, Elektronenmikroskopie, Neutronenspektroskopie, Rastertunnel-Mikroskopie beruhen auf Quanteneffekten. Der enorme Erfolg der Quantenchemie mit ihren Molekül-Konstruktionen und nicht zuletzt die Molekular-Biologie sind Anwendungen quantentheoretischer Konzepte. Die Molekularphysik geht heute bereits so weit, dass man mit Hilfe von ultrakurzen Laserpulsen Moleküle gleichsam „mit der Hand" umbauen kann. Durch ganz speziell erstellte Pulse mit abgestimmten Anteilen von Frequenzen und Polarisationen können Moleküle gezielt auseinander genommen werden, diese Teile verdreht und dann wieder neu und mit anderen zusammengesetzt werden.

Supraleitung und Suprafluidität gelten als besonders spektakuläre Quantenphänomene, weil sie makroskopische Phänomene darstellen. Dies widerspricht dem noch weithin gehegten Vorurteil, die Quantentheorie sei auf den Bereich der Mikrophysik beschränkt.

Die Quantentheorie ist die beste und genaueste Theorie, die uns heute in der Physik zur Verfügung steht. Ihre Vorhersagekraft ist bisher noch an keinerlei Grenze gestoßen. Sie stellt sich zum einen als ein ausgereifter mathematischer Formalismus dar, mit dem man sehr gut arbeiten kann. Zum anderen bedeutet sie die größte Revolution in unserer Weltsicht seit dem Beginn der Neuzeit.

---

[27] Wagner (2000)

Bei der physikalischen Arbeit ist es aber recht oft der Fall, dass man auf philosophische Fragen keine Rücksicht zu nehmen braucht, selbst auch auf die nicht, die sich auf die Interpretation der Quantentheorie beziehen. Physiker lernen normalerweise in ihrem Studium, diese Theorie anzuwenden, ein philosophisches Verständnis ist dafür nicht notwendig. Das erklärt, warum bis heute sehr gute Kenner ihres mathematischen Formalismus diese Theorie gleichwohl als „unverstehbar" bezeichnen.

Dass etwas zu verstehen und etwas zu beherrschen zwei oft vollkommen verschiedene Situationen beschreiben, trifft auch auf unser alltägliches Leben zu. Wir vermuten, dass die meisten Leser Rad fahren können, dass aber nur die wenigsten an Hand der Kreiselgesetze erklären können, wie das Radfahren funktioniert und wie es daher zu verstehen ist.

5.1 Die Unterschiede zwischen klassischer Physik und Quantenphysik

Als die physikalischen Experimente und auch die Theorien so genau geworden waren, dass man mit ihnen in den Bereich der Atome vordringen konnte, was naturgemäß eine extreme Genauigkeit erfordert, wurde es deutlich, dass dort die Physik, zu der die Mechanik, die Lehre von Elektrizität und Magnetismus und die Wärmelehre gehörten, in unüberwindbare Schwierigkeiten geriet. Dieser Bereich der Physik, der jetzt als die „klassische" Physik bezeichnet wird und zu dem heute zusätzlich noch die Relativitätstheorie und die Chaostheorie hinzugerecht werden, beruht auf dem Postulat einer uneingeschränkten Zerlegbarkeit der Welt in Objekte. Zwischen diesen bestehen natürlich Wechselwirkungen, die aber die Selbständigkeit der Objekte respektieren.

Die Wechselwirkungen zwischen den Objekten – und das ist der fundamentale Kern der klassischen Physik – können im Prinzip beliebig klein gemacht werden, ohne dass sie deswegen exakt zu Null werden müssten.

Dieses Kleinwerden kann z.B. dadurch geschehen, dass man die Objekte beliebig weit voneinander entfernt.

Für die Systeme der klassischen Physik steht fest, aus welchen Teilen ihre Objekte zusammengesetzt sind. Man darf sich als Veranschaulichung ein mechanisches Uhrwerk vorstellen. An diesem ist zwar eine fein abgestimmte Wechselwirkung der Zahnräder zu bemerken, aber ist von jedem Rad klar, ob es dazu gehört oder nicht. Außerdem kann das Uhrwerk mit dem richtigen Werkzeug in seine Teile zerlegt, geputzt und dann wieder zusammengesetzt werden. Danach wird es besser laufen als zuvor. Ähnlich ist es beim Planetensystem unserer Sonne. Auch da ist klar, welcher Planet dazu gehört, und wenn ich das ganze System beschrieben habe, dann ist dies nichts anderes als die Beschreibung aller beteiligten Planeten.

Der große Unterschied der Quantentheorie gegenüber der klassischen Physik kann darin gesehen werden, dass quantenphysikalische Ganzheiten nur in den seltensten Fällen so verstanden werden dürfen, dass sie tatsächlich aus den Teilen „bestehen", aus denen sie einmal zusammengesetzt worden sind oder in die sie zerlegt werden können. Dabei kann es sich außerdem in den Fällen von Zerlegung um Zerlegungen desselben Systems in jeweils vollkommen verschiedene Teil-Objekte handeln.

Damit hat der Fortschritt der Physik gezeigt, dass die Vorstellung, dass „die Objekte der Welt aus Atomen bestehen" zwar die Krönung der klassischen Physik darstellt, dass sie aber andererseits beinahe das Gegenteil der Quantenphysik ausdrückt. Dennoch erlaubt die Quantentheorie, die Anzahl der „internen Zustände" eines Systems anzugeben. Damit sind die verschiedenen Zustände gemeint, die das System einnehmen kann, wenn ein bestimmter „Makrozustand" (z.B. Druck, Volumen, Temperatur, Dichte) fest vorgegeben ist. Das ist für die Berechnung der Entropie notwendig und ausreichend, weshalb der Atombegriff für die Definition der Entropie nicht mehr wesentlich ist. Außerdem gibt es sowohl Quantensysteme, deren Masse kleiner ist als die eines Atoms, beispielsweise manche Elementarteilchen, vor allem aber auch solche mit einer viel größeren Masse als ein Atom. Diese großen Systeme, die aus vielen Atomen gebildet werden können, können danach – wie erwähnt – in der Regel nicht so verstanden werden, dass sie „aus Molekülen oder aus Atomen bestehen". In den gebundenen Zuständen können die Ausgangsteile ihre Individualität verlieren und im Ganzen aufgehen, obwohl sie natürlich in diese wieder zerlegt werden können[28].

Wichtig für die Berechnung der Entropie ist nicht der Atombegriff, sondern dass die Quantentheorie für alle Systeme mit einem endlichen Volumen und einer endlichen Energie auch nur eine *endliche Zahl möglicher Mikrozustände* zulässt. Damit ist auch in diesem Fall die Wahrscheinlichkeitsdeutung der Entropie gerechtfertigt.

Die Quantensysteme mit ihrer auf Einheit gerichteten Struktur, die wir als „henadisch"[29] bezeichnen, haben als solch eine Einheit wesentlich reichhaltigere Möglichkeiten zu bieten, als allein aus denjenigen Teilen ableitbar ist, aus denen sie zusammengesetzt worden sind oder in die sie zerlegt werden können. Wenn der Zustand des Gesamtsystems vollständig erfasst ist, bedeutet dies nicht, dass damit bereits auch schon eine Zerlegung in Teilsysteme festgeschrieben wäre. Da ein solches Quantensystem auch in etwas vollkommen Anderes zerlegt werden kann als das, woraus es aufgebaut worden war, ist die Sprechweise eines „Bestehens aus" absolut ungeeignet, sinnvolle Assoziationen zu wecken.

Ein und derselbe Quantenzustand kann sich beispielsweise zerlegen in zwei Photonen oder in ein Elektron-Positron-Paar. So können aus einem Elektron und einem Positron, dies sind zwei

---

[28] Siehe z.B. Görnitz (1999)

[29] Von Griech. *hen* (τό ‘έν, das Eine)

Elementarteilchen, die jeweils eine elektrische Ladung, einen halbzahligen Spin[30], ein magnetisches Moment und eine Ruhmasse besitzen und daher auch in Ruhe sein können, ein Paar von Lichtquanten werden. Diese Photonen, die „Teilchen des Lichtes", stellen die elektromagnetischen Kräfte dar. Sie tragen keine Ladungen, haben einen ganzzahligen Spin und kein magnetisches Moment und besitzen keine Ruhmasse. Damit sie dennoch Energie besitzen können, bewegen sie sich ständig mit Lichtgeschwindigkeit und können sich daher auch nicht „an einem Ort" befinden. Die möglichen Teile, in die ein Quantensystem zerfallen kann, können also derart verschieden sein, dass die naive Vorstellung eines „Bestehens aus" sich von selbst verbietet.

In diesem Sinne *besteht* ein Tisch nicht aus Atomen, er kann lediglich in diese zerlegt werden. Er ist ein Ganzes, an dem daher auch vollkommen neue Eigenschaften gefunden werden können, die auf der Basis der Atome nicht einmal formuliert werden können.

Die Reichweite der Quantentheorie, dieser fundamentalsten Theorie der Physik, ist wesentlich größer als der Bereich der Atome.

Wir kennen keinen Sektor der Wirklichkeit, in dem die Quantentheorie falsche Aussagen machen würde.

In der klassischen Physik ist es anders. Das Planetensystem als *Modell* einer Weltbeschreibung besteht tatsächlich aus den Planeten und aus nichts mehr oder weniger. *Für dieses Modell* sind seine Teile deutlich und zeitunabhängig definiert. Es sei aber daran erinnert, dass dieses Modell nicht die Wirklichkeit der Planeten ist und all die Vorgänge ignoriert, die in ihrem Innern und auf ihrer Oberfläche geschehen.

In der Quantenphysik ist, wie schon gesagt, das Bestehen aus Teilen eine unzutreffende Sprechweise. Der ganzheitliche Charakter von Lebewesen ist uns intuitiv viel leichter zugänglich als der von festen Körpern, obwohl wir alle beispielsweise die Probleme mit Glas- oder Porzellanbruch kennen. Auch ist es für unsere Vorstellungen natürlicherweise evident, dass z.B. Tiere nicht wie ein Uhrwerk auseinander genommen und genauso wieder zusammengesetzt werden können.

Die Quantentheorie ist die einzige Theorie der Physik, die ganzheitliche Gestalten beschreiben kann – nur in ihr treten die Hauptkennzeichen einer henadischen Struktur auf, nämlich die *verschränkten Zustände*. Auf diese werden wir später noch ausführlich eingehen, jetzt sei erst einmal nur so viel bemerkt:

Die verschränkten Zustände widerspiegeln und beschreiben die henadische Struktur der Wirklichkeit in universeller Weise, während die von der klassischen Physik postu-

---

[30] Unter einem „Spin" darf man sich so etwas wie eine „Eigenrotation" eines Elementarteilchens vorstellen. Für Elektronen hat er den Wert ½, d.h. er kann nur zwei Werte („+ ½" und „– ½" oder „up" und „down") annehmen.

lierte Zerlegbarkeit in Teile eine ziemlich gute Annäherung der Wirklichkeit darstellt, allerdings lediglich an den makroskopischen Bereich.

Dass die klassische Physik eine weniger genaue Beschreibung der Welt darstellt als die Quantentheorie, dies wird leider durch viele Äußerungen – sogar aus dem Bereich der Physik – für die Nichtphysiker zu einem fast nicht erkennbaren Sachverhalt gemacht. Dieses Missverständnis ist zwar leicht erklärbar, wird doch der Begriff „Unschärfe", der selbstverständlich die Assoziation zu „ungenau" hervorruft, als ein Wesensmerkmal der Quantentheorie angesehen. Die Verwendung dieses Wortes, die im englischen Sprachraum noch verbreiteter als im Deutschen zu sein scheint, verhindert aber ein Verstehen des tatsächlich Vorliegenden, nämlich von der „Unbestimmtheit" der Messergebnisse an Quantenobjekten.

Wenn wir uns noch nicht entschieden haben, ob wir am Abend ins Theater oder ins Kino gehen wollen, dann ist daran überhaupt nichts „unscharf". Wir wissen sehr wohl, wo die Gebäude sind und was auf dem Spielplan steht, aber wir sind noch „unbestimmt", solange wir keine Entscheidung getroffen haben.

Eine solche Unbestimmtheit ist in den Modellen der klassischen Physik nicht gegeben. In einem Bereich, in dem „im Prinzip" – auf Grund der mathematischen Strukturen – alles festliegt, kann es keine tatsächliche „Unbestimmtheit" geben. Es mag sein, dass man die von der Mathematik festgelegte Zukunft eines Weltbeschreibungsmodells selbst noch nicht kennt, so dass die „Unkenntnis" es nicht erlaubt, aus dem Unterschied zwischen etwas Festgelegtem und etwas Offenem einen Nutzen zu ziehen. Dies ist der Fall beim deterministischen Chaos, der manchmal mit Zufälligkeit verwechselt wird. Es kann natürlich auch sein, dass der Messfehler eine – hier tatsächlich – unscharfe Festlegung der Anfangsbedingungen bewirkt. Welche unter den dann möglichen Bahnen die richtige sein wird, ist dann zwar in Wirklichkeit bestimmt, ist aber dem Beobachter nicht bekannt.

Die Frage von Zerlegbarkeit und Nichtzerlegbarkeit ist in unserer Lebenswelt am anschaulichsten bei den Tieren zu erkennen.

Leben ist die ganzheitlichste Erscheinung, die man im Kosmos finden kann, daher wird eine Beschreibung und naturgesetzliche Erfassung von Leben mit Quantentheorie zu tun haben müssen.

In Abschnitt 8.1 werden wir uns diesem Sachverhalt noch einmal intensiver zuwenden.

Daraus, dass naive Vorstellungen eines objektiven und dauerhaften „Bestehens aus Teilen" für die Quantentheorie nicht sinnvoll sind, folgt allerdings nicht auch noch darüber hinaus, dass die Quantentheorie verbieten würde, Teile dennoch sinnvoll zu definieren. Das Gegenteil ist wahr.

Die Möglichkeiten der Quantentheorie erlauben es, für ein System auch von solchen Teilen zu sprechen, die bei dessen Zusammensetzung anfangs überhaupt nicht zu bemerken waren.

Ein Beispiel dafür hatten wir vorhin mit dem System gegeben, das entweder in ein Elektron-Positron-Paar oder in zwei Photonen zerfallen kann. Ein anderes Exempel, auf das wir noch zu sprechen kommen werden, ist die Isolierung eines Quantenbits von seinem materiellen Träger, so dass dieses allein behandelt werden darf. Dies verlangt allerdings spezielle Anforderungen an die Präparation solcher Teilzustände und vor allem an die Wechselwirkung der derartig konstruierten Teile. Von solchen Teilen kann man nur dann sinnvoll sprechen, wenn unter der Wechselwirkung diese Zerlegung erhalten bleibt. So etwas ist nicht die Regel und bedarf unter Umständen kunstvoller experimenteller Festlegungen.

5.2 Quantentheorie als Physik der Beziehung

In der klassischen Physik werden die Bestimmungsstücke eines Systems aus denen aller Teilsysteme zusammengesetzt. Dies geschieht durch eine Addition.

Daher kann man zutreffend ein klassisches System als die Summe seiner Teile auffassen.

In der Sprache der Mathematik wird der Zustandsraum eines klassischen Systems als die „direkte Summe" der Zustandsräume seiner Teilsysteme bezeichnet.[31]

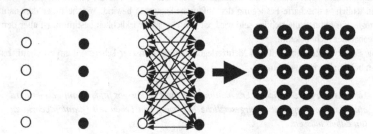

Abb. 5.1: Die Teile eines Systems werden in der klassischen Physik additiv (5 + 5 = 10), in der Quantenphysik multiplikativ (5 ∗ 5 Beziehungspfeile ergeben die 25 neuen Zustandspunkte des Gesamtsystems) zusammengefasst.

Ein Quantensystem ist *„mehr als die Summe seiner Teile"*. Sein Zustandsraum ergibt sich als das „direkte Produkt" der Zustandsräume seiner Teilsysteme. Eine solche Produktstruktur

---

[31] Die dafür auch verwendete Bezeichnung „kartesisches Produkt" erzeugt leider eine vollkommen falsche Assoziation.

kennen wir im Alltag von *Beziehungen*. Die Komplexität einer Gemeinschaft, die Anzahl der Beziehungen in ihr, wächst nicht additiv sondern multiplikativ mit der Zahl ihrer Mitglieder.

Wenn Quantentheorie anschaulich verstanden werden soll, so kann sie als eine Physik der Beziehungen charakterisiert werden.

Die Beziehungsstruktur widerspiegelt die multiplikative Zusammensetzung von Quantenteilsystemen zu neuen Ganzheiten. Vor allem darin unterscheidet sie sich von der additiven Zusammensetzung bei klassischen Systemen.

Hat man aber nur ein einzelnes System, mag man sich fragen, welche Bedeutung die Sprechweise von den „Beziehungen" haben kann. Dies führt uns zwangsläufig auf den Begriff der Quantisierung.

5.2.1 Quantisierung

Der Übergang von einer klassischen Beschreibung zu einer quantenphysikalischen wird als die so genannte „Quantisierung" bezeichnet.

Das Wesen der Quantisierung kann dadurch veranschaulicht werden, dass die aktualen Zustände eines einzelnen Systems durch die Quantisierung in Beziehung zu den beliebig vielen Zuständen seiner Umgebung gesetzt werden, denn erst durch die Beziehungen zu den möglichen Zuständen der Umgebung kann einem System ein Bezugsrahmen für eine genauere Beschreibung gegeben werden.

Ein einfaches Beispiel soll das Gemeinte verdeutlichen: Für jeden von uns ist gewiss klar, was „oben" ist, so dass sich eine weitere Erklärung erübrigt. Aber vom Mond aus gesehen zeigen „nach oben" in Europa und „nach oben" in Australien gerade in entgegengesetzte Richtungen. Erst durch die Angabe des Bezuges zur Erdoberfläche wird die Beschreibung genau.

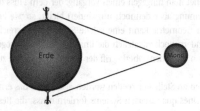

Abb. 5.2: Wo ist vom Mond aus gesehen „oben"?

Wird die *Beziehung zur Umwelt* mit erfasst, so ist eine *genauere Beschreibung* des Systems möglich.[32] Diese höhere Genauigkeit der quantenphysikalischen Beschreibung kommt auch beim Übergang von einer klassischen Beschreibung zu derjenigen der Quantentheorie zum Tragen. Dieser Übergang, die „Quantisierung", kann dargestellt werden als der Übergang vom klassisch-faktischen Zustand, der als Punkt charakterisiert werden kann, zu allen Möglichkeiten, die aus diesem einen Punkt erwachsen können.

In der Sprache der Mathematik könnte man von der „Menge der Funktionen über diesem Punkt" sprechen, oder moderner Terminologie von der „Garbe der Funktionskeime".[33] Die Verbindungen vom festen Punkt zu all diesen Werten kann man durch Pfeile erfassen. Stellt man sich die Möglichkeiten wie Perlen auf einer Schnur aufgereiht vor, kann diese beim Straffziehen zu einer Geraden – einem eindimensionalen Raum – werden.

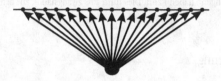

Abb. 5.3: Quantisierung – vom Punkt zum eindimensionalen Raum

Die Rolle der Zeit in der Quantentheorie

In dieser anschaulichen Überlegung ist noch nicht der fundamentale Charakter der Zeit berücksichtigt worden. Wenn die Möglichkeiten der Quantenphysik eine reale Bedeutung besitzen sollen, dann müssen sie auch gefunden werden können, d.h. sie müssen über eine gewisse Zeit Bestand haben können.

In der „normalen Ebene", die wir alle im Geometrieunterricht der Schule verwendet haben, gibt es aber keine Möglichkeit, etwas Bestehendes beschreiben zu können, ohne zugleich die Zeit vollständig auszuschließen. Es gibt dort nur Statisches, und bei dem passiert überhaupt nichts.

Als stationär bezeichnet man hingegen einen Vorgang, der dem Fluss der Zeit unterliegt, dessen wesentliche Erscheinung aber dennoch ungeändert bleibt, so wie beispielsweise ein ruhig fließender Fluss. In der Geometrie kann eine solche Stationarität erreicht werden, wenn nicht allein reelle Zahlen sondern noch zusätzlich die imaginären hinzugezogen werden. Reelle und imaginäre Zahlen werden unter dem Oberbegriff der komplexen Zahlen zusammengefasst.

Die komplexen Zahlen an Stelle der reellen werden also genau das ermöglichen, was man von den Zuständen eines quantisierten Systems fordern muss, die Beschreibung von *Stationarität*.

---

[32] Görnitz (1999)
[33] Siehe z.B. Constantinescu und de Groote (1994)

Da die Theorie der komplexen Zahlen leider heute meist nicht einmal mehr zum Abiturwissen gehört, findet man vielfach die Meinung, das wäre auch so in Ordnung, denn diese Gebilde hätten mit der Wirklichkeit nichts zu tun. Dies ist aber keineswegs der Fall! Daher soll ein kurzer Einschub die komplexen Zahlen veranschaulichen.

Dabei wird deutlich werden, dass die komplexen Zahlen nicht „unnatürlicher" sind als beispielsweise negative Zahlen oder Brüche. Sie erlauben es aber – genauso wie es diese anderen Zahltypen bereits getan haben –, zu einer genaueren Beschreibung und Erfassung der Welt gelangen zu können.

Die Entwicklung der mathematischen Fähigkeiten haben einen wesentlichen Einfluss auf die kulturelle und auch die geistige Entfaltung der Menschen. Die mathematischen Symbole sind die abstraktesten, die uns zur Verfügung stehen. Daher erlauben sie die breitesten Assoziationen und die tiefsten Strukturanalogien. An der Mathematik wird der kumulative Charakter der kulturellen Entwicklung der Menschen besonders deutlich. Wenn Kindern diese Begriffe beigebracht werden, so können sie lernen, auf natürliche Weise damit umzugehen und die neuen Denkmöglichkeiten zu nutzen, die sich daraus ergeben. Die Bruchrechnung beispielsweise wird heute nicht mehr – wie noch vor wenigen Jahrhunderten – an der Universität gelehrt, sondern ist zum Hauptschulstoff geworden. Heute regt sich niemand über „negative Zahlen" auf, es sei denn, sie würden seinen Kontostand betreffen. Genauso werden auch die Aufnahme und der Umgang mit den komplexen Zahlen zu einer weiteren Entwicklung der geistigen Fähigkeiten der Menschen führen, so wie es die anderen Zahlbereiche bereits bewirkt haben.

Die Erfindung der imaginären Einheit „i" ermöglicht eine Symbolik, die es erlaubt, wesentliche Aspekte von Zeit mathematisch erfassen zu können.

Wir dürfen erwarten, dass ein zunehmender Umgang mit diesen Zahltypen zu einer weiteren Entwicklung der Abstraktionsfähigkeit des menschlichen Gehirns und damit seiner geistigen Fähigkeiten führen wird, so wie es die Entwicklung der wissenschaftlichen Systeme bisher auch schon bewirkt hat.

Denn es sind die kulturellen Anforderungen und nicht die Gene, die dafür sorgen, dass sich die Entwicklung des Gehirns nach der Geburt heute von der eines Steinzeitmenschen unterscheidet.

Leider gelingt es der Schule nicht immer, Begeisterung für die Möglichkeiten abstrakter Erkenntnis zu wecken, die hinter den mathematischen Strukturen verborgen sind. Da die Realität der Möglichkeiten und die Struktur der Zeit ohne die komplexen Zahlen nur schwer zu verstehen sind, wollen wir diese in einem kurzen Abriss vorstellen.

Exkurs: Die Bedeutung der komplexen Zahlen

Wenn man über die Zahlen spricht, die es „wirklich gibt", so muss man konstatieren, dass nur die natürlichen Zahlen 1, 2, 3, 4,... so etwas wie ein „tatsächliches Vorkommen" beanspruchen können. Neue Forschungsergebnisse zeigen, dass bereits Säuglinge den Unterschied zwischen zwei und drei erkennen, lange bevor sie sprechen können. Affen sind in der Lage, Anzahlen bis etwa 10 zu unterscheiden und zu ordnen. Auch Vögel sind in der Lage, Anzahlunterschiede zu erkennen.

Die natürlichen Zahlen, die als eine Zusammenfassung von Einheiten verstanden werden können, reichen aber nicht aus, wenn wir kompliziertere Sachverhalte beschreiben wollen. Bruchzahlen waren bereits in den frühen Hochkulturen bekannt, wie aus babylonischen Keilschrifttäfelchen zu ersehen ist. Die Babylonier hatten ein Zahlsystem, bei dem die Sechzig die Rolle einnahm, die bei uns die Zehn innehat. Da 60 viel mehr Teiler hat, nämlich 30, 20, 15, 12, 10, 6, 5, 4, 3, und 2, als die 10 mit 5 und 2, kann man in diesem System mit Brüchen viel leichter umgehen. Daher sind auch die großen Erfolge der berechnenden babylonischen Astronomie gut erklärlich. Die ägyptische Mathematik andererseits war mit einer Bruchrechnung belastet, die es nur wenigen Experten ermöglichte, mit ihr umzugehen. In unserer Sprache dargestellt mussten alle ägyptischen Brüche als Zähler eine 1 besitzen.[34] So muss 3/5 dargestellt werden als $1/2 + 1/10$. Diese in unseren Augen umständliche Darstellungsweise mathematischer Strukturen hatte auch zur Folge, dass eine rechnende Astronomie aus Ägypten nicht überliefert ist. Auch an diesem historischen Beispiel wird erkennbar, dass die Ausbildung der mathematischen Fähigkeiten einen wichtigen Aspekt in der Entwicklung von zutreffenden Beschreibungsmodellen der Welt darstellt.

Auch an der Sprache wird deutlich, dass bereits die Brüche einen großen Abstraktionsgrad bedeuten. „Eine Hälfte" ist zwar nach allgemeinem Sprachgebrauch noch ein gängiger Begriff, aber *dennoch kann man sich verdeutlichen, dass beim Zerlegen einer Ganzheit für unsere Wahrnehmung primär nicht Brüche entstehen, sondern neue, kleinere Ganzheiten.* So bitten wir nicht um „ein Zwölftel Torte", sondern um „ein Stück" von dieser.

Um die Null als eine eigenständige Zahl erkennen zu können, hat es einer Jahrtausende währenden Denkarbeit bedurft, negative Zahlen sind vermutlich erst spät durch den Handel in die Welt gekommen, als man mit dem Geld ein idealisiertes Maß für Werte einführte und auch Schulden machen konnte.

Die hier geschilderten Bedeutungserweiterungen des Zahlbegriffes können verstanden werden als Folge der Notwendigkeit, Rechenoperationen ohne Einschränkungen umkehren zu können.[35]

Die Addition der natürlichen Zahlen ist naturgemäß die erste Rechenoperation. Dabei zeigt es sich bald, dass auch deren Umkehrung benötigt wird, die Subtraktion. Diese kann dann auf Probleme führen, die nicht ausführbar sind, zum Beispiel aus einem Korb mit fünf Äpfeln an sechs Kinder je einen zu verteilen – es fehlt einer. Natürlich kann man dem leeren Korb nicht ansehen, ob in ihm ein oder drei Äpfel fehlen, in diesem Sinne „gibt es" die negativen Zahlen natürlich nicht. Dennoch haben wir uns heute an die negativen Zahlen derartig gut gewöhnt, dass wir keinerlei Schwierigkeiten haben, mit diesen umzugehen: wenn die Vorhersage des

---

[34] Ifrah (1991)
[35] Siehe z.B. Görnitz, Ruhnau, Weizsäcker, C. F. v. (1992)

Wetterbericht „– 5 Grad" lautet, werde ich mir einen Mantel anziehen, wenn mein Konto ein „Guthaben" von – 1.500 Euro ausweist, werde ich meine Ausgaben drosseln.

Die fortgesetzte wiederholte Addition führt zur Multiplikation, die ebenfalls nicht unbeschränkt umzukehren ist. Wenn die sechs Kinder je zwei Äpfel erhalten sollen, müssen zwölf im Korb liegen. Habe ich ein Messer, dann kann ich auch drei Äpfel gerecht an sie verteilen. Dass jeder einen halben Apfel erhält, bereitet uns keine Denkschwierigkeiten. Trotzdem bleibt die Aussage auch hier richtig, dass es die Brüche eigentlich „nicht gibt", es gibt die Apfelstücke.

Die nächste Verallgemeinerung ergibt sich bei der fortgesetzten wiederholten Multiplikation, was zu den Potenzen führt. Der Graph von x^2 ist beispielsweise in Abb. 7.2 zu sehen.

Die Umkehrung dieser Operation, das Ziehen von Wurzeln, bedingte nochmals eine Erweiterung des Zahlbegriffes. Für die Pythagoräer im alten Griechenland waren die Zahlen etwas Heiliges, und die Harmonie in der Natur wurde wie die Harmonie in der Musik in den Verhältnissen kleiner ganzer Zahlen gesehen. Die Veranschaulichung der Brüche als Verhältnisse mit Hilfe des Strahlensatzes hat noch bis zu Galileos Zeiten die Verwandlung der Physik aus einer beschreibenden in eine berechnende Wissenschaft beeinträchtigt. Als Hippasos von Metaponte etwa 500 v. Chr. entdeckte, dass das Verhältnis der Seite eines Quadrates der Länge 1 zu seiner Diagonalen nicht als ein Verhältnis ganzer Zahlen beschrieben werden kann   es gibt keine Möglichkeit, diese Zahl   Wurzel aus 2 – als einen Bruch zu schreiben –, wurde er der Sage nach deswegen „von den Göttern" als Strafe umgebracht. In der Sprache der Mathematik gehören solche irrationalen Zahlen wie „Wurzel aus zwei" zu den algebraischen Zahlen, die heute mit Hilfe unendlicher Dezimalbrüche dargestellt werden können.

Es gab aber noch eine zweite Unmöglichkeit für das Ziehen von Wurzeln: „Die Wurzel aus einer negativen Zahl existiert nicht" – so lernt man es bis heute noch oft in der Schule. Der Grund dafür wird darin gesehen, dass alle soeben erklärten Zahlen ein positives Resultat ergeben, wenn sie quadriert werden. Damit kann die Wurzel aus einer negativen Zahl keine der bisher beschriebenen Zahlen ergeben – mit einer Ausnahme. Diese einzige Ausnahme bildet die Null. Da $-0 = +0$ gilt, kann man aus -0 die Wurzel ziehen. Das ist natürlich dasselbe wie die Wurzel aus $+0$ und ergibt selbstverständlich auch wieder Null. *Alle anderen Wurzeln aus negativen Zahlen müssen „woanders" als die anderen, die bisher erklärten Zahlen liegen.*

Wenn man die „Wurzel aus (– 1)" definiert, ist das Problem gelöst, denn jede negative Zahl kann als Produkt aus –1 und einer positiven Zahl verstanden werden. Mit der Erfindung der „imaginären Einheit i", der „Wurzel aus (– 1)" war dies geschehen.

Wir haben uns daran gewöhnt, die Zahlen auf dem Zahlenstrahl zu veranschaulichen:

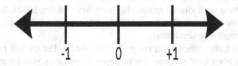

Abb. 5.4: Eindimensionaler reeller Raum: Der Zahlenstrahl

Für diese neuen Zahlen, die die Mathematiker „imaginäre Zahlen" benannt haben, bleibt nur die Möglichkeit, diese senkrecht zu den bisherigen zu zeichnen, und nur die Null gemeinsam sein zu lassen: Damit werden die Kombinationen aus beiden Typen, die komplexen Zahlen, in einer Ebene darstellbar. Schwierig ist es, sich zu verdeutlichen, dass dieses Bild ein eindimensionales Gebilde ist: die komplexe Gerade lässt sich als eine reelle Ebene darstellen.

Wenn man normale Geometrie in der Ebene betreibt, dann haben die Achsen von x und von y nichts miteinander zu tun. Dass dies hier mit den beiden „Achsen der reellen Darstellung" des *komplexen eindimensionalen Raumes* anders ist, erkennt man auch daran, dass $i^4 = 1$ und damit eine vollkommen „normale" Zahl ist. Gewiss wird es noch eine Weile dauern, bis wir uns – so wie an die Brüche – auch an die imaginären Zahlen gewöhnt haben – oder an deren Vermischung mit den reellen, an die „komplexen Zahlen". Aber wenn wir daran denken, dass etwa bis zur Zeit von Adam Riese[36] die Multiplikation und Bruchrechnung noch zur Hochschulmathematik gehörte, so können wir doch eine gewisse Hoffnung auf die weitere Lernfähigkeit unserer Gehirne setzen.

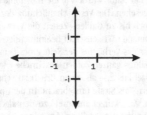

Abb. 5.5: Eindimensionaler komplexer Raum: Die „Ebene" der komplexen Zahlen

Die damit erklärten „komplexen algebraischen Zahlen" reichen aus, um alle algebraischen Gleichungen lösen zu können. Keine der bisher genannten Rechenoperation führt darüber hinaus. Allerdings konnte bewiesen werden, dass zum Beispiel die Kreiszahl „π" oder „e", die Basis des natürlichen Logarithmus, nicht zu diesen algebraischen Zahlen gehören. Natürlich hat dies die Mathematiker nicht ruhen lassen, und mit Hilfe von unendlichen Operationen lassen sich auch noch unendlich viele weitere, die „transzendenten Zahlen", erklären. Diese sind, wie die Kreiszahl π nur über unendliche Folgen oder Reihen definiert. All diese Zahlentypen zusammenführen dann zu „*den*" reellen und komplexen Zahlen.

Die Menschen haben mit den natürlichen Zahlen „*Zeichen für Anzahlen*" erfunden. Die Zahlen wurden aber bald zu Symbolen, die nicht mehr nur Zeichen *für etwas* sind, sondern die selbst etwas darstellen, was nicht besser ausgedrückt werden kann. In Abschnitt 8.2 werden wir auf die Symbolbildung noch einmal gründlicher eingehen. Mit den Zahlen beginnend wird die Mathematik mehr und mehr zu einem symbolischen Werkzeug, mit dem die realen Strukturen der Welt nachempfunden werden können.

Manche Wissenschaftler sehen es als ein großes Wunder an, dass die Welt mit den Mitteln der Mathematik beschrieben werden kann. Wir hingegen finden, dass man genau dieses erwarten sollte. Die Hauptthese unseres Buches ist, dass die Welt im Wesentlichen Information ist. Dann ist „Struktur" das Eigentliche und muss dann auch weitgehend mathematisch erfassbar sein, *denn die Mathematik ist die Wissenschaft der möglichen Strukturen*. Damit soll unser Ausflug

---

[36] Sein Rechenbuch erschien 1537.

in die Mathematik beendet sein, und wir wenden uns wieder der physikalischen Bedeutung der komplexen Zahlen zu.

5.2.2 Die physikalische Bedeutung der komplexen Zahlen

Wie Goethe einmal zutreffend bemerkt, gilt:

> Die Mathematik ist, wie die Dialektik, ein Organ des innern höheren Sinnes; in der Ausübung ist sie eine Kunst wie die Beredsamkeit. Für beide hat nichts Werth als die Form; der Gehalt ist ihnen gleichgültig.[37]

In der Physik aber kommt es – im Gegensatz zur Mathematik – auch auf den Inhalt an, daher genügt eine bloße Formel nicht, es wird auch eine Anbindung an das Experiment benötigt. Was ist nun das physikalisch Entscheidende an den komplexen Zahlen?

> *Die Möglichkeit, dass ein Zustand am Fluss der Zeit teilhaftig ist und dennoch stets etwas Festes an ihm gefunden werden kann, wird durch die komplexen Zahlen mathematisch gut erfassbar.*

Die komplexen Zahlen erlauben zu verdeutlichen, dass die Möglichkeiten, die mit einem Quantenzustand beschrieben werden, sich unablässig in der Zeit verändern und damit gestatten, so etwas wie die „Wirklichkeit und Lebendigkeit der Zeit" zu erfassen. Eine Messung würde in der Veranschaulichung vom „Fluss" einer Fotografie dieses Flusses entsprechen. In dieser Momentaufnahme ist von der Zeit und von der Möglichkeit von Veränderung nichts mehr zu spüren, die „Fotografie ist tot".

> *Die Messergebnisse, also konstatierte Fakten, sind auch im Rahmen der Quantentheorie stets reell.* Diese reellen Fakten spiegeln die „Lebendigkeit der Zeit" nicht mehr wider, die Möglichkeiten sind verloren.

Der reelle Anteil, der Betrag $|z|$ einer komplexen Zahl $z = x + iy$, wird definiert als „Wurzel aus x^2 plus y^2", was meistens wegen des Bezugs zu einem Abstand oder Radius mit „r" bezeichnet wird.

Quantenzustände besitzen neben dem Betrag noch eine Phase, die ähnlich wie der Zeiger einer Uhr Umläufe machen kann, ohne dass dabei zugleich der Betrag geändert würde.

Mit Hilfe einer zeitabhängigen Phase kann ein stationärer Zustand verdeutlicht werden.

---

[37] Goethe, GW, II. Abtlg, Bd 11: Über Naturwissenschaft im Allgemeinen, einzelne Betrachtungen und Aphorismen, III

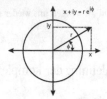

Abb. 5.6: Zwei Schreibweisen der komplexen Zahlen

Dabei bleibt ein wesentliches Kennzeichen des Zustandes, sein Betrag, ungeändert, obwohl *nicht „Nichts"* passiert. Diese Eigenschaft wird in der zweiten Darstellungsweise der komplexen Zahlen besonders deutlich. Wenn wir das bedenken, dann ist es nicht so seltsam, dass die Quantentheorie in ihrer mathematischen Struktur prinzipiell auf den komplexen Zahlen beruht. Die Quantentheorie macht also deutlich, dass bei einem sehr genauen Arbeiten die „Realität der Möglichkeiten" bedacht werden muss. Während für ein klassisches System – wie auch in der klassischen Logik – gilt, dass wenn ein Zustand vorliegt, alle von ihm verschiedenen Zustände nicht gefunden werden können, ist es in der Quantentheorie anders.

Wenn ein bestimmter Quantenzustand mit Sicherheit vorliegt, dann können bei einer Nachfrage oder Nachprüfung dennoch Zustände gefunden werden, die von diesem verschieden sind.

Dies ist ein ganz bemerkenswerter Unterschied zur klassischen Physik, der aber leicht verstehbar wird, wenn man sich verdeutlicht, dass die klassische Physik die Fakten und die Quantenphysik die Möglichkeiten erfasst.

Wenn allerdings genau nach einem solchen aktuell gegebenen Quantenzustand gesucht wird, den man z.B. auf Grund einer gerade erfolgten Messung kennt, so wird er mit Sicherheit gefunden. Wird nach einem anderen, davon verschiedenen gefragt, dann wird ein solch anderer nur mit Wahrscheinlichkeit gefunden.

In der Quantentheorie liegen der Wahrscheinlichkeit also echte Möglichkeiten zugrunde und nicht nur ein bloßes Nichtwissen wie beispielsweise bei einem gefallenen Würfel, der noch vom Würfelbecher verdeckt ist.

Diese Eigenschaft der Quantenphysik setzt den rigiden und mathematisch erzwungenen Determinismus der klassischen Physik außer Kraft.

Hier, in der Quantentheorie, ist die einzige Stelle in den mathematischen Naturwissenschaften, in denen ein „objektiver" Zufall eintreten kann.

Alle sonstigen Zufälle, die im Rahmen von Modellen und Theorien der klassischen Physik postuliert werden, sind lediglich Ausdruck eines Nichtwissens über ein Faktum.

Wenn man die *klassische Physik in Kurzform* fassen möchte, wäre eine sehr passende Formulierung: Die Objekte der Welt bestehen aus Atomen, die Bewegungsgesetzen in der mathematischen Gestalt von Differentialgleichungen genügen. So war beispielsweise die Vorstellung von Boltzmann. Für die statistische Behandlung eines Gases, die ihn zur oben gegebenen Definition der Entropie geführt hatte, wird aber ein zufälliges Verhalten notwendig. Dieser Zufall wurde von Boltzmann mit der Unmöglichkeit begründet, für die übermäßig vielen Moleküle des Gases das Verhalten tatsächlich ausrechnen zu können – *also mit Unkenntnis*. Aber auch hierzu muss, wie immer wieder, gesagt werden, dass dies keine Aussage über das Verhalten des mathematischen Modells ist, sondern lediglich eine über die rechnerischen Fähigkeiten von Menschen oder Computern. Entweder man betrachtet den Zufall als einen Ausdruck von unzureichendem Wissen über einen – an sich wohlbestimmten – Sachverhalt oder man ändert die Gleichungen der Physik ab, wodurch natürlich deren zuvor gefundene mathematische Struktur zerstört wird. Wie kommt es nun, dass dennoch die in die klassischen Theorien gleichsam „von außen" und gegen deren ursprüngliche Struktur hinzugefügten Annahmen über den Zufall in der Realität so gut erfüllt sind?

Die Berechtigung für die Einführung des Zufalls in die klassische Physik kommt daher, dass die klassischen Modelle nicht in Strenge gültig sind und es sich bei einem sehr genauen Nachprüfen zeigt, dass hinter jeder klassisch erscheinenden Realität Quanten-zusammenhänge verborgen sind.

Wenn man also behauptet, dass es auch im Rahmen der klassischen Physik Zufall geben könne, dann ist eine solche Aussage nur aus der Quantentheorie heraus begründbar – oder sie bleibt eine vollkommen willkürliche Zerstörung einer bewährten mathematischen Struktur.

5.2.3 Verschränkte Zustände

> *Alles ist einfacher, als man denken kann,*
> *zugleich verschränkter, als zu begreifen ist.*
> *Goethe*[38]

Während am Einzelsystem der Wahrscheinlichkeitscharakter der Quantentheorie deutlich wird, kann ihre henadische Eigenschaft – ihr auf Einheit gerichtetes Wesen – naturgemäß erst bei Zusammensetzungen zu Tage treten. Wie bereits erwähnt, ergeben sich in der klassischen Physik die Parameter, mit denen ein System beschrieben wird, als die Summe derjenigen Parameter, die die Teile beschreiben. Dies bedeutet, dass in der klassischen Physik klar ist, was die Teile des Systems sind, und ferner, dass die vollständige Kenntnis des Gesamtsystems zugleich die vollständige Kenntnis der Teilsysteme zum Inhalt hat.

---

[38] Goethe, GW, II. Abtlg, Bd 11: Über Naturwissenschaft im Allgemeinen, einzelne Betrachtungen und Aphorismen, V

In der Quantentheorie ist dies vollkommen anders. Für Quantensysteme kann keineswegs festgelegt werden, aus welchen Teilen es „an sich" „besteht". Die Vorstellung des „Bestehens aus" verliert – wie bereits erwähnt – vollkommen ihre alltäglich Bedeutung. Genau dieses legt den Hauptunterschied zwischen den beiden Bereichen der Physik – dem klassischen und dem quantischen – fest.

Man kann Quantensysteme zusammensetzen, man kann sie auch wieder in die Ausgangsteile zerlegen – aber *auch* in etwas vollkommen anderes! Daher „besteht" das System nicht aus den Teilen, es ist ein henadisches Gebilde, eine Einheit. Die vollständige Kenntnis des Gesamtsystems legt keineswegs die Teilsysteme vollständig fest, denn das Ganze kann in vollkommen neue Teile zerlegt werden, für die bei den Ausgangsteilen keinerlei Anhaltspunkt vorhanden gewesen sein muss.

Die Zusammensetzung von Teilen zu einem Ganzen geschieht in der Quantenphysik nicht additiv wie in der klassischen Physik, sondern wie erwähnt multiplikativ, als das „direkte Produkt" der Zustandsräume. Der Dimension des Zustandsraumes entspricht die Menge der möglichen klassischen Antworten: ein zweidimensionaler Raum erlaubt eine zweifache Alternative, ein sechsdimensionaler Raum eine sechsfache. Ein System, das aus drei zweifachen Alternativen, z.B. aus drei Spins zusammengesetzt ist, wird in einen achtdimensionalen Raum $(2 \cdot 2 \cdot 2)$ beschrieben – und nicht etwa in einem sechsdimensionalen $(2+2+2)$.

Diese multiplikativ wachsenden Zustandsräume führen zu den spektakulärsten Erscheinungen der Quantentheorie, zu den *verschränkten Zuständen*.

Die verschränkten Zustände bedeuten, dass die Nichtexistenz der Teile dazu führt, dass Quantensysteme auch dann noch ein einheitliches Ganzes bleiben, wenn sie über große räumliche Entfernungen ausgedehnt sind. So gibt es bereits Experimente mit Diphotonen – Lichtteilchen, die man in zwei Photonen zerlegen kann, die aber nicht aus zwei Photonen „bestehen" –, die eine Ausdehnung von über 15 km besitzen. Diese sind so hergestellt, dass ihr Gesamtspin Null ist, dass also bei einer Zerlegung in zwei Photonen deren Spins entgegengesetzt sein müssen. Wenn dieses Diphoton an einem Ende gemessen wird, wird sofort das Ganze verändert und sofort steht fest, dass die selbe Messung am anderen Ende das entgegengesetzte Resultat liefert.

Dies führt nur deshalb nicht zu einer Verletzung der Gesetze der speziellen Relativitätstheorie, weil ein unbekannter Quantenzustand nicht gemessen werden kann, ohne dass man erwarten muss, ihn bei der Messung und durch diese zu verändern. Wem diese momentane Änderung eines ausgedehnten Zustandes immer noch merkwürdig vorkommt, der sei daran erinnert, dass die Relativitätstheorie lediglich eine konsequente Ausformung der klassischen Elektrodynamik darstellt. Diese Theorie hat aber bereits beim Wasserstoffatom gezeigt, dass sie als genaues Beschreibungsmodell unzureichend ist und daher durch die Quantentheorie abgelöst werden musste.

5.2.4 Der Messprozess in der Quantentheorie

Wir haben jetzt mehrmals von Messung gesprochen, ohne dass bisher genauer erklärt wurde, was es damit im Rahmen der Quantentheorie auf sich hat. In den Darstellungen der Quantentheorie wird die Messung als zentrales Problem für das Verstehen dieser Theorie bezeichnet, denn im Messprozess wird die normale mathematische Beschreibung der zeitlichen Entwicklung eines Quantensystems abgebrochen und durch einen anderen Vorgang ersetzt. Das wird von vielen Quantenphysikern als vollkommen willkürlich und daher sehr unbefriedigend empfunden.

Von den Möglichkeiten zu den Fakten

Wir hatten davon gesprochen, dass die Quantentheorie die Fülle aller Möglichkeiten eines Systems erfasst und deren naturgesetzliche Veränderung beschreibt. Durch eine Messung soll ein Faktum festgestellt werden. Dies bedingt, dass all die Informationen über diejenigen Möglichkeiten, die zu einem anderem Faktum hätten führen können, unwiederbringlich verschwinden müssen. Diese Information muss daher auf solche Weise vom System weggehen, dass eine Rückführung aus mathematischen Gründen unmöglich wird. Wir wollen zuerst die am leichtesten zu verstehende Beschreibung eines solchen Vorganges geben, später noch andere.

Quantensystem als Idealisierung

In vielen Fällen ist die Idealisierung eines „Quantensystems" sehr gut erfüllt. Dazu darf die Wechselwirkung mit der Umwelt nur sehr gering sein und sie muss die Unterscheidung zwischen System und Umwelt nicht beeinträchtigen. Das bedeutet, dass sich keine verschränkten Zustände entwickeln dürfen.

Solange all die Möglichkeiten, von denen die Quantentheorie spricht, präsent bleiben, ist am System noch kein Faktum entstanden. Eine Messung soll aber ein Faktum ergeben, denn der Messwert soll natürlich „wirklich" so sein wie angegeben und nicht nur „vielleicht so oder auch anders".

Fakten als Informationsverlust

Um ein Faktum zu erhalten, müssen also Möglichkeiten beseitigt werden. Wie kann das beispielsweise geschehen?

Wenn die Information über all die nicht realisierten Möglichkeiten in der Tiefe des Weltraumes auf Nimmerwiedersehen verschwindet, so wird dadurch gewiss ein Faktum begründet.

Das nächstliegende Mittel dafür könnte sein, dass als Träger dieser Information ein Photon mit Lichtgeschwindigkeit entflieht und nie zurückkehrt. Wenn dieses Verhalten auf fast alle Photonen in der Welt zutrifft, dass also ausgestrahltes Licht nicht zurückkommt, so ist zu erwarten, dass der Weltraum „schwarz" ist.

Nur die Photonen, die unser Auge treffen, können wir wahrnehmen. Wenn fast alle Photonen der Welt „verschwinden" und uns „fast keine treffen", so wird alles im Wesentlichen finster sein. Dies ist im heutigen Zustand des Kosmos offenbar der Fall. Wir sehen nur das Licht einiger Sterne und daneben nur Finsternis. Dass es am Tage auf der Erde dennoch hell ist, liegt daran, dass wir so nahe an der Sonne sind und deren Licht in der Atmosphäre der Erde in alle Richtungen gestreut wird. So treffen innerhalb der Lufthülle Photonen von fast überall unser Auge und die Lebenswelt ist am Tage hell. Ohne die Lufthülle zeigen die Aufnahmen auch am Tage einen tiefschwarzen Himmel.

Der schwarze Nachthimmel

Der schwarze Nachthimmel stellt also im Rahmen der Quantentheorie eine wichtige Bedingung für ein Entstehen von Fakten dar. In einer kosmischen Situation, in der der Himmel nicht schwarz ist, dürfen wir erwarten, dass das Entstehen von Fakten nicht behauptet werden kann.

Das Fehlen von einlaufenden Photonen ist deshalb so wichtig, da Photonen ununterscheidbar sind, falls sie die gleiche Energie und die gleiche Polarisation besitzen. Wenn der Himmel „hell" ist, so wie kurz nach dem Urknall, dann wird es möglich, dass ein auslaufendes Photon durch ein identisches einlaufendes ersetzt wird, das dann genauso gut wirkt wie ein gespiegeltes. Dann kann Information nicht verloren gehen und es können keine Fakten entstehen.

Damit Fakten möglich werden, darf also der Weltraum nicht zu heiß sein, so wie er es in der zeitlichen Nähe des Urknalles einmal war. Wenn der Weltraum heiß ist, dann ist er auch sehr hell. Heute ist er etwa 3 K kalt, und das „Licht", das zu dieser Temperatur gehört, ist eine Mikrowellenstrahlung, die wir nicht sehen können.

Damit Fakten entstehen können, darf der Kosmos auch keinen festen Durchmesser von endlicher Größe besitzen. Anderenfalls könnte – natürlich nur hypothetisch, aber doch im Prinzip – das Photon „um die Welt herumlaufen" und wäre nach einiger Zeit wieder da. Dann wäre aber die von ihm getragene Information nicht mit Gewissheit verloren gegangen. Dehnt sich aber der kosmische Raum mit Lichtgeschwindigkeit aus, dann ist ein solches „Zurückkommen" prinzipiell unmöglich. Wie die heutigen Beobachtungen nahe legen, ist diese Forderung erfüllt, die wir für eine sinnvolle Anwendung der Quantentheorie aufstellen müssen. Der Weltraum hat ein endliches Volumen und dehnt sich schnell genug aus.

Eine weitere Möglichkeit des Zurückkommens würden – wie erwähnt – Spiegel eröffnen.

Die Rolle des Beobachters

An dieser Stelle kommt jetzt die viel beschriebene Rolle des Beobachters in der Quantentheorie zum Tragen. Er muss in seiner Beschreibung der Welt die Verantwortung dafür übernehmen, dass solche Spiegel nicht vorhanden sind, dass also diejenigen Streuprozesse, die ein Photon wieder zurück schicken könnten, zu vernachlässigen sind.

Natürlich sind die Wahrscheinlichkeiten für das Zurückkommen sehr klein, aber sie sind nicht Null. Deshalb muss der Beobachter entscheiden, ab wann er „sehr klein" gleich „Null" setzen will. Diese Verantwortung kann ihm von der Physik nicht abgenommen werden.

Nun wird der eine oder andere Leser fragen, ob es nicht eine objektive Möglichkeit gibt zu entscheiden, ob ein physikalischer Vorgang als Messung angesehen werden darf oder nicht.

Die Idealisierung durch die Mathematik

Wie meistens liefert die Mathematik eine solche Unterscheidungsmöglichkeit, aber für diese ist ebenfalls ein Preis zu zahlen, aber ein anderer als der mit der Verantwortung für den Nachthimmel oder die Spiegel: Die Mathematik liefert uns das Modell des Grenzüberganges. Dieses Modell hat bereits bei der Einführung der Momentangeschwindigkeit seine Wirkkraft bezeugt. Wir können mit diesem Modell also formulieren, dass das Photon, wenn es in beliebig langer (das meint in der Umgangssprache in unendlicher) Zeit nicht zurückkommt, es dann niemals zurückkommen wird.

Man erkennt sofort, wenn man sich nicht festlegen will, wie lange „beliebig lang" ist, dann muss man unendlich lange warten, um absolute Gewissheit zu erhalten. Aber wer hat schon so viel Zeit?

Wenn man sich mathematisch nicht unendliche Zeiten aufbürden möchte, dann kann man stattdessen mit unendlich vielen Freiheitsgraden arbeiten. Diese Idealisierung wird sehr gern verwendet, ist doch die Quantenfeldtheorie, die auf dieser Annahme beruht, eine sehr erfolgreiche und weit ausgearbeitete Theorie.

Solche aktual (!) unendlich vielen Freiheitsgrade sind aber nur im Rahmen von speziellen kosmologischen Modellen möglich, die statt der unendlichen Zeit nun einen unendlich ausgedehnten Ortsraum benötigen. Eine solche Annahme kann natürlich auf keine Weise empirisch überprüft werden und ist damit wieder der reinen Mathematik und nicht der Physik zuzuordnen.

Aber auch diese rein mathematischen Modelle lassen die paradox erscheinende Tatsache bestehen bleiben, dass der Quantenmessprozess einen Verlust von Information bedeutet.

Dieser Verlust wird im Vorgang der so genannten „Projektion des Zustandsvektors" deutlich, der oft recht dramatisch als „Kollaps der Wellenfunktion" bezeichnet wird. Während die normale gesetzmäßige Entwicklung der Möglichkeiten eines Quantensystems wie eine Drehung von dessen Zustandsvektor verstanden werden kann, wird bei der Messung nur der Schatten des klassischen Faktums ermittelt. Der Zustandsvektor wird projiziert auf die Richtung derjenigen Zustände, die zu der betreffenden Fragestellung gehören. Da ein Quantenzustand nur eine

Auflistung von Möglichkeiten darstellt, werden die vorhandenen Möglichkeiten, die aber unbekannt sind, auf diejenigen Möglichkeiten verteilt, die eine eindeutige Antwort auf die Fragestellung erlauben. Dies geht deshalb, weil eine vorhandene Möglichkeit auch andere Möglichkeiten erlaubt, die von der ersten verschieden sind. Aus diesen angepassten Möglichkeiten, die eine Antwort erlauben, wird sich dann unter dem Messprozess eine als tatsächlich vorliegend erweisen.

Messung und Objektivität

Das Messergebnis liefert nun die neue vollständige Kenntnis des Quantensystems.[39] Deren erneute gesetzmäßige Weiterentwicklung wird wieder durch die Quantentheorie als „Drehung" beschrieben.

Der Projektionsvorgang hängt davon ab, welche Fragestellung an mein Quantenobjekt gestellt wird. Auch ein Gegenstand der Lebenswirklichkeit wirft verschiedene Schatten, wenn er von verschiedenen Seiten angeleuchtet wird. Durch den Messvorgang wird also ein Quantensystem gezwungen, in genau solche Zustände überzugehen, die für die betreffende Frage eine sinnvolle Antwort erlauben. Genau ein Zustand von diesen wird dann zur tatsächlichen Antwort gehören und danach den Ausgangspunkt der weiteren Entwicklung darstellen.

Die Quantentheorie weist aber noch einen weiteren gewichtigen Unterschied zur Objektivität der klassischen Physik auf, wobei diese scheinbar absolute Objektivität zudem dadurch getrübt wird, dass die klassische Physik den bereits erwähnten Nachteil besitzt, eine nur ungenaue Beschreibung der Welt zu liefern.

Wenn mir ein Kollege den Zustand eines von ihm gemessenen klassischen Systems mitteilt, so ist es lediglich eine Frage meiner Sorgfalt, seine Aussage zu überprüfen. Wenn ein *klassischer* Zustand vorliegt, so wird jeder beliebige andere Beobachter ebenfalls den gleichen Zustand finden.

Teilt mir aber ein Kollege den Zustand eines von ihm gemessenen Quantenobjektes mit, so habe ich wegen der mit jedem Messvorgang verbundenen Projektion keine Möglichkeit, die Wahrheit seiner Aussage festzustellen. Wenn ich auf die *gleiche Mess-Frage* einen anderen Wert als den genannten finde, wenn ich also die gleiche Messung noch einmal durchführe und ein anderes Ergebnis erhalte, dann kann ich mit Gewissheit behaupten, dass seine Aussage falsch gewesen sein muss. Ergibt aber meine Messung den von ihm behaupteten Wert, so kann ich dennoch nicht mit Gewissheit schließen, dass er bereits vor der Messung vorgelegen hatte. Ich kann lediglich schließen, dass das System vor meiner Messung in einem Zustand gewesen ist, der mein Ergebnis als eines der auch möglichen mit enthalten hatte.

---

[39] Der Fall ungenauer Messungen, deren Ergebnisse dann nicht durch eine Wellenfunktion sondern durch eine Dichtematrix zu beschreiben wären, bietet keine Erleichterung für das Verstehen des Messvorganges. Der am einfachsten zu verstehende Fall liegt dann vor, wenn bei der Messung eine vollständige Antwort auf die gestellte Frage erhalten wird.

Im klassischen Fall kann ich also sowohl die Wahrheit als auch die Falschheit einer Aussage mit einer Messung überprüfen.

Auf dieser Tatsache beruht das in den Naturwissenschaften angestrebte Ideal, dass lediglich objektive Zustandsbeschreibungen als wissenschaftlich gelten dürfen. Dies wird oft als Argument gegen diejenigen Wissenschaften vorgebracht, die diesem Ideal nicht hinreichend entsprechen. Das Neue an der Quantentheorie ist auch darin zu sehen, dass in den Fällen, wo man so genau sein muss, sie verwenden zu müssen, dieser Anspruch ebenfalls nicht mehr in Strenge aufrechterhalten werden kann.

Im Quantenfall kann ich eine falsche Aussage ebenfalls widerlegen, eine „wahre" aber kann ich im Einzelfall nicht von einer „möglicherweise wahren" unterscheiden.

Diese Eigenschaft liefert eine wichtige Analogie zu der Situation in der Psychologie, wo ebenfalls introspektive Aussagen eines anderen nicht „objektiv" überprüfbar sind.

Sowohl das Herauslösen eines Systems aus dem Weltganzen wie auch die Vorstellung eines Vorganges in der Zeit mit einem definierten Anfang und einem klaren Ende stellen beides Idealisierungen dar, die in aller Strenge nicht gültig sind, ohne die aber ein Erkenntnisprozess durch endliche Wesen wie uns Menschen undenkbar wäre. Eine solche Näherung ist typisch für jedes Problem der mathematischen Physik. Wenn man die mathematischen Konsequenzen des Modells nicht vollkommen ernst nimmt, dann kann man nicht analysieren, was man eigentlich tut. Vergisst man andererseits, dass Physik stets nur eine – wenn auch heute sehr gute – Annäherung an das ist, was sie beschreiben will, dann verwickelt man sich in unlösbare Widersprüche.

Dies ist nicht sehr verschieden von dem, wie wir auch sonst Vorgänge und Zusammenhänge erklären und verstehen. Auch dabei suchen wir so etwas wie Hauptursachen und lassen weg, was uns unbedeutend erscheint. Gute Literatur lebt auch davon, dass Zusammenhänge als wesentlich aufgezeigt werden, z.B. Wünsche und Hoffnungen der Helden, die aus einer „materiellen" Sicht vollkommen nebensächlich erscheinen können. In der Physik besteht die Kunst des Experimentators ebenfalls darin, wesentliche Faktoren erkennen zu können, auch wenn sie nicht als große Kräfte wirken, da sie z.B. nur Auslöser sind.

Messung mit klassischen Geräten

Wie hängt das Modell mit den „auslaufenden Photonen" und dem schwarzen Nachthimmel mit den normalerweise vorgestellten Modellen des Messprozesses zusammen, bei denen von „klassischen Messgeräten" gesprochen wird?

Solche komplizierteren Modelle können auf das hier besprochene einfache Modell zurückgeführt werden!

Wenn man lediglich die Existenz klassischer Geräte voraussetzt, ohne sie zu erklären, dann verzichtet man damit unnötigerweise auf eine Beschreibungsmöglichkeit. Innerhalb des Rahmens der Quantentheorie können klassische Eigenschaften, wie erwähnt, unter der Annahme unendlich vieler Freiheitsgrade entstehen. Jedes materielle Gerät kann aber höchstens in endlich viele Atome zerlegt werden. Wenn die Information vom Quantensystem auf die unheimlich vielen Atome des Messgerätes übertragen wird, so hat man *fast* keine theoretische Chance, diese so breit gestreute Information wieder einzusammeln. Dies darf man sich in Analogie zu einem Aktenvernichter vorstellen. Durch den Zerschneideprozess wird z.B. die Information eines Briefes auf so viele Papierschnitzel verteilt, dass eine Rekonstruktion nur mit einem enorm großen Zeitaufwand erfolgen könnte. Aber wie in diesem Beispiel ist auch beim Messprozess die Wahrscheinlichkeit einer Wiederherstellung der Information lediglich sehr klein, aber nicht tatsächlich Null. Sie wird im Messvorgang zu Null, wenn die Information letztendlich von den vielen Atomen des Messgerätes in den schwarzen Weltraum abgestrahlt wird. Damit sind wir wieder bei unserem einfachen Beispiel von oben gelandet.

Alle Körper, die eine höhere Temperatur als der Weltraum besitzen, strahlen in diesen tatsächlich ununterbrochen eine so genannte Wärmestrahlung ab. Dies sind Photonen, Lichtteilchen, die aber nur dann von uns gesehen werden können, wenn ihre Energie hinreichend hoch ist. So beginnt ein Stück Eisen im Feuer erst bei mehreren hundert Grad C sichtbar zu glühen. Seine Wärmestrahlung können wir aber bereits viel früher mit unserer Haut wahrnehmen.

Messung mit Gewissheit?

Im täglichen Leben genügt uns fast immer eine sehr kleine Wahrscheinlichkeit für das Rückgängigwerden, um ein Faktum anzunehmen. Den zerschredderten Brief betrachten wir als „vernichtet", obwohl manche Staatssicherheitsorgane sich bemüht haben, dies anders zu sehen. Kritischen Physikern genügt es aber nicht, eine Theorie zu besitzen, die für alle praktischen Fälle – „for all practical purposes = FAPP" – gültig ist. Sie wünschen absolute Gewissheit! Diese kann man *nur* über Modelle mit unendlich vielen Freiheitsgraden erhalten.

Die unendlich vielen Freiheitsgrade werden über das elektromagnetische Feld mit seinen – angeblich unendlich – vielen Photonen begründet. Diese unendlich vielen Photonen sind aber nur dann keine Fiktion, wenn Photonen mit beliebig kleiner Energie erlaubt sind, d.h. mit beliebig großer Wellenlänge. In einem Kosmos mit einem endlich großen Volumen gibt es aber eine maximale und nur endlich große Wellenlänge, die durch die Ausdehnung des Kosmos bestimmt wird. Damit stellt sich auch dieses mathematische Modell als eine Idealisierung dar, die nur eine sehr große, aber keine absolute Gewissheit liefern kann.

Wenn wir stattdessen einen aktual unendlich großen Kosmos voraussetzen, um diese unendlich vielen Freiheitsgrade tatsächlich annehmen zu dürfen, dann bedeutet das, dass andererseits unsere ganze empirische Kenntnis gerade einmal 0 % der gesamten Wirklichkeit umfassen würde – dies wäre wohl kaum als eine wahrhaft sichere Basis für eine Gewissheit beanspruchende Weltbeschreibung anzusehen!

5.2.5 Die Nichtlokalität der Quantenwelt

Eine weitere wichtige Eigenheit des Quantenmessprozesses ist seine „Nichtlokalität". Quantensysteme sind eine Einheit, und eine Messung beeinflusst diese ganze Einheit sofort und als Ganzes.

So kann ein Quantensystem durch die Messwechselwirkung in Teile zerlegt werden, von denen aber nicht verlangt werden muss, dass sie bereits zuvor vorhanden gewesen sein müssen.

Die spektakulärsten Versuche werden – wie erwähnt – heute mit „Diphotonen" durchgeführt, mit Quantenganzheiten, die in zwei Photonen zerlegt werden können. Das Diphoton wird mit einem Spin Null erzeugt, die beiden Einzel-Photonen haben jeweils einen Spin vom Betrag 1. Das bedeutet, dass ihr Spin entgegengesetzt gerichtet sein muss – *und das in jede mögliche Richtung!*

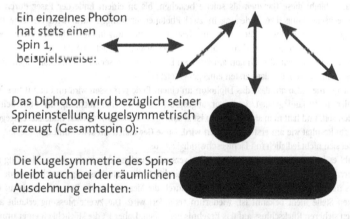

Ein einzelnes Photon
hat stets einen
Spin 1,
beispielsweise:

Das Diphoton wird bezüglich seiner
Spineinstellung kugelsymmetrisch
erzeugt (Gesamtspin 0):

Die Kugelsymmetrie des Spins
bleibt auch bei der räumlichen
Ausdehnung erhalten:

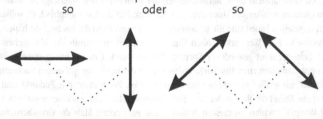

Bei der Messung eines Spins müssen die beiden Photonen
einen entgegengesetzten Spin(z.B. - 1 und + 1) erhalten:
beispielsweise
so   oder   so

Abb. 5.7: Diphoton

Wenn wir uns an unserer Lebensumwelt orientieren, liegt die Annahme nahe, die beiden Photonen hätten bei der Entstehung des Diphotons bereits eine Spin-Richtung, die natürlich jeweils entgegengesetzt zur Richtung des anderen ist, aber lediglich noch nicht bekannt ist. Das wäre das Bild der klassischen Physik. J. Bell hat ausgerechnet, welche Ungleichungen erfüllt sein müssen, damit dieses Bild zutreffend sein kann. Die Experimente – zuerst 1982 von A. Aspect[40] – haben gezeigt, dass diese Vorstellung erwiesenermaßen falsch ist. Bell, der sich etwas anderes erhofft hatte, meinte bei der Nachsitzung zu einem Vortrag, den er dazu in Garching gehalten hatte, er sei „kaltblütig genug", dieses Ergebnis zu akzeptieren.

Was passiert bei einem solchen Experiment? Ein Quantenobjekt mit dem Spin Null wird erzeugt. Dann lässt man es sich in einem Glasfaserkabel ausbreiten, ohne dass eine Wechselwirkung mit diesem stattfindet. Dieses Fehlen einer Wechselwirkung bedingt, dass sich keine neuen Verschränkungen ausbilden und die Quantengesamtheit – das Diphoton – als selbstständig existierend erhalten bleibt.

Daher bleibt diese Ganzheit als solche bestehen, bis an einem Ende der Faser durch die Messwechselwirkung ihre Zerlegung in zwei Photonen erzwungen wird. Wird das eine nun befragt, ob sein Spin hinsichtlich einer nun festgelegten Richtung in diese oder in die entgegengesetzte Richtung zeigt, so wird man die eine dieser beiden möglichen Antworten als nun faktisch geworden finden. Das Photon am anderen Ende der Glasfaser wird nun sofort einen Spinzustand einnehmen, der dem ersten entgegengesetzt ist.

Wir nehmen also an, dass das Diphoton an einem Ende gemessen wird und damit in einen definierten Zustand gelangt. Ist zuvor abgesprochen, in welcher Richtung der Spin befragt werden soll, und hält man sich daran, so ist absolut gewiss, dass am zweiten Ende das entgegengesetzte Resultat wie am ersten gefunden wird. Diese Gewissheit gilt sofort und unmittelbar, sie breitet sich nicht lediglich mit Lichtgeschwindigkeit aus.

Gibt es keine Absprache und würde man versuchen wollen, durch eine zweite Messung am anderen Ende die Richtung zu erfragen, welche durch die erste Messung festgelegt wurde, so muss man fast immer damit rechnen, dass durch die Messung dieser Zustand, der ja an der zweiten Stelle nicht bekannt ist, wiederum verändert wird. Die zweite Messung erlaubt also keinen sicheren Rückschluss auf das Ergebnis der ersten. Daher ist die Möglichkeit einer unmittelbaren gesicherten Informationsübermittlung – was einen Widerspruch zur speziellen Relativitätstheorie bedeuten würde – zwischen den beiden Mess-Stellen nicht gegeben.

Dennoch fand Einstein diese Konsequenzen der Quantentheorie unerträglich. Während die jüngeren Quantenphysiker um Heisenberg die Nichtlokalität der Quantenphysik als vollkommen natürlich angesehen haben und die philosophischen Folgerungen daraus begrüßt haben, so wie beispielsweise C. F. v. Weizsäcker, blieb Einstein dem Determinismus der klassischen Physik verhaftet. Sein berühmt gewordener Spruch „Der Alte würfelt nicht" bringt diese Einstellung wohl am prägnantesten zum Ausdruck. Daher war er der Erste, der auf diesen Sachverhalt der Nichtlokalität mit großer öffentlicher Resonanz verwies. Zusammen mit Podolski und Rosen hatte er einen Artikel darüber in der New York Times veröffentlicht, noch bevor die Arbeit in den Physical Reviews erschien. In diesem Artikel wurde zum ersten Male die Grundstruktur eines

---

[40] Aspect (1982)

solchen Experimentes beschrieben, die seither alle als EPR-Experimente (nach Einstein, Podolski und Rosen) benannt werden. In ihm wird sehr zutreffend dargelegt, welche Konsequenzen sich unvermeidlich aus der Quantentheorie ergeben, Konsequenzen, die Einstein nicht akzeptieren wollte. Damals war es ein Gedankenexperiment, das man verwendete, um die mathematischen und physikalischen Konsequenzen der Theorie zu durchdenken. Dass daraus einmal ein tatsächliches reales Experiment werden könnte und dieses heute sogar schon vor einer technischen Anwendung und Nutzung steht, das überstieg damals die Vorstellungskraft aller Beteiligten. Heute sind vermutlich schon die ersten Patente dafür erteilt worden, wie mit Hilfe der Nichtlokalität verschränkter Zustände eine aus physikalischen Gründen prinzipiell abhörsichere Informationsübertragung ermöglicht werden kann.

Die aus der Quantenphysik herrührende Möglichkeit einer durch den Raum ausgedehnten Ganzheit wird auch für das Verstehen der Arbeit des Gehirns von Bedeutung sein. Auch bei diesem dürfen wir annehmen, dass die Zustände, die zu einem Denkakt gehören, über viele Tausende von Nervenzellen ausgedehnt sind und dennoch eine echte Einheit darstellen.

Die Quantenphysik kann es erleichtern, sich mit der Vorstellung derartiger Nichtlokalitäten anzufreunden.

5.3 Klassische und Quanteninformation

Wenn wir die Information als eine physikalische Größe behandeln wollen, so ist es notwendig, auch für sie die beiden fundamentalen Betrachtungsweisen der Physik, die der klassischen und die der Quantenphysik zu berücksichtigen. Die klassische Physik darf verstanden werden als eine Theorie über Objekte bzw. Fakten. Die Quantenphysik erfasst die Aspekte des Henadischen und damit auch die des Möglichen, denn das „Mehr" der Einheit eröffnet die Zerlegung in verschiedene – d.h. mögliche – Unterteilungen.
Diese Unterschiede werden besonders deutlich, wenn wir über die kleinste Einheit der Information sprechen, über das Bit, die einfache Alternative.

5.3.1 Klassische Information

Es gehört heute zum Allgemeinwissen in unserer Kultur, dass die Computer mit Bits, mit „Nullen und Einsen" operieren. Die ältere Generation der Leser erinnert sich noch an Ratespiele im Fernsehen, bei denen nur mit ja oder nein geantwortet wurde und dennoch relativ komplizierte Sachverhalte ermittelt werden konnten. Die Aussage, dass auch im Morsealphabet nur Punkte und Striche vorkommen, berücksichtigt allerdings nicht, dass hier als dritte Sorte von „Zeichen" noch die Pause vorhanden ist, die das Ende eines Buchstabens markiert.

Die Universalität der Computer beruht jedenfalls auf dem einfachen Sachverhalt, dass die Entscheidung einer beliebig großen Alternative zurückgeführt werden kann auf eine sukzessive Entscheidung binärer (ja/nein) Alternativen. Dieses Verfahren ist sogar auf eine unendliche, aber diskrete – oder wie die Mathematiker formulieren – „abzählbare" Menge möglicher Lösungen anwendbar. Man muss dazu nur in der Lage sein, eine Alternative formulieren zu können, so dass alle Lösungen, die größer als eine betreffende sind, ausgeschlossen werden können. Mit anderen Worten, alle Fälle, die eine Nummer übersteigen, die größer ist als eine beliebig vorgegebene, müssen unzutreffend sein. Ein triviales Beispiel einer klassischen Alternative wäre das Erraten einer gewürfelten Zahl. Der gefallene Würfel hat als Faktum eine Ziffer zwischen 1 und 6 ergeben, die der Frager aber noch nicht kennt. Die Alternative hat also 6 mögliche Antworten. Um die gefallene Zahl mit Sicherheit festlegen zu können, bedarf er dreier Alternativen, z.B.: kleiner als 4 oder nicht, teilbar durch 2 oder nicht, teilbar durch 3 oder nicht. Wenn man bereits nach jeder Einzelfrage eine Antwort erhält, kann man andere Alternativen wählen und in machen Fällen bereits mit zwei Fragen die Lösung finden, z.B.: kleiner als 4 oder nicht – bei ja: kleiner als 2 oder nicht, bei ja – bereits fertig.

5.3.2 Quanteninformation

Quanteninformation ist – wie der Name sagt – quantisierte Information. Was meint diese Aussage? Die normalen „Bits" der klassischen Information beschreiben faktische, d.h. gefällte Entscheidungen. Quantenbits beschreiben mögliche Entscheidungen, also Entscheidungen, die gefällt werden können. In Abschnitt 5.2 hatten wir die Quantisierung beschrieben als ein „In-Beziehung-Setzen" der Zustände eines Systems mit denen seiner Umwelt. Dies resultierte im Übergang von einem „faktischen Punkt" zur Menge aller Möglichkeiten, die aus diesem Punkt erwachsen können. In mathematischer Sprache: im Übergang vom klassischen Zustand zur Menge der Funktionen über diesem. Bei einer binären Alternative, physikalisch einem Spin, werden wie beschrieben die beiden klassischen Zustände – 2 Punkte – in einen zweidimensionalen Raum, eine Ebene, überführt.

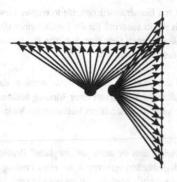

Abb. 5.8: Die Quantisierung der binären Alternative ergibt einen zweidimensionalen Zustandsraum

Damit ist der wesentliche Unterschied zwischen der klassischen Information und der Quanteninformation erfasst. Don zwei Zuständen (Punkten) einer klassischen Ja-Nein-Alternative entsprechen dann zwei Geraden oder – verständlicher gesagt – eine Ebene, welche die Quanteninformation – „das Q-Bit" – beschreibt. Eine solche Ebene kann als die Menge der Zustände einer quantisierten binären Alternative verstanden werden.

Aus dieser Unterscheidung folgen dann die verschiedenen Erscheinungsweisen und Eigenschaften dieser beiden Sorten von Information.

Eine Ebene von komplexen Zahlen – C^2 – an Stelle der reellen – R^2 –wird also genau das erfüllen, was man von den Zuständen einer quantisierten binären Alternative – einem Q-Bit – fordern muss.

Die quantisierte binäre Alternative ergibt sich aus der Quantisierung einer klassischen Alternative. Zu den beiden klassischen Punkten der Alternative gibt es in der Quantenversion also einen zweidimensionalen Zustandsraum C^2. Dieser komplexe Raum kann abgebildet werden auf einen reellen Raum mit doppelter Dimensionszahl, einen R^4.

Die einfachste Einheit der Quanteninformation, die quantisierte binäre Alternative, liefert genauso wie eine klassische, stets nur eine Ja-Nein-Antwort. Im Gegensatz zum klassischen Fall legt aber für die Quantentheorie erst die Fragestellung fest, aus welchen Möglichkeiten diese Antwort ausgewählt wird.

Das bekannteste Beispiel für ein solches Verhalten liefern Quantenobjekte, die einen solchen Spin besitzen, der lediglich zwei Einstellungsmöglichkeiten haben kann. Dies sind die oben beschriebenen masselosen Photonen und viele Elementarteilchen mit Masse wie Elektronen, Protonen, Neutronen u. a.

Der Spin ist eine Eigenschaft von Elementarteilchen, die in engster Verwandtschaft zum Drehimpuls steht. Der Drehimpuls ist ein Ausdruck für die Rotation eines Objektes, wobei die rotierenden Objekte in unserer Alltagsumwelt stets eine deutliche Rotationsachse besitzen und mit beliebiger Geschwindigkeit rotieren können.

Bei Quantenobjekten wird das Quantenhafte auch daran deutlich, dass Drehimpuls und Spin – die beide die physikalische Dimension einer Wirkung besitzen – sich nur in solchen Stufen ändern können, die ein ganzzahliges Vielfaches des Wirkungsquantums betragen.

Außerdem gilt für Quantenobjekte, dass sie auch nur „mögliche" Drehachsen besitzen, da ihre Zustände ja prinzipiell nur Möglichkeiten verkörpern. Bei einer Prüfung oder Messung, „wie es sich um eine bestimmte Achse dreht", wird das Quantenobjekt genötigt, genau die durch die Frage festgelegte Achse als real anzunehmen.

Das Wichtige an dieser Modellierung einer binären Alternative durch einen Spin ist die Tatsache, dass es die Quantentheorie ermöglicht, eine Ganzheit, z.B. ein Elektron, zu zerlegen in das Elektron mit seiner Masse und in die Information des Spins. Diese Information kann dann bei entsprechender Präparation als eigenständig und damit als abstrakte Quanteninformation behandelt werden. Man kann mit einigem experimentellem Aufwand heutzutage dafür sorgen, dass diese Zerlegung von Masse in Masse und Information – oder deutlicher gesagt, von „Materie" in „Materie und Information" – nicht durch eine Wechselwirkung gestört oder beeinflusst wird. Die Versuche mit Diphotonen in Glasfasern haben dies gezeigt. Unter solchen Bedingungen lässt sich die Information durchgehend als abstrakte Information verstehen und beschreiben, ohne dass der Träger, in diesem Falle das Photon oder Elektron, in Betracht gezogen werden muss. Bei den experimentellen Ansätzen zur Quanteninformation wird dies heute bereits recht erfolgreich getan. Eine große öffentliche Aufmerksamkeit haben hierzu die Versuche von A. Zeilinger erhalten, bei denen u.a. vor kurzem durch die Wiener Kanalisation die Banküberweisung einer Spende übertragen wurde.

Wie erwähnt, besitzen Elektronen einen Spin, der nur zwei Einstellungen einnehmen kann, „up" oder „down". Wo aber „up" sein soll, dies liegt, wie gesagt, nicht von vornherein fest und kann erst bei der Fragestellung entschieden werden.

Bei Photonen wird der Spin durch die „Polarisation" gekennzeichnet, die ebenfalls nur zwei Werte annehmen kann. Sie zeigt in eine Richtung oder in eine dazu senkrechte. Wiederum legt die Messung erst fest, welche Richtung ausgewählt werden soll. Wir haben also einen vollen Kreis möglicher Richtungen, die alle miteinander lediglich einen rechten Winkel zur Ausbreitungsrichtung des Lichtstrahls bilden, wo aber innerhalb des Kreises eine gewünschte Richtung frei gewählt werden kann. Die andere ist dann zu dieser auch senkrecht, und natürlich – wie alle möglichen – senkrecht zum Strahl.

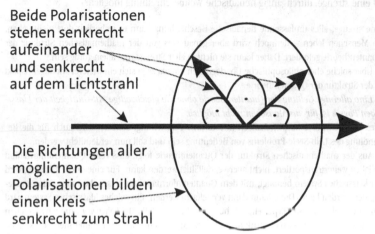

Beide Polarisationen stehen senkrecht aufeinander und senkrecht auf dem Lichtstrahl

Die Richtungen aller möglichen Polarisationen bilden einen Kreis senkrecht zum Strahl

Abb. 5.9: Polarisation eines Photons

Wir hatten mehrfach davon gesprochen, dass die Zusammensetzung von Teilen zu einem Ganzen in der Quantenphysik multiplikativ geschieht und nicht additiv wie in der klassischen Physik. Der mathematische Ausdruck dafür war das „direkte Produkt" der Zustandsräume. Die Dimension eines solchen Zustandsraumes gibt die Menge der möglichen klassischen Antworten an: ein zweidimensionaler Raum erlaubt eine zweifache Alternative, ein sechsdimensionaler Raum eine sechsfache. Wie bereits erwähnt codiert daher ein System aus drei der oben beschriebenen binären Spins nicht eine sechsfache sondern eine achtfache Alternative.

Wir haben hier die Eigenschaften des Spins noch einmal ausführlich erwähnt, weil er wegen seiner Trennbarkeit vom Träger in den modernen Anwendungen des Quantencomputings die Rolle reiner Quanteninformation übernehmen kann. Daher sind alle bisherigen technischen Realisierungen von Quanteninformation mit Spins erzielt worden.

5.3.3 Das „Non-Cloning-Theorem" für Quanteninformation

Wenn die Quantentheorie so fundamental ist und zugleich eine Voraussetzung bzw. Grundlegung für die klassische Physik darstellt, könnte man dann nicht gänzlich auf den klassischen Teil der Physik verzichten?

Wir hatten bereits davon gesprochen, dass die Möglichkeit einer Unterteilung der Wirklichkeit in Objekte eine der Voraussetzungen für die Chance ist, dass es Lebewesen geben kann. Ohne den Unterschied zwischen Innen und Außen wäre kein Leben denkbar.

Ist eine strenge, durchgängig henadische Weltbeschreibung möglich?

Eine strenge, alles umfassende henadische Beschreibung kann es sicherlich dort nicht geben, wo Menschen leben – dennoch wird aber genau dies von der mathematischen Struktur der Quantentheorie gefordert. Daher kann sie nicht in aller Strenge und allein gültig sein.

Über solche eher philosophische Überlegungen hinaus zeigt sich ein weiterer wichtiger Aspekt in der Struktur der Quantentheorie:

Eine alleinige Geltung der Quantentheorie ohne die gleichzeitige Mit-Gültigkeit der klassischen Physik ist für uns Menschen nicht möglich.

Dies ist nicht nur eine physikalisch interessante Feststellung, sondern wird auch für die Behandlung des Leib-Seele-Problems von Bedeutung sein und soll nun verdeutlicht werden.

Aus der mathematischen Struktur der Quantentheorie folgt, dass reine Quanteninformation lediglich weitertransportiert, nicht aber vervielfältigt werden kann. Für eine Vervielfältigung wird ein klassisches System benötigt, mit dem Quanteninformation in klassische Information umgewandelt werden kann. Diese kann dann vervielfacht werden. Ein solches klassisches System wird auf jeden Fall mit dem Körper eines Lebewesens bereitgestellt. Bei Lebewesen mit einer solchen umfangreichen Bewusstseinsstruktur wie dem Menschen darf man annehmen, dass auch *bereits Teile des Bewusstseins selbst* als klassisch verstanden werden dürfen. In diesem Fall kann man über die Reflexion von Bewusstseinsinhalten nachdenken, ohne sich auf deren Träger beziehen zu müssen. Allerdings ist es aus physikalischen Gründen notwendig, dass für solche räumlich und zeitlich *lokalisierte* Information ein energetischer oder materieller Träger vorhanden sein muss.

Kommunikation ist von zentraler Bedeutung für alle Bereiche der menschlichen Gesellschaft, nicht nur für die Wissenschaft. Ohne Austausch von Information ist nicht einmal eine beliebige Tierpopulation vorstellbar, geschweige denn menschliche Gesellschaft, die uns hier vor allem interessieren soll. Kommunikation bedeutet in diesem Zusammenhang nicht nur ein bloßes Weiterreichen von Information, sondern eine Vervielfältigung derselben. Eine Vervielfältigung beliebiger Quanteninformation wird aber von der mathematischen Struktur der Quantentheorie verhindert: Sie verbietet das „Clonieren" – das Vervielfältigen von allgemeiner Quanteninformation. Ein kurzer Beweis dazu, der allerdings etwas lineare Algebra erfordert, ist im Anhang zu finden.

Wie lässt sich dies ohne mathematischen Aufwand einsehen?

Die Non-Cloning-Idee

Bei Zusammensetzung und Trennung und damit auch bei einer Vervielfachung ist bei Quantensystemen die multiplikative Struktur eines solchen Vorganges zu beachten. Die Menge der neuen Zustände bei einer Zusammensetzung ergibt sich aus einem Tensorprodukt der ursprünglichen Zustände. Für ihre Zeitentwicklung unterliegt die Quantentheorie einer linearen Struktur, beides zusammen „beißt sich" mit den Wahrscheinlichkeiten, die von einer quadratischen Konstruktion – dem Betrag – abhängen. Mit normalen Zahlen lässt sich dies leider nicht darstellen, man benötigt dazu Vektoren.

Für solche durch Pfeile dargestellten Größen ist ein spezielles Produkt definiert, das Skalarprodukt. Das Skalarprodukt eines Vektors mit sich selbst ist das Quadrat seines Betrages. Im Gegensatz zum normalen Produkt, das nur dann Null ist, wenn einer seiner Faktoren Null ist, kann ein Skalarprodukt von verschiedenen Vektoren auch dann Null werden, wenn keiner der Vektoren selbst Null ist. Dies ist der Fall, wenn sie senkrecht aufeinander stehen.

Wenn die Unterschiede von linearem und quadratischem Verhalten das Problem erzeugen, so wird es verschwinden, wenn der Unterschied zwischen einer Größe und ihrem Quadrat verschwindet.

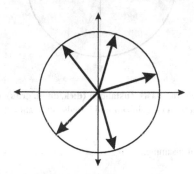

Abb. 5.10: Quantenzustände als Pfeile (Vektoren)

Die einzigen Zahlwerte, die mit ihrem Quadrat übereinstimmen und daher beim Zusammenspiel von linearen und quadratischen Formen keine Probleme bereiten können, sind Null und Eins. Wenn wir uns daher auf Zustände einschränken, die miteinander nur Skalarprodukte der Werte Null oder Eins haben, wird das Verbot der Clonierung nicht greifen können.

Wahrscheinlichkeiten von Null und Eins zeichnen nun gerade die klassischen Zustände aus: entweder der Zustand liegt vor – Wahrscheinlichkeit Eins – oder er liegt nicht vor – Wahrscheinlichkeit Null. Jede Fragestellung an ein Quantensystem ergibt eine Antwort, die der klassischen Logik genügt, die also nur die Wahrscheinlichkeiten Null oder Eins besitzt.

Die Quantenzustände, die die n möglichen Antwortzustände zu einer Frage, d.h. zu einer n-fachen Alternative bilden, sind alle von diesem Typ. Ihre Skalarprodukte jeweils mit sich selbst haben den Wert Eins. Skalarprodukte zwischen verschiedenen von ihnen haben untereinander stets den Wert Null.

Nur solche Familien von Zuständen der Quanteninformation, die alle „aufeinander senkrecht stehen", lassen sich vervielfältigen, ohne dass dem mathematische Argumente entgegenstünden. In der Mathematik wird eine solche Familie von Vektoren als eine *Basis* bezeichnet. Man darf sich vorstellen, dass in jede der unterschiedlichen Richtungen im Raum, d.h. in jede Dimension, genau ein Vektor zeigt. Allerdings muss außerdem die lineare Kombination von Zuständen untersagt sein, die zwar für reine Quantenzustände möglich ist, aber hier, wie im klassischen Fall auch, nicht erlaubt ist.

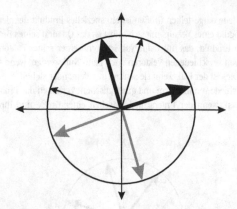

Abb. 5.11: Drei Beispiele von Basis-Zuständen (dick, dünn, grau), die zu drei verschiedenen Fragestellungen gehören und jeweils beide zueinander senkrecht stehen

Wir fassen noch einmal zusammen:

Für ein System von Quanteninformation folgt, dass sich Zustände nur dann vervielfältigen – clonieren – lassen, wenn dies nicht für sämtliche seiner Zustände geschehen soll. Eine Vervielfältigung ist lediglich für jeweils ausgewählte Teilmengen der Zustände möglich, nämlich für eine solche Auswahl, die die Menge der Antworten auf eine bestimmte Fragestellung darstellen.

Wir wollen diesen Sachverhalt noch einmal mit anderen Worten verdeutlichen. Der Menge aller Quantenzustände einer binären Alternative entsprechen alle Vektoren der komplexen Ebene. Die Zustände, die zu einer konkreten Frage gehören, sind nur die zwei Basiszustände eines Kartesischen Koordinatensystems.

Für Zustandsräume mit mehr Dimensionen – die nicht mehr so einfach gezeichnet werden können – gilt das gleiche Prinzip. Alle Zustände einer Basis stehen aufeinander senkrecht und haben die Länge 1. Zu jeder Frage gehört ein jeweils eigener Satz von solchen Basisvektoren, wie es in Abb. 5.11 angedeutet ist.

Es ist für das Clonieren nicht notwendig, dass bereits die eine Antwort vorliegt, die aus der gestellten Befragung erfolgen wird, aber es muss feststehen, welches die Menge der möglichen Antworten ist.

Eine „Fragestellung" bedeutet im hier vorliegenden Zusammenhang, dass „das, was die Frage stellt" – physikalisch das Messgerät, zureichend mit der klassischen Physik beschrieben werden kann, denn die Antwort soll ja dann auch ein Faktum sein.

An diesem, auf den ersten Blick recht kompliziert erscheinenden Sachverhalt, wird deutlich, wie die klassische und die Quantenphysik einander bedingen und dass nur eine der beiden Theorien allein keine zutreffende Beschreibung der Welt liefern kann.

Man könnte vermuten, dass eine Welt der Fakten allein durchaus denkmöglich ist. Das würde bedeuten, allein mit dem Konzept der klassischen Physik zu arbeiten. Dass dies bis zu einem gewissen Grade durchführbar ist, hat uns die Geschichte der Physik gelehrt. Die klassische Physik schien die Naturerscheinungen eine Zeit lang sehr erfolgreich erklären zu können. Längere Zeit glaubte man, sie auch für ein philosophisches Verstehen der Welt als Basis nehmen zu müssen. Es hat sich aber auch gezeigt, dass dieses Konzept nicht durchzuhalten ist, wenn man so gut wird, die Natur sehr genau zu erfassen.

Die Gültigkeit von Quantentheorie allein wird beispielsweise von Weizsäcker erwogen, der die Schwäche einer allein klassischen Weltbeschreibung in seinen Büchern deutlich werden lässt. Dies würde allerdings in Strenge eine Welt der reinen Möglichkeiten bedeuten. Damit könnte man sich wohl anfreunden. Wenn man allerdings die weiteren Konsequenzen erwägt, erkennt man, dass es in einer solchen Welt keine Einzelobjekte geben könnte. Das kann unmöglich mit der Existenz von Lebewesen vereinbart werden, die vom Rest der Welt unterschieden sind. Daher ist es wenig verwunderlich, dass die Welt, in der wir uns vorfinden, für uns beide Aspekte aufweist.

Das gegenseitige Bedingen und Auseinander-Hervorgehen bezeichnen wir als die Schichtenstruktur von klassischer Physik und Quantenphysik[41].

Die Schichtenstruktur beschreibt die Welt in einer Vermittlung zwischen den Vorstellungen eines ungezügelten Zufalls und einer starren Kausalität der Fakten. Wir finden sie sowohl im materiellen wie im informativen Bereich der Weltbeschreibung.

Die Schichtenstruktur mit ihrem Wechselspiel von Quanteninformation und klassischer Information wird uns auch in 11. Kapitel helfen, das Problem des Selbsterlebens, der Selbstreflexivität und des freien Willens aus dem Bereich der Spekulation herauszuführen. Wir werden aus naturgesetzlicher Sicht einen Rahmen für die Möglichkeit der Willensfreiheit abstecken können, der weder zu einem rigiden Determinismus noch zu einem reinen Tohuwabohu führt.

---

[41] Görnitz (1999)

6 Von der Information Schwarzer Löcher zur kosmischen Information

In die Physik war die Information in der Form der Entropie gelangt, d.h. als nichtkennbare Information. Die Objekte, die aus strukturellen Gründen die grundlegendste Schranke für eine Kenntnisnahme setzen, sind die exotischsten Objekte im gesamten Kosmos, die Schwarzen Löcher. Wegen der Unmöglichkeit, von außen aus dem Inneren ihres Horizontes irgendwelche Information erhalten zu können, wird für sie unter allen physikalischen Systemen die Entropie, die fehlende Information, maximal werden. Dieser Maximierungsprozess erlaubt es uns, der abstrakten Information einen objektiven und absoluten Status zusprechen zu können. Damit ist bereits angedeutet, was diese seltsamen Gebilde mit dem Verstehen der Arbeit des Gehirns, mit unserem Denken zu tun haben werden.

Wie wir gezeigt haben, gibt es kosmische Vorbedingungen für die Entstehung des Lebens, die bislang nicht als selbstverständlich angesehen werden. Ebenso scheint bisher die Einsicht wenig selbstverständlich zu sein, dass für das Verstehen von Information in einem objektiven Sinne die Schwarzen Löcher höchst bedeutsam sind.

Die Schwarzen Löcher sind unverzichtbar, wenn wir verdeutlichen wollen, dass Information in einem absoluten und damit objektiven Sinne definiert werden kann.

Wir stehen in der Physik oft vor dem Problem, dass die Überprüfungsmöglichkeiten bestimmter naturgesetzlicher Aussagen keineswegs in allen Alltagssituationen möglich sind. Einsteins berühmte Formel $E=mc^2$ spielt in fast allen irdischen Fällen keine Rolle. Sie lässt sich nur an wenigen Stellen auf der Erde experimentell testen. Lediglich in den großen Beschleunigern stellt sie die Basis der dortigen Untersuchungen dar. Solange wir nur diese Formel lediglich als Formel betrachten, scheint diese eine unter vielen anderen Formeln zu sein. Wenn wir aber bedenken, was sie tatsächlich bedeutet, so ist sie unter einem philosophischen Blickwinkel sehr merkwürdig und aufregend.

In der Schule lernen wir, die Formel verkörpert die Äquivalenz von Energie und Masse. Was aber meint hier Äquivalenz, was Energie und was Masse?

Masse ist das, was wohl die meisten Menschen als Haupteigenschaft der Materie ansehen, die ihre Widerständigkeit, ihre Trägheit zeigt. Energie kann z.B. als kinetische Energie, als Energie der Bewegung auftreten. Ein Auto erhält z.B. dadurch kinetische Energie, dass es auf Geschwindigkeit gebracht wird.

Dieses Bild wurde von den materialistischen Philosophen des 18. und 19. Jahrhunderts aufgegriffen, die die Materie als das einzige Seiende ansahen und die Bewegung als eine Grundeigenschaft von ihr. Bewegung ohne Materie wäre so etwas wie das Lächeln der Katze in den Geschichten über Alice von L. Carroll. Dieses Lächeln kann im Baum bleiben, selbst wenn die
Katze bereits verschwunden ist. Heute, nach der Entdeckung der Quantentheorie, hat die Physik
keine Probleme mit der Vorstellung einer reinen Bewegung, ohne dass ein materielles Objekt
damit verbunden sein müsste. Dazu gehört natürlich auch, dass die Quantentheorie es ermöglicht, in der Tat Bewegung in Materie umzuwandeln. Diese Behauptung, dass man Bewegung in
Materie verwandeln kann, muss in den Ohren normaler Menschen oder von Philosophen
ziemlich unglaubwürdig klingen. Heute wird allerdings in den großen Beschleunigern wie CERN
oder DESY beispielsweise die Bewegung zweier Protonen oder von Elektron und Proton umgewandelt in eine riesige Zahl von Protonen und Antiprotonen und weiterer Elementarteilchen, die
dann weiter untersucht werden.

Wenn man über diese Problematik der Umwandlung bzw. der substantiellen Gleichheit von
Materie und Bewegung etwas nachsinnt, dann wird vielleicht die nächste Stufe der Vereinheitlichung, die in unserem Buch vorgestellt wird, und die die Quanteninformation den beiden, der
Materie und der Energie, äquivalent werden lässt, ebenfalls als begreiflich empfunden werden
können.

6.1 Schwarze Löcher – klassisch

Die Idee der Schwarzen Löcher ist sehr alt. Bereits 1795 hatte Laplace sich überlegt, was passiert, wenn man in Gedanken einen Himmelskörper immer größer oder schwerer werden lässt.
Die Gravitationsstärke an der Oberfläche legt die sogenannte Fluchtgeschwindigkeit fest. Das ist
diejenige Geschwindigkeit, die man benötigt, um diesen Körper verlassen zu können. Auf der
Erde beträgt sie etwa 11 km/sec. Wenn sie bis auf 300.000 km/sec anwachsen würde, dann wäre
selbst das Licht zu langsam, um noch weg zu kommen. Damit könnte von einem solchen
Himmelskörper nichts ins All gelangen, da es nichts gibt, was schneller ist als das Licht. Die
Möglichkeit solcher Objekte wurde als mathematische Kuriosität der Theorie angesehen und
bald wieder vergessen. Daran änderte sich auch nichts, als dieser Ansatz von Karl Schwarzschild
im Rahmen der allgemeinen Relativitätstheorie erneut ausgearbeitet wurde. Ein Stern wie die
Sonne mit einem Durchmesser von 1,4 Millionen km müsste bis auf wenige Kilometer
schrumpfen, damit dieser zu einem Schwarzen Loch würde. Dies schien völlig absurd zu sein.

Nachdem aber die Radioastronomen sogenannte Pulsare entdeckt hatten, die später als Neut-
ronensterne verstanden werden konnten, war eine völlig neue Situation gegeben. Ein solcher
Neutronenstern, der etwas mehr als Sonnenmasse besitzt, ist mit einem Durchmesser zwischen
10 und 20 km nur um weniges größer als ein Schwarzes Loch der gleichen Masse. Damit war
eine große psychologische Hürde verschwunden, das Modell des Schwarzen Loches konnte nun
ernst genommen werden.

Während ein Neutronenstern eine Oberfläche besitzt – und eine „Atmosphäre" von etwa 1 m Eisen – kann man sich von einem Schwarzen Loch nicht einmal in Gedanken eine Oberfläche vorstellen, da sie durch nichts feststellbar wäre. Stattdessen spricht man bei diesem System von einem „Horizont", der seine Größe festlegt. Von innerhalb des Horizontes kann aus prinzipiellen Gründen keinerlei Kenntnis des „inneren Zustandes" nach außen gelangen, z.B. auch nicht darüber, ob, und wenn ja wo, eine „Oberfläche" sein könnte.

Als man die Schwarzen Löcher nicht mehr nur als Kuriosität betrachtete, wurde deutlich, dass sie ein thermodynamisches Problem bedeuten. Die Thermodynamik der Strahlung beruht auf dem Satz von Kirchhoff, dass ein System, welches absorbiert, ebenfalls strahlen muss, und zwar so, dass je besser die Absorption desto besser auch die Abstrahlung ist. Deshalb soll man z.B. Heizkörper nicht mit gewöhnlicher weißer Farbe streichen, sondern mit einer speziellen Heizkörperfarbe, die in dem – unsichtbaren – Bereich des Infraroten, der Wärmestrahlung, schwarz ist. Nun absorbieren Schwarze Löcher aber jede Strahlung in optimaler Weise; wenn sie dann nicht wieder abstrahlen, dann bleibt als einzige theoretische Möglichkeit, dass sie die Temperatur „Null" haben müssten. Das wiederum wird vom dritten Hauptsatz der Thermodynamik verboten.

In der Geschichte der Physik hatte es bereits eine Unverträglichkeit der Thermodynamik mit einer anderen Theorie der klassischen Physik gegeben, mit der Elektrodynamik. Diese verdeutlichte sich am Problem des „Schwarzen Strahlers", einem Hohlraum fester Temperatur, an dem der Zusammenhang zwischen Wärme und elektromagnetischer Strahlung besonders klar untersucht werden kann. Max Planck konnte dieses Problem lösen. Er beschreibt in einem Vortrag[42] die von jedermann erfahrbare Erscheinung, dass große Wellen auf einem See durch Streuung am Ufer und anderen Hindernissen immer kleiner werden, um schließlich als nicht mehr sinnlich wahrnehmbare Wärmebewegung der Atome zu enden. Genauso sollte sich nach der klassischen Physik die Wärmestrahlung im Hohlraum auf immer kleinere Wellenlängen verteilen und schließlich im ultravioletten Bereich unsichtbar werden. Dies ist aber nicht der Fall.

Durch die Einführung des Wirkungsquantums konnte Max Planck die Vorgänge richtig beschreiben. So wie bei den Wasserwellen die Aufteilung der Energie an den Atomen gestoppt wird, sollte nach Planck auch die Aufteilungen der Strahlungsenergie an „Strahlungsquanten" ihr Ende finden. Er forderte, dass die Energie gleich dem Wirkungsquantum mal der Frequenz sein musste. Für kleine Wellenlängen wird die Frequenz groß, und für diese würde dann die Quantenhypothese bewirken, dass dafür keine Energie mehr zu Verfügung gestellt würde.

Während der Schwarze Strahler ohne Quantentheorie unendlich viel Energie abstrahlen müsste, sollte das Schwarze Loch nach der klassischen Physik unendlich viel Entropie aufnehmen können. Wie im nächsten Abschnitt geschildert werden soll, hilft auch in diesem Fall die Quantentheorie, das Problem zu lösen. Bekenstein und Hawking konnten zeigen, dass den Schwarzen Löchern eine Temperatur und eine Entropie zugeschrieben werden muss, womit die thermodynamischen Probleme gelöst werden konnten.

---

[42] Planck, *Neue Bahnen der physikalischen Erkenntnis* in Planck (1944), S. 47

6.2 Schwarze Löcher – quantentheoretisch

Wenn man die Boltzmannsche Definition der Entropie ernst nimmt, kommt man unmöglich daran vorbei, den Schwarzen Löchern eine Entropie zuzuschreiben. Die Herausbildung eines Horizontes bedeutet einen ungeheuren Verlust an Information, nämlich an Information über die internen Zustände des Systems hinter diesem Horizont. Welche Kopplung von Materie und Gravitation dort gegeben sind, und welche Freiheitsgrade angeregt sind, dies ist alles von außen nicht zu überprüfen. Daher darf man erwarten, dass bei den Schwarzen Löchern rechnerisch die gewaltigsten Entropiebeträge der ganzen Physik zu finden sein werden. Wenn eine Entropie vorhanden ist, dann auch eine Temperatur, denn bei konstantem Volumen ist die Temperatur gleich dem Verhältnis der Änderung der Energie zur Änderung der Entropie. Und wenn die Schwarzen Löcher nicht die Temperatur Null besitzen, dann werden sie strahlen.

Diese Überlegung hat lange Zeit für viele Physiker vollkommen absurd geklungen, waren die Schwarzen Löcher doch gerade so definiert worden, dass nichts von ihnen wegkommen kann, auch keine Strahlung!

An der Lösung dieses Problems kann manches über die Eigenschaften der Quantentheorie deutlich werden. Wenn für einen fiktiven – in der Physik sagt man „virtuellen" – Vorgang das Produkt der beteiligten Energie mit der Zeit des Vorganges so klein ist, dass der Wert des Wirkungsquantums nicht erreicht wird – welches die Dimension Energie mal Zeit hat –, dann darf man ihn als möglich und zugleich als unbeobachtbar verstehen. Derartige unbeobachtbare Prozesse werden auch als Vakuumfluktuationen bezeichnet. Man spricht davon, dass unaufhörlich virtuelle Elementarteilchen entstehen und sofort wieder vergehen. Wenn man sich ein Bild davon machen will, so „borgen" sich die virtuellen Teilchen Energie vom Vakuum und zahlen diese so schnell zurück, dass es unbemerkt bleibt. Aus Symmetriegründen muss dabei stets ein Teilchen und ein dazu „entgegengesetztes" Antiteilchen entstehen, so dass für alle „nichtenergetischen, ladungsartigen" Größen, wie z.B. die elektrische Ladung, der Wert Null, wie er im Vakuum gegeben ist, streng erhalten bleiben kann.

Dass dieses Bild eine reale Grundlage besitzt, wird am so genannten Casimir-Effekt deutlich. Wenn das Vakuum räumlich eingegrenzt wird, z.B. durch zwei unendlich ausgedehnte Platten, die nahe beieinander stehen, so können in diesem beengten Raum keine virtuellen Teilchen mit großen Wellenlängen entstehen. Im Raum außerhalb bleibt diese Möglichkeit erhalten, und aus dem Unterschied resultiert eine Druckdifferenz zwischen Innen- und Außenraum. Dieses Modell hat man experimentell bestätigen können.[43]

Wenn der Vorgang des Entstehens und Vergehens virtueller Teilchen in der Nähe des Horizontes eines Schwarzen Loches geschieht, dann darf man sich vorstellen, dass von dem Paar der beiden virtuellen Teilchen eines in das Schwarze Loch gezogen wird und damit von diesem Energie abzieht – denn es bringt negative Energie nach innen – und das Partnerteilchen als Ausgleich so viel positive Energie erhält, dass es entkommen kann. Entfernten Beobachtern erscheint es dann wie eine Strahlung, die vom Schwarzen Loch zu kommen scheint. Im soeben

---

[43] Mohideen und Anushree Roy (1998)

verwendeten Bild könnte man sagen, dass das äußere Teilchen seinen Partner an das Schwarze Loch verkauft und dabei so viel erlöst, dass es nicht nur seine eigenen Schulden an das Vakuum bezahlen kann, sondern noch einen Rest behält, von dem es sich ein schönes Leben machen kann.

Bekenstein und Hawking zeigten, wie die Entropie der Schwarzen Löcher mit der bestehenden Physik verkoppelt werden kann. Für die einfachsten Schwarzen Löcher ohne elektrische Ladung und Drehimpuls ist die Entropie proportional zum Quadrat ihrer Masse. Wenn nun ein Objekt mit geringer Energie oder Masse hineinstürzt, wächst die Gesamtmasse und damit die Entropie, deren *Änderung* proportional ist zu dieser Masse und der des Schwarzen Loches.[44] Dieser Entropiezuwachs beim Hineinfallen eines Objektes zeigt, welches Maß an Information über das Objekt damit im Außenraum verloren geht.

6.3 Anbindung der Information an die Kosmologie

Die Anbindung der Information an die Kosmologie erlaubt es, einen Absolutwert für diese Größe zu definieren, die – wie gezeigt – in der Physik gut definiert ist. Wenn wir uns in unserer Phantasie ein Schwarzes Loch vorstellen, in dem die gesamte Masse des Universums versammelt wäre – bis auf einen einzigen Wasserstoff-Atomkern, ein einziges Proton, das wir noch zurückhalten wollen –, dann ist dies ohne Zweifel das größtmögliche Schwarze Loch, das es geben könnte. Wenn man nun das letzte Proton in dieses maximale Schwarze Loch hineinfallen lassen würde, würde dabei auch die maximal mögliche Entropie für dieses Proton deutlich werden, die maximale Information, die über dieses Teilchen verloren gehen könnte. *Noch mehr an Information über dieses Teilchen zu verlieren, wäre prinzipiell unmöglich.* Wenn man vernünftige Werte für die Massendichte und die Größe des Universums annimmt, so ergibt sich die *Größenordnung dieses Informationsverlustes* zu 10^{41} Qubit. Für eine Illustration der ungeheuerlichen Größe dieser Zahl sollen die Zehnerpotenzen ausgeschrieben werden.

$$I_{Proton} = 10^{41} \text{ Qubit} = 100.000..000.000.000..000.000.000..000.000.000..000.000.000 \text{ Qubit}$$

Wendet man die gleiche Überlegung auf ein Lichtteilchen, ein Photon an, das mit einer Energie, die zwischen 10 und 100 Milliarden mal kleiner ist als die Ruhenergie des Protons, in das Schwarze Loch fällt, dann erhalten wir den Wert für den Informationsverlust für 1 Photon zu $I_{Photon} = 10^{30}$ Qubit.

Es sei daran erinnert, dass für die irdische Praxis bereits die Umwandlung von Energie in Masse fast bedeutungslos ist.[45] Das „fast" soll darauf verweisen, dass die Energieproduktion der Sonne auf diesem Vorgang beruht, aber auf der Erde so etwas natürlich nicht vorkommt. Im Anhang ist

---

[44] Siehe Anhang, Absatz 15.7
[45] Siehe Anhang 15.6

vorgerechnet, in welch unvorstellbar winzigen Anteilen diese Umwandlung bei Stößen makroskopischer Körper geschieht. Wenn man sich die ungeheuer großen Zahlen an Bits anschaut, die für die Umwandlung von Information in lediglich ein Photon nötig wären – Zahlen, für die es nicht einmal eine mit dem Alltag verbindbare Benennung gibt –, dann kann man leicht einsehen, dass die theoretisch mögliche Erzeugung von Energie oder Masse aus Information für jede praktische Situation außerhalb der Kosmologie unvorstellbar ist. Aber ähnlich wie bei der Interpretation der Bedeutung von $E=mc^2$ geht es hier um die *prinzipiellen theoretischen* Betrachtungen zur abstrakten Information.

6.3.1 Der Weg zu einer absoluten Information

Wenn man die räumliche Ausdehnung unseres Kosmos mit derjenigen vergleicht, die ein Schwarzes Loch derselben Masse besitzen würde, so zeigt sich, dass beide die gleiche Größenordnung besitzen.

> Wir können daher die so eben durchgeführten Überlegungen auch so verstehen, dass die berechnete Information diejenige ist, die das betreffende Teilchen, das Proton, *im gegenwärtigen Kosmos vollständig charakterisieren* könnte.

Wenn vom „gegenwärtigen Kosmos" die Rede ist, wird zugleich deutlich, dass seine Evolution, d.h. die kosmische Expansion, die in der Rotverschiebung der Spektrallinien der fernen Galaxien deutlich wird, dabei als momentan unbeachtlich angesehen wird. Außerdem bezieht sich die Überlegung über ein „Teilchen" auf eine Masse, die im Vergleich mit der kosmischen Masse lediglich von verschwindender Größe ist.

Für die von Einstein postulierte Äquivalenz von Masse und Energie gibt es neben den theoretischen Modellen aus der Quantenphysik, die eine solche Umwandlung beschreiben, und den astrophysikalischen Daten auch genügend experimentelle Belege auf der Erde. Wegen der Notwendigkeit von Antimaterie, die nur im Rahmen der Quantenphysik beschrieben werden kann, ist $E=mc^2$ keine Formel der klassischen Physik. Auch wenn Einstein sie ohne die Quantentheorie gefunden hat, gehört sie doch praktisch in deren Geltungsbereich.

Für die Umwandlung von absoluter Information, d.h. von quantisierten binären Alternativen, in Energie und massive Materie gibt es ebenfalls bereits mathematische Modelle. Schon in den 80er Jahren ist gezeigt worden, dass *alle denkbaren Elementarteilchen aus quantisierten binären Alternativen aufgebaut werden können*.[46] Damit ist ein mathematischer Formalismus aufgestellt worden, mit dessen Hilfe die Sprechweise von *„Energie und Materie als kondensierter Information"* zu einer physikalisch sinnvollen Aussage wird.[47]

---

[46] Für eine Übersicht siehe z.B. Görnitz, Graudenz, Weizsäcker, C. F. v. (1992)

[47] In der Formel ist I die Zahl der Qubits (Protyposis), die das Teilchen gestalten, k_B ist die Boltzmann-Konstante, R ist der (vom Weltalter abhängige) kosmische Krümmungsskalar, der proportional zur kosmi-

$$m = I\,\hbar\,/\,(6\,\pi\,c\,R\,k_B)$$

Hierzu ist es wichtig, noch einmal daran zu erinnern, dass es das besondere Kennzeichen der Quantentheorie ist, dass sie die Umwandlung von vollkommen Verschiedenem ineinander ermöglicht, wie z.b. von Bewegung in Materie oder – wie jetzt dargelegt – von Information in Materie. Mit diesen Überlegungen haben wir zwei wichtige Resultate erhalten.

Zum einen ist die Quanteninformation von einer lediglich relativen zu einer absoluten Größe geworden. Damit wird es zweitens möglich, ihr den gleichen Seinsstatus wie der Energie oder wie den Elementarteilchen zuzuschreiben.

Hier wird mit Bedacht nicht vom Seinsstatus von z.B. Tischen oder Hunden gesprochen. Für diese haben wir im Laufe unseres Lebens wegen der damit unmittelbar möglichen sinnlichen Erfahrung auch eine unmittelbar evidente Anschauung von deren Realität erworben. Wer ohne philosophische Hintertür leugnen würde, dass es Tische oder Hunde gibt, wäre wohl für niemanden ein ernst zu nehmender Gesprächspartner.

Energie hingegen ist ein abstrakter physikalischer Begriff, für den die besten Physiker nach Newton und Leibniz etwa ein Jahrhundert benötigten, bis sie ihn verstanden hatten. Mit den Elementarteilchen wird bereits heute vielfach experimentiert, aber ihre Theorie ist noch nicht abgeschlossen und daher auch ihr volles Verständnis nicht gegeben. Da sie außerdem nur, d.h. ausschließlich, als Quantenobjekte verstanden werden können, fehlt ihnen notwendigerweise diejenige Anschaulichkeit, die klassische Objekte besitzen können. Dennoch ist die Wirkung und Auswirkung dessen, was mit den Begriffen Energie oder Elementarteilchen beschrieben wird, so vielfältig belegt, dass an ihrer Berechtigung und Existenz in der Weltbeschreibung der modernen Naturwissenschaft kein Zweifel besteht.

Daher ist es eine sehr gehaltvolle These, wenn der Quanteninformation ein Seinsstatus zugesprochen wird, der das gleiche Niveau wie das von Materie und Energie beanspruchen darf. Die Bedeutung dieser Feststellung wird nicht dadurch gemindert, dass uns Information nicht in der gleichen Weise wie Materie begegnen kann.

Die Analogie von Information und Energie hat den Vorteil, dass die potenzielle Energie, die Energie der Lage, die wir in der Schule im Zusammenhang mit dem freien Fall kennen lernen, ebenfalls als eine Größe eingeführt wird, von der in der Anfangsdefinition auch nur die Differenz zwischen zwei Werten eine physikalische Bedeutung hat. Wenn die potenzielle Energie definiert wird als „Erdbeschleunigung mal Masse mal Höhe", dann ist es klar, dass eine verschiedene Definition der Höhe, vom Boden, vom Tisch, von der Zimmerdecke, jedes Mal einen anderen Zahlenwert der Energie zur Folge hat. Aber für die Energieänderung ist lediglich die durchfallene Höhendifferenz wesentlich, und die ist in diesen drei Fällen die gleiche.

Nachdem mit Hilfe von Einsteins Formel ein einsichtiger Nullpunkt definiert werden konnte, wurde die Energie zu einer tatsächlich absoluten Größe.

---

schen Gesamtenergie M_{Kosmos} ist, $\hbar$ ist das Plancksche Wirkungsquantum und c die Lichtgeschwindigkeit, siehe Anhang.

Allerdings gilt diese Aussage wiederum nur im Rahmen der Speziellen Relativitätstheorie. Das bedeutet, dass alle Fälle, in denen das Gravitationsfeld und die Kosmologie bedeutsam werden, nicht berücksichtigt sind. Der gleiche Fall liegt auch für die obige Definition der absoluten Information vor. Sie ist so, wie sie hier eingeführt wurde, ebenfalls zuerst einmal für einen kleinen zeitlichen und räumlichen Bereich definiert, was im Lichte eines expandierenden Kosmos überdacht werden muss. Will man also über das lokale Bild von Elementarteilchen hinaus eine Aussage für den Kosmos als Ganzen machen, ist auch die Abhängigkeit der „Energie eines Bits" von der Größe des Kosmos bzw. vom Weltalter zu berücksichtigen. Dies wird ebenfalls im Anhang kurz erläutert.

6.4 Protyposis – Kosmische Information

Die physikalische Information, über die wir hier im kosmischen Zusammenhang gesprochen haben, ist vollkommen „abstrakt", d.h. ohne jeglichen Aspekt von Bedeutung. Eine solche Behauptung wird jedem, der aus dem Bereich der Geisteswissenschaften kommt oder auch nur dem, der nach einem Bezug zur Lebenswirklichkeit sucht, recht seltsam erscheinen. Es ist also notwendig, eine solche Behauptung zu veranschaulichen, damit deutlich werden kann, was sie meint.

Die physikalische Information zielt auf eine vollständige Beschreibung eines Systems.

Mit einer zusätzlichen Substruktur kann ein physikalisches Modell ein System genauer als ohne eine solche Verfeinerung beschreiben. Wir hatten auf die Vorstellung verwiesen, dass z.B. ein Gas besser handhabbar und verstehbar gemacht werden kann, wenn in der Modellbeschreibung der Begriff des Moleküls eingeführt wird. Dann wird es z.B. möglich, Temperatur als Bewegung der Moleküle zu interpretieren und eine Beziehung zwischen Energie und Wärme herzustellen. Natürlich kennt man den aktuellen Zustand eines jeden Moleküls nicht, aber man kann angeben, welche Information dazu noch fehlt. Diese fehlende Information über die Moleküle findet dann im Wert der Entropie ihren Niederschlag. Wir hatten auch gesehen, dass eine weitere Verfeinerung des mikroskopischen Modells zu einer Vergrößerung der Entropie führt, da damit die insgesamt nicht zur Verfügung stehende Information vergrößert wird. Wir dürfen noch einmal an das Beispiel der Computerdiskette erinnern, für die wir auch die Größe der fehlenden Information kennen, ohne dass wir genau wissen müssten, wie diese konkret aussieht.

Die immer weitergehende Verfeinerung der physikalischen Modelle darf aber nicht einfach verstanden werden als ein – eventuell nur hypothetischer – Aufbau aus immer kleineren Teilchen. Die Quantentheorie erfordert *keine* Zusammensetzung aus – im räumlichen Sinne – immer winzigeren Subobjekten.

Der Weg der Elementarteilchenphysik geht zurzeit noch mit dem Modell der Quarks diesen Weg räumlich kleinerer Bestandteile. Die fast überall anzutreffende Vorstellung über die Quarks ist die, dass Protonen und Neutronen aus drei Quarks „bestehen". Richtig wäre es zu sagen, dass Protonen und Neutronen innere Freiheitsgrade besitzen, die mit dem Quarkmodell gut beschrieben werden können. Da aber das einzig Gewisse über die Quarks die Tatsache ist, dass es keinen Weg gibt, diese als freie Objekte herstellen zu können, ist hier eine Beschreibung mit den Worten „bestehen aus" ungeeignet.

Der Sinn einer Verfeinerung eines Modells besteht – wie auch beim Postulat der Quarks – in der Vermehrung der für eine Beschreibung zur Verfügung stehenden Freiheitsgrade.

In allen Vorstellungen aus dem Bereich der klassischen Physik müssen bei der Zerlegung eines Systems in Teile diese unbedingt kleiner als das Ganze sein, denn dieses Ganze ist im Wesentlichen die Summe seiner Teile.

Ein Quantensystem besteht nicht aus seinen Teilen. Daher können die Objekte, aus denen ein Quantensystem zusammengesetzt werden soll, durchaus auch räumlich ausgedehnter sein als das entstehende Ganze.

Dies ist eine zentrale und fundamentale Aussage, die unseren Erfahrungen im Bereich der zum Lebensalltag gehörenden Körper total widerspricht. Auch dies ist ein Grund dafür, dass es so schwierig ist, anschauliche Modelle für Quantensysteme zu konstruieren. Für geistige Inhalte ist die Vorstellung von „größer" und „kleiner" meist bedeutungslos, so dass an ihnen ein Quantenverhalten oft leichter zu erkennen ist.

Bisher wird allerdings die Möglichkeit der Quantentheorie, dass in ihrem Geltungsbereich etwas *Einfacheres nicht kleiner sein muss als etwas Komplexeres,* vielfach nicht wahrgenommen. Besonders im Bereich der Elementarteilchenphysik bis zu den Strings sind die Bilder der Zusammensetzung aus etwas Kleinerem noch immer sehr prägend.

Die oben skizzierte kosmische Information lässt die hypothetischen Sub-Objekte so abstrahiert sein, dass an ihnen nur noch eine einzige binäre Alternative zu entscheiden bleibt.

Da von den binären Alternativen aus evidenten Gründen eine weitere Zerlegung in „noch Einfacheres" nicht einmal gedacht werden kann, sind wir mit diesen an eine absolute Grenze einer jeden denkbaren Zerlegung angelangt.

Alle Begriffe, die noch eine gewisse Bedeutung tragen können, wie z.B. der des „Elementarteilchens", sind hier nicht mehr beteiligt.

Die Quanteninformation, um die es auf dieser höchsten aller denkbaren Abstraktionsstufen dann noch gehen kann, soll mit dem neuen Begriff „Protyposis" bezeichnet werden. „Griech. typeo – ich präge ein" soll verdeutlichen, dass sich dieser abstrakten und damit bedeutungsfreien Quanteninformation eine Form, eine Gestalt und vielleicht auch eine Bedeutung einprägen können.

Im Prozess einer fortschreitenden Abstraktion wird einem Begriff immer mehr von seiner konkreten Bedeutung weggenommen. Damit fällt zum einen immer mehr unter den Geltungsbereich dieses Begriffes, zum anderen aber werden auch immer weniger Vorstellungsbilder möglich, die das Gemeinte zu veranschaulichen erlauben.

Dieser Verlust an Möglichkeit, sich innere Bilder vom Bezeichneten machen zu können, wird vielfach als Nachteil eines Abstraktionsprozesses angesehen.

Da wir gewohnt sind, in Bildern zu denken, wird es schwierig, wenn nichts Vorstellbares, nichts *„Greifbares"* da ist, und man dennoch be*greifen* will, was ein bestimmter Be*griff* meint. Allerdings erlaubt der Abstraktionsprozess gerade wegen des Absehens von konkreten Einzelheiten, dass immer weitere Bereiche erfasst werden können und sich damit immer besser die Möglichkeit für allgemeine Gesetze eröffnet. Je abstrakter ein Begriff ist, desto leichter lässt er sich in mathematische Form bringen.

Die abstrakte kosmische Quanteninformation kann bestimmt werden als die hypothetisch „vollständige oder maximale Kenntnis über ein System", von dem nichts weiter als seine Existenz im Kosmos und damit seine Masse bzw. Energie vorausgesetzt werden.

Die These der „hypothetisch vollständigen" Kenntnis weist darauf hin, dass natürlich überhaupt nicht gemeint ist, dass z.B. ein Mensch oder ein Computer diese Kenntnis besitzen könnte. Es soll nur behauptet werden, dass es im Prinzip nicht unmöglich sein sollte, zu berechnen, wie viel an Information zu dieser vollständigen Kenntnis noch fehlt.

Wenn weiterhin Protyposis, die „abstrakte Information", mit Hilfe der Worte „möglicher Kenntnis" erklärt wird, so macht dies auch deutlich, dass von uns die Information auch noch immer als wesensverwandt mit dem gesehen wird, was in der philosophischen Tradition als Geist bezeichnet wird.

An dieser Stelle kann man eine Nähe zum Anfang der Philosophie sehen, an dem Parmenides das Sein und das Wissen als nicht wesensverschieden betrachtet.

Die Protyposis erlaubt wegen ihrer Abstraktion von allem Konkreten einen Verzicht auf Sender und Empfänger sowie auf Bedeutung und kann daher als objektiv angesehen werden.

Die Rückführung quantenphysikalischer Ganzheiten auf binäre Alternativen wurde zuerst in C. F. v. Weizsäckers Ansatz einer Theorie der Uralternativen, der „Urtheorie", formuliert. Mit Hilfe von gruppentheoretischen Überlegungen konnte gezeigt werden, dass eine solche quantisierte binäre Alternative am besten veranschaulicht werden kann, wenn sie auf den gesamten Kosmos bezogen wird.[48]

Ein Bild, das man sich von einer abstrakten quantisierten binären Alternative machen kann, wäre die Unterteilung des Kosmos in zwei Hälften. Noch weniger kann man im Kosmos nicht unterscheiden. Die zu dieser Alternative gehörende „Wellenfunktion" unterteilt also das ganze Universum lediglich in zwei Hälften.

Wir sind der Meinung, dass es nicht nur eine Entwicklungslinie vom Beginn des Kosmos bis hin zu dem inneren geistigen Kosmos eines jeden Menschen gibt, sondern dass auch im Felde der Logik und der Wissenschaften die Rückbindung an den Kosmos nicht zu vermeiden ist. Eine normale binäre Alternative – „möchtest Du Kaffee oder Tee" – ist mit einer ungeheuren Fülle von anderen Informationen verkoppelt. Zu dieser Informationsfülle gehört z.B. der Ort, der mit der Frage ungesagt mitgemeint ist.

Je mehr von diesen Zusatzinformationen weggelassen wird, desto unbestimmter wird dabei beispielsweise auch der Ort werden.

Damit wird es einsehbar, dass mit einer Alternative überhaupt kein Ort mehr verbunden sein kann, wenn alle anderen Zusatzinformationen von ihr weggedacht werden. Damit kann die unbestimmteste und damit abstrakteste Alternative veranschaulicht werden an der oben dargelegten Zweiteilung des Kosmos. Noch weniger, überhaupt keine Unterteilung, wäre keine Alternative mehr. Ohne Alternativen wäre das Sein von Nichtsein nicht zu unterscheiden, gäbe es keine Differenzierungen und keine Objekte, die ja von ihrer Umgebung unterschieden sein müssen.

Die binären Alternativen müssen quantisiert werden, um durch die Einbindung der Beziehungen zum Rest der Welt genauer werden zu können, als es die Sichtweise der klassischen Physik erlaubt und um dadurch die Fülle der Möglichkeiten erfassen zu können. Die quantentheoretische Zusammensetzung solcher Quantenbits zu – im Sinne der Logik – größeren Einheiten, die daher mehr Entscheidungen erlauben, ermöglicht es, wesentlich schärfer lokalisierte Objekte zu konstruieren.

Ein komplexes Objekt, z. B. ein Elementarteilchen, das aus vielen Quantenbits aufgebaut wird, wird *räumlich kleiner* sein als die logisch einfacheren Ausgangsteile.

Dieser Vorgang hat eine Analogie in der Konstruktion eines lokalisierten Wellenpaketes aus ausgedehnten Wellenzügen, die so zusammengesetzt werden, dass sie sich fast überall gegenseitig auslöschen und lediglich am Ort des Wellenpaketes verstärken.

---

[48] Siehe z.B. Görnitz (1988): Die quantentheoretische Darstellung ihres Zustandes, ihre „Wellenfunktion", ergibt sich dann als eine Drei-Bran ein dreidimensionales Gebilde, das im ganzen Kosmos lediglich eine einzige Nullfläche besitzt. Eine Membrane ist ein zweidimensionales Gebilde, eine „Haut"; mit N-Bran wird in der Mathematik eine Verallgemeinerung auf n Dimensionen bezeichnet.

Wenn viele abstrakte Quantenalternativen vorhanden sind und mit diesen verschieden lokalisierte Objekte konstituiert werden, dann wird es möglich, diese zueinander in Beziehung zu setzen. Dieser Vorgang ermöglicht es, die bedeutungslose abstrakte Information immer konkreter werden zu lassen. Z.B. wird es möglich, die Information bestimmten Objekten zuzuordnen und dadurch diese von anderen Objekten zu unterscheiden.

Eine Vielzahl von Objekten ermöglicht einen Kontext. Dieser ist eine Voraussetzung von Bedeutungserzeugung.

Eine Analogie für einen solchen Vorgang wäre, dass man eine Mitteilung über bestimmte Anzahlen von Buchstaben erhält. Das wäre die „abstrakte Information" über den Brief. Aber erst wenn die Buchstaben in einem Kontext von Wörtern stehen, können wir die Bedeutung für uns erkennen, während ohne Kontext eine Bedeutung nicht zugeordnet werden könnte. Wenn wir dann den Brief einem anderen vorlesen, dann werden wir dabei kaum buchstabieren, d.h. wir werden die abstrakte Information als „bedeutungslos" weglassen und nur die Bedeutung weitervermitteln.

Wenn im Laufe der kosmischen Entwicklung die Differenzierung im Universum so weit fortgeschritten ist, dass Lebewesen entstehen, so können diese der Information „Bedeutung" zuordnen. *Zuvor gibt es Bedeutung nicht.* Wenn ich einen Brief vorlese, dann lasse ich ungeheuer viel der erhaltenen Information weg: die Farbe der Tinte und die Form der Buchstaben, die Breite des Seitenrandes, die Dicke des Papiers und vieles andere ist in dem Moment „bedeutungslos". Dennoch kann natürlich ein Kriminalist aus all solchen Informationen Bedeutung erschaffen, wenn ein Brief für einen Kriminalfall wichtig ist.

Im Normalfall wird ebenfalls derjenige Teil der abstrakten Information, der zu Materie oder zu Energie kondensiert ist, überhaupt nicht mehr als Information wahrgenommen.

Dies ist sehr vernünftig, kann doch z.B. Masse oder Energie mit den Methoden der Informationsbearbeitung nicht merkbar verändert werden und darüber hinaus mit fast allen Situationen der Physik ebenfalls nicht. Solche konstanten Größen sind im Sinne von E. U. v. Weizsäcker als bloße *Bestätigung* anzusehen, sie schaffen keine Bedeutung.

Da abstrakte Information eine physikalische Größe ist, die zu Energie und Masse als äquivalent angesehen werden darf, so ergibt sich damit, dass eine Wirkung von Information, z.B. von Gedanken, auf Körperliches, keineswegs die Grenzen der Physik sprengen muss. Allerdings muss man voraussetzen, dass es Verstärkungseffekte gibt, die die Gedanken auf Körperliches einwirken lassen können.

Hingegen war bisher die Vorstellung weit verbreitet, dass eine *Einwirkung von Gedanken*, also von etwas, das *als Geistiges* angesehen wurde, auf etwas Materielles als unvereinbar mit einem naturwissenschaftlichen Weltbild angesehen werden müsse.

Mit der Verobjektivierung von Information wird eine Wechselwirkung von Geistigem mit Materiellem im Rahmen der Naturwissenschaften denkbar.

Wenn Gedanken tatsächlich in den Bereich des Materiellen hinein wirken können, dann kann z.B. die Psychosomatik, die auf dieser Hypothese beruht, problemlos in die Naturwissenschaft eingefügt werden.

Wenn Gedanken ihrem Wesen nach nicht ontologisch verschieden sind von der Materie, dann wird eine Wechselwirkung zwischen diesen beiden Bereichen der Wirklichkeit auch im Rahmen der Physik möglich. Wir kennen viele Beispiele von Verstärkungseffekten, bei denen winzige Ursachen große Veränderungen auslösen. Dazu ist es nicht notwendig, dass die Auslöseursache selbst die Veränderungsenergie bereitstellt. Es ist vollkommen ausreichend, wenn der bereitstehenden Energie eine Wirkung ermöglicht wird. Genauso dürfen wir uns diese Vorgänge auch im Gehirn vorstellen. Die vielfach bezeugten Erfolge von psychosomatischer und psychotherapeutischer Behandlung können so vollkommen zwanglos in den Rahmen der naturwissenschaftlichen Medizin eingeordnet werden. Eine separate Welt von „Ideen, losgelöst von der physikalischen Wirklichkeit" müssen wir dazu nicht zusätzlich konstruieren.

Die abstrakte Quanteninformation ist so real wie Materie und Energie und kann auf beides wirken.

Die Bedeutung wird wesentlich im Empfänger aus der einkommenden *und der bereits bei ihm vorhandenen* Information generiert. *Daher ist Bedeutung ein Aspekt von Information, der ohne einen Empfänger nicht gedacht werden kann.* Als illustratives Beispiel möge die Emser Depesche dienen, die zur Auslösung des Deutsch-Französischen Krieges von 1870/71 führte. Der von Bismarck verfasste Text war „an sich" ohne die Bedeutung eines Krieges, es ging um einen Thronverzicht und er war keine Kriegserklärung an Frankreich. Er war aber in seiner Bedeutung für Napoleon III. gerade so abgefasst, dass diesem als Reaktion nur eine Kriegserklärung möglich war, wollte er nicht sein „Gesicht" verlieren.

Im Folgenden wird gezeigt, wie die abstrakte Information wieder mit Bedeutung und mit Sinn verbunden werden kann. Wir begeben uns hier allerdings an eine Überlappungsstelle von Geistes- und Naturwissenschaften und können nicht erwarten, dass es eine stringente Beschreibung gibt, die beliebig weit in diese beiden Bereiche fortgesetzt werden kann. Die Physik befasst sich mit messbaren Aspekten der Natur, und messen kann man auch an einer bedeutungsvollen Information. Man kann z.B. die Anzahl der Buchstaben eines Briefes zählen. Dass ein langer Brief nicht notwendig bedeutungsvoller sein muss als ein kurzer ist uns natürlich auch klar, aber wenn die Buchstabenanzahl kleiner als zwei ist, ist es schwer vorstellbar, dass damit viel Bedeutung übermittelt werden wird.

Da die Bedeutung vom Empfänger konstruiert wird, kann ich mit einem Vorwissen über den Empfänger sogar die Größe der Bedeutung der Nachricht für ihn abschätzen und damit sogar einen Teil der „Bedeutung der Information" messen. Dies war einer der Hintergründe der Emser Depesche, dass nämlich Bismarck Vorwissen über Napoleon III. hatte.

Wir wollen also daran festhalten, dass Information an Bedeutungsvollem, an Geistigem gemessen werden kann, so dass wir formulieren können, dass *„das Messbare" am Geistigen die*

Information ist, auch wenn Bedeutung und Sinn ohne Zweifel in den Bereich des Geistigen und primär nicht in den Bereich der Naturwissenschaften gehören.

6.5 Die Vereinheitlichungstendenzen der modernen Physik

Die hier vorgestellte „abstrakte Quanteninformation" ist der Schlusspunkt einer Vereinheitlichungstendenz, die die Physik des 21. Jahrhunderts auszeichnen wird.

Vielleicht verwundert es den einen oder anderen Leser, dass im Rahmen der Naturwissenschaften so nachdrücklich von Vereinheitlichung gesprochen wird. Bis vor kurzem war es im Feuilleton noch „modern", von der „Unübersichtlichkeit" der Gegenwart zu sprechen. Dabei wurde als ein Kennzeichen der Zeit eine Verzweigung und Vervielfachung von allem und jedem angesehen. „Patchwork" galt für Lebensentwürfe und auch für Identitäten als „in". In den westlichen Gesellschaften schien man darauf stolz zu sein, dass es nicht mehr wie in den früheren Zeiten einen für alle verbindlichen Grundkonsens über Werte und Verhalten gab. Die Globalisierungstendenzen, die auf ökonomischem und ein wenig sogar auf politischem Gebiet zu spüren sind, schienen damit nichts zu tun zu haben.

In einem anderen wichtigen Bereich der menschlichen Kultur hingegen, in den Naturwissenschaften, war bei aller Fülle des empirischen Materials und der verschiedenen Theoriebereiche die Suche nach den großen Zusammenhängen nie ganz verloren gegangen, war das Ziel einer einheitlichen Beschreibung der „Einheit der Natur" nie ganz aus dem Auge verloren worden. Aber auch auf der Seite der Geisteswissenschaften scheint sich wieder eine Tendenzwende anzubahnen. Beispielsweise beschreibt ein Autor wie J. Habermas, der sich auf religiösem Gebiet als „unmusikalisch" bezeichnet hatte, positive Seiten des Religiösen. In der Ethik wird die Frage der Werte wieder deutlicher gesehen und man ist nicht mehr nur damit zufrieden, sich lediglich in einem einvernehmlichen Diskurs zu arrangieren. Für die Naturwissenschaften ist der Pessimismus von Ziellosigkeit und Zersplitterung jedenfalls nicht notwendig. Der Einheit der Natur steht eine nach Einheit strebende Wissenschaft gegenüber.

> *Die moderne Physik zeigt, dass Begriffe, die bisher eine absolute Verschiedenheit zu verkörpern schienen, sich lediglich als verschiedene Aspekte eines einzigen Seinsgrundes erweisen.*

Der erste große Schritt auf diesem Wege wurde von Einstein getan, der mit der Speziellen Relativitätstheorie, die noch zur klassischen Physik gehört, die Äquivalenz von Masse und Energie postulierte. Wie wir bereits gesehen haben, folgt daraus, dass der Unterschied zwischen einem Körper und einer Bewegung nur noch eine handlungsbezogene, aber keine ontologische Differenz mehr ist.

Es sei aber nochmals betont, dass die experimentelle Durchführung der Umwandlung von Masse und Energie – wegen der Notwendigkeit von Antimaterie – aber nur im Rahmen der Gültigkeit der Quantentheorie erreicht werden kann.

Die klassische Physik kennt weiterhin den fundamentalen Unterschied zwischen den Körpern einerseits und den Kraftfeldern zwischen ihnen andererseits. Nach dem Modell der Quantentheorie kann nun aber die Kraftwirkung verstanden werden als ein zwischen den Kraftzentren stattfindender Austausch von den Teilchen, die die Kräfte vermitteln. Damit wird der Unterschied zwischen Kraft und Stoff relativiert.

Um die erste Grundregel über Physik, die wir in der Schule lernen, nämlich „wo ein Körper ist, kann kein zweiter sein", realisieren zu können, darf Materie nicht beliebig kompressibel oder durchdringbar sein. Dies wird durch das von Pauli entdeckte Prinzip geleistet, welches für Fermionen, d.h. Teilchen mit halbzahligem Spin, postuliert, dass dort, wo eines ist, kein zweites sein kann. Das Modell des Aufbaus der Materie aus Fermionen, z.B. Protonen, Neutronen und Elektronen, erklärt die Stabilität und weitgehende Undurchdringlichkeit sowohl der Atome als auch der festen Körper.

Für Kräfte kennt die Physik keine solchen Einschränkungen, Kräfte können im Prinzip beliebig groß werden. Bei den Experimenten ist die einschränkende Größe daher fast immer das Geld. Einen Magneten beispielsweise kann man nur so stark bauen, wie man ihn bezahlen kann.

Die elektromagnetischen Kräfte, zu denen auch alle chemischen Bindungskräfte gehören, werden im Bilde der Quantentheorie durch Teilchen vermittelt, die keine solche Abstoßung wie die Fermionen kennen. Die Photonen, die Kraftteilchen des elektromagnetischen Feldes, gehören zu der Gruppe der Bosonen, die im Gegensatz zu den Fermionen einen ganzzahligen Spin besitzen. Der Spin des Photons hat den Wert eins. Wenn wir aber nun daran denken, dass der Unterschied zwischen Fermionen und Bosonen so fundamental nun auch wiederum nicht ist, denn wie wir oben beschrieben haben, können zwei Fermionen sich in zwei Bosonen umwandeln und umgekehrt, *so wird auch der als fundamental angesehene Unterschied zwischen Körpern und Kräften relativiert.*

Im Anhang wird skizziert, wie in der zweiten Quantisierungsstufe der Quanteninformation, d.h. aus beliebig vielen Qubits, all die Elementarteilchen erzeugt werden können, die aus mathematischen Gründen in der vierdimensionalen Raum-Zeit der speziellen Relativitätstheorie überhaupt erlaubt sind. Die Methode der zweiten Quantisierung wurde zum ersten Male beim Aufbau des elektromagnetischen Feldes aus Photonen verwendet. Dabei wird ein Quantenfeld, ein Objekt, das im Raum ausgebreitet existiert und mit unendlich vielen Freiheitsgraden beschrieben wird, aufgebaut aus beliebig vielen teilchenartigen Subobjekten mit sehr viel weniger Freiheitsgraden. Wir nennen die Photonen „teilchenartig", da sie keine Masse besitzen und daher auch nicht an einem Ort in Ruhe sein können, aber dennoch nur an einer Stelle absorbiert werden. Jeder mögliche Zustand des elektromagnetischen Feldes kann im Prinzip dadurch erfasst werden, dass man die Verteilung der verschiedenen Photonen beschreibt, in die er zerlegt werden kann. Andere Quantenfelder können aus anderen Teilchen bzw. Quasiteilchen beschrieben werden. So kann man beispielsweise die Schwingungsfreiheitsgrade eines Festkörpers aus den so genannten „Phononen", den Schallquanten, aufbauen.

In ähnlicher Weise gelingt es, alle Zustände eines einzelnen Quantenteilchens dadurch zu beschreiben, dass man die Verteilung der Quantenbits erfasst, in die das Teilchen im Prinzip zerlegt werden könnte.[49] Damit zeigt sich eine Hierarchie der Quantenobjekte: Beliebig viele abstrakte Qubits lassen sich zu Teilchen zusammensetzen und beliebig viele Quanten-Teilchen lassen sich zu Quanten-Feldern zusammensetzen. Während ein Qubit allein, ohne einen Träger, überhaupt nicht lokalisiert werden kann, besteht für ein Teilchen die Möglichkeit, es an einem Ort finden zu können. Ein Feld hingegen ist an vielen Orten zugleich definiert.

Durch die damit gefundene Äquivalenz von Materie, Energie und Quanteninformation können die Vereinheitlichungsbestrebungen der Physik abgeschlossen werden.

---

[49] Einen Überblick dazu findet man in Görnitz, Graudenz, Weizsäcker, C. F. v. (1992)

7 Vom Schattenwurf zu den neuronalen Netzen – Abbildung als Informationsbearbeitung

Künstliche, d.h. technische Modelle von sinnvollem Verhalten sind heute wohl den meisten Kindern und auch vielen Erwachsenen bekannt: Die Computerspiele werden immer komfortabler und erlauben ihren artifiziellen Figuren vieles, was man früher für unmöglich gehalten hatte. Schachcomputer haben den Rang von Großmeistern überschritten und können bereits ebenbürtig gegen Weltmeister spielen. All dies hat die Vertreter der künstlichen Intelligenz beflügelt, und manchmal liest man bereits in den Zeitungen, dass der Mensch von einer neuen, einer maschinellen Intelligenz abgelöst werden wird.

Was ist von all dem zu halten? Sind dies erste Anzeichen einer erwachenden Intelligenz der Maschinen?

Die Antwort wird davon abhängen, wie man Intelligenz definieren möchte. Wir denken wohl alle, dass Intelligenz noch etwas anderes bedeutet, als sehr gut Schach spielen zu können. Und ein gutes Beherrschen von Überlebensregeln, seien sie künstlich – wie beim Schach – oder natürlich, bedeutet vor allem noch nicht, dass dahinter bereits so etwas wie ein Bewusstsein stecken müsste. Um aber deutlich machen zu können, dass ein Schachcomputer ebenso wenig Bewusstsein hat wie ein Fotoapparat, obwohl beide besser Schach spielen und Bilder erstellen können als die meisten Menschen, soll zuerst das Wesen der Abbildung – mathematisch der Funktion – noch einmal erläutert werden. Denn in den meisten Fällen, die als so genannte künstliche Intelligenz Aufsehen erregen, handelt es sich um sehr macht- und kunstvolle Fähigkeiten zur Abbildung von Eingangsdaten auf Ausgangsdaten, die so komplex sind, dass ihre Wirkung von uns Menschen nicht mehr einfach durchschaut werden kann – falls wir nicht gerade selbst die Konstrukteure dieser Systeme sind.

Daher soll zunächst einmal das Wesen der „Abbildung" durchdacht werden.

7.1 Die Idee der Abbildung

7.1.1 Abbildungen als Funktionen

Jeder der Leser weiß, was eine Abbildung ist – schließlich waren bereits welche im Buch zu finden und als solche gekennzeichnet. Eine Abbildung ordnet einem „etwas" etwas „anderes" zu. Das einfachste Beispiel, an das wir appellieren können, ist der Schattenwurf.

Lineare Abbildungen

Wenn ich mit meinen Händen versuche, den Schatten so zu formen, dass die Zuschauer ein Kaninchen sehen, so können sich das die meisten leicht vorstellen. Da ich nicht mehr – weil meine Kinder groß geworden sind – darin sehr geübt bin, kann es sein, dass ich den Zuschauern ein wenig auf die Sprünge helfen muss, damit sie den Schatten als Kaninchen identifizieren.

An diesem so simplen Modell kann zweierlei verdeutlicht werden:

Erstens: Der Schatten meiner Hände ist weder meine Hand noch ein wirkliches Kaninchen. *Eine Abbildung ist etwas anderes als das, was abgebildet wird.*

Zweitens: *Die Zuschauer sind es, die die Bedeutung zusprechen.* Der Schatten mag so ungenau sein, dass die Bedeutung nicht sofort auf der Hand liegt, aber wenn die Zuschauer das Kaninchen sehen wollen, dann können sie es sehen.

Auf die Frage der Bedeutung werden wir später zurückkommen, zuerst wenden wir uns der „Abbildung" zu.

Jeder Teil der Körperoberfläche, der dem Lichtstrahl im Weg steht, wird an der Wand als Schatten dargestellt. Hier bewirken die Lichtstrahlen eine Abbildung von der Körperoberfläche auf eine Wand. Die Regeln sind so einfach, dass sie bereits von kleinen Kindern verstanden werden. Mit einer Lochkamera oder einem richtigen Fotoapparat kann man nicht nur den Umriss abbilden, sondern sogar die gesamte jeweils sichtbare Oberfläche.

Obwohl ein Fotoapparat realistischere Bilder als die meisten Künstler erstellen wird, wird niemand auf die Idee kommen, ihn deswegen als Maler zu bezeichnen.

Er bewirkt eine Abbildung nach einem einfachen Gesetz, dass wohl die meisten der Leser in der Schule lernen mussten. Wenn das Abbildungsprinzip verstanden ist, ist auch ein Fotoapparat nichts wesentlich anderes als der Schattenwurf.

In der Mathematik wird die Abbildung gewöhnlich unter dem Namen „Funktion" eingeführt. Eine Funktion – so lernt man in der Schule – ordnet jedem Punkt aus dem Definitionsbereich genau einen Punkt im Wertebereich zu.

Die einfachste Funktion ist die lineare: $y = n * x + m$.

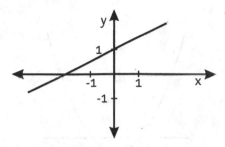

Abb. 7.1: Beispiel einer linearen Funktion: y = ½x + 1

Hierbei tritt bei y lediglich eine Abschwächung – so wie hier – bzw. eine Verstärkung des Verhaltens von x auf. Hinzu kann noch eine Verschiebung um einen konstanten Wert erfolgen, wenn nämlich für den Wert x — 0 der Wert von y nicht ebenfalls Null sein soll.

Lineares Verhalten entspricht perfekt der Vorstellung, dass kleine Änderungen in der Ursache – hier bei x – auch nur kleine Änderungen in der Wirkung – hier bei y – zur Folge haben.

Nichtlineare Abbildungen

Mit Funktionen, die nicht mehr linear sind, lassen sich interessantere Effekte erzielen. Beispielsweise ergibt y = x² - 2 eine Parabel. Hier sieht man ein nichtlineares Verhalten. Erst fällt y mit dem Anwachsen von x, nach dem Überschreiten des Tales wird bei wachsendem x der Wert von y wieder größer. Solches Verhalten kann als typisch angesehen werden für alle Vorgänge, bei denen es ein Optimum der Wirkungen und einen stabilen Bereich gibt und bei denen sowohl ein „Zuwenig" als auch ein „Zuviel" gegen die beabsichtige Wirkung steht. Solche nichtlineare Effekte sind schwerer vorherzusehen, denn sie haben – wie soeben beschrieben – auch Auswirkungen, die der beabsichtigten Wirkung entgegenstehen können.

Die weit verbreitete Verwendung von Modellen der linearen Abhängigkeit kommt daher, dass sie nicht nur sehr einfach sind, sondern vor allem auch, weil bei fast allen Formen von Abhängigkeiten in einer kleinen Umgebung eines jeden x-Wertes die Abhängigkeit der y-Werte „beinahe" linear sind. In einer mehr mathematischen Sprache gilt: Jede glatte Kurve kann in einem kleinen Bereich um jeden beliebigen Punkt durch die jeweilige Tangente in diesem Punkt gut angenähert werden, aber einzig und allein eine lineare Kurve fällt überall mit ihrer Tangente zusammen.[50]

---

[50] Man muss in der Umgebung des betrachteten Punktes die Differenzierbarkeit fordern. Jede Funktion aber lässt sich beliebig gut durch differenzierbare Funktionen annähern.

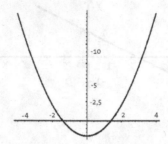

Abb. 7.2: Die Parabel $y = x^2 - 2$

Schaltfunktionen

Eine weitere wichtige Sorte von nichtlinearen Kurven stellen Schaltvorgänge dar. Ein Lichtschalter beispielsweise ist dadurch gekennzeichnet, dass unter dem Druck des Fingers für ein Weilchen noch nichts passiert. Dann kommt der eigentliche Schaltvorgang, bei dem sehr schnell der Strom eingeschaltet wird, und danach bleibt dies weiter so, auch wenn der Daumen noch weiter drücken sollte.

Grafisch könnte dieser Schaltvorgang wie folgt dargestellt werden:

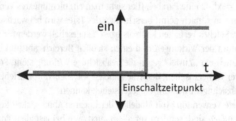

Abb. 7.3: Schaltfunktion

Mit solchen Schaltvorgängen lassen sich logische Entscheidungen simulieren. Zum Beispiel wird ein Dämmerungsschalter so lange seine Lampe auf „aus" lassen, wie die Tageshelligkeit einen bestimmten Wert nicht unterschreitet. Beim Erreichen des voreingestellten Wertes wird dann die Lampe auf „ein" geschaltet.

Der erste „richtige", d.h. frei programmierbare Computer, „Zuse 1", war noch aus richtigen Schaltern aufgebaut. Diese Schalter – so genannte Relais – wurden allerdings nicht mit Hand betätigt, sondern durch elektrische Impulse gesteuert, die von anderen Schaltern kamen. Bald darauf wurden Elektronenröhren verwendet, die viel schneller waren. In den modernen Computern sind die Schalter durch Transistoren realisiert, die viel weniger Energie als die Röhren verbrauchen und jetzt solche Schaltvorgänge steuern. Dennoch ist es wichtig, sich daran zu erinnern, dass die gesamte Logik im Computer auf miteinander verschalteten Ja-Nein-Alternativen – so wie beim Lichtschalter – beruht.

Wenn man sich fragt, ob Computer denken können, dann ist dessen Aufbau aus Schaltern das entscheidende Kriterium. Wenn ein einzelner Lichtschalter nicht denken kann, dann werden es auch die etwa 25 Schalter in unserem Haus miteinander nicht können. Dass 100 Schalter nicht denken können, wird wohl jeder annehmen, warum aber sollten es dann beispielsweise 1 Million oder auch 100 Milliarden tun?

Natürlich gibt es zwischen wenigen und vielen Schaltern wichtige Unterschiede: Ein einziger Schalter kann nur an/aus. Mit vielen Schaltern lassen sich hingegen sehr komplizierte Funktionen realisieren, d.h. sehr komplexe Abbildungen erzeugen.

Als Kind musste ich meiner Mutter bei der großen Wäsche im Waschhaus helfen. Er gab einen holzgefeuerten Herd, in dem das Wasser erhitzt wurde, und eine „Waschmaschine", in der ein überdimensionierter Quirl über ein Zahnrad und Gestänge und einen großen Hebel von Hand bewegt werden musste. Ich war noch nicht sehr groß, aber dennoch in der Lage, die Anweisungen zum Wäschewaschen befolgen zu können: Heißes Wasser musste auf die Wäsche und das Seifenpulver gegossen werden. Dann hatte ich eine Weile diesen Hebel hin und her zu bewegen, damit die Wäsche in der heißen Seifenlauge gut durchgewalkt wurde. Danach wurde das heiße Wasser ausgelassen und frisches nachgefüllt, in dem die Wäsche gespült wurde. Zum Schluss wurde sie herausgehoben, ausgewrungen und zum Trocknen auf den Hof getragen.

Heute habe die meisten der Leser daheim eine Waschmaschine, die all dies – und vielleicht noch besser als ich damals – und gewiss ohne inneres Murren erledigt. Sie lässt das Wasser ein, gibt Spülmittel zu. Dann heizt sie das Wasser auf bis die vorgegebene Temperatur erreicht ist. Dabei wird zugleich durch längeres Hin-und-her-Bewegen die Wäsche gewaschen. Anschließend folgt ein Schleudergang und bei manchen sogar ein Trocknen, so dass dann die fertige Wäsche entnommen werden kann.

Sehen wir eine solche Maschine nur wegen des fehlenden Protestes nicht als intelligent an?

Programmierbare Maschinen

Die meisten werden kein Wunder darin sehen, dass die eingebauten Schalter so arbeiten, wie es ihnen das Programm der Waschmaschine vorschreibt. In alten Waschmaschinen oder in älteren Nähmaschinen kann man noch die Programmscheiben erkennen, auf denen die einzelnen Schalterstellungen einprogrammiert sind. Sie folgen damit einem Regelwerk, das nicht sonderlich schwer zu verstehen ist.

Ähnliches geschieht z.B. in einem Schachcomputer. Der erstellt zur vorhandenen Stellung der Figuren daraus mögliche Züge und bildet diese alle ab in die Menge der Bewertungen nach den vorher vom Programmierer eingegebenen Kriterien. Der Zug, der die optimale Bewertung erhält, wird dann ausgeführt.

Mit Hilfe von etwas Mathematik kann man sich klar machen, dass man mit beliebig vielen Schaltern fast jede gewünschte Abbildung beliebig gut realisieren könnte. Daran wird deutlich, welche Leistungskraft im Prinzip hinter dem Modell des Computers steckt. Alles, wovon man angeben kann, wie man es im Prinzip berechnen könnte, kann man von einem Computer tatsächlich berechnen lassen.

Interessanterweise haben die Mathematiker beweisen können, dass es mathematische Probleme gibt, die aus prinzipiellen Gründen die Fähigkeiten des Computers übersteigen. Das bedeutet, dass eine noch so riesige Menge von Schaltern nicht in der Lage ist, alles das auch zu können, was Menschen können. Wer sich über diese nicht ganz einfachen Fragen eingehender informieren möchte, sei beispielsweise auf die Bücher von R. Penrose verwiesen.[51]

Für die Anwendungen auf die Bereiche von Intelligenz, Denken und Bewusstsein ist noch ein weiterer Aspekt der „Abbildungen" zu untersuchen. Wenn wir über Abbildungen nicht lediglich als einen Begriff der Mathematik sprechen, sondern ihn darüber hinaus bis in die Alltagswelt tragen wollen, so sind besonders die Einschränkungen zu beachten, die dabei aus den von uns erkannten Naturgesetzen folgen. Jede Abbildung ist zuerst einmal eine Veränderung. In der Mathematik wird allerdings auch die Identität – dass sich überhaupt nichts ändert – zu den Abbildungen gerechnet. In der Alltagssprache sieht man dies üblicherweise nicht so. Wenn wir also diesen Spezialfall erst einmal ausklammern, dann bleibt dennoch wichtig, darüber nachzudenken, was bei allen möglichen Veränderungen dennoch unverändert bleibt?

Umformungen

Abbildungen, Umformungen kennen wir zuerst im Bereich der Stoffe.

Aus einem Tonklumpen wird eine Vase, aus Milch wird Butter und Molke, aus Wasserstoff und Sauerstoff wird Wasser. Bei all diesen Formveränderungen und auch bei allen chemischen Umsetzungen gilt, dass dabei die vorhandenen Massen erhalten bleiben. Alle Atome, die in einen solchen Prozess eintreten, bleiben auch danach weiterhin vorhanden. Alle Veränderungen im Bereich von Biologie und Chemie sind mit einer Erhaltung der Materie verbunden. So, wie es die alten Atomisten sich vorstellten, versteht man in diesem Bereich der Naturwissenschaften alle Veränderungen als eine Umordnung oder Neuanordnung von Atomen. Die Meinung, dass alles, was uns in unserer Umwelt umgibt, aus Atomen aufgebaut sei, ist eine heutzutage noch weit verbreitete Überzeugung. Sie reicht mit ihren Vorstellungen weit in das Feld der Biologie hinein, in der die Genetik eine solche Interpretation benutzt. Wenn die Wirkung der Gene beschrieben wird, so liegt die Assoziation eines Aufbaues des Genoms aus seinen Bausteinen nahe, die z.B. an den Aufbau eines Spielzeughauses aus Legosteinen erinnert. Ein solches Bild vom „Aufbau aus kleinsten Teilchen" hat eine große Erklärungskraft und ist immer dann, wenn man nicht sehr genau arbeiten muss, eine gute Annäherung an die Wirklichkeit. Erst bei sehr genauen Experimenten, wenn die Verwendung der Quantentheorie unabweisbar wird, muss man auch an dem letztlich unzutreffenden Bild, dass die Körper aus „Atomen aufgebaut seien", Korrekturen anbringen. Diese sollen uns aber jetzt noch nicht beschäftigen.

---

[51] Penrose (1991, 1995)

Erhaltung der Materie und der Energie

Die Erhaltung der Materie ist also ein wichtiges Kennzeichen von fast allen Veränderungen in der Welt der Dinge. Hier in unserem Zusammenhang geht es aber vornehmlich um Information. Wenn sich beispielsweise Information auf einem materiellen Träger befindet, dann wird die Materie dieses Trägers auf jeden Fall bei allen Abbildungen oder Veränderungen erhalten bleiben. So können wir an die Tinte und das Papier denken, die zum Schreiben eines Briefes verwendet werden. Natürlich verdunstet ein Teil des Tintenwassers, aber wirklich verschwunden ist es damit nicht. Selbst wenn der Brief verbrennt, so verschwinden seine Atome nicht. Was aber geschieht mit dem Inhalt des Briefes, mit seiner Information?

Gestaltänderungen von materiellen Objekten erhalten also die Materie. Mit dieser Aussage sind aber die Probleme mit der Information noch nicht gelöst.

Nun wird nicht alle Information mit einem materiellen Träger verbunden. Seit der Entdeckung der elektromagnetischen Strahlung wird in unserer Zivilisation ein immer größerer Anteil der Informationen ohne materiellen Träger allein mit Hilfe der elektromagnetischen Strahlung verbreitet. Für diese Vorgänge wird ein weiterer Erhaltungssatz der Physik fundamental: der Satz von der Erhaltung der Energie.

Dieser Satz spielt eine grundlegende Rolle für die gesamte moderne Physik und die Anerkennung der Unmöglichkeit eines Perpetuum mobiles, einer Maschine, die aus dem „Nichts" Energie erzeugen könnte, liefert eine einfache Unterscheidung zwischen ernstzunehmenden und anderen phantasiebegabten Zeitgenossen. Wir dürfen heute davon ausgehen, dass für alle Vorgänge in jedem endlichen Teil des Kosmos der Satz von der Erhaltung der Energie uneingeschränkt gilt. Damit ist es auch gewährleistet, dass für alle Informationsübertragungs- und Informationsverarbeitungsvorgänge dieser Erhaltungssatz gilt. Für alle Information, die an einen energetischen Träger, wie z.B. Licht oder andere elektromagnetische Wellen wie Rundfunk- und Fernsehwellen gebunden ist, wird deren Energie erhalten bleiben.

Selbst für solche extremen physikalischen Vorgänge, bei denen der Satz von der Erhaltung der Masse durchbrochen wird, bei denen beispielsweise Protonen tatsächlich vernichtet werden, wie beim Zusammenstoß mit Antiprotonen, bleibt dennoch die Gesamtenergie erhalten. Dies postuliert Einsteins berühmte Gleichung $E=mc^2$, die eine Äquivalenz von Materie und Energie begründet. Heute sehen die Physiker diese Gleichung nicht mehr als ein Postulat an, sondern als eine der am besten experimentell bestätigten Aussagen der modernen Physik.

Vielfach wird diese Gleichung als das Kernstück der speziellen Relativitätstheorie betrachtet. Dies ist historisch sicherlich gerechtfertigt. Wenn man aber den wesentlichen Gehalt der Gleichung bedenkt, so haben wir bereits ausgeführt, dass erst und allein im Bereich der Quantentheorie die tatsächliche Umwandlung von Materie in Energie und umgekehrt möglich wird. Erst die Quantentheorie erlaubt in der Tat Prozesse, die die Erzeugung von solch prinzipiell „Neuem" aus etwas vollkommen „Anderem" ermöglichen. So ist die Erzeugung von Materie aus reiner Energie, zum Beispiel derjenigen der Bewegung, nur dadurch möglich, dass Materie sowohl als „eigentliche Materie", die uns überall umgibt, als auch als „Antimaterie" auftreten kann. Die Antimaterie ist genauso gut Materie wie die normale auch, sie unterliegt wie dieser der Schwerkraft und allen übrigen Kräften. Im Unterschied zur gewöhnlich vorkommenden Materie tragen bei der Antimaterie lediglich alle „ladungsartigen Quantenzahlen" ein entgegengesetztes Vorzeichen. So ist z.B. das Positron mit seiner positiven Ladung das Antiteilchen zum Elektron und das Antiproton mit seiner negativen Ladung das Antiteilchen zum Proton. Da der Satz von der Erhaltung der Ladung offenbar derjenige Erhaltungssatz ist, der unter allen Umständen gilt, kann aus etwas ohne Ladung, wie Photonen, nur ein Paar von Teilchen mit entgegengesetzter Ladung entstehen, so dass die Gesamtladung als Summe von $+1$ und -1 weiterhin Null bleibt.

Sonderfall Kosmologie

Neben der Ladungserhaltung gilt der Satz von der Erhaltung der Energie als einer der fundamentalsten der gesamten Physik, sofern die Kosmologie ausgeschlossen bleibt. Dies ist der einzige Bereich innerhalb der Physik, in dem die Gültigkeit des Satzes von der Erhaltung der Energie bzw. der Materie nicht als vollkommen problemlos angesehen werden kann. Energie und Materie werden im Sprachgebrauch der nicht-kosmologischen Physik in der Regel nicht auf die Gravitation angewendet. Für den Kosmos als Ganzen kann aber die Gravitation, die im Wesentlichen seine Struktur und seine Entwicklung bestimmt, nicht außen vor gelassen werden. Die Definition einer gravitativen Energie wiederum ist eine theoretisch problematische Angelegenheit und ist nicht in allen Fällen sinnvoll möglich. In den kosmologischen Modellen, in denen man eine sinnvolle Energiedichte für das Gravitationsfeld definieren kann, kann auf Kosten solcher gravitativer Energie „normale Energie und Materie" entstehen. Ohne Rückgriff auf kosmologische Zusammenhänge wird die uneingeschränkte Gültigkeit des Energiesatzes als *absolut* fundamental angesehen und alles, was zu seiner Verletzung führen könnte, als definitiv unwissenschaftlich betrachtet. So ist es in der Hirnforschung ein wichtiges Argument, dass es wegen des Energiesatzes so etwas wie „psychische Kausalität" nicht geben könne. Darunter wird verstanden, dass eine psychische Aktivität, z.B. ein Gedanke, nur dann eine Wirkung hervorrufen könnte, wenn er eine gewisse Energie zur Verfügung hätte. Da aber nach dieser Vorstellung lediglich die materiellen Bestandteile Energie abgeben können und Gedanken keine eigentliche Existenz besitzen, müsste nach dieser Vorstellung durch Gedankeneinwirkung der Energiesatz verletzt werden.

Neue Konzeptionen durch die Quantenphysik

Die Einschränkung bezüglich der psychischen Verursachung muss man dann nicht mehr treffen, wenn man die von der Quantentheorie neu eröffneten Möglichkeiten berücksichtigt. Nach ihren Prinzipien kann reine Quanteninformation sehr wohl eine Zeitlang als vom Rest des Gehirns getrennt angesehen werden, was in Kapitel 11 noch ausführlicher betrachtet werden soll.

Eine solche Trennung sorgt auch dafür, dass die Argumente über eine Dekohärenz, die ein unvermeidliches „klassisch werden" von Quantensystemen beschreiben, für diese vom restlichen Gehirn getrennte Information nicht zutreffen.

Wird diese Trennung aufgehoben, kann die Information wegen der damit einsetzenden Wechselwirkung auf die Materie einwirken. Sie wirkt dann natürlich lediglich als ein Auslöser, wobei die Energie für eine Veränderung nicht von der Information selbst, sondern von den materiellen Teilen der Nervenzellen geliefert werden muss.

7.1.2 Repräsentanzen

Wenn man sich dem Bewusstsein nicht von einer Außensicht wie der neurobiologischen, sondern von der psychologischen Seite und unter Bezug auf eine Innensicht nähert, kann man kaum dem Problem entgehen, dass Menschen die Erfahrung gemacht haben, dass ihren Handlungen in der Regel Willensentscheidungen vorangehen. Manche Wissenschaftler erklären diese menschliche Grunderfahrung einfach als Illusion, als einen Irrtum, und vergleichen sie mit dem Sonnenaufgang. Seit Kopernikus könne man wissen, dass die Bewegung der Sonne nur eine missverstandene Erdrotation sei. Wenn man die Newtonsche Gravitationskraft zugrunde legt, ist dies gewiss eine zutreffende Aussage. Seit Einsteins allgemeiner Relativitätstheorie allerdings wissen wir heute, dass man jedes beliebige Bezugssystem für die Beschreibung der Himmelskörper und ihrer Bewegung wählen kann. Danach gibt es keine wahren und falschen, sondern lediglich geschickt oder ungünstig gewählte Koordinatensysteme. Da in der allgemeinen Relativitätstheorie der Begriff der „Gravitations*kraft*" abgeschafft worden ist und durch die Geometrie der Raumzeit ersetzt wurde, ist damit auch das Argument nicht mehr zwingend, dass die Sonne das „Zentrum der gravitativen Anziehung" auf die Erde sei. Damit könnte man den Begriff des „Sonnenaufganges" auch aus physikalischer Sicht ohne schlechtes Gewissen weiterhin verwenden. Aber natürlich ist uns klar, dass dies ein gekünsteltes Argument ist und selbst im Rahmen der allgemeinen Relativitätstheorie der „Sonnenaufgang" eine Vorgangsbeschreibung ist, die für viele physikalische Anwendungen zumindest als ungeschickt erscheint. Daher ist es sicherlich noch besser, zu zeigen, dass die obige Analogie von „freiem Willen" und „Sonnenaufgang" vom Prinzip her falsch ist. Es gilt nämlich:

Die Erfahrung, dass wir einen Willen haben, der nicht festgelegt ist, ist keine „Vulgärspychologie" oder „ungeschickte Beschreibung" eines Sachverhaltes, den man besser ganz anders verstehen oder beschreiben sollte, z.B. als „Feuern von C-Fasern". Die Möglichkeit eines in einem gewissen Rahmen freien Willens ist vielmehr die einzige Beschreibung, die mit der modernen Wissenschaft vereinbar ist.

Die so genannten naturalistischen Beschreibungen lassen allein das materielle Gehirn und seine klassischen Zustände als real gelten. Um dann die Schwierigkeit zu vermeiden, die aus der Meinung folgt, dass das Zulassen einer „psychischen Kausalität" gegen Gesetze der Physik verstoßen würde, wird in der Literatur zur Hirnforschung gern der Begriff der „Repräsentanz" eingeführt. Er soll die Erscheinungen des Denkens erfassen, die auf der Basis der Nervenzellen „produziert" werden, die aber – gemäß eines Physikverständnisses auf der Basis der klassischen Physik allein – ja keine eigenständige Realität besitzen können.

Wenn wir aber über den Begriff der „Repräsentanz" nachdenken, zeigt sich als Erstes: *Ein „Repräsentant" steht für etwas anderes, als er selbst ist.* Der Bundespräsident ist nicht der Staat, aber er repräsentiert ihn. Einem Manager gehört nicht die Firma, aber er repräsentiert sie.

Mit dem Begriff „Repräsentanz" sollen in der Hirnforschung all die psychischen Erscheinungen, die wir aus eigenem Erleben an uns kennen, als durch die biologischen, chemischen und physikalischen Vorgänge im Gehirn „repräsentiert" verstanden werden.

Das Problem mit einem Repräsentanten ist aber, dass seine Eigenschaft, „Repräsentant" zu sein, ihm *nicht von selbst zukommt.*

Ob Tinte auf Papier eine Botschaft ist oder nur ein Klecks, das entscheidet der Empfänger, nicht aber die Tinte oder das Papier. Unser Vorwissen macht aus der Tinte einen Schriftzug, und wenn man an einen Klecks schreiben würde: „Dies ist eine Nachricht", dann wäre auch dies ohne einen kundigen Leser witzlos.

Wenn daher bestimmte chemische oder biologische Vorgänge im Gehirn als „Repräsentanten psychischer Erscheinungen" bezeichnet werden, *dann ist dies genau dann eine sinnvolle Definition, wenn ein Subjekt, z.B. ein „Ich" diese Repräsentanten als solche definieren und erkennen kann.* Und natürlich verliert diese Konstruktion genau dann ihre Erklärungskraft, wenn mit ihrer Hilfe erst die Möglichkeit der Existenz genau eines solchen Subjektes aufgeklärt werden soll.

Wenn wir davon ausgehen dürfen, dass unser Bewusstsein existiert, dann ist es sehr vernünftig, davon zu sprechen, dass die Informationen, die uns in unserem Bewusstsein zur Verfügung stehen, durch elektrische Vorgänge und chemische Verbindungen im Gehirn repräsentiert werden. Dies ist genauso vernünftig wie beispielsweise die Aussage, dass ein Gedicht gedruckt auf Papier oder als Tondokument auf einer CD vorliegt. Beides wären mögliche Repräsentanten des Gedichtes, das Gedicht selber ist aber noch etwas anderes als diese Repräsentationen. Keine physikalische oder chemische Analyse könnte an Tinte und Papier erkennen, ob ein Gedicht vorliegt oder nicht. Andererseits ist ebenso klar, dass die Mitteilung eines Gedichtes an einen anderen Menschen auf jeden Fall einer Repräsentation bedarf. Ein mitteilbares Gedicht ist ein Faktum und es gilt:

Ein Faktum ist an das Vorhandensein eines energetischen oder materiellen Trägers gebunden.

Diese Aussage folgt aus der Physik und gilt für alle Information, die als klassisch, als faktisch angesehen werden kann. Eine solche klassische Information stellt etwas dar, das in „Raum und Zeit bewegt" werden kann. Das Bewegen im Raum ist sicher keiner Erklärung bedürftig – ich bringe den Gedichtband ins andere Zimmer –, bewegen in der Zeit meint z.B., dass eine Information wenigstens eine kleine Zeitspanne unverändert überdauern kann und nicht unmittelbar verschwindet: Das Buch bleibt einfach eine Weile liegen. Ob das Buch also hier oder dort liegt, bedeutet in der mathematischen Beschreibung eine Änderung seines Zustandes.

Die Mathematik erlaubt nun, alle Bewegungen in der Raum-Zeit zu klassifizieren. Diese Bewegungen lassen gemäß der speziellen Relativitätstheorie die Objekte unverändert und verändern nur deren Zustand.

Die Bewegungen bilden eine Gruppe, die in der Physik als Poincaré-Gruppe benannt ist. Aus dieser Gruppe folgt dann zwangsläufig, welche Eigenschaften die Objekte – das „Bewegbare" – besitzen müssen. Eine so genannte „Darstellung" gibt an, wie die Zustände von Objekten sich unter Bewegungen verändern, sie wird charakterisiert durch bestimmte dabei unveränderliche Eigenschaften (Quantenzahlen), die das Objekt von anderen Objekten zu unterscheiden gestatten. Nach der Mathematik der Poincaré-Gruppe muss jedes Objekt eine Masse und einen Spin besitzen. Die Masse darf allerdings auch Null sein, dann muss aber wenigstens die Energie von Null verschieden sein.[52]

In der Zeit und im Raum bewegbare und damit überdauernde Information muss also aus diesen mathematischen Gründen an einen energetischen Träger, wie elektromagnetische Wellen, oder an ein materielles Substrat, wie z.B. Tinte und Papier gebunden sein.

Ein einziges abstraktes Qubit, wie es oben als kosmologisches Gebilde, als Grundschwingung des kosmischen Raumes vorgestellt wurde, fällt nicht unter die Darstellungen der Poincaré-Gruppe. Damit ist es kein Objekt in Raum und Zeit und kann auch nicht lokalisiert werden.

Erst mit einer Bindung an einen zusätzlichen Träger wird es möglich, ein Qubit eine Zeitlang unverändert zu lassen oder es zu transportieren.

Wir wollen diese Überlegungen zusammenfassend formulieren.

Der Begriff der „Repräsentanzen" löst das psychophysische Problem also nicht. Als Quanteninformation können aber mentale Inhalte einen eigenen ontologischen Status erhalten, da sie sich von ihren möglichen Trägern abkoppeln können.

Jede mitteilbare und jede lokal gemessene Information ist aber aus mathematischen Gründen an einen energetischen oder materiellen Träger gekoppelt.

Für reine Quanteninformation, die allerdings weder mitgeteilt noch ohne Messung von jemandem gekannt werden kann, der sie nicht selbst produziert hat, und die erst bei einem Messpro-

---

[52] Es gibt darüber hinaus noch eine zusätzliche mathematische Lösung, die weder Masse noch Energie noch Spin besitzt und die ihren Zustand durch keine Bewegung verändert. Sie wird als „Vakuum" bezeichnet und meint das Nichtvorhandensein von irgendwelcher Materie oder Energie. So etwas ist natürlich ungeeignet, als Träger von irgendwelcher Information zu dienen. Unter den Lösungen, die vom Vakuum verschieden sind, fallen alle bekannten Elementarteilchen, von den masselosen Photonen bis zu den Protonen und Elektronen.

zess zu klassischer Information wird, gilt die Einschränkung nicht, unbedingt an einen Träger gebunden sein zu müssen.

7.2 Computer und künstliche neuronale Netze

Während viele einfache Abbildungen – wie z.B. beim Schattenwurf – nicht als eine Form der Informationsverarbeitung wahrgenommen worden sind oder werden, ist dies bei den Computern vollkommen anders. Diese werden schon immer als „Informationsverarbeitungssysteme" bezeichnet und sind bereits heute so komplex geworden, dass oft ein Vergleich mit dem menschlichen Gehirn nicht gescheut wird. Wir wollen uns überlegen, was von solchen Vergleichen zu halten ist.

7.2.1 Computer als logische Maschinen

Wir hatten davon gesprochen, dass das Herzstück des Computers der Schalter ist, der ein- oder ausschalten kann.

Aus mathematischen Gründen folgt, dass sich aus derartig primitiven Elementen, aus einfachen Schaltern, jede beliebige logische Abbildung realisieren lässt.

Bei den Computern besteht der Witz darin, dass sie „programmgesteuert" sind. Das bedeutet, dass die Aktion all der vielen Schalter nach einem vorgegebenen Programm erfolgen kann, welches seinerseits durch die Wirkungen, die es erzeugt, wiederum selbst verändert werden kann. Ein solches Programm ist der Ausdruck von „Handlungsanweisungen", bei denen auf jede mögliche Bedingung mit einer bestimmten Handlung reagiert werden muss. In der Mathematik nennt man eine solche Reihe von Handlungsanweisungen, gleichsam ein Rezept für die Lösung einer mathematischen Aufgabe, einen Algorithmus.

Alain Turing, ein englischer Mathematiker, hat während des II. Weltkrieges für die englische Abwehr Kriegsentscheidendes bei der Dechiffrierung der deutschen Wehrmachtsinformationen geleistet. Was uns hier interessiert, war sein Entwurf eines universalen Computers, der in der Lage ist, die Tätigkeit eines jeden beliebig vorstellbaren Computers in der gleichen Weise zu erfüllen wie dieser – bis auf die Zeit, die dafür benötigt wird. Man spricht dabei von „Simulieren". Eine solche Turing-Maschine kann jedes Problem lösen, für das ein Algorithmus gefunden werden kann.

Es ist hier nicht der Ort, zu lange über all das zu schwärmen, was Computer heute bereits können. Recht beeindruckend, wenn auch noch nicht für die Praxis überzeugend, ist die Umwandlung gesprochener Sprache in geschriebenen Text. Aber selbst bei solch komplex erscheinenden Transformationsprozessen haben wir es lediglich mit vollkommen festgelegten Schaltern zu tun. Und selbst wenn man in ein Programm einen so genannten Zufallsgenerator eingebaut hat, dann geschieht auch die Ausgabe dieser, wie die Mathematiker formulieren „Pseudozufallszahlen" ohne jeden Zufall und vollkommen festgelegt.

Ein gewaltiger Unterschied zwischen einem Computer und einem noch so primitiven Tiergehirn besteht darin, dass der Computer programmiert werden muss. Ohne ein von außen vorgegebenes Programm ist ein Computer vollkommen nutzlos. Diese Programme werden zwar „mit Hilfe", aber nicht „von" Computern erstellt. Für Gehirne hingegen wird nicht erst ein Programm geschrieben, welches dann eingegeben werden muss, sondern es arbeitet „von selbst".

Diese Selbstorganisation der Gehirne wurde allmählich als ein zentrales Argument gegen die Ähnlichkeit zwischen Gehirnen und Computern betrachtet. Dennoch bleibt die Aussage richtig, dass alles, was das Gehirn steuert und was als Handlungsabfolge klar erklärt werden kann, auch von einem Computer ausgeführt werden kann. Das Beispiel der Haushaltsmaschinen, die immer „intelligenter" werden, ist wohl jedem Leser gegenwärtig. Während aber die Programmierung einer Waschmaschine noch relativ einfach ist, bleibt z.B. die Spracherkennung ein sehr viel schwierigeres Problem.

Die zunehmende Leistungsfähigkeit der Computer lässt es nicht nur wünschenswert sondern auch realistisch erscheinen, dass mit ihrer Hilfe immer kompliziertere Probleme angegangen werden. Die Ergebnisse solcher Simulationen reichen vom Berechnen schwieriger Verbrennungssituationen in Benzinmotoren bis zur Explosion einer Supernova mit der dabei stattfindenden Elementsynthese. Bei diesen Vorgängen kennt man allerdings die grundlegenden physikalischen Gleichungen, denen diese Prozesse gehorchen.

Was tut man aber dann, wenn solche grundlegenden Gleichungen nicht vorliegen? Für diese Fälle eröffnete sich ein Ausweg in Gestalt der „neuronalen Netze".

7.2.2 Mathematische und physikalische Modelle neuronaler Netze

Wir hatten oben dargelegt, dass Nervenzellen in einer ersten und groben Annäherung wie Schalter verstanden werden können, die beim Überschreiten einer bestimmten Reizschwelle feuern. Das hat man mit technischen Schaltern nachgebaut. So genannte künstliche neuronale Netze sind Ansammlungen von Schaltern, die untereinander verbunden sind, so dass die Ausgangssignale eines Schalters zu Eingangssignalen eines anderen werden können.

Die einfachsten dieser Objekte sind Computerbausteine, bei denen die Programmierung in die Hardware eingebaut worden ist, und die dann ganz bestimmte, immer wieder identische Aufgaben zu erfüllen haben. Bei diesen Netzen stand aber am Anfang ein Computerprogramm, und ein solcher Fall kommt in der Natur nicht vor.

Andere Probleme sind so kompliziert, dass die Erstellung eines Programms als nicht leistbar erscheinen muss. Für diese ergab sich dann ein großer Fortschritt, als man daran ging, die in der Natur vorkommenden Netze mit technischen Mitteln nachzuempfinden.

Bei Nervenzellen ist es nicht so, dass eine Verbindung zwischen ihnen so bleibt, wie sie ist. Vielmehr gilt die so genannte Hebb'sche Regel. Diese besagt, dass Verbindungen, die häufig geschaltet werden, sich verstärken. Selten benutzte Nervenverbindungen hingegen schwächen sich ab oder verschwinden ganz. In der Umgangssprache bezeichnet man ein solches Verhalten als Lernen, und wir alle wissen, dass selten genutztes Wissen dem Vergessen anheimfällt, gut geübtes aber immer besser werden kann.

Dieses Vorbild hat man nutzen können, um mit künstlichen Bauelementen das gleiche Verhalten zu simulieren. Dazu wird bei der Hardware in die Verbindung zwischen den Schaltern ein variables Element eingefügt, mit dem die Verbindungsstärke verändert werden kann.

Während bei den Chips mit festen Aufgaben, z.B. für Waschmaschinen, die Vernetzung aus zu Hardware gewordenen Programmen besteht, werden bei solchen künstlichen neuronalen Netzen ohne Vorausprogramm die variablen Verbindungen so lange verändert, bis ein gewünschtes Verhalten vorliegt.

Selbstorganisation?

Eine Sprachregelung bei der Beschreibung dieser Netze ist leider geeignet, falsche Assoziationen zu wecken. Oft wird nämlich bei diesen Strukturen von „Selbstorganisation" gesprochen, was den Eindruck erweckt, solche Netze könnten auch ein Vorbild für die Organisation der Nervennetze in Tieren sein, denn bei Tieren scheint sich das Nervensystem selbständig zu entwickeln, und bei den künstlichen neuronalen Netzen wird ja auch kein Programm vorgegeben. Eine solche Sichtweise verkennt aber, dass die künstlichen Netze ein „gewünschtes" Verhalten entwickeln sollen. Das bedeutet, dass selbstverständlich der Konstrukteur die Verantwortung dafür trägt, was mit „gewünscht" gemeint ist, und ab wann dieser Anspruch als erfüllt betrachtet werden kann.

Training statt Selbstorganisation

Wenn man ein solches künstliches Netz lediglich irgendwelchen Veränderungen unterwirft, so wird irgendein Unfug als Resultat erhalten werden. Nur wenn nach jedem Veränderungsschritt geprüft wird, ob dieser das Netz in die gewünschte Richtung bringt oder nicht und ihn dann je nachdem beibehält oder wieder rückgängig macht, kann man das Netz dazu bringen, das zu tun, was es soll. Die Vorgabe von Werten, von einer Unterscheidung zwischen einer richtigen oder einer falschen Entwicklung, ist grundlegend für die Entwicklung solcher künstlicher neuronaler Netze. Man spricht daher auch sehr zutreffend vom „Training" des Netzes.

Dies kann beispielsweise dadurch geschehen, dass einem Netz, welches Bankbelege lesen soll, eine Menge von Musterbelegen vorgelegt wird, die vielleicht von den Angestellten der Bank ausgefüllt wurden. An denen wird dann nach den entsprechenden Veränderungen der internen Verknüpfungen des Netzes geprüft, ob es bereits zufrieden stellende Resultate liefert. Wenn dann das Training beendet ist und das Netz in seiner Endgestalt vorliegt, hofft man, dass die Belege der Bankkunden ebenfalls befriedigend ausgelesen werden.

Bei den „normalen" Computerprogrammen steht an der Spitze der Überlegungen ein erkannter gesetzmäßiger Zusammenhang, meist ein Naturgesetz, z.B. bei einem Statik-Programm Gesetze aus der Kontinuumsmechanik. Dann werden für alle gewünschten Anfangsdaten mit Hilfe dieses mathematischen Gesetzes alle späteren Zustände des untersuchten Systems berechnet. Solche Naturgesetze haben die Gestalt einer Differentialgleichung, woraus folgt, dass aus den Anfangswerten eine eindeutige und damit auch vollständig festgelegte Lösung folgt.

Wenn die Struktur eines Systems so komplex ist, dass wir Menschen dafür keine naturgesetzliche Bewegungsgleichung aufstellen können, dann kann man heute künstliche neuronale Netze dafür verwenden. Wenn dann das Netz trainiert ist, ist dieses uns unbekannte oder unzugängliche Bewegungsgesetz im Netz repräsentiert, ohne dass man das Gesetz deswegen auch explizit kennen müsste. Hierzu werden zuerst hinreichend viele Inputs gesucht und zu jedem Input der gewünschte Output festgelegt. Das bedeutet, dass man für eine Reihe von Daten bereits wissen muss, was das Netz leisten soll.

Beispielsweise gibt man für die oben erwähnten Bankbelege die Buchstaben und Ziffern vor, die das Netz „erkennen" soll. Dabei bedeutet „erkennen" hier lediglich, dass eine Abbildung von handschriftlichen Buchstaben auf den betreffenden ASCII-Code im Computer bewerkstelligt wird. Nach dieser Vorgabe wird das künstliche neuronale Netz in seiner inneren Struktur so lange verändert (im Wesentlichen „by trial and error"), bis es jeden dieser Inputs auf den jeweils gewünschten Output hinreichend gut abbildet, „das Netz lernt". Danach hofft man – da man es nicht mit Gewissheit wissen kann –, dass diese Abbildung ähnliche – neue! – Inputs hinreichend gut in die entsprechenden Outputs abbilden

Nichts Neues in neuronalen Netzen

Bereits mit den gegenwärtigen Computern lassen sich solche Systeme recht erfolgreich modellieren und für die Lösung komplexer Aufgaben der verschiedensten Art einsetzen, z.B. bei der Sprach- und Bilderkennung. Eine Analyse der mathematischen Struktur zeigt, dass auch bei den künstlichen neuronalen Netzen eine streng deterministische Modellierung des betrachteten Systems vorliegt. Auch in diesen Modellen gibt es keinen echten Zufall, d.h. auch nichts tatsächlich Neues. Somit gilt nicht nur für die „normalen Computer" sondern auch für die Netzwerke, dass das scheinbar Neue lediglich Ausdruck unserer Unkenntnis ist.

Eine wichtige Erweiterung der Möglichkeiten künstlicher neuronaler Netze besteht darin, diese nicht in Hardware auszuführen, sondern lediglich in einem normalen Computer zu *simulieren*. Da sowohl die Schalter als auch die Verbindungen zwischen ihnen durch Naturgesetze festgelegt sind, lässt sich deren Verhalten im Computer nachbilden. Solche simulierten Netze haben den großen Vorteil, dass sie weiterhin lernfähig bleiben können, denn sie müssen nicht zu einem bestimmten Zeitpunkt verdrahtet und verlötet vorliegen. Wenn der Konstrukteur Bewertungskriterien vorgibt, nach denen entschieden werden kann, ob eine Veränderung als positiv oder als negativ einzuschätzen ist, kann das Netz im Grund immer weiter seine Struktur verändern, um auf neue Eindrücke neu reagieren zu können. Solche Netze erinnern mit ihrer ständigen Lernfähigkeit sehr weitgehend an Lebewesen und erzielen verblüffende Resultate. Aber auch sie haben im Grunde noch nichts mit „Selbstorganisation" zu tun, da ohne die Vorgaben des Konstrukteurs eine solche Entwicklung nicht erfolgen kann.

Da sich all dies in einem Computer abspielt, gilt auch dafür, dass alles streng gesetzmäßig ohne jeden echten Zufall abläuft. Diese Aussage bedeutet nicht, dass man vielleicht aus dieser Gesetzmäßigkeit auch etwas für das künftige Verhalten ableiten könnte. Fast alle interessanten

Systeme zeigen chaotisches Verhalten. Das bedeutet, dass nach einiger Zeit für sie die Vorherberechnungen in jedem Falle nutzlos werden, so wie etwa eine Wettervorhersage für mehr als ein paar Tage.

Wenn daher, wie es z.T. in der Hirnforschung geschieht, die Netze als Vorbild und gültiges Modell für die Arbeit unseres Gehirns verwendet werden, dann ist es eine zutreffende und mathematisch zwingende Aussage, dass es für ein solches System so etwas wie Willensfreiheit lediglich als Illusion geben kann. Die Überraschungen, die an einem deterministischen System auftreten können, haben nur etwas mit der Unkenntnis des Betrachters zu tun und nicht etwa mit etwas, das den Namen Zufall tatsächlich verdienen würde.

Unter den künstlichen neuronalen Netzen haben sich einige speziellere Typen herausgeschält, die nach ihren jeweiligen Entdeckern benannt worden sind. Einen guten Überblick ohne viel mathematischen Ballast findet man bei Spitzer[53].

Kohonen-Netze

Eine einfache Form der neuronalen Netze stellt das von Teuvo Kohonen entwickelte Netzwerk dar. Es besteht aus einer Inputschicht, die die Daten empfängt, und einer Outputschicht, die die aufbereiteten Daten weiterleiten kann. Das Spezifikum dieses Netzwerkes ist, dass alle Input-Neuronen eine Verbindung zu jedem Output-Neuron besitzen, und jedes Output-Neuron eine Verbindung von jedem Input-Neuron erhält. Die folgende Abbildung zeigt dies exemplarisch für je ein Input-Neuron und ein Output-Neuron.

Neben diesen Verbindungen, die sozusagen zwischen Eingang und Ausgang geschaltet sind, kommt eine zweite Kategorie, die die Ausgangsneurone untereinander verbinden. Dabei wird jeder Ausgang mit jedem anderen verbunden. Diese Verbindung ist so geschaltet, dass bei Dateneingang auf ein Ausgangsneuron dessen Nachbarn ebenfalls mit auf Aktivität geschaltet werden. Entferntere Neuronen hingegen werden in ihrer Aktivität geschwächt.

Durch ein hinreichend langes Training kann man ein solches Netzwerk so lange in seinen Verbindungen verändern, bis es beispielsweise in der Lage ist, jeden einzelnen Buchstaben aus einer Pixelmatrix auf genau ein Ausgangsneuron abzubilden. Wenn man will, kann man jeden Buchstaben durch einen Vektor in einem hochdimensionalen Raum darstellen, der dann auf einen anderen Vektor im abstrakten Raum der Ausgangsneurone abgebildet wird. Am Beispiel des Buchstabens A wird gezeigt, wie dann nach dem Training, wenn es erfolgreich war, nur ein einziges Neuron für ihn zuständig ist.

Mit etwas Phantasie malt man sich leicht aus, dass die Verbindungen genau in dieser Weise verändert werden, dass schließlich von jedem sinnvollen Input aus den Eingangsneuronen genau ein Ausgabeneuron aktiviert wird.

[53] Spitzer (2000)

Dieses technische Modell war recht erfolgreich, und bald sprach man auch in der biologischen Hirnforschung vom „Großmutter-Neuron", welches feuern sollte, falls die Großmutter zu sehen ist. Wir werden sehen, dass dies allein genommen eine viel zu primitive Vorstellung ist, die mit dem, was im Gehirn passiert, noch nicht viel zu tun hat.

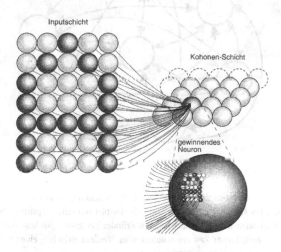

Abb. 7.4: Gewinnendes Neuron

Hopfield-Netze

Eine weitere Form der neuronalen Netze wurde von Hopfield entwickelt. Bei diesem Netz ist jedes Neuron mit jedem anderen verbunden.

Bei einem solchen Netzwerk ist sofort einzusehen, dass ein Reiz an einem Neuron im nächsten Schritt an allen anderen Neuronen wirkt und im übernächsten auch wieder auf dieses erste Neuron zurückwirkt. Für das Verhalten des Netzes überlegt man sich leicht, dass eine Reaktion auf einen Eingangsreiz darin bestehen kann, dass das Netz in einer ungeordnet erscheinenden Aktivität verbleibt, bis die Energieverluste zu einem Abklingen führen. Interessanter ist die andere Möglichkeit, dass sich ein stabiler Zyklus ausbildet und das Netz in einen stationären Zustand gelangt. Diese Vorstellung bietet ein gutes Modell für einen dynamischen Speicher, der eine Anregung von Außen als einen Gedächtniszustand bewahrt.

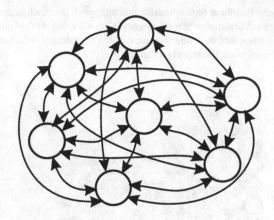

Abb. 7.5: Hopfield-Netzwerk

Es kann aber auch sein, dass der Zustand des Netzes zwischen zwei nur beinahe stabilen Zuständen hin und her springt. Das wohl bekannteste Beispiel von einem Springen zwischen zwei metastabilen Zuständen bietet der nach seinem Erfinder benannte „Necker-Würfel", bei dem beim Betrachten nach kurzer Zeit ein automatischer Wechsel zwischen einer Sicht von oben und einer Sicht von unten nicht zu vermeiden ist.

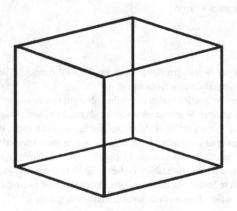

Abb. 7.9: Necker-Würfel

Elman-Netze

Die Elman-Netze stellen sich als eine Kombination der Prinzipien von Hopfield- und Kohonen-Netzen dar. Sie vereinigen sozusagen die Vorteile von beiden Typen und finden ebenfalls wie die beiden anderen Arten Anwendung in der Technik.

7.3 Künstliche neuronale Netze als Modelle der natürlichen Neuronennetze

Wenn eine mathematische Aufgabe exakt gelöst werden soll, ist es notwendig, einen Computer mit bekanntem Aufbau dem Problem entsprechend zu programmieren. In vielen Fällen der Lebenspraxis ist eine solche exakte Lösung weder notwendig noch immer zu ermitteln. In diesen Fällen genügt es zumeist, eine Näherungslösung des Problems zu finden. Auch im technischen Bereich werden für derartige Aufgaben zunehmend neuronale Netze eingesetzt. Diese werden – wie beschrieben – durch Training soweit verändert, dass sie in den Fällen, die man überblicken kann, hinreichend gute Ergebnisse liefern. Daraus schöpft man dann die Hoffnung, dass die Ergebnisse in künftigen Fällen ebenfalls hinreichend gut sein werden.

Da bei solchen neuronalen Netzen dann meist nicht mehr die Absicht und oft auch nicht die Möglichkeit besteht, die entstandene Struktur vollkommen ermitteln zu können, werden sie auch in dieser Hinsicht als Vorbild für natürliche Nervennetze angesehen. Für diese sieht man ja auch ein sinnvolles Verhalten, ohne dass man die Struktur im Einzelnen verstehen würde.

Aus den bisherigen Untersuchungen zeigt sich eine Analogie bestimmter Bereiche im Gehirn zu den oben skizzierten Typen der künstlichen neuronalen Netze.[54] So scheinen sich Funktionen im Cortex durch Kohonen-Netzwerke simulieren zu lassen. Die Arbeitsweise des Hippocampus, der für den Datenabgleich von Innen und Außen zuständig ist und einen Gedächtnis-Zwischenspeicher mit begrenzter Kapazität darstellt[55], ähnelt – wie man nach der obigen Schilderung auch vermuten möchte – der eines Hopfield-Netzes. Das Zusammenspiel der verschiedenen Hirnareale lässt sich mit Elman-Netzen nachbilden.

Das eigentlich erstaunliche Ergebnis der Arbeit mit klassischen künstlichen neuronalen Netzen besteht darin, wie gut man bereits biologische Funktionen mit diesen offensichtlich unzureichenden Modellen nachbilden kann. Der Grund ist ein mathematischer. Zum einen wird es bei einer hinreichenden Verfeinerung der Modelle immer schwieriger, an endlichen Datenmengen eine echt zufällige Folge von der vollkommen festgelegten Menge einer Anzahl von Pseudozufallszahlen unterscheiden zu können.[56] Dem entspricht die Möglichkeit, ein Quantensystem

---

[54] Spitzer (2000), S. 319
[55] Gehde und Emrich (1998), S. 981–82
[56] Spencer-Brown (1996)

durch ein klassisches Modell beliebig gut simulieren zu können, wenn auch mit einem exponentiell wachsenden Zeitaufwand.

Allerdings ist der Zeitaufwand für prinzipielle mathematische Überlegungen vielleicht keine fundamental wichtige Größe, aber für biologische Systeme ist er absolut zentral. Ein Lebewesen hat in einer Gefahrensituation nicht beliebig viel Zeit, mögliche Verhaltensvarianten zu bedenken. Wenn es nicht effizient handelt, wird es umkommen.

Daher können wir gewiss sein, dass die Informationsverarbeitung im Gehirn, die nicht den Weg einer Geschwindigkeitserhöhung durch Miniaturisierung und Komplexifizierung wie in den technischen Computern gehen konnte, alle Möglichkeiten ausnutzt, die die Natur bieten kann und die wir heute mit der Quantentheorie in ihrer vollen Breite zu erkennen beginnen.

8 Der Weg von den neuronalen Netzen zu einer Biophysik des Geistes

Bevor wir auf die Biophysik der geistigen Prozesse zu sprechen kommen, wollen wir noch einmal ihre Basis, das Leben, aus physikalischer Sicht betrachten und rekapitulieren.

8.1 Leben als ein makroskopischer Quantenprozess

Wir hatten die beiden Sichtweisen auf die Natur, die zerlegende und die vereinheitlichende, ausführlich dargestellt. In der physikalischen Beschreibung entsprechen ihr der klassische und der quantische Teil der Physik.

Was folgt aus dieser Unterteilung für die Unterscheidung zwischen Lebewesen und unbelebter Materie?

Im unbelebten Teil der Natur sind die quantenphysikalischen Möglichkeiten in der Regel lediglich virtuell. An einem Stein wird man von den in ihm verborgenen Quantenmöglichkeiten kaum etwas sehen. Wenn erst einmal die Quantenphysik die Existenz des Steines erklärt hat, der nach der klassischen Physik gar nicht existieren dürfte, dann ist für sein weiteres Verstehen die klassische Physik meist ausreichend. An Lebewesen hingegen kann von den Möglichkeiten, die in ihnen aufgrund quantenphysikalischer Gesetzmäßigkeiten angelegt sind, sehr viel mehr erkannt werden. *Leben kann charakterisiert werden als ein Realwerden von Möglichkeiten unter dem Gesichtspunkt der Weiterexistenz des betreffenden Lebewesens.* Damit dieser einheitliche Prozess über seine Lebenszeit hindurch andauern kann, ist es notwendig, dass die Einheitlichkeit eines Lebewesens durch einen individuellen Quantenprozess, d.h. einen einheitlichen quantischen Prozess, garantiert wird.

8.1.1 Der Modellcharakter aller Naturbeschreibung

Bei unserer Beschreibung der Natur ist immer zu berücksichtigen, dass wir mit Modellen arbeiten. Diese müssen wir als theoretische Konstrukte durchaus ernst nehmen, denn ohne eine solche konsequente Verwendung können wir ihre Reichweite und Beschreibungskraft nicht überprüfen. Dennoch stellen sie nicht ein vollständiges Erfassen der Wirklichkeit dar, sondern stets eine mehr oder weniger gute Annäherung daran. Dies gilt im Besonderen für die Beschreibung von Leben.

Leben ist ein einheitlicher Prozess, der aber trotz dieser Einheitlichkeit sowohl solche Aspekte besitzt, die besonders zutreffend mit dem Modell der Quantenphysik zu verstehen sind, als auch andere, die sinnvollerweise mit Modellen der klassischen Physik beschrieben werden.

Da diese beiden Bereiche der Physik in ihren mathematischen Strukturen sehr verschieden sind, können wir auf die Unterscheidung zwischen diesen Modellen nicht verzichten. Diese Unterscheidung hat zur Folge, dass an manchen Stellen Unterschiede bedeutsam werden, ohne dass zugleich deutlich wird, dass sie mehr aus der Beschreibung als aus dem Beschriebenen stammen können.

So wie Quantenprozesse bei entsprechender Wechselwirkung aus zwei Teilsystemen ein neues einheitliches – henadisches – Ganzes erzeugen, in dem von den Teilen nichts mehr zu spüren ist, gibt es umgekehrt Wechselwirkungsverläufe, in denen Teile sichtbar werden, von denen zuvor nichts zu bemerken war. Beide Effekte werden für Lebewesen wichtig sein.

8.1.2 Klassische und quantische Anteile der Lebewesen

Selbstverständlich ist bei einem Lebewesen stets ein klassischer Anteil vorhanden, der bereits durch die Verkopplung von Körper und Umwelt etabliert wird. Da Lebewesen immer offene Systeme sein müssen, ist eine solche Abgeschlossenheit, die es als Ganzes zu einem reinen Quantensystem machen würde, nicht vorstellbar. Allerdings gibt es so etwas wie einen „Kern", bei dessen Verletzung das Leben beendet wird. Dieser Kern wird ein System von Quanteninformation sein, die vom Rest der Welt relativ gut abgetrennt ist und die daher die Eigenschaften eines individuellen Prozesses im Bohrschen Sinne besitzen kann. Ein solcher Quantenprozess wird für den informativen Gesamtzusammenhang innerhalb eines Lebensvorganges als ein einheitlicher Prozess notwendig sein und wird die Integration der Lebenserfahrung leisten können. In einer mehr mathematischen Sprache kann man formulieren, dass während seiner Lebenszeit die Projektion des Zustandsvektors des Lebewesens auf denjenigen Unterraum im Hilbert-Raum aller Zustände, der diesem Prozess entspricht, niemals zu Null wird.
Über seine Ganzheitlichkeit hinaus werden zu diesem Kern unterschiedliche Teile hinzukommen oder davon abgespalten werden. Solche Teilsysteme können unter Messungen in einen klassischen Zustand übergehen, ohne dass das Leben selbst beendet würde.

Soll aber der Quanten-Lebens-Zustand als Ganzes gemessen werden, was ein Faktisch-Werden des gesamten Prozesses bedeutet, wird dies den Tod des Lebewesens zur Folge haben. Der Versuch, ein lebendiges Wesen in *allen seinen Quantenaspekten* festzulegen, würde es als *Ganzes klassisch werden lassen*. Damit wären sämtliche Möglichkeiten beseitigt, wäre die Offenheit des Lebens beendet, und es wäre umgebracht.

Bei dieser Betrachtung des Lebens als makroskopischer Quantenprozess ist zu beachten, dass diese Zusammensetzung von Quantenprozessen zu einer Ganzheit und auch deren Zerlegung in Teile nicht mechanisch vorgestellt werden darf. Es ist sowohl möglich, dass zuerst der Gesamtprozess gemessen wird. Dies bedeutet, der Organismus als Ganzer stirbt, aber Teile von ihm können weiterhin lebend bleiben. Dies ist eine Voraussetzung für die Möglichkeit der Organtransplantation. Ohne künstliche Eingriffe werden danach die Organe absterben und dann die einzelnen Zellen. Es besteht aber auch die Möglichkeit, dass zuerst ein Organ aussetzt, und in Folge dessen dann der Gesamtorganismus stirbt, falls kein künstlicher Organersatz erfolgt.

Nun mag man einwenden, dass beispielsweise durch Einsatz eines künstlichen Herzens, was ja ganz gewiss eine klassische Maschine ist, der Tod eines Menschen hinausgezögert werden kann. Wir können daran erkennen, dass die Schichtenstruktur mit ihrem Wechselspiel von klassischer und Quantenphysik keineswege trivial ist.

Für *Teile* des Lebewesens ist immer eine Messung möglich und auch *notwendig*. Dies betrifft nicht nur beispielsweise die makroskopischen Eigenschaften von Muskeln und Skelett, es folgt auch für die Bewusstseinsinhalte.

Eine klassische Basis, in der wichtige Information für das Lebewesen gespeichert ist und in einer vervielfältigbaren Form vorliegt, wird durch das Genom bereitgestellt. Es liefert bei den einfachen Lebewesen das Fundament für eine tatsächliche Entfaltung seiner Möglichkeiten. Die Entfaltung des Lebendigen in die vielen Arten und Individuen ist ein reales Ausschöpfen der durch die physikalischen und chemischen Gesetzmäßigkeiten in der kosmischen Entwicklung eröffneten Möglichkeiten.

Bei den höher organisierten Lebewesen mit einem Nervensystem werden zusätzlich zum Genom viele individuell erworbene Informationen in einer klassischen Form gespeichert vorliegen. Auf dieser Entwicklungsstufe wird durch die Herausbildung des Nervensystems und der damit möglich werdenden individuellen Informationsverarbeitung eine zusätzliche Chance eröffnet. Die Möglichkeiten, die durch die Quantenphysik geboten werden, können nicht nur innerhalb der Spezies über ihre verschiedenen Individuen ausgeschöpft werden, sondern sogar das einzelne Individuum wird befähigt, diese im Rahmen der Naturgesetze eröffneten Möglichkeiten zu testen, ohne sie bereits in reale Handlungen einmünden lassen zu müssen.

Damit die Möglichkeiten individuell ergriffen werden können, ist es notwendig, dass ein System sehr kleine Ursachen verstärken kann. Es darf sich also nicht in einem stabilen Gleichgewicht befinden, denn in diesem führt jede Störung zur Rückkehr in den alten Zustand. Nur Systeme, die sich weit weg von einem stabilen Gleichgewichtszustand befinden, haben die Chance, durch eine kleine Einwirkung in einen anderen Zustand übergehen zu können. In einem labilen Gleichgewicht befände sich z.B. ein Stock, den man mit viel Aufwand dazu gebracht hat, senkrecht zu stehen. Bereits ein kleiner Windhauch wird ihn umwerfen, während der liegende Stock kaum von einem Sturm bewegt werden wird. Ebenso werden lebendige Menschen durch eine Nachricht, deren Energie praktisch unmessbar ist, zu sichtbaren Handlungen bewegt. Wenn die Hörer in der Vorlesung gebeten werden, ein Bild zu betrachten, ist die

Energie der Schallwelle vollkommen zu vernachlässigen gegenüber dem energetischen Aufwand in den Nackenmuskeln der Zuhörer.

Aus physikalischer Sicht sind Lebewesen Systeme, die von einem ununterbrochenen Quantenprozess gesteuert werden und die fernab vom thermodynamischen Gleichgewicht existieren. Sie benötigen daher eine ständige Zufuhr von Energie und von lebenswichtigen Stoffen, ohne die sie notwendig zerfallen müssten.

Alle Prozesse, die Wärme verbrauchen, können nur aus einem Temperaturunterschied nutzbare Arbeit gewinnen. Wärme mit hoher Temperatur erlaubt es, einen Teil dieser Energie in Arbeit umzuwandeln, der verbleibende Anteil muss als „Abwärme" an die Umwelt abgegeben werden. Bei diesem Prozess wird ein Zustand mit niedriger Entropie überführt in Arbeit und in einen Zustand hoher Entropie. Wir erinnern uns, dass die Entropie ein Maß für die Information ist, die in der Beschreibung des betreffenden Zustandes *nicht* zur Verfügung steht. Wenn wir ein einfaches Bild suchen, so können wir die Arbeit eines Hammers betrachten. Falls z.B. klar ist, dass alle Eisenatome eines Hammers sich im wesentlichen in die gleiche Richtung bewegen, so werde ich die Bewegung zur Arbeitsleistung nutzen und einen Nagel einschlagen können. In diesem Fall ist die Information über die Bestandteile des Hammers groß und die Entropie klein. Schwingen die Atome hingegen nur irgendwie hin und her, ist die zugängliche Information gering und die Entropie groß. Arbeit werde ich von diesem Zustand nicht erhalten können.

Die zugeführte Energie muss also eine niedrige Entropie besitzen, denn nur dann kann aus ihr Arbeit gewonnenen werden. Zugleich müssen die Lebewesen die durch ihre Existenz und die damit verbundene Energieumsetzung produzierte Entropie an ihre Umwelt abgeben, z.B. in Form von Wärmestrahlung. Sonst würden sie sich so lange erhitzen, bis keine Energieumsetzung mehr möglich wäre, sie würden sterben.

Auf der Erde wird Energie mit niedriger Entropie, wie sie die Lebewesen benötigen, letztendlich von der Sonne geliefert. Diese niedrige Entropie des Sonnenlichtes folgt daher, dass zum einen die Sonne ihr Licht beinahe parallel zu uns strahlt, also der Ort seiner Herkunft sehr genau festliegt. Zum anderen stammt sie von der 6000 K heißen Oberfläche, so dass die Energie mit relativ wenigen und energiereichen Photonen zu uns gelangt. Dieses Licht niedriger Entropie ist die Grundlage für das Leben auf der Erde. Daneben gibt es allerdings noch einige andere Bereiche, die Lebewesen Energie mit niedriger Entropie zur Verfügung stellen. Von Einzellern können z.B. chemische Gradienten ausgenutzt werden. Deren Erneuerung basiert auf den durch die Hitze der Radioaktivität hervorgerufenen Umschichtungen im Erdkörper, die zur Plattentektonik und zum Austreten von Mineralien am Ozeangrund führen.

Wenn die Lebewesen Energie umsetzen, entsteht „Abwärme", d.h. Energie mit einer hohen Entropie, und diese muss abgeführt werden. Im Endeffekt geschieht dies in Form von Wärmestrahlung, die der Umgebungstemperatur auf der Erde mit einer Temperatur von etwa 270 bis 300 K entspricht. Um die Energie bei dieser niedrigen Temperatur wieder abzuführen, werden sehr viele Photonen benötigt. Die Unkenntnis über das Verhalten eines Einzelphotons ist wegen deren großer Zahl viel größer und auch, weil die Wärme von der Erdoberfläche in alle beliebigen Richtungen in den Weltraum abgestrahlt wird. Dessen Temperatur beträgt heute lediglich 2,7 K, so dass von ihm praktisch nichts zurückgestrahlt wird. Wegen des Erhaltungssatzes der Energie kann diese nur durch die Lebewesen „hindurchlaufen", es geht genauso viel heraus wie hineingekommen ist. Allerdings kommt sie mit hohem Nutzwert, d.h. niedriger Entropie, an und geht mit geringem Nutzwert, d.h. hoher Entropie, wieder weg.

Die Entropieabgabe an die Umwelt kann leichter verstehbar werden, wenn sie informationstheoretisch beschrieben wird. Mit anderen Worten gesagt, müssen Lebewesen ständig notwendige Information aus ihrer Umwelt aufnehmen und wertlos gewordene Information an diese abgeben.

Die Träger dieser Information können Energie und/oder Materie sein. Da Lebewesen endliche Systeme sind und somit nur endlich viel an Information speichern können, ist es notwendig, immer wieder „einen Teil des Speichers zu löschen", um an Stelle von nutzloser Information Platz für neue Information zu schaffen. Auch wir Menschen tun dies ständig, wir vergessen nutzlose Informationen.

8.1.3 Lebewesen können reagieren

Die Reizbarkeit der Lebewesen bedeutet, dass diese fähig sind zu „reagieren" und dass sie nicht nur wie bei Objekten, die sich im thermodynamischen Gleichgewicht befinden, Kraftwirkungen einfach ausgesetzt sind. Die Fähigkeit des Reagieren-Könnens ist heute durch die Entwicklung der Roboter keineswegs mehr auf die Lebewesen beschränkt. Bei diesen informationsverarbeitenden Systemen sind durch den Menschen Verhaltensweisen einprogrammiert oder antrainiert worden, die eine simple Unterscheidung zwischen „belebt" und „unbelebt" allein an Hand des sichtbaren Verhaltens schwierig machen. Wenn die Programme sehr intelligent erstellt worden sind, kann bei ihnen sogar eine Finalität wie bei Lebewesen simuliert werden.

Wir hatten in Kapitel 3 besonderen Wert auf den Aspekt der Informationsverarbeitung des Lebendigen gelegt und Leben demgemäß mit der Fähigkeit des Lernens verbunden. Dieses Lernen ist in einem verallgemeinerten Sinne gemeint, dass nämlich frühere Ereignisse dazu verhelfen – im Blick auf das Individuum oder auf die Art –, ähnliche künftige Situationen besser bewältigen zu können. Dies geschieht bei den einfachen Lebensformen lediglich über die Evolution des Erbgutes in einer Weise, die im Wesentlichen zuerst von Darwin erkannt worden ist.

Lebewesen sind offene Systeme, die aus sich heraus die Eigenschaft der Homöostase besitzen. Darunter versteht man die Möglichkeit, unter wechselnden äußeren Bedingungen und bei einem durch den Stoffwechsel bedingten ständigen Austausch mit der Umwelt die eigene Existenz und Stabilität gewährleisten zu können.

Solche Systeme werden die in ihrer Umwelt befindlichen Ressourcen so lange ausnutzen, bis diese erschöpft sind. Dann bleibt nur die Möglichkeit, abzusterben, die gegenwärtige Umwelt zu verlassen, oder aber, sich auf die neuen Bedingungen einzustellen. Einzellige Lebewesen werden in solchen Mangelsituationen ihren Stoffwechsel und damit auch ihre Vermehrung reduzieren.

Es war eine interessante Entdeckung, dass diese Mangelsituationen geeignet sind, eine Veränderung des Erbgutes zu fördern. Wenn nämlich durch eine Mutation eine Stoffwechselveränderung bewirkt werden sollte, die die Vitalität des betreffenden Lebewesens wieder steigert, so wird dieses mit einer Vermehrung reagieren, d.h. bei diesen Einzellern mit einer Teilung, die so schnell geschehen kann, dass die Mechanismen zur Reparatur des neu eingebauten Gen-„Fehlers" noch nicht greifen können. Damit kann diese Veränderung dauerhaft ins Erbgut der Nachkommen eingebaut bleiben.

Somit haben *Einzeller* die Möglichkeit, Veränderungen des Erbgutes, die sich in ihrer Lebenszeit ergeben haben und die nützlich für das Lebewesen sind, an die Nachkommen verteilen zu können. Daneben besteht auch schon bei den Einzellern die Möglichkeit, untereinander genetisches Material auszutauschen. Die Existenz solcher Mechanismen erleichtert es sehr, die ungeheure Variabilität der Einzeller verstehen zu können und ihre unglaubliche Fähigkeit, in den schwierigsten Umwelten überleben zu können.

Bei den *Vielzellern* fällt mit der Trennung zwischen den Körperzellen und den Geschlechtszellen, den Gameten, diese Möglichkeit der Vererbung weg. Veränderungen an den Genen der Körperzellen können unabhängig von den Veränderungen in den Gameten geschehen und die Evolution kann nur noch Mutationen in den Gameten bewerten und danach fördern oder aussortieren.

Wenn mehrzellige Lebewesen entstehen, ist ein Informationsaustausch auch zwischen den Zellen von überlebenswichtiger Bedeutung. Dieser kann auf verschiedene Weisen vor sich gehen. Die „geringsten Kosten" werden dem Lebewesen dann entstehen, wenn die Information zusammen mit anderen Stoffströmungen durch den Körper transportiert wird. Dies geschieht bei den Tieren z.B. mit den Hormonen. Aber eine solche Verteilung von Chemikalien ist ziemlich ungezielt und auch nicht sehr schnell. Der alleinige Transport mit den Stoffströmen wird ausreichen, wenn das Lebewesen sowieso keine Chance hat, schnell reagieren zu können. Dies ist bei Pflanzen der Fall, die bekanntlich ohne Nervenzellen eine Menge an Informationsverarbeitung leisten können. Aber auch Tiere wie z.B. Polypen sparen ihre Nervenzellen wieder ein, wenn sie das freilebende Larvenstadium beenden und sich wie eine Pflanze an einer Unterlage dauerhaft festsetzen.

Mit der Herausentwicklung von Nervensystemen kann das Lernen auf einer neuen Stufe erfolgen. Lebewesen können in ihrer individuellen Lebenszeit Erfahrungen machen und dadurch ihr Verhalten optimieren. Je ausgeprägter das Brutpflegeverhalten wird, desto mehr wird es auch möglich, dass Jungtiere so etwas wie kulturelle Traditionen von den Elterntieren erlernen können. Beispiele dafür sind die Gesänge von Singvögeln oder der Werkzeuggebrauch bei Primaten.

Mit der Erfindung der Sprache und später der Schrift erfährt die Möglichkeit einer Weitergabe von individuell erworbenen Erfahrungen an die Nachkommen und an andere Individuen eine bis dahin unvorstellbare Steigerungsfähigkeit. Von da ab kann Information an die folgenden Generationen nicht mehr nur genetisch, sondern auch kulturell weitergegeben werden.

8.2 Die biologische Erzeugung von Bedeutung

Nachdem wir in den vorangegangenen Kapiteln den Informationsbegriff weitestgehend von aller konkreten Bedeutung entkleidet hatten, um seinen Gültigkeitsbereich so umfassend wie möglich werden zu lassen, ist es nun an der Zeit zu zeigen, *wie für diese vollkommen abstrakt gewordene Information die „Bedeutung" wiederhergestellt werden kann.*

Dies ist deshalb so wichtig, weil der Quantenprozess, der den *Kern des Lebendigseins* darstellt, der Prozess der *Bedeutungserzeugung für Information* ist.

Leben ist das Schaffen von Bedeutung aus bedeutungsloser Information.

Je höher entwickelt eine Lebensform ist, desto mehr Möglichkeiten für die Erzeugung und Weitergabe von Bedeutung stehen ihr zur Verfügung. Für die niederen Formen ist lediglich die genetische Weitergabe der Bedeutung möglich. Bereits bei den Vögeln, vor allem aber bei den Säugern ist durch die Brutpflege die Entwicklung eines Sozialverhaltens notwendig, das die Voraussetzung ihres Aufwachsens bildet.

Damit wird bei Säugern auch eine Bedeutungsweitergabe möglich, die das Genetische übersteigt und die als sozial bezeichnet werden kann.

Solche epigenetischen Lerneffekte basieren auf der individuell erworbenen Bedeutungszuschreibung der Elterntiere und werden über das Nervensystem weitergegeben. Die Probleme bei der Auswilderung von in Gefangenschaft aufgezogenen Tieren zeigen die große Wichtigkeit der nichtgenetischen Bedeutungsvermittlung.

Die nächste Stufe in der Bedeutungsgenerierung wird in der Evolution der Information mit dem Erreichen der kulturellen Entwicklungsstufe erklommen.

Durch die Sprache wird die Erzeugung und Weitergabe von Bedeutung unabhängig gemacht von der konkreten Situation und mit der Schrift sogar unabhängig vom direkten Kontakt.

Wenn die Evolution insgesamt den Weg der Information von der Abstraktheit zur Bedeutung und damit weiter sogar auch zu einem möglichen Verstehen ihrer selbst verkörpert, so wird dieser Prozess mit der Entstehung von *kultureller* Bedeutungserzeugung und -weitergabe eine qualitativ neue Stufe erreichen. Wir werden uns im Folgenden mit der kulturellen Weitergabe von Bedeutung und deren Folgen noch gründlicher befassen.

8.2.1 Bedeutung: Information als Zeichen

Mit der Entwicklung der Tiergehirne wächst zunehmend die Möglichkeit, *Informationen als Zeichen und Symbole* zu erfassen.

Unter einem Zeichen versteht man ein Signal, das für ein anderes Objekt oder für einen anderen Begriff steht.

Das Wort „Auto" ist somit ein Zeichen für ein reales Auto. Ein Bild eines Autos ist ebenfalls ein Zeichen.

Als *Symbol* kann etwas bezeichnet werden, das nicht durch etwas anderes besser oder genauer dargestellt werden kann. Ein Symbol ist nach diesem Verständnis selbst das Bezeichnete. Wer den Umgang der Amerikaner mit ihrer Flagge beobachtet, erkennt, dass das Banner ein Symbol ist, welches nicht durch etwas anderes besser dargestellt werden könnte. Symbole entfalten ihre Kraft besonders im Bereich des Religiösen. Zu den frühesten kulturellen Zeugnissen der Menschen gehören Symbole, die wir heute als Fruchtbarkeitsgöttinnen bezeichnen.

Die Umwandlung eines Symbols in ein Zeichen hat zur Folge, dass das Symbol seine ursprüngliche kulturelle Kraft verliert. So sind im Laufe des Säkularisationsprozesses im Abendland viele religiöse Symbole zu Zeichen geworden. Andererseits beruhte einer der Gründe des machtpolitischen Erfolges der Nationalsozialisten darauf, dass es ihnen gelang, für viele Menschen die Zeichen ihrer politischen Strukturen zu Symbolen werden zu lassen.

Die Möglichkeit, Zeichen und Symbole erkennen zu können, bedeutet, dass ihnen eine Bedeutung zugemessen werden kann, die nur dadurch entsteht, dass der Empfänger Konsequenzen aus den eigenen, bereits vorhandenen Informationen im Zusammenwirken mit der eingehenden Information für sich zieht.

Wenn einlaufende Information „als Zeichen für" etwas anderes interpretiert werden kann, wird damit „Bedeutung" geschaffen.

Diese Konsequenzen würden aus der einkommenden Information allein nicht folgen. So reagieren beispielsweise Möwenküken auf einen orangefarbigen Fleck, was nur verstehbar ist, wenn man berücksichtigt, dass in ihrem Genom eine entsprechende Information über die Schnabelfärbung der Elterntiere verankert ist. Damit ist der orange Fleck das *Zeichen* für ein Elterntier.

Der Gesang von Singvögeln beispielsweise ist nicht von den Elterntieren oder die Schriftzeichen, die eine menschliche Kultur verwendet, sind nicht von den Eltern erfunden worden, sie gehören der Kultur der Spezies an und werden durch die sozialen Beziehungen weitervermittelt, die in der Brutpflege aufgebaut werden. Für die Erzeugung von Bedeutung kommen beim Säuger und vor allem beim Menschen diejenigen Erfahrungen hinzu, die aus der engen Beziehung zu den Bezugspersonen stammen. All dies zusammen gebündelt mit den eigenen Lebenserfahrungen wirkt auf die Verbindung des eigenen Quanten-Lebens-Zustandes mit der einkommenden Information.

Unter der Wirkung dieser gespeicherten klassischen Information, d.h. unter deren Messeinwirkungen, wandelt sich die einlaufende Information in einen Zustand, der für das Lebewesen bedeutungstragend wird.

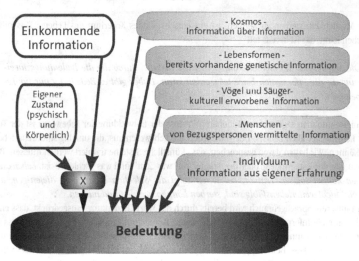

Abb. 8.1: Bedeutung entsteht im Lebewesen aus der einlaufenden Information, die mit der Information des gegenwärtigen eigenen Zustandes verbunden wird und die unter Beachtung des Wesens von Information – dass sie stets Information über Information ist – und der stammes- und individualgeschichtlichen Erfahrungen bewertet wird.

8.2.2 Der Tod als Lehrmeister des Lebens

Für künstliche Systeme muss der Erbauer dafür sorgen, dass diese von vornherein oder durch Training solche Regeln erwerben, gemäß denen sie einkommende Information bewerten können. Wenn sie dies nicht so tun, wie es gewünscht war, wird man sie als fehlerhaft oder schlecht konstruiert ansehen und versuchen, sie umzubauen.

Um lebende Systeme verstehen zu können, ist es wesentlich daran zu erinnern, dass sie – physikalisch gesprochen – fernab vom Gleichgewicht existieren, dass sie naturgemäß instabil sind. Wenn sie in einem abstrakten Sinne „schlecht oder zu fehlerhaft" arbeiten, werden sie nicht weiter bestehen können, sie werden sterben.

Unsere gegenwärtige Kultur ermöglicht zum einen ihren Angehörigen ein immer längeres Leben mit einer wachsenden Zeit körperlicher und geistiger Leistungsfähigkeit. Zugleich aber versucht sie mit ihrer Überhöhung der Bedeutung der Jugendlichkeit die Realität des Todes als normalen Teil des Lebens möglichst vollkommen zu verdrängen. Die Irrealität des Todes wird dadurch verstärkt, dass er öffentlich fast nur noch als Mord oder als Katastrophe und damit als Abweichung von der Normalität dargestellt wird. Und natürlich findet sich auch in den Überlegungen zur künstlichen Intelligenz kaum eine Reflexion der Bedeutung des Todes für das Wesen von Leben.

Die Möglichkeit, sterben zu können, ist ein entscheidendes Kriterium des Lebens: Was nicht sterben kann, das ist bereits tot!

Die Möglichkeit des Sterben-Könnens ist die Instanz, durch die die Bedeutungszuweisung an die Information bewertet werden kann. Daher gibt es Bedeutung nur für Lebewesen.

Somit könnte man sagen: Im evolutionären Prozess der Entwicklung der Lebewesen ist der Tod der Lehrmeister allen Lebens. Der Tod sortiert die Lebewesen aus, die unfähig sind weiterleben zu können. Wir hatten davon gesprochen, dass künstliche Systeme trainiert werden müssen. Bei ihnen gibt der Konstrukteur oder der Trainer vor, was „gut" und was „schlecht" ist. *Lebewesen haben keinen solchen Trainer, bei ihnen sorgt die Selektion dafür, dass diejenigen, die absolut nicht weiterlebensfähig sind, sterben können, werden und müssen.*

In unserem Sprachgebrauch wird bereits durch das Wort „Bedeutung" ausgedrückt, dass eine einkommende Information nicht „an sich" einen Bezug zum Empfänger hat, sondern dass er erst entscheiden muss, was sie mit ihm, seinen Absichten und seiner weiteren Existenz zu tun haben könnte. Diese Bewertung ist nur möglich aufgrund von Erfahrungen, die bereits in ihm gespeichert sind. Diese Erfahrungen können aus der Stammesgeschichte stammen (genotypisch), dann werden sie z.B. im Genom gespeichert. Sie können sich aber auch auf individuell (phänotypisch) erworbenes Wissen beziehen, dann sind sie im Wesentlichen im Nervensystem aufbewahrt. Es kann aber nicht ausgeschlossen werden, dass individuelle Erfahrungen im Körper auch über das Nervensystem hinaus gespeichert werden, wie z.B. im Immunsystem oder im Bewegungsapparat – man denke nur an die heute so verbreiteten Rückenschmerzen.

Auch wenn dies nicht in jedem Einzelfall deutlich zu werden braucht, so *sind doch letztlich die Bewertungskriterien auf die weitere Existenz des Lebewesens und seiner Art gerichtet.* Anders wäre die andauernde Existenz und Vermehrung der Lebewesen nicht vorstellbar. Damit wird der biologische Aspekt einer Bewertung von Information als „gut" oder „schlecht" letztlich von der Möglichkeit des Todes her gesteuert.

Eine wichtige Bemerkung ist allerdings hier bereits zu machen.

Die geschilderten Mechanismen der Informationsbewertung gelten natürlich nur so lange in einer ausschließlichen Weise, wie die Informationsweitergabe lediglich auf genetischem Wege erfolgt.

Wir hatten bereits davon gesprochen, dass mit dem Menschen und der Erfindung von Sprache und Schrift Information auch nichtgenetisch weitergegeben werden kann, so dass die Wirkung eines Menschen in seiner Spezies nicht auf die Weitergabe seiner Gene beschränkt bleibt.

Daher werden wir im Rahmen einer entstehenden Kultur auch Verhaltensweisen finden können, die nicht mit dem Kriterium der biologischen Weiterexistenz bewertet und nicht nur aus diesem Blickwinkel verstanden werden können.

Über diese aus der *neuen Qualität der Informationsweitergabe* sich ergebende *Quelle von Ethik und Moral* wollen wir in Kapitel 11 und 12 noch einmal zurückkommen.

8.2.3 „Gut und Böse" im Mythos

Die Weisheit, dass die Erkenntnis von „Gut und Böse" an die Existenz des Todes und damit des Lebens geknüpft ist, ist bereits in den Mythen zu finden. In den großen Mythen, die die Anfänge der menschlichen Kultur markieren, wird etwas Fundamentales ausgesagt, was einer rationalen Formulierung damals nicht zugänglich war oder überhaupt nicht zugänglich ist. So wird im ersten Schöpfungsbericht des alten Testamentes die Erkenntnis von „Gut und Böse", d.h. die Zuordnung von Bedeutung zu Informationen, an die Instanz des Todes gekoppelt: Nachdem die ersten Menschen vom Baume der Erkenntnis gegessen hatten und damit gut und böse unterscheiden konnten, wurden sie aus dem Paradiese vertrieben, damit sie nicht auch noch vom Baum des Lebens essen könnten und damit unsterblich werden würden. *Bedeutung ist auch nach dem Mythos etwas, was ein Lebewesen als Ganzes angeht, was ihm hilft, seiend zu bleiben und nicht nicht-seiend zu werden.*

Aus biologischer Sicht würde man sagen, dass solche Systeme, die eine eingehende Information nicht unter dem Aspekt des Weiterleben-Könnens analysieren, wenig Chancen haben werden, sich vermehren zu können.

Diese Aspekte werden für jedes Lebewesen sowohl allgemeine als auch individuelle Perspektiven besitzen. Über die allgemeinen wird man auch naturwissenschaftliche Aussagen machen können. Die individuellen werden aber aus der ganz persönlichen Lebensgeschichte des Einzelwesens erwachsen und sind damit auch nicht wirklich in allgemeine Gesetze zu fassen.

Die persönliche Lebensgeschichte, die natürlich auch ein bewusstseinsfähiges Tier hat, wird auch die Art und Weise einzigartig werden lassen, mit der es Bedeutung schafft. Hier ist keine Zwangsläufigkeit zu erwarten. Allerdings ist anzunehmen, dass ähnliche Lebensschicksale sicherlich auch zu einer ähnlichen Bewertung der einkommenden Informationen und zu einer ähnlichen Bedeutungszuweisung führen können. Diese Ähnlichkeit beruht einerseits auf der *Ähnlichkeit der Konstitution* und andererseits auf der *Geschichte des Lebewesens*. Bei Menschen wird das kulturelle Umfeld einen wesentlichen Beitrag liefern. Ansonsten werden Lebewesen der gleichen biologischen Konstitution, die u.a. aus einer gemeinsamen genotypischen Abstammung, z.B. aus der Zugehörigkeit zur gleichen Art folgt, demgemäß auch viele Informationen ähnlich bewerten. *Bereits die Zugehörigkeit zu unterschiedlichen Arten wird die Bedeutungszuweisung sehr verändern.* Um es an einem simplen Beispiel zu verdeutlichen: Unser Hund wird eine Pfütze am Baumstamm ganz anders bewerten als wir.

8.2.4 Syntax, Semantik und Pragmatik

In der „normalen" Informationstheorie wird bisher der Informationsbegriff nicht in einer solchen Verallgemeinerung verwendet, wie er hier im Buch vorgeschlagen wird. Dies hängt auch

damit zusammen, dass die „normale" Information stets mit einer zumindest *„möglichen"*
Bedeutung zusammengedacht wird. Damit wird sie mit der Trias von *Syntax, Semantik* und
Pragmatik verbunden. Während in der *Syntax* z.b. die Anzahl der Buchstaben des verwendeten
Alphabetes und deren Häufigkeit untersucht wird, kann die *Semantik* über das Wörterbuch
veranschaulicht werden, in dem die Bedeutung einer jeden Zeichenkette vermerkt ist. Die
Pragmatik schließlich bestimmt die Bedeutung für den jeweiligen Empfänger, d.h. die mögli-
chen Wirkungen der Information.

Bei C. F. v. Weizsäcker[57] und Lyre[58] wird der semantische Aspekt der Information durch die
These charakterisiert „Information ist nur, was verstanden wird". Wir wollen hier einen objektiven Begriff von Information verwenden, um eine naturwissenschaftliche Grundlegung des
Bewusstseins erreichen zu können. Daher ist es wichtig, sich immer wieder zu verdeutlichen,
dass es sinnvoll ist, über Informationsmengen auch dann zu sprechen, *wenn diese Information*
noch keine Bedeutung hat – allein schon deswegen, weil man sie nicht kennt. *Aber dennoch*
bleibt auch für diesen abstrakten und absoluten Informationsbegriff gültig, dass Lebewesen
dieser Information Bedeutung zuordnen können und dass es andererseits unklar ist, was
Bedeutung ohne Lebewesen sein sollte.

Wegen der Informationsmenge sei noch einmal an das Beispiel der Diskette erinnert, von der
ich weiß, dass ich 1,4 MB an Daten nicht kenne – unabhängig davon, was tatsächlich auf der
Diskette steht. Um eine Verobjektivierung der Information zu erreichen, war es für uns notwendig, über die „verstandene Information" hinauszugehen. Die nichtzuwissende Informationsmenge aus dem Inneren der Schwarzen Löcher ist – in unserem Sinne – daher auch Information. Ausreichend dafür ist bereits, dass zumindest im Prinzip wissbar ist, wie viel an
Informationsmenge durch den Horizont verborgen wird.

Wenn aber Information von Lebewesen aufgenommen oder abgegeben wird, dann darf
der Aspekt der Bedeutung nicht mehr vernachlässigt werden.

Die Shannonsche Information, die stets nur relativ zu einem Alphabet definiert ist und niemals
eine absolute Größe ist, ist noch vollkommen unbiologisch, denn sie kann das wichtigste für
Lebewesen, die Bedeutung, nicht erfassen. Lebewesen werden einlaufende Informationen in den
Träger derselben und in die Zeichen aufspalten können. Ein Zeichen bedeutet eine Abstraktion
und damit auch eine Verallgemeinerungsmöglichkeit. Beim ersten Auftreten einer Information
ist noch keine Verallgemeinerung erkennbar, somit ist es mittels vollkommen neuer Information noch nicht möglich, Zeichen zu definieren. Durch Wiederholungen wird es aber gelingen
können, Zeichen zu abstrahieren, d.h. ihnen eine Bedeutung zu geben, und darauf aufbauend
eine Syntax zu ermöglichen. Die Herausarbeitung von Bedeutung für Zeichen ist naturgemäß
ein evolutionärer Prozess, so dass es naheliegend ist, von einer „Evolutionären Erkenntnistheorie"[59] zu sprechen.

---

[57] Weizsäcker, C. F. v. (1985)
[58] Lyre (1998), eine Übersicht über die Informationstheorie gibt Lyre (2001).
[59] Vollmer (1975)

Dass die modernen Maschinen der Informationsverarbeitung mit einer Syntax ausgestattet sind und auch eine Semantik besitzen, spricht nicht gegen unsere These, dass Bedeutung an die Existenz von Lebewesen gekoppelt ist. Natürlich „leben" Datenverarbeitungsmaschinen nicht, aber ohne die Existenz der höchstentwickelten Lebewesen, der Menschen, würde es kein einziges dieser Geräte geben.

Ch. und E. U. v. Weizsäcker.[60] sprechen von „pragmatischer Information", die ihr Maximum zwischen Erstmaligkeit und bloßer Bestätigung annimmt. Eine erstmalige Information kann noch nicht mit einer Bedeutung versehen werden. Eine immer wiederkehrende gleiche Information hat ihrerseits ebenfalls keine Bedeutung – mehr, muss man sagen. Sie bestätigt nur einen sowieso bekannten Zustand.

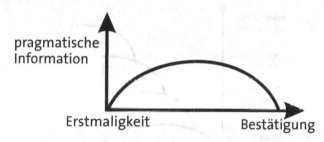

Abb. 8.2: Pragmatische Information zwischen Erstmaligkeit und Bestätigung (nach Chr. und E. U. v. Weizsäcker, verändert)

Wenn wir die Entstehung von Bedeutung genauer erfassen wollen, ist das Entstehen von Zeichen und Symbolen der entscheidende Punkt.

Wenn Informationen öfter einlaufen und ihre Erstmaligkeit vorbei ist, wird damit eine Situation wiedererkennbar. Die Umwandlung der Information in ein Zeichen kann dadurch erreicht werden, dass die Information von der Fülle der konkreten Einzelsituationen, die jedes Mal anders sind, auf den Bedeutungsgehalt des Zeichens *reduziert* wird, welcher in allen Fällen der gleiche sein soll. Der Volksmund sagt: „Eine Schwalbe macht noch keinen Sommer." Aber wenn viele Schwalben zu sehen sind, dann müssen wir nicht danach fragen, ob sie im Osten oder Westen, ob sie hoch oder tief fliegen, sondern wir können sie als Zeichen für wärmere Luft und längere Tage und mehr Sonnenschein, also für eine sommerliche Jahreszeit verstehen.

Ein Zeichen kann aber auch dadurch kreiert werden, dass mit der einlaufenden Information der weitere Rahmen der Situation verbunden wird. Damit können verschiedene Rahmen der gleichen Information zugeordnet werden und diese Information wird ein Zeichen für die Fülle der Rahmensituationen. „Ist der Mai kühl und nass, füllt's dem Bauern Scheuer und Fass." Hier wird zur konkreten Wettersituation die Kenntnis über Generationen von bäuerlichen Erfahrungen hinzugefügt, und das Maiwetter wird zu einem Zeichen der kommenden Ernte.

---

[60] Weizsäcker, E. U. v. und Ch. v. in Scharf (1972), Weizsäcker, E. U. v. (1974a)

In beiden Fällen wird die Information konzentriert – neu codiert – und damit ein Zeichen geschaffen. Die volle Bedeutung des Zeichens kann mit Hilfe des im Lebewesen gespeicherten Bedeutungsrahmens wieder hergestellt werden.

Wir werden also eine Abfolge von *Bedeutungsstufen* erreichen können, die aus einer solchen Zusammenfassung von einlaufender Information zu Zeichen und Symbolen resultiert. An jeder Stufe wird Information zu einem neuen Zeichen zusammengefasst, welches dann dort wieder erstmalig ist. Bei weiterer Wiederholung kann auf dieser Stufe aufbauend ein Zeichen zweiter Stufe gebildet werden, usw. So wird z.B. in der Mathematik aus wiederholter Addition die Multiplikation und aus wiederholter Multiplikation die Potenzierung.

Abb. 8.3: Bedeutungsstufen

8.3 Das Gehirn als bedeutungsschaffendes Organ

Bevor wir die Aspekte von „Bedeutung" weiter betrachten, ist die Struktur des Organs, mit dessen Hilfe wir Bedeutung erzeugen, d.h. die Struktur des Gehirns noch etwas genauer darzustellen. In Kapitel 3 hatten wir bereits eine kurze Übersicht über das Gehirn vorgestellt. Wir wollen hier diese Darstellung noch etwas erweitern. Allerdings werden wir die anatomischen und physiologischen Einzelheiten nur sehr kursorisch schildern und lediglich bestimmte Gesichtspunkte betonen, da es im deutschsprachigen Raum ausführliche Literatur gibt, z.B. die Bücher von Breidbach[61], Spitzer[62] und Roth[63] oder das Lehrbuch von Kandel[64]. Eine Beziehung von der

---

[61] Breidbach (1993)
[62] Spitzer (2000)
[63] Roth (2001)

Hirnforschung zur psychoanalytischen Theoriebildung wird beispielsweise bei Gehde und Emrich[65] gezogen.

Dass einzelne Funktionen des Gehirns, wie z.B. sensorische und motorische Fähigkeiten, optische Wahrnehmungen und Sprachverarbeitung, bestimmten Arealen zugeordnet werden können, wurde vor allem durch Rückschlüsse aus Kriegsverletzungen an bestimmten Hirnbereichen und durch die Auswirkungen von Schlaganfällen erkannt. Heute kann dies alles durch die bildgebenden Verfahren auch am gesunden Gehirn und viel besser untersucht werden. In den vergangenen Jahren wurde durch die Zusammenarbeit zwischen Kognitionspsychologie und Neurobiologie ein großes Wissen über die Arbeit des Gehirns und über die neuronalen Grundlagen für die Herausbildung des Bewusstseins gewonnen.

8.3.1 Die Organisation des Gehirns

Es würde den Rahmen des vorliegenden Buches sprengen, die funktionellen Zusammenhänge zwischen den peripheren physiologischen Reaktionssystemen und ihrer Steuerung durch das zentrale Nervensystem gründlich auszuführen. Wir verweisen hierzu auf die Literatur.

Das *Rückenmark*, neben dem *Gehirn* der zweite Teil des *Zentralnervensystems*, verfügt über Reflexaktivität und hat auch Leitungsfunktionen. Von ihm gehen aufsteigende Bahnen zum Gehirn, die Meldungen über sensorische Ereignisse geben. Das Rückenmark setzt sich im Schädel fort in den *Hirnstamm*. Im Hirnstamm zieht sich die *Formatio reticularis* als Säule von Nervenzellen und Kernen bis zum *Hypothalamus* hindurch, in den das Mittelhirn übergeht. Die Formatio reticularis wirkt regulierend auf den Schlaf- und Wachzustand ein. In ihr werden die verschiedenen Informationen, die aus der Umgebung des Individuums und aus seinem Körper stammen, miteinander verschaltet, gefiltert, gedämpft oder verstärkt. Die Formatio reticularis des Hirnstamms mit ihren verschiedenen Kerngruppen ist ein Bereich für die elementare Steuerung von Aufmerksamkeit und Bewusstsein. Ihre Schädigung kann zu dauernder Bewusstlosigkeit oder zum Tode führen.

Das *Cerebellum*[66] (Kleinhirn), das etwa 100 Milliarden Nervenzellen und damit etwa fünf Mal so viele Nervenzellen besitzt wie die Großhirnrinde, erhält von dort „Kopien" von Kommandos, die diese an die Muskulatur gegeben hat. Das Kleinhirn gleicht diese mit dem Ist-Zustand der Muskulatur ab und korrigiert ihn gegebenenfalls durch Impulse an die motorischen Systeme. Daneben scheint das Kleinhirn auch an einigen geistigen Funktionen wie der Wahrnehmung und der Sprachkompetenz beteiligt zu sein.

Die zwei Hemisphären des Kleinhirns werden über die Brücke (Pons) verbunden. Die Brücke stellt auch eine wichtige Umschaltstelle für die Verbindung von Kleinhirn zum Großhirn dar.

Das *Zwischenhirn* (Diencephalon) schließt an das Mesencephalon an. Zu ihm gehört u.a. der Thalamus und der Hypothalamus. Der *Thalamus* hat eine Filterfunktion für alle zum Großhirn

---

[64] Kandel et al. (1996)
[65] Gehde und Emrich (1998)
[66] Heck und Sultan (2001), S. 36 ff

laufenden sensorischen Bahnen mit Ausnahme der Verbindungen, die für das Riechen zuständig sind. Der Thalamus scheint in Zusammenarbeit mit anderen Strukturen, wie dem limbischen System und dem Frontalcortex das motivationale und emotionale Geschehen sowie die Aufmerksamkeit zu beeinflussen.

Der *Hypothalamus* wird aus einer Anzahl kleinerer Kerne gebildet. An ihn schließt sich die Hypophyse als Anhangsdrüse des Gehirns an, die wichtige Hormone, u.a. das Wachstumshormon ausschüttet. Der Hypothalamus reguliert das autonome Nervensystem und steuert Schlaf, Körpertemperatur, Sexualfunktion, Nahrungsaufnahme, Stoffwechsel, Wasserhaushalt und das Herz-Kreislaufsystem. Er steht in Verbindung zu zahlreichen anderen Gebieten, auch zum Großhirn und zum limbischen System.

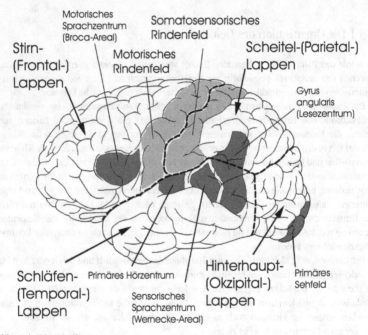

Abb. 8.4: Die Hirnlappen

Die beiden Hemisphären der *Großhirnrinde* (*Neocortex*, der manchmal auch als Isocortex bezeichnet wird) werden jeweils unterteilt in Frontal-, Parietal-, Temporal- und Okzipitallappen. Des Weiteren gehören zum Großhirn auch drei tiefer liegende Strukturen, die Basalganglien, der Hippocampus und die Amygdala. In dreien der Großhirnlappen finden sich *Assoziationsareale*, die *temporalen*, *parietalen* und *frontalen* Areale. Assoziationssysteme verbinden die einzelnen Regionen innerhalb ein und derselben Hemisphäre.

Die Assoziationsareale sind an komplexen Informationsverarbeitungsprozessen beteiligt. Diese Prozesse verkörpern die höheren mentalen Funktionen für begrifflich-abstraktes und symbolhaftes Denken. *Daher hat Bewusstsein in den Assoziationsarealen eine seiner neurologischen Basen und wird durch deren Schädigung beeinträchtigt.*

Diese Areale haben einen gleichförmigen zellulären Aufbau und eine hohe synaptische Verknüpfungsdichte und Plastizität. In ihnen konzentriert sich der Einfluss der Neurotransmitter, der chemischen Botenstoffe.

Es hat sich gezeigt, dass in den Assoziationsarealen die motivationalen und emotionalen Bewertungen zusammenfließen und dass in ihnen Emotionen und Kognitionen miteinander verwoben sind. Sie sind am deklarativen Gedächtnis beteiligt und am emotionalen Verhalten. Des Weiteren sind sie mit für die Sprache und für die höheren sensorischen Funktionen zuständig.

Im Frontalhirn ist vor allem das *assoziative Gedächtnis* konzentriert, so dass dieser Bereich damit auch am *Arbeitsgedächtnis* beteiligt ist.

Besonders im Frontallappen befinden sich Bereiche, die für die Reflexion wichtig sind, die sozusagen über das Denken nachdenken können.

Bei einer Schädigung des *Frontallappens* ist beobachtet worden, dass es für den Betroffenen beispielsweise schwierig bis unmöglich wird, *Erinnerungen* und *Handlungen* gleichzeitig zu ordnen bzw. zeitliche Abfolgen zu bilden. Der Betroffene verliert die Fähigkeit, Beurteilungen oder Entscheidungen oder gar Einschätzungen höherer Abstraktionsstufen vorzunehmen.

Die mit dem menschlichen Assoziationscortex gegebene Reflexionsfähigkeit eröffnet die Möglichkeit, Selbstbewusstsein auszubilden. Allerdings bedeutet Selbstbewusstsein keineswegs, dass dem Menschen damit der gesamte Inhalt seiner Psyche sofort und ständig zur Verfügung stehen würde, denn *man darf nicht vergessen, dass das Erfassen der eigenen Gedanken und Gefühle ein Approximationsprozess ist.*[67]

Sprache

An der Sprache war in der Geschichte der Hirnforschung zum ersten Male deutlich geworden, dass bestimmte Areale im Gehirn für bestimmte Funktionen wichtig sind. Die Sprache stellt die komplexeste biologische Fähigkeit dar, die in ihrer Form als Lautsprache mit Grammatik nur dem Menschen zur Verfügung steht. Die Wahrnehmung und die Produktion von *Sprache* ist vor allem mit *zwei Zentren* in der *linken Hemisphäre* korreliert, dem *Broca-* und dem *Wernicke-Zentrum.* Zwischen beiden Sprachregionen gibt es enge Verbindungen und es existiert keine scharfe Trennung zwischen *Sprachverstehen (Wernicke)* und *Sprachproduktion (Broca)*, wie man früher annahm. Für die Differenziertheit und Komplexität der sprachlichen Informationsverarbeitung sprechen deren unterschiedlichen Verarbeitungswege. So gibt es ein weiteres Zentrum für das Lesen und der Weg von gehörten und gelesenen Wörtern ins Gehirn ist ver-

---

[67] Kandel et al. (1996), S. 195

schieden. Während die bisher geschilderten Sachverhalte auf der linken Hemisphäre zu verorten sind, werden bestimmte emotionale Bestandteile der Sprache, wie Betonung, Tonhöhe und Sprachrhythmus, von der rechten Hemisphäre beeinflusst.

Indirekte Hinweise darauf, dass es vor ca. 300.000 Jahren in der menschlichen Evolution zu einer deutlichen Herausformung der *Asymmetrie der Großhirnhemisphären* kam, werden von Schädelabgüssen geliefert. Die Entstehung der Sprache liegt demnach wahrscheinlich ungefähr 100.000 Jahre zurück.[68] Andere Untersuchungen[69] lassen den Schluss zu, dass die Differenzierung der Hirnhälften und besonders die Ausdifferenzierung der Sprachareale entwicklungsgeschichtlich bereits wesentlich älter ist. Da auch bereits bei den großen Menschenaffen ein Analogon zum Brocaschen Sprachzentrum auf der linken Hemisphäre existiert, wird eine mögliche Herausbildung eines Sprachzentrums bei den Menschenvorläufern bereits vor etwa 5 Mio. Jahren vermutet. Die unterschiedlichen Daten und deren Interpretationen verdeutlichen die Schwierigkeiten, im Nachhinein aus archäologischen Funden Rückschlüsse auf zeitliche Abläufe zu ziehen.

In diesem Vorläufer des Broca-Areals sitzen die *„Spiegelneuronen"*[70], die für die Imitation von Gesten zuständig sind und die der gestischen und vokalisierten Kommunikation dienen. Solche Gesten werden bei den Menschenaffen vorwiegend mit der rechten Hand durchgeführt, die von Zentren in der linken Hirnhälfte gesteuert werden. Das rechtshändige Verhalten nimmt zu, wenn die Gesten lautlich unterstützt werden.

Wenn wir über diesen Befund der Imitation von Gesten als möglichen Vorläufer von Sprache nachdenken, so kann man vermuten, dass die soziale Kommunikation bei den Primaten, die schließlich zu der ungeheuren Informationsrevolution der Entwicklung von Sprache geführt hat, mit den Gesten begonnen hat. Dazu passt, dass an der Gebärdensprache der Gehörlosen das Broca-Zentrum ebenfalls mit beteiligt ist.

Sensorik und Motorik

Für die *primären Funktionen* der somatosensorischen „Datenerfassung", die also die Körperempfindungen betreffen, und der motorischen „Datenausgabe", die an die Muskeln gerichtet ist, lassen sich an der Großhirnrinde Zuordnungen zu bestimmten Hirnbereichen feststellen. Ein Bereich im Parietallappen verarbeitet die somatosensorischen Informationen, die aus Körper und Umwelt aufgenommen werden. Das *somatosensorische System* umfasst den Tastsinn und die Propriozeption, d.h. die Eigenwahrnehmung von Muskelspannung und damit von Körperhaltung und Bewegung. Dazu kommen weiter die Nocizeption, d.h. die Empfindung von Schmerz und die Empfindung von Temperatur. Neben dem *somatosensorischen Rindenfeld* (siehe Abb. 8.4) liegt durch eine Furche getrennt das *motorische Rindenfeld*, das die Bewegungen der Skelettmuskulatur steuert.

---

[68] Kandel et al. (1996), S. 651-52
[69] Cantalupo und Hopkins (2001)
[70] Rizzolatti and Arbib (1998)

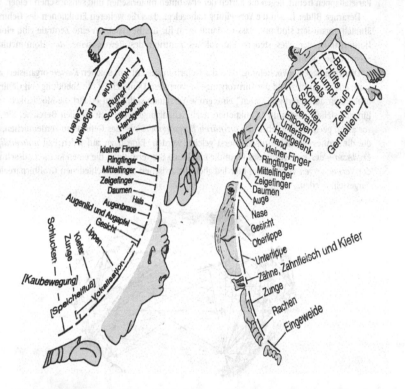

Abb. 8.5: Motorische (linke Zeichnung) und somatosensorische Felder (rechte Zeichnung) der Großhirnrinde

Die Bilder dieser Hirnfelder werden als motorischer und sensorischer *Homunculus*[71] bezeichnet. An ihnen zeigt es sich, dass sich eine Zuordnung von Körperbereichen zu bestimmten Gehirnpartien sowohl für den Informationsempfang und als auch für die Informationsaussendung feststellen lässt. Im übrigen entsprechen die Ausdehnungen der Areale der Wichtigkeit für taktile bzw. motorische Leistungen einzelner Organe, Oberflächen und Muskeln.

Im Gehirn ergibt sich somit eine geordnete Repräsentation des personalen Raumes.

Das somatosensorische System ist seriell und parallel organisiert. Dadurch wird die Information sowohl gleichzeitig in verschiedene Hirnbereiche gesendet als auch jeweils in mehreren Stufen aufbereitet und weiterverarbeitet.

---

[71] In der alchemistischen Tradition des Mittelalters wird damit ein kleines, künstlich erzeugtes Menschlein bezeichnet.

Die so genannten *corticalen* Karten lassen die Zuordnung von Gehirnbereichen zu Körperfeldern gut erkennen. Zu beiden Seiten des Sulcus centralis, der Furchung, die den Frontal- vom Parietallappen trennt, liegen die Karten der erwähnten motorischen und sensorischen Felder.

Derartige Bilder haben die Vorstellung nahegelegt, dass die weiteren Funktionen des Gehirns ähnlich organisiert sind und dass es damit auch für das Bewusstsein eine Zentrale gibt, einen Homunculus, der alles steuert. Ein solches Zentrum des Bewusstseins, *der* Homunculus, existiert aber nicht.

Die nahe liegende Vorstellung, dass das Gehirn insgesamt mit solchen *Karten* organisiert ist, kann ein zu simples Bild der Hirnvorgänge hervorrufen. Dennoch ist die Abbildung von Gehirnfunktionen auf derartige „Karten" eine große Verständnishilfe und erklärt die Möglichkeit von Einzelausfällen bestimmter Funktionen nach Schädigungen der betreffenden Bereiche. Sie ist vor allem geeignet, die Arbeit der *primären Eingangsbereiche* des Gehirns zu verdeutlichen, in die die Sinneswahrnehmungen zuerst geleitet werden. Eine dazu auf jeden Fall *notwendige Ergänzung* des *Verständnisses* kann die Abbildung 8.6 vermitteln, die einen kleinen Ausschnitt der *Vernetzungen* zeigt, wobei hier lediglich die zwischen den verschiedenen Großhirnarealen dargestellt werden.

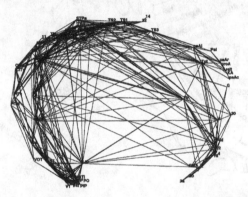

Abb. 8.6: Verbindungen zwischen Großhirnarealen beim Affen (Makaken)

Die primären sensorischen und motorischen Areale bilden zusammen mit den sekundären Arealen, die ihre Informationen von diesen primären empfangen, die Basis für das Körper- und Handlungsbezogene, wobei für die Abstimmung des Geschehens die vielen Rückmeldungsschleifen wesentlich sind. Das Bewusstsein entsteht aber in ihnen nicht, dafür ist das nichtlokalisierte Zusammenspiel vieler Bereiche des Gehirns wesentlich. Für die komplexeren Funktionen ist demnach eine vielfältige „Zusammenarbeit" einzelner Teile des Gehirns notwendig. Bei den Primaten erhält z.B. der assoziative Cortex Rückmeldungen über subcorticale Verhaltensvorbereitungen und –durchführungen. Die subcorticalen Zentren, besonders die Basalganglien, projizieren bei Willkürhandlungen Information über den Thalamus an den motorischen Cortex zurück, der wiederum unter dem Einfluss des präfrontalen und parietalen Cortexes steht. Mit

Hilfe solcher Rückkopplungsschleifen ist – auch durch Beteiligung von Amygdala und mesolimbischen System – die Integration von Wahrnehmung und komplexer Handlungsplanung möglich.[72]

Krankheiten, welche die Basalganglien betreffen, wie die Parkinsonsche Krankheit, rufen Störungen der motorischen Funktionen, wie unfreiwillige Bewegungen, hervor.

Die Anbindung an die Gefühle: Das limbische System

Die Rolle der Gefühle für das Bewusstsein und das Handeln wird in der Forschung heute immer stärker beachtet.

Unter den Großhirnlappen liegt der so genannte limbische Lobus aus evolutionär älterem Rindengewebe, der wie ein Ring (lat. *limbus* = Saum) den Hirnstamm umschließt. Es handelt sich um ein anatomisch und funktional sehr heterogenes Gebilde, das sich von anderen funktionalen Systemen des Gehirns nicht eindeutig abgrenzen lässt.

Das limbische System scheint für die Verbindung zwischen geistigen und körperlichen Befunden und damit für Affekte und Emotionen, d.h. für die ganze Welt der Gefühle zuständig zu sein. Die eingehende Information wird *bewertet* und wird damit mit *Bedeutung* für das Individuum versehen. Diese *Bewertung* der eingehenden Information ist an die Verbindung dieser Information mit der intern bereits vorhandenen gekoppelt, die z.B. in den Gedächtnisstrukturen gespeichert ist. Die *Bewertung* ist ebenfalls abhängig von den Körperzuständen.

Die Gefühle werden bei Tieren meist durch Reize hervorgerufen, d.h. durch aktuelle Informationen aus der Außenwelt und vom Körper. Beim Menschen kommen als weitere wichtige Quellen noch die Phantasien und Vorstellungen hinzu, die ohne äußere Reize erzeugt werden können und dabei ganz bestimmte Gefühle hervorrufen können. Durch das Wirksamwerden dieser Information in den Bereichen des Hirnstammes sowie in denen von Zwischenhirn und Großhirnrinde – und unter Einbeziehung oder in Korrelation zu biochemischen Stoffen wie Neurotransmittern und Hormonen – werden sie zu *unseren* Gefühlen. Diese lassen sich z.B. beschreiben als Interesse, Angst, Ekel, Begeisterung, sexuelle Erregung, Aggressivität, Angespanntheit, Eifersucht, Neid und Glück.

Die Reize stammen direkt aus dem Körper oder aus der Umwelt. In den Sinnesorganen werden sie zu Erregungen im Nervensystem und gelangen in das Gehirn. Dort werden sie zu den primären sensorischen Rindenfeldern geführt. So geht beispielsweise die optische Wahrnehmung von der Außenwelt vom Auge über den Thalamus zum hinteren Teil des Gehirns, dem Okzipitallappen, die akustischen Signale über den Thalamus zum Temporallappen.

---

[72] Roth (2001), S. 213

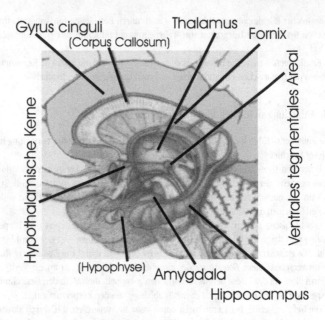

Abb. 8.7: Das limbische System (schematisch und vereinfacht)

Im *Thalamus* sind, wie erwähnt, wichtige Steuerungs- und Koordinationsaufgaben für Aufmerksamkeit und das Bewusstsein konzentriert.

Die *Amygdala*, der Mandelkern, erhält ebenfalls vom Thalamus Informationen. Sie repräsentiert die Region für die Wahrnehmungs-Emotions-Kopplung.[73] Die sensorischen Stimuli werden durch die Amygdala moduliert und wirken dadurch auf die emotionalen Reaktionen.[74] Die äußeren Reize, schädliche oder angenehme, veranlassen die Amygdala, autonome und endokrine Reaktionen einzuleiten, die durch den Hypothalamus integriert werden und die den inneren Zustand des Lebewesens entsprechend verändern, wie durch eine Vorbereitung des Organismus auf Angriff, Flucht, Sexualkontakt oder auf andere adaptive Verhaltensweisen. Solche inneren Reaktionen sind einfach und erfordern keine Kontrolle durch das Bewusstsein, sie werden zumeist unbewusst über die Gefühle vorbereitet. Wenn aber am Ende der Reizverarbeitungskette im motorischen System ein Impuls für ein bestimmtes Verhalten ausgelöst wird und dann das Lebewesen mit seiner Außenwelt interagiert, ist die Großhirnrinde mit beteiligt.

Erst durch diese sehr enge und kaum aufzulösende Zusammenarbeit von Großhirn und limbischen System kann die Beobachtung schließlich bewusst werden. Wahrnehmung und Gefühl werden zu einer Einheit verknüpft. Das limbische System spielt somit eine wesentliche Rolle bei

---

[73] Kandel et al. (1996), S. 618, 681
[74] Gehde und Emrich (1998)

der Entstehung und Verarbeitung von Emotionen und ist somit von zentraler Bedeutung für die *Bewertung* jeglicher Information, die im Gehirn verarbeitet wird.

Wir erkennen also, dass Wahrnehmen, Denken, Vorstellen und Erinnern nicht von emotionalen Zuständen getrennt werden können.

Die emotionale Wirkung des Wahrgenommenen sowie die individuelle Bedeutung, die der Wahrnehmung gegeben wird, spielen die entscheidende Rolle dabei, ob schließlich die Information vorwiegend in das biographische Gedächtnis im Wesentlichen in der rechten Hemisphäre abgespeichert wird oder als neutrales Faktenwissen eher in die linke Gehirnhälfte. Die Amygdala ist für die Steuerung des Zugangs zum „emotionalen Gedächtnis" zuständig. Bei ihrer – extrem seltenen – singulären Schädigung konnte an Einzelfällen beobachtet werden, dass ein problemloses Erinnern möglich bleibt, dass allerdings die Betroffenen nicht zwischen neutralen und hochemotionalen Ereignissen unterscheiden konnten.

Die Amygdala scheint auch an den Angstempfindungen beteiligt zu sein, da eine künstliche elektrische Reizung Furcht und unheilvolle Ahnungen hervorruft. Bei psychischem Stress werden Amygdala und Hypothalamus aktiviert. In beiden wird unter anderem der Corticotropin-Releasing-Faktor (CRF) produziert. Dabei wird das *Hypophysen-Nebennierenrinden-System* mit eingebunden. Dem Hypothalamus kommt eine Relaisfunktion zwischen den höheren Funktionen des Gehirns und den Körperfunktionen zu.[75] Der CRF und das ebenfalls im Hypothalamus produzierte Hormon Vasopressin veranlassen die Hypophyse zur Freisetzung des Hormons ACTH (adrenocorticotropes Hormon), das in die Blutbahn gelangt und in der Nebennierenrinde dort wiederum die Ausschüttung von Stresshormonen bewirkt, deren bekanntester Vertreter das Cortisol ist. Dieses wirkt wiederum auf das Gehirn zurück.

Der *Hypothalamus* ist somit ein weiterer Teil des Gehirns, in dem emotionale Reize verarbeitet werden, die dann Veränderungen von Herzschlag, Blutdruck und Atmung bewirken. Der Hypothalamus beherbergt wie erwähnt zahlreiche Schaltkreise für vitale vegetative Funktionen, so zum *Hormonsystem* und dem *autonomen Nervensystem*. Letzteres umfasst Sympathikus, Parasympathikus und das enterale, das Darmnervensystem.

Die autonomen Nervensysteme sind mit an den emotionalen Prozessen beteiligt und in endokrine Systeme bzw. Regelkreisläufe integriert. Da in ihnen dieselben Botenstoffe vorkommen wie im übrigen Nervensystem, werden sie auch von Medikamenten beeinflusst, die eingenommen werden, um auf das zentrale Nervensystem zu wirken. Daher denkt man darüber nach, die so genannten funktionellen Störungen, d.h. diejenigen ohne organisches Korrelat, welche einen großen Anteil der Magen-Darm-Beschweren ausmachen, auch mit neurologisch wirksamen Medikamenten zu behandeln. Über diese Zusammenhänge kann man auch die erfolgreichen Auswirkungen von Psychotherapien auf derartige Krankheiten verstehen.

Papez stellte bereits vor mehr als 60 Jahren die Hypothese auf, dass wegen der reziproken Kommunikation des Hypothalamus mit den höheren Rindenfeldern sich auch Kognitionen und

---

[75] Holsboer (1999), S. 47

Emotionen gegenseitig beeinflussen müssen. Diese so genannten Papez-Kreise haben sich in der klinischen Erfahrung bestätigt.

Zum limbischen System wird auch der Hippocampus gerechnet, der für das Gedächtnis von herausragender Bedeutung ist.

Gedächtnis

Im Gedächtnis werden, schon pränatal beginnend, aufgenommene Informationen gespeichert. Das Gedächtnis ist erfahrungsabhängig und bildet die Grundlage allen Lernens. Es gibt kein eigentliches Gedächtniszentrum, komplexe Gedächtnisinhalte scheinen in einer „Vielzahl von kleinen Einheiten innerhalb des Gesamtnervengewebes ‚abgelegt'" zu sein.[76] Begrenzte Läsionen führen meist zu Ausfällen von Teilleistungen des Gedächtnisses. Wenn die Erinnerung verloren gegangen ist, kann es sein, dass entweder die Gedächtnisinhalte gelöscht sind oder dass nur die Zugriffsmöglichkeiten zu den Inhalten nicht zur Verfügung stehen.

Man unterteilt das Gedächtnis grob in ein Kurz- und Langzeitgedächtnis. Vom Kurzzeitgedächtnis, das den Zeitbereich von Minuten bis Stunden umfasst, kann noch ein Ultrakurzzeitgedächtnis unterschieden werden. Diese Gedächtnisspanne umfasst nur Sekunden und erlaubt es, die Information über maximal 7 Objekte (plus-minus 2) gleichzeitig im Gedächtnis zu behalten. Vom Kurzzeitgedächtnis gelangt die Information ins Langzeitgedächtnis, das die Information für Tage bis Jahre speichert. Es wird angenommen, dass eine Erregung, die im Gehirn ausfiltriert wurde, eine Weile innerhalb der neuronalen Struktur des Kurzzeitgedächtnisses kursiert. Hier kann sie für eine gewisse Zeitdauer abgerufen werden und erst danach, sekundär, kommt es zu strukturellen Veränderungen im Nervengewebe. Gedächtnisinhalte werden durch komplexe Strukturveränderungen gesichert, sie stecken somit „in" der Struktur des Gehirns.

Das Arbeitsgedächtnis ist zum Teil mit dem Kurzzeitgedächtnis identisch, es arbeitet temporär und steuert die zukünftigen Handlungen. Es hat auch Zugriff auf die unterschiedlichen, in aller Regel unbewusst arbeitenden Systeme und verwendet bestimmte Informationen aus diesen Systemen mit.[77] Durch Schäden am Präfrontalcortex kann das Arbeitsgedächtnis beeinträchtigt werden.

Üblicherweise wird zwischen explizitem und implizitem Gedächtnis unterschieden. Beide liegen nebeneinander d.h. gleichzeitig vor.

Das implizite (prozedurale) Gedächtnis

Das implizite Gedächtnis, auch prozedurales genannt, ist das *nicht-deklarative Gedächtnis*, seine Inhalte lassen sich also nicht ohne weiteres in Sprache umsetzen. Es ist heterogener als

---

[76] Breidbach (1993), S. 182. ff
[77] Roth (2001), S. 156.

das explizite und umfasst all das, was unbewusst abläuft und ist vor allem am *Erlernen von motorischen Fertigkeiten und Gewohnheiten* beteiligt.[78]

Das Überführen von Informationen vom expliziten ins implizite Gedächtnis hat vor allem ökonomische Gründe, da bewusste und selbstreflexive Handlungen mehr Energie und auch mehr Zeit benötigen.

Am impliziten Gedächtnis sind neben der Amygdala auch die Basalganglien, das Kleinhirn und der hintere Neocortex (temporo-okzipitaler Cortex)[79] beteiligt.

Das explizite (deklarative) Gedächtnis

Zum expliziten oder deklarativen Gedächtnis werden das episodische und das autobiographische Gedächtnis gezählt.

Als *episodisches Gedächtnis* wird die Gesamtheit der Erlebniserinnerungen bezeichnet. Das *autobiographische Gedächtnis* umfasst narrative Strukturen und ein metapsychologisches Selbstkonzept, das als eine Voraussetzung für ein autobiographisches Selbstempfinden anzusehen ist.[80]

Eine wesentliche Rolle für das deklarative Gedächtnis spielen der ebenfalls zum limbischen System gerechnete *Hippocampus* und anliegende Teile vom Cortex. Es kann gestört sein, wenn in diesem Bereich Teile geschädigt sind.

Der Hippocampus, der Verbindung zu allen Assoziationscortices hat, beeinflusst die Einspeicherung und Konsolidierung von Gedächtnisinhalten.

Die Einspeicherung geschieht im Neocortex. Die Speicherorte dürften in erster Linie die assoziativen Cortexareale sein. Das Abspeichern geschieht nach Modalität, Funktion und Qualität der Information.

Der *Hippocampus* stellt einen kurzeitigen Zwischenspeicher für den Übergang in das Langzeitgedächtnis dar[81], der auch für die Steuerung des Zugangs zum Wissensgedächtnis zuständig sein dürfte. Seine Inhalte werden über Zwischenschritte in den präfrontalen Cortex übertragen.

Bei einem Verlust der Arbeitsfähigkeit des Hippocampus, z.B. durch einen Unfall oder einen Schlaganfall, kann der Zugriff auf das episodische Gedächtnis verloren gehen, nicht aber der auf das semantische und prozedurale. Damit bleibt das Sprachverstehen und viele manuelle Fähigkeiten erhalten, die Erinnerung an die eigene Vergangenheit mit ihren Ereignissen aber nicht.

Der Hippocampus *modifiziert* als Zwischenspeicher seine *synaptischen Strukturen leichter* als andere Hirnbereiche. Das erlaubt es, Datenausschnitte aus der Gesamterfahrung bereitzustellen sowie schnell eine Einschätzung der aktuellen Situation und eventuell eine Korrektur der Handlungspläne vorzunehmen. Solche Informationen, die für das Verhalten in der Gegenwart und in

---

[78] Schacter (1999), S. 306
[79] Roth (2001), S. 165
[80] Köhler (1998)
[81] Gehde und Emrich (1998)

der unmittelbaren Zukunft wichtig sind, werden also dort „online" gehalten und bearbeitet. Beispielsweise möchte man, wenn man eine Mahlzeit zubereitet, nicht vergessen, welche Gewürze im Rezept aufgeführt sind, so dass man nicht jeden Moment nachschauen muss. Dieses Arbeitsgedächtnis wird z.B. auch benötigt, wenn man Text liest oder allgemein für die Überwachung unmittelbar ausgeführter Handlungen. Bei Untersuchungen hat sich gezeigt, dass sich die einzelnen Arbeitsfunktionen dissoziieren lassen, d.h. sie können einzeln angesprochen werden.

Die verschiedenen Strukturen des Gedächtnisses beschränken sich also nicht auf einen Ort im Gehirn, sie sind nichtlokaler Art.

Wie oben erwähnt ist eine der Funktionen des Frontalhirns, das Arbeitsgedächtnis bereitzustellen. Am expliziten Gedächtnis sind mediale Teile des Temporallappens beteiligt. Das mediobasale Vorderhirn, also der Teil hinter Auge und Nase, arbeitet auch als Filter für irrelevante Informationen und beherbergt Teile des impliziten Gedächtnisses und des Arbeitsgedächtnisses.

Die Mamillarkörper des Hypothalamus und die vorderen Thalamuskerne sind ebenfalls in die Gedächtnisspeicherung einbezogen.

Jeder Zugang zum Gedächtnis scheint somit mit emotionalen Aspekten verbunden zu sein, die eine Schlüsselrolle beim Speichern und Abrufen spielen dürften. Daher ist es – z.B. in einer Therapie – wichtig, zu einer Episode auch die dazugehörigen Gefühle wieder zu erinnern

Besonders belastende Situationen, wie z.B. traumatische Erlebnisse, können Gedanken und Gefühle blockieren und sogar ganze Zeitperioden aus unserem abrufbaren Gedächtnis löschen[82]. Solche zeitlich begrenzten Bewusstseinsstörungen sind z.B. bei dissoziativen (hysterischen) Neurosen in der psychotherapeutischen Medizin bekannt. Es kann eine Amnesie, ein Gedächtnisverlust, auftreten, die einen umschriebenen Zeitraum umfasst, in dem z.B. wichtige aktuelle Ereignisse wie Unfälle nicht mehr erinnert werden. Auslösend für solche Erinnerungsstörungen können traumatische Erlebnisse wie Katastrophen oder Kampfhandlungen sein, aber auch Situationen, die zu starken Gewissenskonflikten führen.[83] Bei einer Fugue, einem plötzlichen und zielgerichteten Weggehen, ist es sogar möglich, ohne Erinnerung an die zuvor vorhanden gewesene Identität und Herkunft zu sein. Bei Blockaden des autobiographischen Gedächtnisses durch Stress scheint es zu keinen hirnorganischen Schädigungen zu kommen, wohl aber waren Veränderungen im Hirnstoffwechsel nachzuweisen.[84]

Der Schlaf – ein besonderer Bewusstseinszustand

Eine wichtige und bisher physiologisch nur teilweise verstandene Funktion für Geist und Körper hat der Schlaf.

Der Schlaf ist kein einheitlicher Zustand, sondern weist in regelhafter Abfolge verschiedene Stadien auf, außer dem Wachzustand werden 4 Schlafstadien unterschieden. Die Forschung hat

---

[82] Schacter (1999)
[83] Ermann (1995), S. 139
[84] Markowitsch et al. (1998), zitiert nach Roth (2001), S. 280

gezeigt, dass der Schlaf-Wach-Rhythmus von funktionellen Veränderungen des Hirnzustandes begleitet ist, die sich im Elektroenzephalogramm (EEG) zeigen. Neben dem EEG können die Augenbewegungen mit dem Elektrookulogramm (EOG) und die Muskelspannung, die z.B. am Kinn abgenommen werden kann, mit dem Elektromyogramm (EMG) aufgezeichnet werden. Die entsprechenden Aufzeichnungen lassen einen Rückschluss auf das jeweilige Schlafstadium und die entsprechenden physiologischen Größen zu. Auch eine Periodik für Herzfrequenz, Atmung, Körpertemperatur, Durchblutung der Sexualorgane und Hautleitfähigkeit wurde gefunden.

Die Schlafstadien werden an den Wellenformen, d.h. am Frequenzmuster und der Größe der jeweiligen Amplitude unterschieden. Die ersten vier Stadien werden auch Non-REM-Stadien oder *orthodoxer* Schlaf genannt. Sie unterschieden sich von dem letzten Stadium, dem REM-Stadium, diese Schlafphase wird durch die schnelle Bewegung der geschlossenen Augen charakterisiert, was diesem Stadium seinen Namen gab („Rapid Eyes Movement") und in der lebhafte Träume stattfinden. In ihm ist eine erhöhte Atem- und Pulsfrequenz messbar bei gleichzeitig erschlaffter Muskulatur, weswegen er auch *paradoxer Schlaf* genannt wird. Das Gehirn und die Herzmuskulatur sind verstärkt durchblutet[85].

Für den Traumschlaf charakteristisch ist das subjektive Erleben, das Assoziieren, das Hervorheben alter Erinnerungen und das Wahrnehmen bestimmter Gefühle und Stimmungen.

In der Nacht gibt es regelhafte zyklische Verlaufsformen. In den Schlafperioden sinkt die Tiefschlafdauer von anfangs 30 bis 60 Minuten bis zu wenigen Minuten gegen Morgen. Die Traumdauer hingegen verlängert sich von etwa 10 Minuten bis etwa 50 Minuten. Nach ca. 1½ Stunden ist der erste Zyklus mit der REM-Phase abgeschlossen, dem folgen noch 3–4 weitere Schlafperioden. Auch im Non-REM-Schlaf kann geträumt werden, aber nicht mit der gleichen Qualität, eher im Sinne eines Nachdenkens und Überlegens.

Neugeborene verbringen 50–60 % des Schlafes in der REM-Phase bei 15–20 Stunden Schlaf am Tag.

Nachdem die Relevanz des Schlafs lange Zeit weitgehend ignoriert wurde oder Träume lediglich als eine „Entfernung von Datenmüll" angesehen wurden, wird seine Bedeutung für das Gedächtnis und die anderen psychischen Funktionen heute deutlicher wahrgenommen. So zeigten Untersuchungen[86], dass Probanden, die Reaktionstests am Computer absolvieren mussten und anschließend schlafen durften, nach dem Schlaf in den Tests schneller waren als vorher. Die Analyse der Gehirnaktivität anhand des Durchblutungsgrades ergab, dass in der REM-Phase dieselben Gehirnregionen aktiv waren wie bei den Reaktionstests. Bei anderen Versuchsteilnehmern, die vor dem Schlaf keine Tests absolviert hatten, waren diese Regionen kaum aktiv.

Aus heutiger Sicht wird der Traum als ein Instrument der Gedächtniskonsolidierung und Problemlösung angesehen. Offenbar dient der REM-Schlaf auch dem Lösen von emotional relevanten und konflikthaften Situationen, die der Betreffende tagsüber erlebt hat. „Diese sucht er nun im Traum mit prozeduralen, semantischen und episodischen Gedächtnisinhalten, die wiederum in autobiographisch konflikthafte Erfahrungen eingebettet sind, in Verbindung zu

---

[85] Varela (1998)
[86] *Nature Neuroscience Vol. 3* (2000), pp. 831

bringen"[87] Die „Tagesreste", das heißt diejenigen Erfahrungen, die Laufe des Tages nicht bereits ins Langzeitgedächtnis überführt wurden, und wahrscheinlich auch subliminale Wahrnehmungen werden im Traum bearbeitet und mit den früher abgespeicherten Erfahrungen verarbeitet, wobei die verschiedenen Kategorien miteinander verknüpft bzw. umorganisiert werden. Die Träume entstehen als Resultate umfangreicher Prozesse, zu denen auch Verdichtungen und Verschiebungen von Trauminhalten gehören.[88] Ohne das Träumen würden wir wahrscheinlich ein viel umfangreicheres Gehirn benötigen.

Der Schlaf und seine Qualität hängt auch von den biologischen Uhren ab. Wenn diese „verstimmt" sind, kann dies zu Schlafstörungen verschiedener Art führen.

Auch psychische Erkrankungen können Einfluss auf den Schlaf haben und umgekehrt. Bei Depressionen ist die Zeitdauer zwischen Einschlafen und erstem REM-Schlaf im Vergleich zu anderen Personen verkürzt. In diesen Schlafphasen wird vermehrt der Neurotransmitter Serotonin verbraucht, so dass ein frühes Aufwachen die Folge sein kann. Für diese Vermutung spricht, dass bei Gabe von Antidepressiva, welche den Serotoninspiegel heben, damit auch eine Verlängerung der Schlafphase ereicht wird.

Chemische Boten

Bei jeder neuen Erfahrung scheint es zu einer Veränderung von synaptischen Kopplungen zu kommen. Die Synapsen stellen die Verbindungsstellen der Nervenzellen untereinander und die Orte der messbaren Informationsübertragung zwischen ihnen dar. Soweit die Reizverarbeitung an ihnen gemessen werden kann, werden dabei neurochemische und/oder elektrophysiologische Prozesse gefunden. Die Datenübertragung dort scheint im wesentlichen durch die Ausschüttung von Neurotransmittern zu erfolgen. In den letzten Jahren ist dazu sehr viel an konkreten chemischen und biochemischen Daten hinzu gekommen[89]. Diese kommen jetzt allmählich in den Genauigkeitsbereich, in dem quantenphysikalische Überlegungen nicht mehr zu vermeiden sind.

Auf eine Nervenzelle projizieren viele neuronale Verbindungen. Die Nervenzellen erhalten sowohl inhibitorische (hemmende) als auch exzitatorische (erregende) Inputsignale
Bei der Betrachtung der Informationsleitung im Nervensystem spielen die Aktionspotentiale eine Rolle. Sie werden ausgelöst, indem der Wert des Ruhepotentials an der Zellmembran verschoben wird. Wird ein Schwellenwert überschritten, kommt es zur Ausbildung des Aktionspotentials, das wiederum zu Veränderungen der Ionenkonzentration innerhalb und außerhalb der Zelle führt.

Das Axon, die ausgehende Nervenfaser, berührt mit den präsynaptischen Endigungen die nächsten Zellkörper bzw. deren Dendriten, die ihrerseits meistens von vielen präsynaptischen Endigungen besetzt sind. An den Synapsen erfolgt die Weiterleitung der Erregung nur in einer Richtung. Hier findet eine *Selektion, Integration und Speicherung* von Information statt.

---

[87] Mertens (1999), S. 82
[88] Siehe auch Kap. 10 und 12
[89] Gute Einführungen dazu findet man z.B. bei Kandel (1996) und Roth (2001).

Hormone sind bei der Aktivierung von Synapsen beteiligt. Dabei wirken erregende und hemmende Systeme in einer Vielzahl verschiedener Kombinationen zusammen.

Aktionspotentiale die an der präsynaptischen Endigung ankommen, setzen chemische Botenstoffe frei. Einfache Ionen wie Na, K und Ca dienen als Ladungsträger, der Ca-Einstrom in die präsynaptische Endigung steuert dort die Transmitterfreisetzung.[90]

Die präsynaptische Endigung enthält Ansammlungen von kleinen Vesikeln, die Transmittermoleküle enthalten. Die niedermolekularen Transmitter, die sich in den Vesikeln ansammeln und zu den Aminen zählen – bis auf das ATP (Adenosintriphosphat) und seine Abbauprodukte wie Adenosin –, können lokal in der synaptischen Endigung synthetisiert werden. Die Vesikel entlassen ihren Inhalt in den synaptischen Spalt, in dem sie selbst mit der präsynaptischen Membran verschmelzen (Exocytose). Die Vesikelmembran wird schnell abtransportiert und wieder verwendet. Die Information, die als elektrisches Signal weitergegeben wurde, wird mit Hilfe dieser chemischen Botenstoffe über den synaptischen Spalt an die postsynaptische Nervenzelle transportiert.

Viele Neurotransmitter haben außerdem als Metaboliten, d.h. als Zwischenprodukte in anderen biochemischen Prozessen des Zellstoffwechsels mehrere Funktionen. Aminosäuren wie Gamma-Aminobuttersäure oder Glutamat werden z.B. zu Proteinen polymerisiert und sind in den Zwischenstoffwechsel einbezogen. Wenn sie Signalfunktion erfüllen, werden sie an die postsynaptische Membran gebunden.

In der Zellmembran sind lokalisierte Rezeptoren vorhanden, die der Aufnahme und intrazellulären biochemischen Umsetzung bestimmter Signale dienen, die durch Neurotransmitter vermittelt werden. Die Rezeptoren reagieren selektiv auf das Auftreten solcher Transmittermoleküle und melden das Vorhandensein der Neurotransmitter in die Umgebung. Es wird ein elektrisches oder ein Stoffwechselsignal in der postsynaptischen Zelle erzeugt. Die Transmitter müssen schnell aus dem synaptischen Spalt entfernt werden, damit erneut Signale übertragen werden können. Dazu können die Transmitter entweder diffundieren, sie können enzymatisch abgebaut werden oder es erfolgt eine Wiederaufnahme in die präsynaptische Nervenendigung.

Bei der Signalübertragung sind zwei verschiedene Prozesse zu unterscheiden. Entweder kommt es durch die Wirkung von erregenden Synapsen dazu, dass solche Transmitter freigesetzt werden, die die Permeabilität für die meisten Ionen erhöhen. Dadurch kann Na^+ in die Zelle einströmen und der Betrag des negativen Potentials vermindert sich, es kommt zur Depolarisation. Das sich ergebende Potential wird als exzitatorisches postsynaptisches Potential bezeichnet.

Unter der Wirkung von hemmenden Synapsen wird an der postsynaptischen Membran das Ausströmen von K^+ aus der Zelle und das Einströmen von Cl^- ermöglicht, so dass sich dadurch der Betrag des negativen Potentials vergrößert, was als Hyperpolarisation bezeichnet wird. Der nun eingetretene Zustand wird als inhibitorisches postsynaptisches Potential benannt. Dieses ist mit einer Aktivitätshemmung der postsynaptischen Zelle verbunden, womit eine Verminderung der Reizweiterleitung verbunden ist. Diese Vorgänge geschehen an den vielen Synapsen der Zelle, die diese Wirkungen zusammenfasst und dann als Ganze auf die Gesamtwirkung reagiert. In diesem Sinne entsprechen die beschriebenen Vorgänge einem Datenverarbeitungsprozess.

---

[90] Kandel et al. (1996), S. 300 ff

Bereits in einer einzigen Synapse können verschiedene Substanzen freigesetzt werden, woraus sich allein an einer Synapse eine Vielfalt an Informationsübertragungsmöglichkeiten ergibt.

Roth[91] bezeichnet die langsamer wirkenden Neurotransmitter als Neuromodulatoren, zu denen er Acetylcholin, Noradrenalin, Serotonin und Dopamin rechnet. Sie wirken im Bereich von Sekunden und beeinflussen die Wirkung der schnelleren Neurotransmitter.

Daneben gibt es weitere Neuropeptide und Neurohormone, deren Wirkungen sich von Minuten bis über Tage hinaus erstrecken. Neben den niedermolekularen Transmittern können auch diese neuroaktiven Peptide und andere neuroaktive Moleküle ausgeschüttet werden. Die neuroaktiven Peptide werden nicht, wie die niedermolekularen Transmitter, an der synaptischen Endigung synthetisiert, sondern im Zellkörper an den Ribosomen gebildet. Sie können deshalb auch nicht so schnell wieder synthetisiert werden. Manche von ihnen wirken als Hormone und in bestimmten Geweben auch wie die Transmitter. Einige sind in die Sensibilitäts- und Emotionsregulierung und in die Schmerzwahrnehmung einbezogen oder regulieren Stressreaktionen. Als Beispiele seien hier genannt Opioide, Peptide der Neurohypophyse, Vasopressin, Oxytocin, Insuline, Gastrine. Die Hormone, Neuromodulatoren und Neuropeptide werden in Hirnstamm und Zwischenhirn produziert und in die bewusstseinsfähige Großhirnrinde transportiert. Von den entsprechenden Hormonen oder Botenstoffen kann jedes Gefühl erzeugt werden.[92] Die bereits oben erwähnten Aminosäuren GABA (Gamma-Aminobuttersäure), Glutamat sowie Glycin sind für schnelle Vorgänge im Millisekundenbereich zuständig. Sie werden in der Nähe der Synapsen erzeugt und auch dort wieder aufgenommen. Die Einwirkung chemischer Stoffe auf die Vorgänge im Gehirn ist gewaltig. Seit langem wissen die Menschen um die Wirkung von Drogen auf ihr Denken und Fühlen. Dass auch innerhalb des Körpers ein ähnlicher Zusammenhang existiert, ist erst im letzten Jahrhundert deutlich geworden. Viele der modernen Psychopharmaka nutzen derartige Zusammenhänge aus.

Das Zusammenspiel der Hirnareale

Ein besonders interessanter Aspekt ist die Wechselwirkung der Areale im Gehirn untereinander. Mit der Abbildung 8.6 wird eine gewisse Andeutung vermittelt, in welch einem nur schwer vorstellbaren Maß diese Vernetzung ausgeprägt ist. Die verschiedenen sensorischen Systeme wechselwirken miteinander bei einem gleichzeitigen konstanten Informationsfluss. So gibt es für das Zusammenspiel von Farbe und Bewegung wahrscheinlich mindestens 3 interagierende und parallele Bahnen. Durch die neuen Möglichkeiten einer nichtinvasiven Messung der Gehirnaktivitäten wird es zunehmend einfacher, das Zusammenspiel der Hirnareale bei den geistigen Tätigkeiten zu erforschen. Dabei zeigt sich, dass fast immer auch weit auseinanderliegende Bereiche miteinander koordiniert tätig sind. Auf PET- oder NMR-Aufnahmen[93] werden die Bereiche mit den jeweils stärksten Aktivitäten deutlich.

---

[91] Roth (2001), S. 110

[92] Roth (2001), S. 111 u. 120.

[93] PET: Positronen-Emissions-Tomographie, NMR: Nuclear-Magnetic-Resonance – Kernspinresonanz-Untersuchungen, fNMR funktionelle NMR

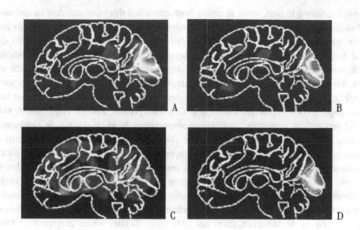

Abb. 8.8: Vier verschiedene Aktivitätsanzeigen des Gehirns
  A Blutfluss   **B Glukoseverbrauch**
  C Sauerstoffverbrauch   **D Sauerstoffverfügbarkeit**

Jüngste Forschungen[94], bei denen zum ersten Male NMR-Untersuchungen im Vergleich mit solchen an eingepflanzten Mikroelektroden gleichzeitig vorgenommen wurden, zeigen, dass die fNMR-Aufnahmen[95] nur gleichsam die Spitze eines Aktivitäts-Eisberges verdeutlichen. Daneben finden sich zusätzlich noch viele weitere Aktivitäten in anderen Arealen, die allerdings nicht so stark sind und daher für einen Nachweis mit fNMR zu schwach bleiben. Diese Ergebnisse nötigen zu der Folgerung[96], dass weder aus dem Fehlen von fNMR-Aktivität in einem Hirnbereich auf das dortige Fehlen von Informationsverarbeitung geschlossen werden darf, noch kann aus der Abwesenheit von Aktionspotentialen, die normalerweise als Anzeichen für arbeitende Nervenzellen betrachtet werden, geschlossen werden, dass dort zu diesem Zeitpunkt keine Informationsverarbeitung stattfindet. Wir sind der Meinung, dass sich diese Befunde gut in das Bild einfügen, welches wir in diesem Buch entworfen haben.

Die Plastizität des Gehirns

Die interne Repräsentation im Gehirn ist durch Erfahrung weitgehend modifizierbar. Man kann ohne Übertreibung feststellen, dass jede gespeicherte Erfahrung auch mit einer Veränderung des Hirnaufbaues zusammenfällt. M. Heisenberg[97] berichtet davon, dass Fruchtfliegen genau dann

---

[94] Raichle (2001)
[95] Bei der funktionellen NMR (fNMR) werden Stoffwechselaktivitäten deutlich.
[96] Raichle (2001)
[97] Heisenberg in Elsner und Lüer (2000), S. 136

Gerüche erlernen können, wenn in einem bestimmten Teil ihres Gehirns, dem so genannten Pilzkörper, die Synthese eines speziellen Eiweißes möglich ist. Solche durch das Gedächtnis induzierten Veränderungen finden natürlich nicht in einem makroskopischen Rahmen statt, sind aber mit den heute zur Verfügung stehenden genauen Nachweismethoden feststellbar. Zellbereiche, die gleichzeitig durch Signale gereizt werden und dadurch gleichzeitig aktiv werden, werden sich verkoppeln bzw. ihre Verkopplung verstärken. Andererseits werden solche Bereiche, die ihre Referenzobjekte verloren haben, in ihrer Nutzung umgewidmet. Dies kann dann sogar größere Hirnbereiche betreffen. Gehen Körperteile, z.B. ein Finger, durch einen Unfall verloren, so werden die zugehörigen sensorischen Bereiche mit für die verbliebenen Nachbarfinger zuständig. Solange eine solche Übernahme noch nicht erfolgt ist, können die sensorischen Bereiche auch ohne Referenzkörperteil weiterhin aktiv bleiben und zu dem so genannten Phantomschmerz führen, bei dem man eine deutliche Empfindung im verlorenen Körperteil hat. Andere Beispiele für die Plastizität des Gehirns zeigen Menschen mit Cochlea-Implantaten. Dabei wird der von außen eintreffende Schall technisch aufbereitet und dann als elektrischer Impuls direkt auf den Hörnerv geführt. Nach einiger Zeit der Umorganisation des Gehirns können die Menschen dann mit Hilfe dieses Gerätes wieder einigermaßen hören, obwohl die Reizzuleitung ins Hirn ganz anders als vorher gestaltet ist.

Besonders spektakulär sind Fälle, in denen Kindern wegen einer schweren Erkrankung eine ganze Hemisphäre entfernt werden musste und die dann dennoch später fähig sind, die verlorenen Bereiche mit dem verbliebenen Gehirnbereich funktionell weithin zu ersetzen. In der Presse[98] wurde von einem Mädchen berichtet, dem im Alter von 3 Jahren die linke Hemisphäre, wo normalerweise die Sprachzentren liegen, entfernt werden musste und die dennoch zwei Sprachen fließend sprechen kann.

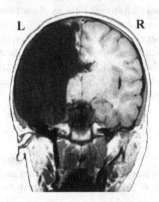

Abb. 8.9: „Halbes Gehirn"

[98] *Der Spiegel Nr. 18* (2002)

8.3.2 Das Problem von Subjektivität und Bindung

Die Vorgänge im Gehirn sind Erscheinungen, die uns erst durch eine lange wissenschaftliche Forschung zugänglich geworden sind. Sie liegen also keineswegs auf der Hand. Sigmund Freud hatte bereits den Zusammenhang zwischen den durch Hermeneutik aufschließbaren Aspekten des mentalen Geschehens und dem neurologischen Geschehen gesehen. Er hatte schon unterschiedliche elektrische Verknüpfungen postuliert, die den neuronalen Verband organisieren sollten.[99] Diese Arbeit hat Freud nie veröffentlichen lassen, möglicherweise, weil er keinen Weg sah, die von ihm bereits damals als gleichgewichtig angesehenen subjektiven psychischen Phänomene mit diesen recht mechanischen Vorstellungen zu verbinden.

Bisher war die Erklärung der Subjektivität und die der Bindung von Wahrnehmungen zu geistigen Inhalten das schwierigste Problem eines naturwissenschaftlichen Verständnisses von Denken und Fühlen.

Die Subjektivität wird nicht bereits durch die Summe der kognitiven Gehalte eines Gehirns konstituiert, sonst könnte auch ein Computer Subjektivität besitzen. Unter den modernen Philosophen ist besonders Thomas Nagel einer von denen, die die Rolle der Subjektivität der Erfahrung von Lebewesen betonen.[100]

Der private Standpunkt im eigenen Lebenszusammenhang kann in der letzten Konsequenz nicht durch allgemeine Gesetze erfasst werden, er begründet somit auch eine notwendige Grenze jeder naturwissenschaftlichen Beschreibung. Die Naturwissenschaften sind noch zuständig für die Zusammenhänge, die verallgemeinerbar sind und daher unter generalisierende Regeln fallen können. Bei der Subjektivität muss die Geschichtlichkeit und die sich daraus ergebende Einmaligkeit der Lebewesen ernst genommen werden

Die Bindung der Wahrnehmungen, die über verschiedene Sinnesorgane ins Gehirn gelangen, ist das andere schwierige Problem. Wir haben gesehen, dass Neuronengruppen spezialisiert unter der Zugehörigkeit zu den Arealen arbeiten. Die einen sind aktiv, wenn Farben gesehen werden, die anderen bei Formen, wieder andere bei Bewegung. Gleichzeitig mag beispielsweise zusätzlich etwas gehört werden, wofür wieder andere Neuronengruppen aktiviert werden.

Aber wir sehen z. B. einen Mann mit einer roten Jacke, der sich bewegt und etwas sagt. Außerdem haben wir, wenn wir diesen Mann sehen, noch ein bestimmtes Gefühl, das sich aus dem bereits gesehenen Teil des Filmes ergibt. Wir verbinden die Merkmale und die Aktivitäten der Person zu einem Objekt und haben zudem noch eine gefühlsmäßige Einschätzung dieser Person.

Wie wird dies alles zu einer Einheit zusammengefasst? Diese Frage führt auf das so genannte Bindungsproblem. Ein erster Schritt für seine Lösung ist es, das Zusammenspiel der verschiedenen und weit auseinanderliegenden Hirnareale naturwissenschaftlich zu modellieren.

---

[99] Freud, S. *Entwurf einer Psychologie* (1895)
[100] Nagel in Bieri (1993)

8.4 Vergleich künstlicher neuronaler Netze und natürlicher Neuronennetze

Wir hatten in Abschnitt 7.2 Modelle von technisch realisierten klassischen neuronalen Netzen vorgestellt, an denen manche Aspekte der Informationsverarbeitung in Lebewesen recht gut verstanden werden können. Wir hatten bereits darauf verwiesen, dass sowohl die am einfachsten messbare Grundeigenschaft von Nervenzellen, ihr „Feuern und Nichtfeuern", als auch ihre Vernetzung in den technischen Netzen gut nachgebildet wird.

8.4.1 Biologische Netze

Wenn wir die biologischen Netze von Nervenzellen mit den technisch realisierten Netzen vergleichen, die bisher alle rein klassisch arbeiten, so müssen wir stets dabei mitbedenken, dass auch in den biologischen Netzen nach einer Messung in jedem Fall nur klassische Fakten vorliegen.

Aus dem Vergleich der Nervenstrukturen und der Arbeitsweise der Zellverbände ergibt sich, wie erwähnt, dass für die Modellierung der verschiedenen Hirnfunktionen sich verschiedene Netztypen jeweils als am besten geeignet erwiesen haben.[101] Für bestimmte Aufgaben des Cortex, vor allem für die der primären Wahrnehmungsareale, liefern Kohonen-Netzwerke eine gute Simulation. Für den Hippocampus, der für den Datenabgleich von Innen und Außen zuständig ist und einen Gedächtnis-Zwischenspeicher mit begrenzter Kapazität darstellt[102,] ist das Hopfield-Netz ein gutes Modell. Mit Elman-Netzen lässt sich das Zusammenspiel der verschiedenen Hirnareale nachbilden.

Im Gegensatz zu einem in Hardware realisierten technischen Netz gibt es in biologischen Netzen stets Rückwirkungen von der Arbeit des Netzes auf dessen Struktur. Wenn das Netzwerk im Computer simuliert wird, wenn es also als Software vorliegt, können derartige Veränderungen bereits mit simuliert werden.

In Netzwerken mit einer Kohonen-Struktur ist jeweils ein Neuron für eine Aufgabe zuständig. Man kann sich leicht überlegen, dass dies aus mathematischen Gründen im Gehirn nicht für beliebig komplexe Aufgaben durchgehalten werden kann. Das so genannte „Großmutterneuron" wäre für das Erkennen der Großmutter zuständig, andere Neuronen jeweils für etwas anderes. Da wir Menschen auf beliebig viele Objekte vorbereitet sein müssten, müsste auch für alle diese noch nicht bekannten Erkenntnisgegenstände jeweils ein Neuron in Bereitschaft gehalten werden – eine unmögliche Vorstellung bei einem Hirnvolumen von lediglich 1,5 Litern!

Für bestimmte einfache Aufgaben bietet das Kohonen-Netz allerdings eine effektive und schnelle Arbeitsweise an. Daher kann es im Gehirn für die Lösung einfacher Probleme tatsächlich gefunden werden. Solche einfach strukturierten Aufgaben können beispielsweise das Er-

---

[101] Spitzer (2000), S. 320–321:
[102] Gehde und Emrich (1998), S. 981–982

kennen von Bewegungsrichtungen oder von Kantenrichtungen sein. Komplexere Aufgaben lassen sich jedoch auf diese Weise nicht realisieren. Dies würde zu einer „kombinatorischen Katastrophe" führen müssen.

8.4.2 Zeitweilige Netze

Um mit einer vorgegebenen endlichen Zahl von Nervenzellen beliebig viele Objekte repräsentieren zu können, ist es notwendig, die zeitliche Dimension des Nervennetzes als Chance zu begreifen. Durch das Zusammenspiel in nur zeitweilig bestehenden Netzen können immer wieder neue Kombinationen erstellt werden, die auf jeweils neue Situationen reagieren können. Diese Lösung wurde besonders von Ch. von der Malsburg[103] und W. Singer[104] vorgeschlagen und wird jetzt auch von G. Edelman aufgegriffen.

Die experimentellen Untersuchungen haben hierzu viel Interessantes aufgezeigt. Nervenzellen, die für das gleiche Objekt zuständig sind, arbeiten mit einer hohen Genauigkeit synchron, während das Feuern von Zellen, die zu verschiedenen Objekten oder Prozessen gehören, unsynchronisiert bleibt. Auch diese Modelle werden bisher lediglich mit den Hilfsmitteln der klassischen Physik beschrieben.

Probleme

Mehrere Probleme sind mit den bisherigen Ansätzen nicht zu lösen gewesen.

Die Einschwingvorgänge der zeitweiligen Netze sind überaus schnell. Die Synchronisation ist in der Regel bereits nach einer Schwingung erfolgt. Dieses klassisch zu erklären zu wollen ist ausgesprochen schwierig.

Die zweite Schwierigkeit stellt das oben erwähnte „Bindungsproblem" dar: Wie kann es erreicht werden, dass die über 3 oder noch mehr getrennte Bahnen übertragene Information zu einem einzigen Gegenstandsbild zusammengefasst wird? Wir Menschen und auch die Tiere haben in der Regel keine Schwierigkeiten, die optischen, auditorischen und sensorischen Daten, die von den verschiedenen Sinnesorganen und über verschieden lange Nervenbahnen kommen, zu einem einzigen Objekt zusammenzufassen.

Das Hauptproblem ist schließlich, wie die mentalen Inhalte unseres Bewusstseins aus den materiellen Strukturen entstehen. Eine Möglichkeit besteht darin, sich hierfür auf den Begriff der „Emergenz" zurückzuziehen. Emergenz kommt vom lateinischen „emergere – auftauchen" und meint das zuvor nicht zu erschließende Erscheinen von etwas völlig Neuem.

Eine naturwissenschaftliche Erklärung wird und muss immer auf den Versuch einer Reduktion hinauslaufen. Wir verstehen daher Emergenz als Aufforderung und Aufgabe, dieses „Auftauchen" zu verstehen.

---

[103] von der Malsburg (1981, 1994)

[104] Überblicke in Singer, Engel, Kreiter, Munk, Neuenschwander, Roelfsema (1997), Singer (1999, 2000)

Die Reduktion beinhaltet eine Darstellung für Grenz- und Annäherungsprozeduren, die den Übergang von einer Stufe der theoretischen Beschreibung zu einer anderen durchsichtig und damit verstehbar macht. Der Verzicht auf einen reduktionistischen Ansatz muss als Verzicht auf eine naturwissenschaftliche Ableitung der Phänomene verstanden werden.

Wir werden in Kapitel 11 aufzeigen, wie eine Lösung des Bindungsproblems mit Hilfe von quantentheoretischen Überlegungen vorstellbar ist.

8.5 Quantennetze: Ausblick auf den Geist

Wir hatten oben bereits darauf verwiesen, dass nach einer Messung und der damit vorgenommenen Erzeugung eines Faktums die *zuvor* vorhandenen Quanteneigenschaften beseitigt sind.

Wenn wir uns also auf die Messergebnisse an Gehirnen stützen, so wird an diesen Messungen allein nur schwer etwas vom dort vorhandenen Quantenverhalten deutlich werden können.

Wie überall in der Physik wird man erst eine besonders genaue Untersuchung benötigen, um der Notwendigkeit von Quantenvorstellungen nicht mehr ausweichen zu können.

Dass ein wirkliches Verstehen der Vorgänge von Informationsübertragung an Durchgängen von Zellmembranen bereits den Einsatz quantentheoretischer Überlegungen erforderlich macht, wird z.B. daran deutlich, dass an dieser oft nur relativ wenige Ionen beteiligt sind. Die bisher dafür verwendeten klassischen Diffusionsgleichungen gelten in Strenge aber nur für unendlich viele Teilchen, so dass sie bei einem genaueren Arbeiten unzulänglich werden. Dies mag an Synapsen für den Fall großer Ionenströme noch nicht unbedingt notwendig sein, aber bei einer zunehmenden Genauigkeit der Beschreibungen wird dies immer mehr erforderlich werden.[105]

Auch für das Verständnis der hohen Geschwindigkeit, mit der sich zeitweilige Netze von Neuronen herausbilden, sind Quantenüberlegungen wichtig. In ihnen ist die Aktivität der Neurone, die auf verschiedene Attribute desselben Objekts ansprechen, im Millisekundenbereich synchron. Die Neurone, die in Relation zu anderen Objekten stehen, bleiben asynchron. Diese zeitweiligen Kooperationen von Nervenzellen scheinen bereits nach einer Schwingung im Wesentlichen etabliert zu sein. Normale Einschwingvorgänge in der Mechanik oder Elektrodynamik verlaufen wesentlich langsamer. Hingegen sind Quantenvorgänge, wie sie beispielsweise beim Tunneleffekt auftreten, sehr viel schneller als klassische Einschwingvorgänge. Der Tunneleffekt ist eine der seit langem bekannten quantenphysikalischen Besonderheiten. Sein Name ist eine Umschreibung des Sachverhaltes, dass bestimmte Vorgänge, die in der klassischen Physik wegen einer sonst stattfindenden Verletzung des Energiesatzes absolut verboten sind, in der Quantenphysik dennoch vonstatten gehen können.

---

[105] Lill (2002)

Wenn durch die klassische Physik eine unüberwindliche Mauer errichtet wird, erlaubt die Quantentheorie oftmals, diese einfach zu untertunneln.

Erklären kann man diesen Vorgang so, dass er wegen der Unbestimmtheitsrelation von Energie und Zeit so schnell abläuft, dass die Wirkung, d.h. das Produkt aus Energieänderung mal Zeitdauer, kleiner als das Wirkungsquantum bleibt. Ein solcher Tunneleffekt tritt auch hinter Flächen auf, durch die elektromagnetische Wellen wegen einer Totalreflexion klassisch nicht hindurch gelangen können. Nimtz[106] berichtet von Experimenten, in denen beim Tunneln von Photonen innerhalb einer Schwingungsdauer entschieden ist, ob das Photon reflektiert wird oder ob es die verbotene Zone so gut wie zeitlos überwindet. Ein ähnlicher quantenphysikalischer Effekt könnte erklären, wieso der Aufbau eines gemeinsam elektrisch schwingenden Netzes von Nervenzellen, die das gleiche Objekt erfassen, in einer so kurzen Zeit erfolgen kann.

Die Bindung von Sinnesreizen zu einem Objekt geschieht dadurch, dass diese mit einer Bedeutung versehen werden. Um sich dem Bindungsproblem zu nähern, sollte man also daran denken, dass Bedeutung nichts ist, was einer einkommenden Information „an sich" zukommt.

Bedeutung entsteht erst, wenn die einkommende Information mit der im Individuum bereits vorhandenen gekoppelt wird.

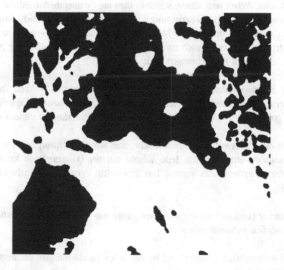

Abb. 8.10: Vexierbild

---

[106] Nimtz (2002)

Dazu ist es manchmal notwendig, sogar aktiv nach dieser Bedeutung suchen zu müssen. Das Vexierbild Abb. 8.10 ist sicherlich nicht sofort jedem zugänglich. Möglicherweise wird aber das Erkennen, die Bindung der schwarzen und weißen Flecke zu einem Ganzen, dadurch erleichtert, wenn man erfährt, dass das Bild eine bedeutende historische Persönlichkeit sein soll.

Das Erkennen wird noch leichter, wenn man aus den Flecken ein Bild von Jesus konstruieren soll. Für diejenigen Leser, die dennoch Mühe mit dem Erkennen haben, wird in Abb. 8.11 ein etwas nachgemaltes Bild gezeigt, bei dem wir es allerdings nach unserer eigenen Wahrnehmung nicht geschafft haben, die Persönlichkeit, die wir in Abb. 8.10 hinein projizieren, ebenso deutlich verbleiben zu lassen. Oft scheint unsere Phantasie ein besserer Maler zu sein als unsere Hand.

So wird an der Auswertung eines Vexierbildes deutlich, dass die Konstruktion einer Gestalt erst dadurch möglich wird, dass aus der Erinnerung mögliche Vorlagen aktiviert werden und dann diese mit den einlaufenden Daten abgeglichen werden. Dieser Vorgang kann als *Bindung* bezeichnet werden, da in ihm festgelegt wird, welche Teile einer Wahrnehmung zusammengebunden werden, um dann gemeinsam einem Objekt zugeordnet zu werden.

Sicher ist jedem Beobachter des Bildes deutlich geworden, dass wir beim Erkennen assoziativ arbeiten. Da neuronale Netze dies auch tun, scheinen sie eine Lösungsmöglichkeit für das Bindungsproblem anzubieten. Vielleicht auch deshalb haben für dieses Problem Überlegungen aus der Quantenphysik bisher kaum Eingang in die theoretischen Konzepte zur Arbeitsweise von Gehirnen gefunden. Neben dem Missverständnis, dass die Quantentheorie lediglich im atomaren und subatomaren Bereich von Bedeutung sei, dürfte zurzeit der wesentliche Grund darin zu suchen sein, dass mit den Modellen der klassischen neuronalen Netze bereits sehr gute Erfolge erreicht werden. So lange es lediglich um Fragen der Informations*verarbeitung* geht, reichen diese Modelle aus, um die Beobachtungen zu deuten.

Ernsthafte Schwierigkeiten mit dem Modell klassischer neuronaler Netze treten auf, wenn man die Geschwindigkeit verstehen will, mit der die realen Gehirne arbeiten, und noch größere, wenn das Phänomen des Bewusstseins verstanden werden soll.

Es ist eine in der Physik wohlbekannte Tatsache, dass *alle* Quantenvorgänge mit klassischen Modellen *simuliert* werden können. Jede Aufgabe aus der Quantenphysik kann auf einem klassischen Computer berechnet werden. Das dabei nicht lösbare Problem ist die Frage der Geschwindigkeit.

Ein klassischer Computer kann Quantenvorgänge nur mit einem exponentiell wachsenden zeitlichen Aufwand berechnen.

Dies mag bei technischen Problemen und bei der hohen Geschwindigkeit der heutigen technischen Computer noch hinzunehmen sein.

Für Lebewesen aber ist Zeit ein existenzieller Faktor, denn die Reaktionsgeschwindigkeit der Lebewesen ist in der Evolution ein besonders wichtiges Moment.

Daher wäre es absolut unverständlich, wenn die Möglichkeiten, die wir heute in der Natur mit der Quantentheorie entdeckt haben, von den Lebewesen nicht bereits im Verlauf der Evolution zu ihrem Vorteil genutzt worden wären.

Die Modelle von Vektortransformationen in neuronalen Netzen können als einfache klassische Simulationen für Quantensysteme verstanden werden.

Damit ist ihr bisheriger Erfolg leicht verstehbar.

Das zweite Problem, das ohne die Quantentheorie tatsächlich nicht zu lösen ist, ist die Möglichkeit der Reflexivität des Bewusstseins.

Auf alle diese Fragen werden wir in Kapitel 11 noch einmal ausführlich eingehen.

Bei der Zuschreibung von Bedeutung zu einer einkommenden Information spielen die geschichtlichen Aspekte eine wesentliche Rolle. Sie reichen von den Einflüssen der Evolution bis zur Individualentwicklung und deren Einbettung in die Kultur. Daher soll zunächst einmal die Herausbildung des individuellen Bewusstseins im Laufe seiner frühen Entwicklung vorgestellt werden. Die Möglichkeit, uns selbst als Person zu erkennen und als *Ich* zu bezeichnen, erwerben wir Menschen in der Regel erst mit etwa 18 Monaten.

Abb. 8.11: Vexierbild mit Zusatzinformation

Anschließend sollen am Beispiel von Sigmund Freud, C. G. Jung und Wolfgang Pauli Wege zum Verstehen der Psyche dargelegt werden.

9 Die psychische Entwicklung des Individuums

Wenn wir das Zusammenspiel von Körperlichem und Geistigem verstehen wollen, müssen wir außer den anatomischen und physiologischen Zusammenhängen, die im vorhergehenden Kapitel kurz geschildert wurden, auch die Wirkung der sozialen und kulturellen Einflüsse auf den Prozess der Herausbildung der menschlichen Psyche erfassen.

Das menschliche Bewusstsein ist vor allem in seinen reflexiven Fähigkeiten auf die Ausformung ganz spezieller Hirnstrukturen angewiesen, die erst im Laufe der Kindheit und Jugend abgeschlossen wird. Dabei wird die Entwicklung des menschlichen Gehirns durch den Beziehungskontext des Individuums, ganz besonders durch die frühen Interaktionen, wesentlich beeinflusst. Somit hat das soziale Umfeld einen großen Einfluss auf die spätere Organisation der psychischen Inhalte.

9.1 Instinkte

Durch die Mutter-Kind-Beziehung, die beim Säuger lebensnotwendig ist, entwickelt sich in diesem engen sozialen Kontakt mehr und mehr die Fähigkeit, das andere Lebewesen in seinen Bedürfnissen und seinen Befindlichkeiten wahrzunehmen. Dazu ist es aber zuerst notwendig, dass ein Lebewesen bereits von Geburt an bestimmte Fähigkeiten besitzt, auf denen dann die weiteren hinzugelernten aufbauen. Solche Fähigkeiten müssen daher bereits genetisch angelegt sein und werden in der Regel als Instinkte bezeichnet.

Instinkte kann man als weitgehend festgelegte Programme definieren, durch die Tiere unter der Wirkung von äußeren Reizen und/oder inneren Ablaufprozessen sowie durch zeitliche Periodiken in feststehende und organisierte Muster von Verhalten gezwungen werden.[107] Instinkthandlungen sind in der Regel wenig flexibel und können daher auch zu kontraproduktivem Verhalten führen.

---

[107] Krause (1998), Bd. II, S. 23

Peters[108] berichtet über Beobachtungen an Grabwespen, bei denen dies klar zum Ausdruck kommt. Die Grabwespe legt in mehrere Erdhöhlen Eier ab und versorgt die heranwachsenden Larven mit Beuteinsekten. Dabei ist sie in der Lage, diese Höhlen und deren Versorgung stets neu zu erlernen und registrierend zu verarbeiten. Zugleich aber ist sie unfähig, von einem Instinktmuster abzuweichen, welches ohne Wiederholung durchaus sinnvoll erscheint. Bevor die Brut neu versorgt wird, wird die Beute vor der Höhle abgelegt, dann wird die Höhle inspiziert und danach die Beute rückwärts hineingezogen. Wird nun die Beute während der Inspektion etwas vom Höhleneingang weggezogen, so dass die Wespe die Höhle vollständig verlassen muss, um sie wieder zu erreichen, dann zieht die Wespe die Beute wieder heran – und beginnt die Inspektion erneut. Dieses aber nun kann bis zu 30–40 mal wiederholt werden, ohne dass die Wespe bis dahin in der Lage wäre, die stattgefundene Inspektion und deren Erfolg speichern zu können, um dadurch aus dem Instinktprogramm aussteigen zu können.

Je höher entwickelt das Nervensystem einer betreffenden Tierart ist, desto flexibler wird auch das Verhalten erscheinen, das wir als instinktgeleitet ansehen. Damit wird eine Art fließender Übergang zu den Motivsystemen und Affekten möglich, die in der Evolution mehr und mehr die Wirkung der Instinkte auflockern und übernehmen.

Natürlich muss auch der Säugling für bestimmte Bereiche eine Möglichkeit der Informationsverarbeitung besitzen, die bereits genetisch angelegt ist und somit von Geburt an wirken kann. Vor allem beim Menschen bezeichnet man dies meist als „Reflexe". So ist bei allen Säugetieren der Saugreflex eine notwendige Voraussetzung des Überlebens, ein weiterer ist z.B. beim Säugling und Affenbaby das Festhalten an der Mutter, ein Reflex, der sich beim Menschen bald wieder verliert. Solche Reflexe sind eine wichtige Form des instinktiven Verhaltens.

9.2 Aspekte der Gehirnentwicklung

Die Entwicklung des Fetus und seines Gehirns im Mutterleib wird sowohl genetisch als auch epigenetisch gesteuert. Die in den Genen vorhandene Information ist nicht umfangreich genug, um die endgültige Feinstruktur des Gehirns festlegen zu können. Daher gibt es Einflüsse aus der Umgebung des Zellkernes, nämlich aus dem Zellplasma der jeweiligen Zelle sowie von den anderen Zellen des Embryos, ferner von der Plazenta und von der Mutter und deren Lebenswelt, ohne die eine Entwicklung des Säugerembryos unmöglich ist. Dabei scheint es eine enge Wechselbeziehung zwischen den kognitiven und den körperlichen Aspekten zu geben. Bereits in der Fetalentwicklung wird eine Rückmeldung über das eigene Körperempfinden möglich, so kann der späte Fetus zwischen dem eigenen Daumen und der Uteruswand differenzieren.

Bereits vor der Geburt werden Einflüsse der äußeren Umwelt auf die Gehirnentwicklung beobachtet. Dies geschieht über das Erleben der Mutter und die damit erfolgende direkte Beeinflussung des Fetus, die sowohl über körperliche als auch über psychische Einflüsse geschieht. Die

---

[108] Peters in Kessler (1999) und mündliche Mitteilung

Wirkung von Drogen, welche die Mutter konsumiert, auf das Kind im Mutterleib ist von den verbotenen Drogen und auch von Alkohol und Nikotin allgemein bekannt. Dass auch darüber hinaus von den verschiedensten Chemikalien Gefahren für das Kind ausgehen können, ist ebenfalls weithin geläufig und wird durch spezielle gesetzliche Schutzbedingungen und Arzneimitteleinschränkungen berücksichtigt.

Des Weiteren werden auch direkte Einwirkungen auf den Fetus beobachtet, bei denen eine unmittelbare Beteiligung der Mutter nicht zu vermuten ist. So reagieren junge Säuglinge auf Hundegebell oder bestimmte Musik ganz verschieden, je nachdem, ob sie derartige Schallerfahrungen bereits vor der Geburt machen konnten oder nicht. Selbst auf den Klang vorgelesener Geschichten können sie reagieren.

Das Hirnwachstum eines Fetus geschieht mit einer sehr großen Geschwindigkeit, die bei den meisten Säugern nach der Geburt stark nachlässt. Das menschliche Gehirn unterscheidet sich von dem der anderen Tiere auch dadurch, dass es noch mehrere Monate mit einer ähnlichen Geschwindigkeit wie im Mutterleib wächst und erst dann langsamer zunimmt. Hier ist in der Evolution ein Kompromiss gefunden worden zwischen den anatomischen Gegebenheiten der Mutter, die durch den aufrechten Gang und die Größe des Beckens vorgegeben werden, und den sozialen Anforderungen, denen der Mensch nur durch eine ausreichende Gehirngröße genügen kann. Im letzten Jahrhundert ist daher der Mensch von manchen Wissenschaftlern als eine „Frühgeburt" charakterisiert worden.

Heute sieht man es als einen großen Evolutionsvorteil an, dass die Hirnentwicklung in Auseinandersetzung mit und in Anpassung an die sozialen Beziehungen und die äußere Umwelt geschehen kann.

Der soziale Kontakt mit all seinen Begleitumständen ist für die menschliche Entwicklung absolut wesentlich, er bewirkt den Unterschied zwischen Gehirnen unserer Zivilisation und denen der Steinzeit.

Dabei ist wiederum die Einbettung in ein sicheres soziales Gefüge die Voraussetzung dafür, dass der noch nicht fertig entwickelte menschliche Säugling seine Hirnleistungen so viel weiter als alle anderen Tiere entwickeln kann.

Mit der Pubertät hat das Gehirn das Vierfache des Geburtsvolumens erreicht. Ab dann geschehen nur noch interne Veränderungen in der Feinstruktur des Gehirns. Obwohl Krankheiten und altersbedingte Abbauprozesse die Hirnleistung im Alter beeinträchtigen, bleibt im Prinzip die Lernfähigkeit des Gehirns bis ans Lebensende erhalten.

Bis zum 2. Lebensjahr gehen viele überschüssige Neuronen verloren, nämlich die, bei denen es sich in der Auseinandersetzung des Säuglings mit der Umwelt und den Beziehungspersonen zeigt, dass die betreffenden Nervenzellen und deren Verbindungen in diesem Prozess nicht aktiviert werden. Leicht erkennbare Auswirkungen davon sind z.B. die kulturell erworbenen Verluste sprachlicher Differenzierungsmöglichkeiten. So kennen wir die Schwierigkeiten chinesisch sozialisierter Menschen, den für uns Mitteleuropäer so offensichtlichen Unterschied zwischen „r" und „l" ebenfalls hören zu können. Englischsprachige Erwachsene haben Probleme mit unseren deutschen Umlauten. Bei kleinen Kindern ist dies alles noch vorhanden und erst durch den Nichtgebrauch verlieren sich solche Fähigkeiten.

Die später noch stattfindenden Wachstumsvorgänge im Gehirn beruhen vor allem auf dem Dendritenwachstum und einem Ausbau der Myelinisierung. Des Weiteren werden Veränderungen der Neurotransmitteraktivität beobachtet. Die Neubildung von Nervenzellen scheint entgegen einem lange vertretenen Dogma zwar möglich zu sein, ist aber wohl ohne größere Bedeutung.

Es soll noch einmal hervorgehoben werden, dass die Gehirnentwicklung besonders nach der Geburt sowohl genetisch als auch erfahrungsabhängig verursacht wird. Die Vielfalt der Vernetzungen zwischen den Nervenzellen ist so groß, dass eine vollständige genetische Steuerung dieses Prozesses aus mathematischen Gründen unmöglich ist. Daher wird ein wesentlicher Anteil der Hirnentwicklung, man schätzt etwa ein Viertel bis die Hälfte[109], in Auseinandersetzung mit der Umwelt bewirkt, beim Menschen vor allem durch die Beziehungen zu den frühen Bezugspersonen. Dies geschieht beispielsweise auch dadurch, dass Gene an- bzw. ausgeschaltet werden oder dass Gengruppen aktiviert oder inaktiviert werden. Eine strenge Trennung zwischen Gen- und Umwelteinflüssen muss daher als gekünstelt angesehen werden. Ein Hinweis auf das enge Ineinandergreifen von Gen- und Umwelteinflüssen kann z.B. daran ersehen werden, dass ein geklontes Katzenjunges zur Überraschung der Forscher eine vom Spendertier verschiedene Fellfärbung besaß.

Es ist wahrscheinlich, dass ein großer Anteil des evolutionären Erfolges der Säuger darauf beruht, dass durch die intensive Brutpflege die Entwicklung des Nervensystems in der sozialen Kommunikation sehr viel weiter erfolgt als bei den entwicklungsgeschichtlich älteren Tieren.

Auch bei den Vögeln, bei denen das Brutpflegeverhalten ebenfalls viel weiter ausgeprägt ist als bei Amphibien und Reptilien, finden sich bereits Fähigkeiten, die über diejenigen dieser anderen Gattungen weit hinausreichen. So wird bei Vögeln und Säugern das Suchen nach Triebobjekten, das so genannte Appetenzverhalten, das z.B. der Befriedigung von Hunger- oder Sexualreizen dient, nicht einfach in Form einer Reiz-Reaktions-Kette abgearbeitet, sondern es kann bereits durch Zielvorstellungen ausgerichtet werden[110].

9.3 Entfaltung von Wahrnehmungsfähigkeiten

Während viele Säugetiere direkt nach der Geburt mit der Herde mitziehen können und dabei bereits den Besitz eines wesentlichen Teils ihrer Kompetenzen demonstrieren, machen die menschlichen Säuglinge einen recht hilflosen Eindruck. Dies hatte in früherer Zeit zu der Vorstellung geführt, dass der Mensch als „Tabula rasa", als „unbeschriebenes Blatt" auf die Welt kommt.

---

[109] Roth (2001) schätzt etwa die Hälfte.
[110] Krause (1998), Bd. II, S. 24; Eibel-Eibelsfeld (1984), S. 112

Das wichtigste Ergebnis der modernen Säuglingsforschung dürfte die Erkenntnis sein, dass kleine Kinder bereits in den ersten Lebensmonaten sehr viel mehr können, als früher angenommen worden war.

Heute wird deshalb das Neugeborene ganz anders gesehen und mit dem Begriff des *kompetenten Säuglings* beschrieben. Die Untersuchungen konnten z.b. durch den Einsatz von Videokameras und damit von Zeitlupentechnik viel genauer werden. Beim Säugling kann damit die Zeitdauer der Blickrichtung (Präferenz) gemessen werden, ihre Gewöhnung (Habituierung) und/oder die sichtbare Überraschung, die sie für ganz bestimmte Reize zeigen.

9.3.1 Organisation der Wahrnehmung

Während man früher zumeist davon ausging, dass der Säugling anfangs lediglich Teilobjekte wahrnimmt und diese dann allmählich zu Gesamtobjekten integrieren kann, sieht die Säuglingsforschung dies heute anders. Auf der Basis moderner Beobachtungshilfsmittel kann man zu dem Schluss gelangen, dass der junge Säugling die Differenzierungen in eine ganzheitliche Wahrnehmung einbettet.

Da es für den Fetus im Mutterleib nur wenig Objekte gibt, kann er Differenzierungen erst in einem Prozess herausbilden, der im Wesentlichen nach der Geburt beginnt. Dies gilt für die Wahrnehmung der Innen- und der Außenwelt. Trotzdem zeigt es sich, dass kleine Kinder bereits mit wenigen Monaten deutlich unterscheiden können, was ihre eigenen Handlungen bewirken und was Handlungen der Bezugspersonen sind.

Damit ist bereits ein Gefühl vom Selbst und von anderen Objekten verbunden, wobei in diesem Sprachgebrauch der Begriff „Objekt" auch die Bedeutung „Person" mit beinhaltet.

Die Wahrnehmung (Perzeption) des gleichen Objektes über verschiedene Sinnesorgane bezeichnet man als *Synästhesie*. Sie ermöglicht aus Erfahrungen, die über ein Sinnesorgan gemacht werden, ohne zusätzliche Lernleistung ein Objekt zu identifizieren, das durch Informationen aus einem anderen Sinnesbereich erfahren wird. Heute wird dies als *kreuzmodale* oder *amodale Wahrnehmung* (cross modality) beschrieben.

Untersuchungen zeigen, dass junge Säuglinge bereits eine differenzierte Wahrnehmungsaktivität besitzen, wobei integrierende und wohl auch abstrahierende Prozesse ablaufen. Gegenstände, die sie entweder nur sehen oder nur tasten können, können sie dennoch als die gleichen identifizieren. 20 Tage alten Säuglingen gibt man, ohne dass sie ihn sehen können, einen genoppten Schnuller in den Mund. Zeigt man ihnen danach zwei Bilder, eines von einem glatten Schnuller und eines mit Noppen, schauen sie länger den genoppten Schnuller an. Dies wird so gedeutet, dass sie eine Verbindung herstellen zwischen dem, was sie taktil-haptisch gefühlt haben und dem, was sie sehen.[111] Hören und Sehen sowie Tastsinn werden koordiniert und bringen so alles Wahrgenommene von einem Objekt zusammen. Säuglinge erwarten beispielsweise auch, dass Ton und Mundbewegungen zusammenpassen.

---

[111] Meltzoff und Borton (1979), zitiert nach Dornes (1997), S. 59

Die kreuzmodale Wahrnehmung vereinheitlicht nicht die äußeren Objekte selbst, son-
dern die Objektwahrnehmung.[112]

Die kreuzmodale Wahrnehmung wird auch sichtbar an einer deutlichen visuellen Präferenz für
einzelne Gesichter, z.B. das der Mutter, mit welcher der Säugling einen besonders engen
Körperkontakt hat. Ebenso kann er den Milchgeruch der eigenen Mutter von denen anderer
Mütter unterscheiden.

Das Farbhören, bestimmte Töne mit bestimmten Farben zugleich wahrzunehmen, scheint
erst im Erwachsenenalter abzunehmen, denn bei Kindern ist es noch zu 50 % vorhanden, bei
Erwachsenen zu 14 %. Diese Synästhesien könnten so erklärt werden, dass sowohl Farben als
auch Töne mit einer hohen Affektivität verbunden sind. In der Evolution hat sich diese Fähigkeit,
die Identifikation eines Objektes über eine Sinnesmodalität auf andere Sinnesmodalitäten zu
übertragen, sicher als Vorteil erwiesen. Ein Objekt kann damit bereits nach der ersten Begegnung auch durch sämtliche anderen Sinnesmodalitäten erkannt werden. Die hohe Affektivität
und die damit verbundene Bedeutung bewirken einen sehr sinnvollen Lerneffekt, der bei gefähr-
lichen Begegnungen einen großen Überlebensvorteil bietet.[113]

9.3.2 Einheitlichkeit und Differenzierung der Wahrnehmung

Dornes, der einen guten Überblick über die Ergebnisse der Säuglingsforschung gibt, deutet die
obigen Befunde so, dass die Fähigkeit des jungen Säuglings zur kreuzmodalen Wahrnehmung
nahe legt, dass die wahrgenommenen Teile als Teile eines Ganzen registriert werden.

Anders ausgedrückt kann man sagen: „Ursprünglich werden Ganzheiten wahr-
genommen. "[114]

Da diese angeborene Fähigkeit auch im Bereich der Affekte existiert, scheint eine einheitliche
henadische Welt- und Selbsterfahrung von Lebensbeginn an vorhanden zu sein. Nach Stern[115]
gibt es auch von Anfang an ein Selbstempfinden, d.h. einen Prozess, in dem die Erfahrung, die
das Subjekt im Umgang mit sich selbst und der Welt der Objekte macht, geordnet, verarbeitet
und organisiert wird. Anfangs ist dieses Empfinden noch ein *unmittelbares präverbales Ge-*
wahrsein, später nehmen die Differenzierungsmöglichkeiten immer mehr zu.

Parallel zu der Entwicklung des Säuglings, die von der Eizelle an als die einer Einheit erscheint, welche zugleich eine Differenzierung – beispielsweise in einzelne Körperteile – erlaubt,
dürfen wir daher vermuten, dass auch im Psychischen ein analoger Prozess durchlaufen wird.
Die ursprüngliche Einheit gliedert sich auf und kann in dieser Differenziertheit auch zuneh-

---

[112] Dornes (1993)
[113] Krause (1998), Bd. II, S. 34
[114] Dornes (1993), S. 47
[115] Stern (1994)

mend differenzierter wahrgenommen werden, ohne dass sie selbst gänzlich verloren gehen würde. Dem entspricht eine wachsende Unterscheidungsfähigkeit in der äußeren Umgebung.

9.4 Affekte und Gefühle

Im Laufe der Evolution wurden bei den höher entwickelten Tieren die Instinkte mit der wachsenden Gehirnkapazität und der damit einhergehenden größeren Informationsverarbeitungsfähigkeit mehr und mehr zurückgedrängt und ein flexibleres Eingehen auf die jeweilige Umweltsituation wurde möglich.

An die Stelle der Instinkte treten die *Motivsysteme*, die als *Affekte* bzw. *Emotionen* auch von außen sichtbar werden.

Da auch in der naturwissenschaftlichen Hirnforschung heute die Affekte und Emotionen in ihrer Bedeutung wahrgenommen werden, nähert sie sich damit den Erkenntnissen der Psychoanalyse, die bereits seit langem die Meinung vertritt, dass für die Behandlung psychischer Störungen ein rein kognitives Erinnern ohne Affekte und Emotionen wenig wirksam ist.

Affekte werden als eigenständige biologische Prozesse verstanden. Sie stellen eine Einheit von körperlichem und psychischem Geschehen dar und bilden somit eine „Schnittstelle" zwischen diesem Geschehen und der Umwelt. Sie können sich oft *ohne* ein *bewusstes* Erleben äußern. Bei der Entstehung der Affekte spielt, wie bereits geschildert, das limbische System eine besondere Rolle. Insbesondere die Amygdala, die für emotionale Erfahrung entscheidend ist, ist bereits früh entwickelt und damit von Beginn an auch an der Formung der Affekte beteiligt. Der *orbitofrontale Cortex*, dessen Wirkung eine *Kontrolle der Affekte* ermöglicht, ist hingegen erst mit der Pubertät voll ausgebildet. Deshalb ist es eine sinnvolle juristische Praxis, den unter 14-jährigen die Geschäfts- und Strafmündigkeit nicht zuzugestehen.

Die gefühlshaften Wahrnehmungen erfolgen beim Neugeborenen *zunächst direkt* und *ohne kognitive* Einschätzungs- und Auswertungsprozesse. Diese kommen erst im Laufe der Entwicklung hinzu. Man kann sagen, „dass Affekte und ihre Veränderungen schon vom kleinsten Säugling als differentielle Gefühle gespürt und wahrgenommen werden und dass die Integration sensorischer und perzeptueller Daten im Gehirn, die zum Gefühl führt, auf dieser elementaren Ebene *kein* kognitiver Prozess ist."[116]

Alle Menschen auf der Welt haben die *gleichen Affekte*. Diese äußern sich bei den kleinen Kindern in spezifischen Gesichtsausdrucksmustern. Später werden sie kulturell überformt, so dass dann deutlich wahrnehmbare familiäre und kulturelle Unterschiede im Verhalten und im Bewerten von Affekten sichtbar werden. *Die Basisaffekte sind aber am Anfang in allen Kulturen gleich.*

---

[116] Dornes (1993) S. 129

9.4.1 Primär- oder Basisaffekte

Von Geburt an haben die Säuglinge *Interesse* und *Neugier,* die als ein Affekt beschrieben werden. Dieser bei den Säugern und insbesondere bei allen Menschen von Anfang an vorhandene Affekt dient dem evolutionären Ziel einer immer größeren Informationsaufnahme und Verarbeitung. Mit *Überraschung*, einem weiteren angeborenen Affekt, kann ebenfalls auf neue Ereignisse eingegangen werden. Als aversiver Affekt ist *Ekel* angeboren.

Nach etwa 4–6 Wochen kommt *Freude* hinzu, sie ist z.B. am spontanen Lächeln erkennbar. Mit 2–4 Monaten sind der *Ärger* und die *Traurigkeit* beobachtbar. Ab 6–7 Monaten kennen Kinder *Furcht*. Dazu gehört das „Fremdeln", die Furcht vieler Säuglinge ab diesem Alter vor fremdem Erwachsenen. Ab dem 2. Lebensjahr werden *Schuld-* und *Schamgefühle* sichtbar. Reine Körperreaktion wie Hunger oder Schmerz werden zumeist nicht als Affekte bezeichnet, können aber natürlich mit Affekten verbunden sein.

Die Affekte werden zwar als einheitlicher Prozess empfunden, an ihnen können aber einzelne Anteile unterschieden werden, die kurz geschildert werden sollen.

9.4.2 Die Komponenten der Affekte

Krause[117] unterscheidet mehrere Komponenten der Affekte, die sich in bewusste und unbewusste Anteile gliedern. Zuerst wird durch Gesichtsausdrücke und Vokalisierungen in der Stimme die *expressive Komponente* der Affekte deutlich, die sich am Körper von außen feststellen lässt. Dazu kommt eine *physiologische Komponente*, die zum Beispiel am Hormonhaushalt erkennbar ist. Es kommt zu einer Aktivierung bzw. Deaktivierung des autonomen und endokrinen Systems und somit wird eine innere und äußere Handlungsbereitschaft hergestellt. Die *motivationale Komponente* zeigt sich mit Verhaltensanbahnungen von Skelettmuskulatur und Körperhaltung und ist mit dem expressiven Anteil nicht deckungsgleich.

Wenn diese *körperlichen Korrelate* wahrgenommen werden, können sie *sprachlich benannt* und dann auch *bewertet* werden. Wird der Affekt bewusst wahrgenommen, kann er als *inneres Bild* verstanden werden und eine *spezifische situative Bedeutung* der Welt und der Objekte verdeutlichen.

Wenn die Affekte *bewusst wahrgenommen und erlebt* werden können, spricht man auch von *Gefühlen*.

Die Sprechweise über Affekte, Emotionen und Gefühle ist – wahrscheinlich wegen ihrer komplexen Wirkungsweise – nicht einheitlich. Damasio[118] und andere Neurowissenschaftler betonen ebenfalls, dass bei allen kognitiven Prozessen, d.h. bei Prozessen, die bisher der „reinen Vernunft" zugeschrieben wurden, die Emotionen mit in die Denkvorgänge hineinwirken und dabei

---

[117] Krause (1998), Bd. II
[118] Damasio (2000)

eine wichtige Rolle spielen. Auch er definiert die Emotion als Bild von der Struktur und dem Zustand des Körpers. Die Emotionen erlauben einen momentanen „Blick" des Bewusstseins auf den Körper. Emotionen stellen Sensoren für die Kongruenz oder die fehlende Kongruenz zwischen der Natur eines Lebewesens dar, die sich genetisch und in der Individualentwicklung entwickelt hat, und den Umständen, in denen das Lebewesen sich zum betreffenden Zeitpunkt vorfindet. Die Emotionen entsprechen in der fortschreitenden Entwicklung des Menschen zunehmend kognitiven Akten und werden von entsprechenden Denkvorgängen begleitet. Auf ihnen beruhen nach Damasio z.B. Leid, Seligkeit, Sehnsucht, Erbarmen und Ruhm. Ihre Gesamtheit entspricht nach seiner Sicht in der Alltagssprechweise die Seele. Man kann feststellen, dass die Emotionen die Bewertung und Bedeutung von Wahrnehmungen beeinflussen und umgekehrt wahrgenommene Bedeutungen spezifische Emotionen hervorrufen können.

9.5 Frühe Interaktionen gestalten den Kontext für Bedeutungen

Da nach der Geburt der Einfluss der Umwelt auf die Hirnentwicklung immer größer wird, wächst beim Menschen die Bedeutung der Mutter und die der anderen Bezugspersonen in spezifischer Weise. Damit die Interaktionen zwischen Mutter und Kind befriedigend ablaufen können und eine günstige Entwicklung möglich wird, ist der Säugling bereits mit den oben erwähnten Fähigkeiten ausgerüstet. Diese ermöglichen ihm eine Anpassung an seine natürliche Umwelt. Er kann seine Körperzustände wie Hunger und Schmerz anderen deutlich machen. Die Notwendigkeit, physiologische Bedürfnisse wie Hunger und Durst zu befriedigen, sind Antriebe für Handeln, sind Motive. Neben diesen elementaren Motiven, zu denen aus neurophysiologischer Sicht noch die Temperaturregelung zu rechnen ist, wirken aber von Beginn des Lebens an weitere Motivationssysteme, die der psychischen Regulierung dienen und die *über die Basisaffekte hinausweisen*.

9.5.1 Motivationssysteme

In der Hirnforschung wird Motivation als ein hypothetischer innerer Zustand gesehen, welcher den Antrieb zur Regulierung und Erreichung eines Zustandes der physiologischen Homöostase darstellt. Die Psychologie legt ein stärkeres Augenmerk auf die Erfassung und Regulierung psychischer Bedürfnisse und Notwendigkeiten. Eines dieser elementaren menschlichen Bedürfnisse ist das Bedürfnis nach *Bindung*. Es ist der Wunsch nach Nähe, Geborgenheit und Zugehörigkeit. Ein anderes Motiv, das dem Menschen angeboren ist, und das praktisch einen Gegenpol zur Bindung darstellen kann, ist der Drang nach *Autonomie*. Dieses Motiv zeigt sich im Streben nach Eigenständigkeit und Selbstbehauptung sowie nach Exploration, auch das Streben nach

Macht gehört hierzu. Auch im späteren Leben steht das Autonomiestreben manchmal im Widerstreit zum Wunsch nach Bindung. Dies kann zu inneren und äußeren Konflikten führen. Lichtenberg sieht das Bedürfnis, *aversiv* zu reagieren und sich zurückziehen zu können, als eigenständiges Motivationssystem.[119] Ein weiteres motivationales System drückt das *Bedürfnis nach sinnlichem Genuss und sexueller Erregung* aus. Dies kann sich in sexueller Neugier, Schau- und Zeigelust äußern und später zu sexuellen Phantasien und Spielen anregen und führt zum Wunsch nach Sexualität.

Alle diese Motive äußern sich auch als Gefühle und Affekte. Zum Beispiel kann Selbstbehauptung, als Motiv des Autonomiestrebens, unter äußerer Einschränkung die Affekte von Wut, Verachtung und Stolz hervorrufen[120].

Diese Bedürfnisse sind bei allen Säugetieren ausgebildet und auch die Hemmung von Motivsystemen ist keineswegs eine spezifisch menschliche Eigenheit. In den einzelnen Motivsystemen ist nach Bischof auf affektiv-motivationaler Ebene ein Mechanismus eingebaut, der auf andere Motive hemmend wirkt.[121]

9.5.2 Beziehungsaspekte des frühen Eltern-Kind-Dialogs

Mit den angeborenen Affekten und Reaktionsmöglichkeiten ist es dem Kind möglich, die Beziehung zu den Pflegepersonen selbst mitzugestalten. Auf der anderen Seite verfügen auch die Erwachsenen für das Pflegeverhalten über solche genetisch verankerten biologischen Dispositionen.[122] Papousek et al. sprechen von der „intuitiven elterlichen Verhaltensbereitschaft".[123] Damit ist die spontane Reaktions- und Handlungsbereitschaft gemeint, mit denen Eltern in allen Kulturen auf die Äußerungen ihrer Säuglinge eingehen. In der Regel wird solches Verhalten sogar von älteren Kindern und den Erwachsenen insgesamt gezeigt, was für dessen genetische Vorprogrammierung spricht. So ist sichergestellt, dass die Interaktionen von Säugling und Mutter zusammenpassen.

Zu diesen Verhaltensweisen gehört z.B., dass ein Säugling intuitiv in einem Gesichtsabstand von etwa 20 cm gehalten wird, was seinem anfänglichen Sehvermögen am besten entspricht. Fast alle Menschen sprechen in der so genannten Ammensprache (Baby-Talk) zum Säugling. Sie ist eine durch langsame, höhere Tonlage und mit geringfügig variierenden Wiederholungen und Übertreibungen gekennzeichnete Sprechweise von vereinfachter Syntax. Dies ermöglicht es dem Säugling, leichter darauf einzugehen, Regelmäßigkeiten zu entdecken und die Mundbewegungen zu beobachten. Dazu verhilft auch das „Baby-Face", welches sich durch übertriebene, oft komische Mimik auszeichnet.

---

[119] Lichtenberg (2000), S. 13

[120] Krause (1998), Bd. II, S. 43

[121] Bischof (1997), S. 245 und 467

[122] Winnicott (1990)

[123] Papousek et al. (1986), S. 66

Winnicott betont, dass der Säugling der Erfahrung von menschlicher, nicht mechanisch-perfekter Zuverlässigkeit bedarf. Eine „hinreichend gute Versorgung durch die Mutter" muss gegeben sein, wenn das ererbte Potential die Chance der Verwirklichung haben soll, besonders weil der Säugling sich anfangs in völliger Abhängigkeit befindet. Dadurch gibt es trotz der Differenzierungsmöglichkeit und des auftauchenden Selbstempfindens des Säuglings eine enge Verbundenheit zur primären Bezugsperson, was im Allgemeinen die Mutter ist. Mutter und Kind können temporär und partiell als eine Einheit empfunden werden. Deshalb nahmen Kinderanalytiker wie Margret Mahler eine *symbiotische Phase* für das Kind an, in der es für das Kind noch keine Unterscheidung zwischen sich und Mutter geben sollte. Mahler spricht von einer *„unabgegrenzten Zweieinheit"*, einem Zustand, in dem das Ich und das Du noch nicht getrennt ist, der aber aus ihrer Sicht gleichzeitig ein empirischer Vorläufer eines individuellen Beginns ist.[124]

Auch Bischof unterstützt die Annahme, dass bis zum 18. Lebensmonat die psychische Grenze zum anderen noch nicht verfügbar ist. Die Erfahrung, dass das Ich genau dort aufhöre, wo das Du beginnt, sei bis dahin noch nicht möglich.[125].

Heute wird die Vorstellung einer Symbiose meist vermieden und als *koaktiver Modus* beschrieben. „Im koaktiven Modus können beide Partner die Erfahrung machen, dass sie den gleichen Zustand synchron erleben, eine Erfahrung, die dem subjektiven Gefühl des Verschmelzens oder der von Mahler beschriebenen symbiotischen Dualunion entsprechen könnte."[126] Für Kohut[127] bedarf das Kind für seine gesunde psychische Entwicklung der *„Spiegelung"* durch die Mutter und des *„Glanzes im Auge der Mutter"*, womit eine Widerspiegelung seiner inneren Zustände gemeint ist. Das hilft dem Säugling, besser mit den eigenen Affekten und dem Selbsterleben umzugehen und sich selbst immer besser zu verstehen. Wenn die Bezugspersonen angemessen und einfühlsam auf das Kind reagieren und auf die gezeigten Affekte eingehen, dann kann das Kind sich als Subjekt mit eigenen Bedürfnissen empfinden, sich wahrgenommen und anerkannt fühlen. Der Säugling möchte nicht als Organismus befriedigt, sondern als Person geliebt werden, sagt Balint mit seinem Konzept der primären Liebe.[128] Die elterliche emotionale Atmosphäre in der frühkindlichen Entwicklung beeinflusst diese in hohem Maße. Sie soll dazu beitragen, dass ermöglicht wird, ein „Grundvertrauen" in dieser frühen Phase der Kindheit zu entwickeln.[129]

In den ersten Monaten werden zwischen dem Säugling und den Bezugspersonen affektbesetzte Handlungen ausgetauscht. Der Einfluss der Mutter verschiebt sich von der Regulierung der Affekte des Säuglings dahin, diese Affekte mit ihm zu teilen. Mit ca. 9 Monaten (8–10) können die Kinder sich am Gesicht der Mutter darüber orientieren, wie die Situation oder ein Objekt, das den Säugling verunsichert, einzuschätzen ist. Dieses „social referencing" kann man z.B. beobachten, wenn ein Säugling ein neues Spielzeug erhält, das sich selbständig bewegt und dazu

---

[124] Mahler (1992), S. 277
[125] Bischof (1996), S. 188
[126] Köhler 1990, S. 42
[127] Kohut (1976)
[128] Balint (1966, 1968)
[129] Erikson (1995), S. 70 ff

Geräusche macht. Der Säugling beobachtet den Gesichtsausdruck der Mutter, ob Furcht angebracht ist oder nicht.

Mit etwa 9 Monaten erwerben Säuglinge eine weitere Fähigkeit, die Tomasello als das Neun-Monats-Wunder bezeichnet. Während Menschenaffenkinder die Mutter an die Hand nehmen müssen, um von ihr etwas zu erhalten, haben im Gegensatz zu allen anderen Primaten Menschenkinder dann die Möglichkeit, durch Zeigen die Mutter oder einen anderen Erwachsenen dazu zu bewegen, etwas zu geben oder zu tun.[130]

Aber auch ohne sich auf ein drittes Objekt zu beziehen kommt es zu einer Affektabstimmung zwischen Kind und Mutter. Der unbewusste Abstimmungsprozess bezieht sich meistens auf die Intensität, mit der auf eine affektive Aktion des Kindes eingegangen wird. So kann beispielsweise die Mutter mit einem Ton die Bewegung des Kindes untermalen und begleiten und damit ihre gefühlsmäßige Zustimmung ausdrücken. Hier kommt ein menschliches Bedürfnis nach gemeinsamem Erleben und sozialer Vergewisserung zum Ausdruck. Diese Abstimmung erfolgt von Eltern auch selektiv, wenn sie bestimmtes Verhalten fördern und anderes nicht verstärken wollen. Es ist eine große Bandbreite der Beziehungsregulierung möglich, die von einer maximalen Übereinstimmung im Erleben von Gefühlen bis hin zur vollständigen Nichtbeachtung reichen kann. Selbstverständlich geschieht ein solcher Abgleich nicht immer ideal.[131] Angemessene Differenzen können zur Entwicklung anregen. Wichtig ist es auch, dass Kinder einen Spielraum zu Verfügung haben, in dem sie Wahlmöglichkeiten haben und nicht von innen oder außen determiniert werden und wo das Kind seinen Interessen und seiner Aufmerksamkeit nachgehen kann. Es kann Handlungen in Gang setzen und Initiativen entwickeln sowie sein Wirksamwerden erleben und beobachten.[132]

Besonders wichtig für die Entwicklung des Kindes ist es – und dies hat auch eine größere soziale Bedeutung –, wie mit den Aggressionen des Kindes umgegangen wird. Heute wird Aggression weniger als Trieb interpretiert, sondern die destruktive Aggression wird auch als Ergebnis einer missglückten frühen Regulation gesehen. Der Mensch ist von Natur aus weder gut und ohne Aggression noch ist er nur böse oder schlecht. Die Aggression ist eine angeborene Verhaltensdisposition, die der Mensch nicht nur mit seinen nächsten Verwandten, den Affen, sondern mit fast allen Säugern teilt. Entgegen ihren Vorstellungen und Erwartungen mussten die Primatenforscher bei ihren Beobachtungen innerartliche Aggressionen der Menschenaffen bis hin zu Tötungsdelikten feststellen. DeWaal beschreibt aber auch bei den Primaten eine andere Seite des Verhaltens, wie Nahrungsteilen, tolerantes Verhalten und ausgefeilte Versöhnungsrituale und -techniken.[133]

Reaktive Aggression und Aversion werden als ein latentes Motivationssystem gesehen. Selbstbehauptung ist mit Exploration und Assertion, dem Zugehen auf die Dinge und die Welt gekoppelt. Dieses Streben des Kindes kann von den Bezugspersonen als Aggression missverstanden und dementsprechend falsch interpretiert werden. Wenn Selbstbehauptung zu sehr einge-

---

[130] M. Tomasello vom MPI für Evolutionäre Anthropologie in Leipzig in einem Vortrag am 18.1.00 in der Siemensstiftung München

[131] Stern (1994), S. 208 ff

[132] Köhler (1986), S. 81 f

[133] deWaal (1991)

schränkt wird, kann es Unlust hervorrufen. Feindseligkeit scheint zunächst immer als Reaktion auf Unlust aufzutreten. Der Umgang mit den aggressiven Impulsen sowohl der Bezugspersonen selbst als Vorbild als auch ihre Reaktionen auf die Aggressionen des Kindes oder eine zu starke Einschränkung der Selbstbehauptung wird das Schicksal des weiteren Umgangs mit den aggressiven Impulsen in hohem Maße mitbestimmen. Bei einer wiederholten Verletzung des Selbstwertgefühls kann es zu narzisstischer Wut kommen. Später können durch Phantasien Affektauslösungen bewirkt werden. Dabei kann eine biologisch adaptive Affektdisposition – auf einen unangenehmen Reiz aversiv zu reagieren – mit destruktiven Phantasien verknüpft werden.

Säuglinge sind nicht nachtragend und können es auch nicht sein. Hier ist der Affektzustand von der *aktuellen* interaktionellen Realität abhängig. Erwachsene können Kränkungen immer wieder neu herbeiphantasieren. Die Verknüpfung von Affekt mit Phantasie ist auch ein Grund, warum menschliche Aggression so unbefriedbar sein kann.[134]

9.5.3 Frühe Bindungserfahrung bleibt im impliziten Gedächtnis

Die frühen, von Affekten durchdrungenen Beziehungen zu den Bezugspersonen bleiben, wie bereits erwähnt, im affektiven Gedächtnis haften. Nach Stern können bereits Säuglinge in gewissem Maße Informationen abstrahieren. Die in der Beziehung von Kind und Eltern sich abspielenden Interaktionseinheiten, von ihm RIGs genannt (Representations of Interactions that have been Generalised) werden gespeichert und rufen eine Erwartungshaltung beim Kind hervor. Diese Schemata bilden eine Folie für neue Erfahrung, für neue Episoden.

Bindungsforscher wie Bowlby[135] analysierten die Mutter-Kind-Beziehungen. Aus der Qualität der frühen Bindung ergibt sich eine Vorhersagbarkeit des späteren Sozialverhaltens. Die Modellszene zur Feststellung des Bindungsverhaltens wurde von Ainsworth[136] et al. standardisiert. In ihr wird das Verhalten von etwa einjährigen Kindern unter der Bedingung einer kurzzeitigen Trennung von der Mutter und bei Anwesenheit einer fremden Person untersucht. Dabei wurden drei Bindungstypen festgestellt: sicher gebundene Kinder, vermeidend gebundene Kinder und ambivalent gebundene. In den Untersuchungen an amerikanischen Mittelschichtkindern zeigte sich, dass rund 2/3 der Kinder ein sicheres Bindungsverhalten hatte, was später bei diesen zu einer größeren sozialen Aufgeschlossenheit führte.

Piagets Arbeit hat ergeben, dass die Entwicklung von Objektpermanenz für unbelebte physische Objekte im Alter von 18 bis 20 Monaten erfolgt. *Objektpermanenz* ist die Fähigkeit, an die Weiterexistenz eines Gegenstandes zu glauben, auch, wenn er verschwunden ist. Schon früher ist ein Vermissen durch Assoziation möglich; z.B. wenn ein Kind von 8 Monaten nach dem Ball sucht, dessen Verschwinden es beobachtet hat. Die Entwicklung der emotionalen Objektkonstanz gegenüber den Bezugspersonen, insbesondere der Mutter, scheint ein komplexerer Pro-

---

[134] Dornes (1997), S. 250 ff
[135] Bowlby (1969)
[136] Ainsworth et al. (1978)

zess zu sein, der länger dauert. Erst mit ca. 3 Jahren, meint Mahler[137], kann die Mutter, zumindest teilweise, in ihrer Abwesenheit durch ein verlässliches inneres Bild ersetzt werden. Daher können ab diesem Alter vorübergehende Trennungen besser ertragen werden.

Die unterschiedliche Weise, in der Eltern die Beziehung gestalten und wie die Kinder darauf reagieren, zeigt auf, dass die genetische Festlegung beim Menschen wesentlich geringer ist als sonst im Tierreich.

Daher ist es möglich, dass Phantasien und bestimmte Vorstellungen der Eltern, die durch ihre eigene Biographie bedingt sind, aber auch gesellschaftliche Einflüsse, Traditionen und Forderungen an die Eltern dazu führen können, dass die genetischen Dispositionen überlagert wird und durch eine Missachtung von biologischen Bedürfnissen (wie z.B. langes Schreien-Lassen, Wickeln ohne Bewegungsmöglichkeit, Zwangsfüttern) Leid und Fehlanpassung entstehen kann.

Die Bedeutung einer gelingenden Interaktion kann nur schwer überschätzt werden. Das Kind benötigt eine genügend große Menge an Anregungen, an Möglichkeiten, Informationen aufzunehmen und zu verarbeiten, ohne jedoch überstimuliert zu werden.

Es sei nochmals erwähnt, dass die Interaktionen der primären Pflegepersonen mit dem Kind einen Einfluss auf die neuronalen Verknüpfungen mit den Selbstregulierungsvorgängen hat. Die Auswirkungen auf das neuromodulatorische System, z.B. die Neurotransmitter und Hormone, scheinen von langanhaltender Dauer zu sein. Auch bei genügend hygienischer und körperlicher Versorgung kommt es zu einer verzögerten oder krankhaften Entwicklung, wenn das Kind zu wenig menschliche Wärme und Stimulierung bekommt, wenn es keinen oder nur einen ungenügenden Dialog mit der Pflegeperson erfährt, in diesem zuwenig oder keine emotionale und sprachliche Antwort erhält, kein Feedback auf seine Bedürfnisse und Empfindungen.

Traumatisierungen

Manche Ereignisse, denen das sich erst entwickelnde Ich massiv ausgesetzt ist, können lebenslange Auswirkungen haben. Solche Traumata in der frühen Kindheit können beispielsweise Gewalterfahrungen, Missbrauch, körperliche und emotionale Vernachlässigung, längere Trennungen von der Bezugsperson, Krankenhausaufenthalte, stark angstbesetzte Situationen der Bezugspersonen oder der Umgebung, wie Kriegseinwirkungen und Flucht sein. Sie können zu Fehlentwicklungen mit unterschiedlicher Symptomatik führen und einen schwerwiegenden Einfluss auf die künftige Entwicklung haben. Ebenso können weniger traumatische, aber sich wiederholende belastende Ereignisse kumulativ wirken. Bei extrem traumatisierten Menschen, wie z.B. bei Holocaustüberlebenden, können die Auswirkungen auch noch in der nächsten und den folgenden Generationen wirksam sein.

Spitz[138] hatte schon vor Jahrzehnten bei Kindern in Säuglingsheimen das Syndrom des Hospitalismus beschrieben. Die Symptome gleichen z.T. denjenigen, die Selye bei länger andauerndem Stress beschrieben hat. Werden z.B. Kinder zwischen dem sechsten und achten Lebensmo-

---

[137] Mahler et al. (1978), S. 143
[138] Spitz (1985), S. 279 ff

nat für mindestens drei Monate von der Mutter getrennt, so können sie wegen fehlender emotionaler Zuwendung eine frühkindliche „anaklitische" Depression entwickeln, die sich u.a. in Schlaflosigkeit und Unruhe, aber auch in körperlichen Erkrankungen wie Durchfall und Erbrechen äußern kann. Hält die Trennung länger an, kommt es zu vollkommener Apathie und schließlich zu einem lebensgefährlichen Hospitalismus. Die Krankheitsanfälligkeit erhöht sich und eine größere Sterblichkeit tritt auf.

Auch von streng naturwissenschaftlich ausgerichteten Forschern wird ein solcher Zusammenhang zwischen frühen traumatischen Erfahrungen und späteren neurotischen oder psychotischen Erkrankungen erwogen, so Holsboer[139]:

„Obwohl ich von meiner Herkunft und Ausbildung her nicht in Verdacht stehe, solch phantasievollen Theorien anzuhängen, wie sie etwa die Tiefenpsychologie zur Erklärung psychiatrischer Erkrankungen anbietet, gebe ich zu, dass ich nicht verwundert wäre, wenn die von Sigmund Freud, dem Zeitgenossen und Opponenten von Emil Kraepelin, postulierten Zusammenhänge über die Interaktion zwischen frühkindlichen Traumata und der späteren Krankheitsdisposition auf der Grundlage der Genomforschung neu belebt würden. Es ist durchaus denkbar, dass eine Vielzahl von Genen, die durch frühe Lebensereignisse aktiviert oder deaktiviert wurden, diese Aktivitätsänderung lebenslang beibehalten und damit zu individuellen Reaktionsmustern führen, ohne dass dies durch Unterschiede der Genstruktur selbst erklärbar wäre."

9.6 Vom präsymbolischen zum symbolischen Denken

Was uns Menschen von den anderen Tieren unterscheidet, ist unsere nahezu unbegrenzte Fähigkeit, Symbole erzeugen zu können. Dies geschieht später vor allem in Sprache und Schrift und bedarf einer längeren Zeit der Reifung, die in verschiedenen Etappen verläuft.

Der Entwicklungspsychologe Jean Piaget, der vor allem auch seine eigenen drei Kinder beobachtete, unterteilte die Entwicklung des Kindes in mehrere Entwicklungsstufen. Die erste Stufe bis zum 2. Lebensjahr ist die der sensomotorischen Entwicklung. Das erste Denken ist sensomotorisch, realitätszugewandt und von der Realität abhängig. Es ist also handlungsgebunden und nicht durch Symbole vermittelt. Kesselring, der einen einführenden Überblick über Piagets Arbeit gibt[140], meint, dass Piaget die elementare Funktion sowohl in der Assimilation als auch in der Akkomodation sah. Im physiologischen Bereich bezeichnet die *Assimilation* die Umwandlung von Körperfremdem in Körpereigenes. Hier ist Assimilation eine Funktion der Organe, die dem Selbsterhalt dient. Auf der Verhaltensebene aber ist Assimilation die Funktion eines Schemas. Ein Schema ist das Muster, nach dem sich ein Reflex oder eine Verhaltensweise vollzieht. Dabei läuft die aktuelle Tätigkeit zu einer bestimmten Zeit an einem bestimmten Ort ab. *Das Schema selbst ist aber nicht von raumzeitlicher und nicht von materieller Natur.* Piaget erkennt also die Schemata als rein geistige Strukturen. Das Schema zeigt sich in der Art und Weise, wie sich die Tätigkeit abspielt. Das Assimilieren eines Gegenstandes in ein Handlungs-

---

[139] Holsboer (1999)
[140] Kesselring (1999)

schema bedeutet, dass die betreffende Handlung an diesem Gegenstand erfolgreich ausgeführt wird.

Schemata passen sich den wechselnden Situationen an, was als *Akkomodation* bezeichnet wird. Heute werden die Affekte mit in die frühen Schemata einbezogen und man spricht von Wahrnehmungs-Affekt-Handlungsmustern.

Die Affekte werden mittels *präsymbolischer Kommunikation* übertragen, denn in diesem Alter steht Sprache als Mitteilungsmittel noch nicht zur Verfügung. Die präsymbolische Wahrnehmung und Kommunikation ist sehr wichtig, aber schwer analysierbar. Während im ganzen Tierreich das Nichtsprachliche die einzige Form der Informationsübermittlung bedeutet, stellt es beim Menschen eine besondere Form dar, die am Anfang der Entwicklung ebenfalls die einzige ist.

Das nichtassoziative Lernen, wie Gewöhnung durch positives oder negatives Verstärkungslernen und klassisches Konditionieren sowie Priming geschehen zumeist völlig unbewusst. Unter Priming, was man Deutsch auch als „Bahnen" bezeichnen könnte, versteht man ein unbewusstes Lernen, das auf Reizen beruht, die zu schwach oder zu kurz sind, um bewusst werden zu können.[141] Man bezeichnet derartige Reize auch als unterschwellig, als subliminal.

Das Üben des angeborenen Verhaltensrepertoires führt zur Konsolidierung der gegebenen Schemata und zur Anpassung an die Umwelt. Die erworbenen Handlungsschemata werden koordiniert und auf neue Situationen angewendet. In der Mitte des 2. Lebensjahres kann das Kind Handlungen in der Vorstellung antizipieren. Piaget sieht in der damit sichtbaren verzögerten Wahrnehmung eine Vorstufe zur Symbolfunktion, die eine Vorstufe des bildhaften Denkens darstellt. Ein echtes inneres Bild ist die Folge von verzögerter Nachahmung, der Verinnerlichung einer Handlung.

Die Nachahmungshandlungen werden dann abgelöst von rein mentalen Operationen im Geiste. Kurz darauf, mit 18–24 Monaten, ist nach Piaget die Symbolfunktion etabliert. Die Verinnerlichung des Handelns charakterisiert den Übergang zum Denken. Damit beginnt nach Piaget eine neue Qualität der Entwicklung.

Lichtenberg[142] betrachtet hingegen die Vorstellungsfähigkeit nicht als Resultat einer Handlungsverinnerlichung, sondern als Folge aus der Fähigkeit, die ursprüngliche Ganzheit einer Wahrnehmung, in welcher Handlung, Sinnesempfindung und Affekt noch eins sind, in ihre Teile aufzuspalten. Dabei wird der visuelle Anteil aus diesem gesamten Ensemble herausgelöst und „betrachtet", bis es schließlich gelingt, sich dieses „Abbild" auch vorzustellen. Solches Abbilden beginnt mit 9 bis 14 Monaten, ein kontextfreies Vorstellen des Abgebildeten wird mit etwa 18 Monaten erreicht. Die Fähigkeit zum „Bildermachen" ist nichts Primäres, sondern eine Entwicklungserrungenschaft, die aus der Abbildungsfähigkeit erwächst. Das *präsymbolische Denken* des Säuglings ist die Voraussetzung für den Aufbau von Symbolen, die es ihm allmählich erlauben, seine eigenen Wahrnehmungen zu klassifizieren.

---

[141] Schacter (1999), S. 304 ff
[142] Lichtenberg (2000), S.88

Der Übergang vom Realen zum Symbolischen ist ein wichtiges Kennzeichen der kindlichen Entwicklung.

Mit der physiognomischen Wahrnehmung des Gesichtes der Bezugspersonen können auch bestimmte Anzeichen bestimmten Gefühlen zugeordnet werden. Allerdings scheint es aber noch keine Symbolisierungsfähigkeit in dem Sinne zu geben, dass Bilder in die Vorstellung herbeigerufen werden können. Der Säugling ist im interaktiven, perzeptiven und affektiven Bereich[143] kompetent und nicht, weil er phantasieren könnte. Dies ist erst ab einem späteren Alter von etwa 18 Monaten möglich.

Es scheint aber bereits in frühester Kindheit möglich zu sein, dass Zeichen bzw. einfache Symbole zugeordnet werden können, die aber nicht in der Vorstellung oder Phantasie selbst produziert werden können. Dafür spricht, dass bereits Säuger und Vögel zu derartigen Leistungen fähig sind. Dass Affen Zahlvorstellungen und damit die Fähigkeit besitzen, Symbole zuordnen zu können, war seit längerem bekannt. Auch von Tauben und anderen Tierarten wird berichtet, dass sie kleine Anzahlen unterscheiden können.

Eine wichtige Stufe des Kindes auf dem Weg zum symbolischen Denken ist das *symbolische Spiel*. Ab einem Alter von 12–13 Monaten können „Als-ob-Handlungen" beobachtet werden, die sich auf den eigenen Körper beziehen: „tun, als würde es schlafen". Mit 15–18 Monaten wird mit Gegenständen gespielt, als ob sie etwas anderes wären, z.B. der Bauklotz ist ein Auto. Die Koordination beider Weisen erfolgt später, mit 18–20 Monaten. Solche Koordination ist die Voraussetzung des Phantasierens als einer *Verknüpfung von Symbolen*. Durch die Entwicklung des Sprachvermögens wird der Symbolisierungsprozess sehr verstärkt. Damit wird auch das Schaffen von Bedeutung vorangetrieben, die an die Affekte gekoppelt ist. Bedeutung entsteht bei der Erzeugung von Symbolen und Zeichen, deren Sinn es ist, für etwas anderes zu stehen.

Ein Zeichen oder ein Symbol bedeutet etwas, das es nicht ist.

Für die Kinder sind die ersten Symbole wichtig als Überbrückungshilfe für die Trennung von der Mutter, zur Selbstberuhigung über den „Objektverlust", wie es im psychoanalytischen Sprachgebrauch genannt wird. Dort werden diese Objekte, die diesen Übergang zu symbolischen Denkmöglichkeiten verkörpern, als „Übergangsobjekte" bezeichnet.

Im Alter von 4–12 Monaten beobachtet man häufig, dass sich das Kind einen Erfahrungsbereich aufbaut, der einen Zwischenbereich von innerer und äußerer Realität darstellt. Wir kennen dies von kleinen Kindern, die beispielsweise zum Einschlafen einen Teddy, ein besonderes Kissen oder etwas Ähnliches benötigen. Dieses *Übergangsobjekt* ersetzt dem Kind dann die Mutter, die schließlich nicht in der länger werdenden Einschlafphase ständig beim Kind sein kann. Winnicott[144] ist der Meinung, dass auch unsere Aktivitäten als Erwachsene, wie beispielsweise Musik,

---

[143] Dornes (1993), S. 195 f
[144] Winnicott (1976)

Kunst, Hobbys und auch Wissenschaft im Grunde nichts anderes sind als eine Weiterführung der Zuwendung zu Übergangsobjekten.

9.7 Sich selbst erkennen und den anderen

9.7.1 Die verschiedenen Stufen in der Entwicklung des Selbst

Das Selbstempfinden ist der zentrale Bezugspunkt und das organisierende Prinzip, aus dem heraus sich der Säugling selbst und auch die ihn umgebende Welt erfährt. Der *subjektiv erlebte Prozess*, als *Qualia* bezeichnet, führt letztlich zu unterschiedlichsten Interpretationen in der Neurowissenschaft.

Das Selbsterleben sehen wir als die wesentliche Grundlage für die Herausbildung eines Ich's an, das zu Bewusstsein befähigt ist. Es ist gewiss beim Säugling von Geburt an und bei den Säugetieren und wohl auch bei Vögeln vorhanden. In seiner höchstentwickelten Form wird es zur Reflexion fähig, so dass es sich nicht nur „als sich selbst" erlebt, sondern sich auch *diese Art des Erlebens* bewusst machen kann. Diese Entwicklungsstufe des Ich's bezeichnen wir als das *Selbst*.

Wir hatten betont, dass die Affekte und Emotionen von Beginn des Lebens an ein wichtiger Bestandteil unseres Selbsterlebens sind. Sie scheinen eine der Grundlagen dafür zu sein, dass wir uns über die Lebensspanne hinweg als identisch fühlen können. Das erste Denken ist noch vollkommen sensomotorisch, denn die frühen mentalen Repräsentationen sind keine Bilder und Symbole, sondern präsymbolische, psychobiologische Aufzeichnungen. Das früheste Ich ist daher als ein körperliches anzusehen, denn die Fähigkeit zum Symbolisieren muss sich erst entwickeln. Beim Erwachsenen stellen Verhalten und Erleben verschiedene Seiten dar, denn Erwachsene können oft etwas anderes zeigen als sie fühlen.

> *Beim kleinen Kind hingegen sind Körper und Psyche noch so eng miteinander verbunden, dass sich bei ihnen Empfindungen und Erleben direkt im Verhalten ausdrücken werden und damit ein Rückschluss auf sein Empfinden gezogen werden kann.*[145]

Stern[146] beschreibt mehrere qualitativ unterschiedliche Stufen der Selbstempfindungen, die wir als Vorstufen zu einem entwickelten Selbst ansehen, das reflexionsfähig ist. Von Geburt an gibt es ein *„auftauchendes Selbst"*, das als ein einfaches *„Gewahrsein"* beschrieben wird, das noch nicht selbstreflexiv ist. Bereits nach den ersten 2 Monaten ist die *„Präsenz"* des Kindes und die soziale *„Anmutung"* mehr als die Summe der neuerworbenen Fähigkeiten. Das Kind scheint eine neue Empfindung von sich zu haben, aber auch den anderen anders zu betrachten und mit

---

[145] Dornes (1993), S. 26
[146] Stern (1994)

anderen Erwartungen in die Interaktionen zu gehen. Die Entwicklung des Kindes verläuft auch danach unterschiedlich schnell, in bestimmten Abschnitten langsamer, um sich dann in größeren Schritten zwischen dem 2. und 3. Monat nach der Geburt, dann dem 9. bis 12. und dem 15. bis 18. Monat bemerkbar zu machen.

Die Stufen lösen nicht einander ab, sondern bleiben als Grundlage für erweiterte und qualitativ andere Empfindungen erhalten. Die Empfindung des auftauchenden Selbst betrifft nicht nur das Resultat, sondern auch den Prozess der Integration unterschiedlicher Eindrücke.

In den ersten Wochen spielen auch die physiognomische Wahrnehmung und die Wahrnehmung korrespondierender *Vitalitätsaffekte* eine Rolle. Die Vitalitätsaffekte betreffen die dynamischen Qualitäten, die zu den diskreten und kategorialen Affekten dazukommen, die z.B. als „aufwallend", „explosionsartig", „flüchtig" oder als Gefühl eines „Ansturms" erlebt werden können. Zu diesem Prozess, der als ein einheitlicher gesehen wird, gehören natürlich auch die altersspezifischen Lernerfahrungen, die auf assoziativen Verknüpfungen beruhen und Konstruktionsleistungen sind. Sie betreffen, wie vorn erwähnt, die Assimilation neuer Erfahrungen in das Selbstsystem und die Akkomodation des Selbst an neue oder sich verändernde Erfahrungen.

Mit 2 3 Monaten bekommt man einen ganz anderen Eindruck vom Kind, eine neue Art des Selbstempfindens hat sich entwickelt. Ein *Kern-Selbst* hat sich herausgebildet, das zunehmend aktiv in Interaktion tritt. Der Säugling versucht, die Welt zu ordnen, die er erfährt. Das Erleben von Invarianzen ist nötig, um sich selbst als Urheber seines Wollens zu empfinden. Handlungsimpulse und Intentionen werden als *zu sich gehörig* erlebt.

Versuche, die Papousek mit 4 Monate alten Kindern machte, zeigen, dass das Kind die Erfahrung macht, dass es Wirkungen herbeiführen kann und dass es kompetent ist. Die Kinder lernten z.B., dass sie eine Lichtquelle selbsttätig ein und ausschalten konnten, indem sie an einen am Füßchen befestigten Strick zogen. Durch diese Erfahrung bekamen sie das Gefühl von Effektivität und Kompetenz, dass Lust entstehen lässt. Nach Lichtenberg könnte das Erleben folgendermaßen übersetzt werden: „Ich kann es erkennen, ich kann es für mich passend machen, ich kann es anfangen oder aufhören lassen, ich habe es entdeckt und ich habe es verändert."[147] Der sich zeigende Wille ist noch nicht bewusst, also auch nicht reflektiert. Er wird aber von dem Gefühl begleitet, selbst Urheber der eigenen Handlungen zu sein.

Das Kern-Selbst-Empfinden ist erfahrungsgeleitet, es ist kein kognitives Konstrukt; es ist die Integration des Erlebens.[148]

Ab 5 Monaten beginnen die Kinder, ihre Wahrnehmungen auch nach deren Bedeutung zu strukturieren. Wenn etwas nicht der Erfahrung entspricht, schauen sie z.B. das Unbekannte länger an. Die Selbstkohärenz und Selbstgeschichtlichkeit beginnen sich bemerkbar zu machen. Sie zeigen sich in dem Empfinden eines körperlichen Zusammenhalts, in einem Kontinuitätsempfinden des eigenen Daseins. Dazu kommt die Wahrnehmung der eigenen Affektivität, das

---

[147] Lichtenberg (2000), S. 65
[148] Stern (1994), S. 106 f

Empfinden, ein Subjekt zu sein, das zu Kommunikation mit anderen fähig ist und das Bedeutung vermitteln kann.[149]

Zwischen dem 7. bis 9. Monat entwickeln die Kinder eine veränderte subjektive Perspektive. Ein großer Entwicklungsschritt ist mit dem *subjektiven Selbst* erreicht. Mentale Zustände werden ihm bewusst, eigene Intentionen und Gefühle kann das Kind an sich wahrnehmen und es kann auch den anderen „entdecken". Diese inneren Zustände von sich und dem anderen können miteinander verbunden werden und eine intersubjektive Bezogenheit kann sich herausbilden. Mit 9 Monaten kann das Kind die Aufmerksamkeit der Mutter auf ein von ihm intendiertes Objekt lenken, um zum Beispiel Aufregung und Freude zu teilen. Der Gesichtsausdruck der Mutter wird angeschaut und die daraus entnommene Information kann auch zu einer Änderung der Emotionen des Kindes führen. Es bekommt ein anderes Empfinden seiner selbst und der anderen Personen, eine intentionale Gemeinsamkeit entwickelt sich, ebenso die oben beschriebenen Affektabstimmungen. Später, mit dem Laufenlernen, kann das Kind weiter explorieren und damit mehr Autonomie erlangen. Dann findet ein Wechsel zwischen Autonomie und Bindung statt, so dass es sowohl eine Phase von immer mehr Individuation mit einem Entfernen von primären Bezugspersonen als auch eine mit dem Streben nach intersubjektivem Einssein mit diesen gibt.

Mit 16 bis 18 Monaten meldet sich das *verbale Selbst*. Die Fähigkeit zum Symbolisieren, zur Abstraktion ist gewachsen und zeigt sich nun auch in der Sprache.

Ebenso wird durch den *Spiegel-Versuch* die Entwicklung der neuen Perspektive in diesem Alter deutlich.

Um die Mitte des zweiten Lebensjahres beginnen die Kinder, den Blick in den Spiegel zu vermeiden, nachdem vorher für die meisten der 15 Monate alten Kinder das Spiegelbild ein Spielgefährte war. Anders wird dies um den 18., spätestens den 20. Lebensmonat. Wenn man dann den Kindern unbemerkt einen farbigen Fleck ins Gesicht malt, sind sie jetzt in der Lage, vor dem Spiegel diesen Fleck als zu sich selbst gehörig zu erkennen.

Lacan hatte die Zeit zwischen 6 und 18 Monaten als *Konstituierungsphase* bezeichnet, in der das Ergreifen antizipiert und die Einheit des Körpers beherrscht wird. Die imaginative Vereinheitlichung geschieht nach ihm durch die Identifizierung mit dem „Bild des Ähnlichen als einer totalen Gestalt". Wenn sich das Kind im Spiegel erkennt, dann aktualisiert sich die Identifizierung in der konkreten Erfahrung. Man sieht „... das triumphierende Aufsteigen des Bildes mit der jubelnden Mimik, die diesen Vorgang begleiten, und der das spielerische Wohlgefallen bei der Kontrolle der spiegelbildlichen Identifizierung" zeigt.[150]

Auf dieser Reflexionsstufe ermöglichen Selbstbetrachtung und Selbstreflexion, sich selbst mit den Augen des anderen von außen wahrnehmen zu können. Es ist die Voraussetzung geschaffen worden, bestimmte Gefühle zu entwickeln, wie z.B. das der Angst vor Beschämung, in denen sich das Kind aus der Perspektive der anderen empfinden kann. Von den höher entwickelten

---

[149] Stern (1994), S. 20 f
[150] Lacan in Laplanche und Pontalis (1980), S. 474 f

Tieren scheinen zu dieser „Spiegelerkennung" lediglich die Menschenaffen sowie die Delphine in der Lage zu sein.

In der Zeit zwischen etwa dem 9. bis zum 18. Lebensmonat werden die Vorbedingungen für eine noch präverbale Unterscheidung zwischen Bezeichnetem und Bezeichnendem, d.h. zwischen Objekt und zugehörigem Symbol gelegt. Ab etwa dem 18. Monat haben sich der Spracherwerb und die Symbolisierungsfähigkeit des Kindes deutlich entwickelt. Symbolisierung heißt hier, sich Bilder oder Vorstellungen über Abwesendes machen zu können und für diese, aus dem ursprünglichen Kontext herausgelösten Objekte, neue Verknüpfungen schaffen zu können. Dabei wird es dem Kind möglich, mehrere verschiedene Bezugsrahmen zu setzen.

Diejenigen Ebenen des Selbstempfindens, die sich als erste entwickelt haben, bleiben in der persönlichen Entwicklung weiterhin wirksam.

Mit der Sprache entwickelt sich eine neue, mehr isolierende Erfahrung, die fähig ist Teilbereiche hervorzuheben.

Sprache ist für Separation und Individuation ein ebenso wichtiger Schritt wie das Laufenlernen. Ebenso kann mit ihr Nähe hergestellt werden. „Jedes neu erlernte Wort ist ein Nebenprodukt der Vereinigung zweier Subjektivitäten in einem gemeinsamen Symbolsystem, einer Erschaffung gemeinsamer Bedeutungen."[151] Sprache kann durch diese gemeinsam geschaffenen Bedeutungen eine neue Ebene der Beziehungen ermöglichen.

Die Sprache ist das mächtigste Symbolisierungssystem, das uns Menschen zur Verfügung steht. Sie erlaubt und erfordert eine totale Umorganisation des bis daher eher globalen Erlebens nach neuen Gesichtspunkten, nämlich nach denen der Formulierbarkeit und Mitteilbarkeit. Mit der Sprache wird auch das Bild der Kinder für sich selbst geschärft. Im Alter von 5 – 6 Jahren interessieren sie sich besonders für Erzählungen darüber, wer sie sind, wer sie waren und welche Erwartungen sie haben.[152] Das Erzählen, die Narration, eröffnet den Eltern die Möglichkeit, mit dem Erzählten den Kindern Sinn zu vermitteln und ermöglicht den Kindern, mit dem Spracherwerb auch tiefer liegende Bedeutungen und Wertsysteme kennen zu lernen. Mit dem langwierigen Üben des Dialogs erlernen die Kinder zugleich, dem von ihnen Erzählten auch selbst Bedeutung und Sinn zuzuordnen. So wird mit dem Spracherwerb ein wesentlicher Grundstock der künftigen Lebensbewältigung gelegt.

9.7.2 Die Entwicklung der Empathiefähigkeit

Die Empathie, die Fähigkeit, sich in einen anderen Menschen hineinversetzen zu können, spielt im Umgang der Menschen miteinander eine wichtige Rolle. Sie ist uns nicht angeboren, sondern entwickelt sich erst in der Kindheit.

Von Davis Premack wurde für eine Prüfung auf deren Vorhandensein eine Versuchsanordnung für dreijährige und ältere Kinder entwickelt.[153] Ein dreijähriges Kind wird in einen Raum

---

[151] Stern (1994), S. 244
[152] Lichtenberg (2000), S. 122
[153] Zitiert nach Bischof (1996), S. 315 f

gebracht, in dem es beobachten kann, wie ein Junge ein Stück Schokolade in eine Büchse steckt und anschließend den Raum verlässt. In Abwesenheit dieses Jungen wird, vor den Augen des Kindes, die Schokolade aus der Büchse entfernt und in eine Schublade gelegt. Dann kommt der Junge zurück, um die Schokolade zu holen. Das dreijährige Kind wird auf die Frage „Wo wird der Junge die Schokolade suchen?" antworten: „In der Schublade". In diesem Alter sind Kinder noch naive Realisten. Sie können sich nicht vorstellen, dass man von Tatsachen ein falsches Bild haben kann. Anders wird es bei einem vierjährigen Kind, denn in dieser Zeit erfolgte ein kognitiver Entwicklungsschub. Ein Kind in diesem Alter kann in der Lage sein, zu antworten: „In der Büchse".

Damit ist ein weiterer Schritt in der Differenzierungsfähigkeit des Kindes erreicht. Das dreijährige Kind konnte noch keinen Unterschied machen zwischen dem, was er selbst weiß, und dem, was der andere wissen konnte, zwischen seinem eigenen Inneren und dem des anderen. Es kann aber jetzt erkennen, dass der andere eine eigenständige Person ist. Die empathischen Fähigkeiten, sich in den anderen hineinversetzen zu können, sind größer geworden. Das egozentrische Weltbild ist durch ein anderes ersetzt. *Man spricht von Dezentrierung von der eigenen Person,* oder dass das Kind eine *Theorie des Geistes,* eine *„Theory of mind"* herausgebildet hat. Das kausale Denken scheint gewachsen zu sein, nicht zu sich gehöriges Wissen wird als solches erkannt.[154] Die Wirklichkeit ist nicht dasselbe wie das Bild, das man sich von ihr macht. Man hat gelernt, dass verschiedene Menschen diese Wirklichkeit auf verschiedene, widersprüchliche, gegebenenfalls unzutreffende Weise erleben und für wahr halten können.

Die Entwicklung der Empathiefähigkeit erlaubt es, aus der rein egozentrischen Sichtweise auf die Welt, die für Säuglinge lebensnotwendig war, überzugehen zu einer Wahrnehmung der anderen Menschen als eigenständige Wesen mit eigenen Wahrnehmungen und Informationen sowie eigenen Interessen. Diese Entwicklung ist auch gekoppelt an die Entwicklung einer „Theorie des Selbst"[155]. Sie ist korreliert mit dem Aufbau eines autobiographischen Gedächtnisses. Dieses umfasst das Wissen und die Erzählung der eigenen Geschichte und ein metapsychologisches Selbstkonzept, das als Voraussetzung für ein autobiographisches Selbstempfinden anzusehen ist. Das autobiographische Gedächtnis beginnt sich etwa ab dem Alter herauszuformen, mit dem die kindliche Amnesie endet, d.h. im vierten Lebensjahr. Es begründet die Kontinuität des Selbst im Wandel seiner Lebensgeschichte.

Diese Fähigkeit ist gekoppelt an die Reifungsprozesse im Hippocampus und der anliegenden Teile des Cortex. Von dort bestehen, wie in Kapitel 8 dargelegt, Verbindungen zu allen Assoziationscortices. Durch den Hippocampus wird die Einspeicherung und Konsolidierung von Gedächtnisinhalten beeinflusst. Die Einspeicherung geschieht im Neocortex, wahrscheinlich in erster Linie in dessen assoziativen Arealen. Der Gedächtnisinhalt ist in der Regel nicht statisch, sondern es findet eine ständige erfahrungsbedingte Reorganisation statt, die davon abhängt, wie, wo, wie stark und in welchem Kontext die Gedächtnisinhalte abgerufen werden und wie dann wieder neu abgespeichert wird. Da der Gedächtnisinhalt solchen Veränderungen unterliegt, kann

---

[154] Bischof (1996), S. 316 ff
[155] Köhler (1998), S. 211

auch die eigene Biographie im Laufe der weiteren Entwicklung neu bewertet und teilweise verändert werden.

Nur mit der Fähigkeit, sich in andere hineinversetzen zu können, sind die Menschen in der Lage, in einer Gemeinschaft leben zu können. Die Herausbildung von Empathie muss daher auch als die Grundlage einer jeden ethisch-moralischen Einstellung angesehen werden.

9.7.3 Quantenaspekte der Entwicklung des Selbst

Auch wenn heute eine immer bessere und genauere Beschreibung der Entwicklung des Selbst gegeben werden kann – wovon wir lediglich einen sehr kurzen Einblick vermitteln konnten – bleibt die Frage seiner naturwissenschaftlichen Beschreibung noch offen. Solange man mit der Beschreibung der Lernerfahrung über Synapsenbildung in den rein materiellen Aspekten stecken bleibt, kann das Psychische keine wirkliche Realität erhalten. Dieses grundlegende Manko kann mit dem Protyposis-Konzept überwunden werden.

Wir haben beschrieben, dass sich in der kosmischen Entwicklung Protyposis zu Energie und Materie ausformt. In diesen Formen ist die Quanteninformation immer noch enthalten, aber nicht mehr ohne weiteres als solche erkennbar. Die Herausbildung von erkennbaren Gestalten geschieht in Prozessen, die als *Selbstorganisation* bezeichnet werden. Selbstorganisation ist stets daran gebunden, dass Zustände instabil sind, sonst ist keine Dynamik möglich. Lebewesen sind dadurch ausgezeichnet, dass sie offene Systeme sind, die fern vom thermodynamischen Gleichgewicht vor allem durch eine effiziente Informationsverarbeitung stabilisiert werden. Sie besitzen also im Gegensatz zu bloßen physikalischen und chemischen Systemen die Fähigkeit zu *Selbsterhalt*. In der Evolution des Lebens wird die Information somit zum wichtigsten Regulationsinstrument. Genau diese Effizienz ergibt den primären, auf das Überleben gerichteten Aspekt von Bedeutung.

Mit einem Nervensystem kann sich die Informationsverarbeitung so weit entwickeln, dass immer besser die Stufe des *Selbsterlebens* erreicht wird.

Mit einem hochentwickelten Nervensystem wird es möglich, dass das Selbsterleben zu einer Quelle dafür wird, auch das Erleben der Artgenossen zu erfassen. Die sogenannten Spiegelneuronen, die bereits bei Affen zu finden sind, werden aktiv, wenn das Erleben eines anderen Lebewesens erlebt wird. Damit kann sich Bedeutung immer mehr auch auf sekundäre, nämlich auf soziale Aspekte ausweiten.

Beim Säugling werden anfangs die bedeutungskonstituierenden „Messvorgänge" von der Mutter und den anderen Bezugspersonen geleistet. Dadurch wächst er in einen sozialen Kontext hinein, der ihm einen Rahmen bietet, in dem er später selber Bedeutung erzeugen kann. Mit der Entwicklung seines Gehirns wird steht dem heranwachsende Kind eine immer umfangreichere Informationsmenge zur Verfügung, die schließlich so ausgedehnt wird, dass Teile von ihr selbst als „klassisches Messgerät" andere Teile der Information im Menschen „messen", d.h. befragen können. Hierfür sind verschränkte Zustände von Körper und Geist von Bedeutung. Die Schichtenstruktur aus klassischen und quantischen Anteilen des Psychischen ist es, die schließlich die *Selbstreflexion* ermöglicht. Dabei wird der Beobachter, die „dritte Person", in die „erste Person" hineingenommen und *Selbsterkenntnis* wird möglich.

10 Das Zusammenwirken von Bewusstem und Unbewusstem

10.1 Die Wissenschaft entdeckt die Psyche

Die menschliche Psyche – die Seele – zu verstehen, ist ein Bedürfnis der Menschen seit alters her. In der Naturbeschreibung des Aristoteles ist die Physik für die natürlichen Bewegungen zuständig, d h dafür, dass die Körper sich an ihren natürlichen Ort begeben. Dieser ist für die beiden Elemente Erde und Wasser der Mittelpunkt der Welt, womit auch die Kugelform des Erdkörpers erklärt wäre. Alle nichtnatürlichen Bewegungen haben als Ursache die Seele, die vor allem für die Bewegung der Lebewesen zuständig ist. Damit war die Seele für den zentralen Teil der Physik, für die durch Kräfte verursachten Bewegungen verantwortlich. So war es klar, dass die Seele eine zentrale Rolle für alles Naturverständnis besaß, aber auch, dass der Kraftbegriff nicht zur Physik der unbelebten Natur, sondern zur Metaphysik gehörte. Diese Meinung blieb – wie erwähnt – bis einschließlich Galilei vorherrschend. Eine besonders wichtige Rolle in der Trennung von Seele und Naturwissenschaften fiel Descartes zu. Die beiden Bereiche der Wirklichkeit, die nach seiner Meinung eine klare und sichere Erkenntnis zulassen, die denkende und die ausgedehnte Substanz, hatten nichts miteinander gemein. Für die „res extensa" wurde die Naturwissenschaft zuständig, und die „res cogitans" wurde immer mehr aus dem naturwissenschaftlichen Denken verdrängt. Während Descartes auf Grund seiner Philosophie die Existenz unbewusster Vorstellungen bestreiten musste, gibt es bei Leibniz, dem Erfinder der Infinitesimalrechnung, unbewusste – weil beliebig kleine – Wahrnehmungen. Erst mit Newton wurde die Kraft zu einem Teil der Physik und damit begann die gänzliche Vertreibung der Seele aus dem Denkgebäude der Naturwissenschaften, obwohl Newton selbst mit seinen intensiven theologischen und alchimistischen Interessen offen war für Fragen der Transzendenz und er alles andere war als ein moderner Naturalist. Für die Begriffsgeschichte in der Zeit von Newton bis Hegel verweisen wir auf das interessante Buch von Neuser[156], so dass wir uns hier sehr kurz fassen können.

Bis zum 19. Jahrhundert war die Geschichte der wissenschaftlichen Untersuchung der Psyche geprägt durch die Introspektion als nahezu einziger Erkenntnisquelle. Andere Untersuchungen wurden nicht als psychologische verstanden. So sah z.B. Goethe seine Farbenlehre nicht als die

---

[156] Neuser (1995)

sehr gute Sinnesphysiologie bzw. -psychologie an, die sie war, sondern irrtümlich als einen Teil der Physik. Seine totale Ablehnung der Newtonschen Optik ist auch aus heutiger Sicht nicht gerechtfertigt. Dass er aber keine strikte Trennung zwischen dem Wahrgenommenen und dem Wahrnehmenden postulieren wollte, kann als ein Gespür für die tiefen Zusammenhänge in der Welt oder vielleicht sogar als eine Ahnung moderner Ergebnisse interpretiert werden.

Die von Descartes behauptete Klarheit des Seelischen wurde bereits am Ende des 18. Jahrhunderts differenzierter gesehen.

W. v. Humboldt bemerkt in einer Besprechung von Goethes *„Hermann und Dorothea"* zum Wirken des Unbewussten[157]: „... so erzeugt sich die eigentliche Gestalt, die wir annehmen, doch allein und uns *unbewusst* aus uns selbst; gerade die Gefühle, die uns am mächtigsten beherrschen, schießen wie Blitze aus unbekannten Tiefen unsers Ichs hervor, ..." Goethe sieht den Zusammenhang zwischen Leib und Seele und die unbewusste Motivierung des Menschen. Der Begriff des Unbewussten wurde auch in den philosophischen Überlegungen bei Schelling wichtig. Der Arzt, Philosoph und Landschaftsmaler C. G. Carus, der z.B. bei der Leipziger Völkerschlacht ein Lazarett leitete und später in Dresden die medizinische Akademie organisierte, stand Schellings Philosophie recht nahe. Seine *„Psyche"*[158] war ein wichtiges Werk, um die Rolle des Unbewussten in der Psychologie herauszuarbeiten.

Eine große Rolle spielte das Unbewusste bei A. Schopenhauer. Er betont in dem Kapitel *„Ueber die Gedankenassociation"*[159]:

> „Selten liegt der ganze Proceß unsers Denkens und Beschließens auf der Oberfläche, d.h. besteht in einer Verkettung deutlich gedachter Urtheile; obwohl wir dies anstreben, um uns und Andern Rechenschaft geben zu können: gewöhnlich aber geschieht in der dunkeln Tiefe die Rumination des von außen erhaltenen Stoffes, durch welche er zu Gedanken umgearbeitet wird; und sie geht beinahe so *unbewusst* vor sich, wie die Umwandelung der Nahrung in die Säfte und Substanz des Leibes. Daher kommt es, dass wir oft vom Entstehn unserer tiefsten Gedanken keine Rechenschaft geben können: sie sind die Ausgeburt unsers geheimnißvollen Innern. Urtheile, Einfälle, Beschlüsse steigen unerwartet und zu unserer eigenen Verwunderung aus jener Tiefe auf."

Schließlich schreibt E. v. Hartmann[160] im letzten Viertel des 19. Jahrhunderts eine ganze *„Philosophie des Unbewussten"*.

Die Entwicklung einer eigenständigen wissenschaftlichen Psychologie, die nicht mehr ein Teil der Philosophie sein wollte, war eng verbunden mit der Entwicklung der Physik. Diese diente als Richtschnur auch bei der Betrachtung des Seelischen und bei den physiologisch-psychologischen Experimenten.

Hier sind zwei Entwicklungslinien erkennbar. Der eine Entwicklungsstrang der Psychologie ist untrennbar mit dem Namen Freud verbunden. Auch Freud suchte eine Psychologie zu erstellen, die den Kriterien einer Naturwissenschaft im damaligen Sinne genügte. Viele seiner Begriffe und Analogien kommen aus der klassischen Physik, wie Energie, Spannung, Druck, Verdrängung.

[157] Humboldt, W. v. (1799)
[158] Carus (1846)
[159] Schopenhauer (1819), S. 1361
[160] Hartmann, E. v. (1869)

Aus unserer Sicht kann seine Psychoanalyse auch als ein Versuch verstanden werden, den Informationsaspekt menschlichen Denkens und Fühlens ernst zu nehmen. Daher war Freud der Erste, der die Bedeutung des Unbewussten auch als zentral für die Psychologie herausstellte.

Da Information durch Information verändert werden kann, konnte die Psychoanalyse die Wirkung von sprachlich basierter Therapie begründen. Die Freudsche Psychologie als Informationspsychologie erweist sich somit als eine Verbindung von Introspektion und Interaktion. Auf diesen Teil der Psychologie werden wir im nächsten Unterkapitel gesondert eingehen.

Die andere Entwicklungslinie wendete sich verstärkt den experimentellen Studien zu. Solche empirische Untersuchungen wurden ab der Mitte des 19. Jahrhunderts in Angriff genommen, so dass man seitdem auch von einer experimentellen Psychologie sprechen kann. Man begann zu untersuchen, wie Sinneswahrnehmungen entstehen, wie sich aus Reizen subjektive Reaktionen ergeben. In diesem Zusammenhang ist neben Wilhelm Wundt, der 1879 in Leipzig das erste Institut für experimentelle Psychologie gründete, auch Theodor Fechner als Begründer der Psychophysik der Wahrnehmung zu nennen.

Im letzten Viertel des 19. Jahrhunderts begann H. Ebbinghaus, die subjektiven psychischen Erfahrungen wie Lernen, Gedächtnis, Aufmerksamkeit und Wahrnehmung experimentell zu analysieren. Berühmt wurde I. P. Pawlow, der an Hunden das Entstehen von bedingten Reflexen untersuchte, die durch eine zeitliche und räumliche Koordination von Reizen bewirkt wurden. Er erhielt dafür 1904 den Nobelpreis für Medizin.

Der Versuch einer verobjektivierenden Psychologie erreichte mit dem Behaviorismus einen Höhepunkt. Dessen wichtigste Vertreter, J. D. Watson und B. H. Skinner, verkündeten, dass als Gegenstand von Wissenschaft nur noch das von außen sichtbare Verhalten angesehen werden solle. Damit wurde das Wissenschaftsideal der klassischen Physik auch für die Psychologie übernommen. Wie auch im Falle der Physik zeigte es sich, dass ein solches Forschungsideal sehr erfolgreich sein kann, aber bei hinreichend genauer Arbeit seine Unzureichendheit erweist.

Nachdem die Grenzen des Behaviorismus deutlich geworden waren, übernahm die Kognitionspsychologie die Untersuchung der Gebiete, die von den Behavioristen als unwichtig angesehen worden waren. Sie rückte die interne Verarbeitung und Repräsentation mentaler Ereignisse, die die Grundlage für Gedächtnis und Handeln bilden, in das Zentrum ihres Forschungsinteresses. Da aber geistige Vorgänge für eine experimentelle Analyse schwer zugänglich sind, blieben die Erfolge gering, bis mit den großen Fortschritten bei den bildgebenden Verfahren ein Durchbruch erzielt wurde. Danach brauchte man nicht mehr ein offenkundiges Verhalten, um aus diesem auf Vorgänge im Gehirn schließen zu können. Jetzt wurde es möglich, die mit Denk- und Vorstellungsvorgängen verbundenen Änderungen der Stoffwechselaktivität im Gehirn ohne äußere Eingriffe direkt nachweisen zu können. Das Ziel von kognitiver Psychologie, systemorientierter Neurobiologie und Brain Imaging wurde es, elementare kognitive Funktionen bestimmten neuronalen Systemen zuordnen zu können. Wie wir bereits in Abschnitt 8.3.1 erwähnt hatten[161], wird dabei nur die besonders erhöhte Aktivität dargestellt (Abb. 8.8), sehr viele weitere Bereiche sind ebenfalls stets mit aktiv.

---

[161] Logothetis et al. (2001)

In diesem Buch ist nicht der Platz dafür, alle Theorie- und Therapierichtungen in der gebühren-
den Breite darzustellen, wie beispielsweise die Erweiterung der psychoanalytischen Konzepte
durch die Ich-Psychologie, die Selbstpsychologie und die interaktionell aufgefasste Objektbezie-
hungstheorie, die einen breiten Eingang in die therapeutische Praxis gefunden haben. Von den
Theorien über die menschliche Psyche sollen hier die von Sigmund Freud und Carl Gustav Jung
näher betrachtet werden. Diese beiden Forscher haben die grundlegenden Zusammenhänge
gesucht und nach der hinter den Phänomenen liegenden Ordnung und den wirkenden Prinzipien gefragt. Gemeinsam ist beiden, den Menschen als Individuum im Rahmen seiner Biographie und seiner Kultur zu erfassen. Sie erkannten die große Bedeutung einer Selbstanalyse, die
heute als Voraussetzung für eine psychoanalytische Tätigkeit gilt und die die Rolle der Verarbeitung der bisher erlebten Erfahrungen hervorhebt. Deshalb sollen hier die die Biographien von
Freud und Jung zumindest gestreift werden. Die beiden unterscheiden sich in ihrem Verständnis
von Naturwissenschaft und den sich daraus für sie ergebenden philosophischen Schlussfolgerungen.

Nicht unerwähnt bleiben sollen aus Alfred Adlers Individualpsychologie die Konzepte der
„Schöpferischen Kraft" und des in den allgemeinen Sprachgebrauch übergegangenen „Minder-
wertigkeitskomplexes".[162] Der eine Zeit lang zu Freuds Kreis gehörende Adler ist stark von
Nietzsche beeinflusst, der mit seiner Verherrlichung des Schöpferischen einen Gegenpol zum
naturwissenschaftlichen Determinismus seiner Zeit setzt. Adler grenzt sich gegen den ihm zu
starr erscheinenden Determinismus von Freud ab und arbeitet mit der Vorstellung von Wahrscheinlichkeiten an Stelle von psychischer Kausalität. Er wendet sich auch mit dem Argument
der modernen Physik gegen Freuds zu mechanistische Denkweise und gegen dessen Anleihen in
der klassischen Physik.[163] In diesem Sinne steht er modernen naturwissenschaftlichen Konzepten nahe, auch wenn zu seiner Zeit die durch die Quantentheorie bewirkte grundlegende kon-
zeptionelle Änderung in der Naturwissenschaft noch nicht so deutlich wie heute erkennbar war.

10.2 Sigmund Freud

Freuds Theorie über die Psyche hatte in den nachfolgenden Jahrzehnten einen großen Einfluss,
vor allem natürlich auf die Psychologie und darüber hinaus auf andere Gebiete, wie z.B. die
Soziologie, die Anthropologie, die Literaturwissenschaft; sie inspirierte Künstler wie Maler und
Schriftsteller. Die Psychoanalyse zeigte einen Weg zu mehr geistiger Freiheit auf, da sie die Trieb-
und Emotionsunterdrückung im westlichen Denken reflektierte und dadurch zu einer Veränderung der Kultur beitragen konnte. Sie wirkte in die Pädagogik und damit auf die Erziehung –
genannt sei hier nur die Sauberkeitserziehung, die heutzutage weniger rigide und frühzeitig ist.

---

[162] Adler (2004), S. 27 ff, S. 78
[163] Adler (2004), S. 28

Freud definierte als Gesundheit die Möglichkeit des Einzelnen, liebesfähig zu sein, sowie Arbeits- und Genussfähigkeit zu besitzen. Sein wissenschaftliches Interesse und seine Behandlung galten dem, was seinen Patientinnen und Patienten dabei psychisch im Wege stand.

Da für Freuds Psychologie die frühen kindlichen Triebe und frühe Kindheitserlebnisse auch im späteren Leben eine große Rolle spielen, soll hier ein kleiner Einblick in seine eigene Herkunft gegeben werden.

10.2.1 Abriss seines Werdegangs

Sigismund Schloma Freud wurde am 6. 5. 1856 im mährischen Freiberg (heute Pribor) geboren. Der Vater war ein eher ärmerer jüdischer Wollhändler, der nach dem Tod seiner ersten Frau mit Freuds Mutter eine 20 Jahre jüngere Frau geheiratet hatte. Von den Kindheitserlebnissen beeinflussten ihn u.a. der Tod seines nachgeborenen Bruders und die Geburt der Schwester 2½ Jahre nach ihm. Um diese Zeit wurde seine Kinderfrau, an der er sehr hing, wegen Diebstahls entlassen. Seinen Ehrgeiz sah Freud geleitet durch eine Episode, in der er in das Schlafzimmer der Eltern urinierte und sein Vater meinte, dass aus dem Jungen wohl mal nichts würde. In späteren Träumen kam dieses Erlebnis wieder und der erwachsene Freud deutete dies so, dass es sicher sein Wunsch gewesen sei zu beweisen, dass doch etwas aus ihm geworden sei. Das ambivalente Verhältnis zum gutmütigen Vater und die Zuneigung zu seiner Mutter fesselten später in der Erinnerung seine Phantasie. Der begabte Sohn wurde sehr gefördert.

Die Familie zog 1859 nach Wien um, wo er später ein gutes Gymnasium besuchte. Er studierte Medizin und promovierte mit einer anatomischen Untersuchung über männliche Flussaale bei Carl Claus, einem Verfechter der Lehre Darwins.

Sehr geprägt hat ihn Ernst von Brücke, in dessen Physiologischem Laboratorium er zuerst über das Nervensystem von Fischen und dann über das des Menschen arbeitete. Brücke, selbst Helmholtz und DuBois-Reymond verbunden, gehörte der Helmholtz-Schule an, die aus einem privaten Kreis sich ab 1845 zur *Berliner Physikalischen Gesellschaft* erweitert hatte. Diese hatte es sich zur Aufgabe gemacht, nicht nur die Medizin sondern die gesamte Auffassung vom Menschen grundlegend zu ändern.[164] Brücke war ein medizinischer Positivist und stellte für Freud eine große Autorität und ein wissenschaftliches Vorbild dar.

Bei Freud finden sich viele Auffassungen von J. F. Herbart der die Seele oder das Selbst als etwas Reales ansah, das an ein anderes Reales, den Körper, gebunden ist.[165] Von ihm stammt auch die Ansicht, dass es unbewusste Vorstellungen gibt, die verschieden stark oder schwach sind und die zum Bewusstsein vordringen wollen. Ferner hat er den Ausdruck der „Verdrängung" eingeführt, der das Bewusstwerden solcher Vorstellungen verhindert. Interessant ist auch, dass Herbart das assoziative Lernen sinnvoller und leichter fand als das Pauken von nichtvorstellbarem Stoff. Ein weiterer wichtiger Anreger Freuds war Theodor Fechner, ein Antimaterialist, der über die Einseitigkeiten der materialistischen Weltsicht in polemischer Weise spottete. Heute

---

[164] Tömmel (1985), S. 179
[165] Tömmel (1985), S. 150 ff

ist lediglich noch sein psychophysisches Gesetz allgemein bekannt, dass die Sinneswahrnehmung nur mit dem Logarithmus der Reizstärke wächst. Freud schreibt in seiner Selbstdarstellung: „Ich war immer für die Ideen G. Th. Fechners zugänglich und habe mich auch in wichtigen Punkten an diesen Denker angelehnt."[166]

Nach seiner Habilitation und der Ernennung zum Privatdozenten reiste er 1885 als Stipendiat nach Paris an die Salpêtrière zu Jean-Martin Charcot. Dieser heilte seine Patientinnen mit Hypnose. Freud war von der Hypnose und von der Art Charcots gefesselt. Ihn faszinierte der Nachweis über die Echtheit und die Gesetzmäßigkeiten der hysterischen Phänomene, das häufige Vorkommen von Hysterie beim Mann, die damals meist noch als eine reine Frauenkrankheit angesehen wurde, und die Erzeugung hysterischer Lähmungen und Kontrakturen durch hypnotische Suggestion, die den durch Traumata hervorgerufenen Zuständen glichen, die als Zufall angesehen wurden.

Im Jahre 1886 heiratete er Martha Bernays und eröffnete eine Privatpraxis. Die Familie von Martha und Sigmund Freud wuchs schnell, 5 Kinder wurden hintereinander geboren. Der Umgang mit den Kindern wird als freundlich beschrieben, auch Jung war beeindruckt von der häuslichen Atmosphäre. Freud selbst war der Überzeugung, dass man seit Rousseau wissen müsse, dass körperliche Züchtigung bei der Erziehung zu unterbleiben habe.

Damals arbeitete er auch mit Josef Breuer zusammen, einem erfolgreichen Arzt und Physiologen, den er bei Brücke kennen gelernt hatte. Durch Breuer war er auch zum ersten Mal auf die Möglichkeit einer psychologischen Heilung bei Hysterie aufmerksam gemacht worden. 1893 erschien von beiden die „Vorläufige Mitteilungen über die Studien zur Hysterie".

Freud wendete die Hypnose auch eine Zeitlang bei der Behandlung an, ersetzte sie aber bald durch die Methode der freien Assoziation, in der die Patienten alles, was ihnen durch den Sinn ging, unzensiert aussprechen sollten. In Freuds Arbeit zeichneten sich erste Erfolge damit ab. Diese Methode führt ins Unbewusste und kann verborgene Zusammenhänge und Konflikte aufzeigen. Dies fand er wirkungsvoll, da der Patient selbst mit Hilfe des Analytikers durch dessen Deutung zur Erkenntnis gelangt und sich so dieser Erkenntnis leichter bewusst sein kann.

Freuds Interesse an der Wissenschaft war auch in seiner Privatpraxis erhalten geblieben und so genau, wie er beim Sezieren von Gewebe zu arbeiten gelernt hatte, so präzise beobachtete er mit einer „gleichschwebenden Aufmerksamkeit" auch die Patienten und das, was sie ihm berichteten.

1895 hatte Freud begonnen, an dem „Entwurf einer Psychologie" zu arbeiten. Der Titel dieser Arbeit wurde nicht von Freud selbst, sondern von seinen Herausgebern nach seinem Tode gewählt. Freud hat diese „Psychologie für Neurologen", wie er es in einem Brief an seinen Freund, den Nasen- und Ohrenspezialisten Wilhelm Fließ erwähnt, nie veröffentlicht und wollte die Arbeit lieber vernichtet sehen.

Zusammen mit Josef Breuer gab er aber im Jahre 1895 eine andere Arbeit heraus, die „Studien über Hysterie". So kann dieses Jahr als der Beginn der Psychoanalyse gelten.

Als er mit seiner Familie im Juli 1895 in Bellevue Urlaub machte, ist seine Frau das 6. mal schwanger, diesmal mit der Tochter Anna. Dort träumt Freud einen Traum, den „Traum von

---

[166] Freud, GW, Bd. 14, S. 86

Irmas Injektion", der als Initialtraum für seine Traumdeutung gilt. Die darin geschilderte Erkenntnis über die Bedeutung der Träume hält er für seine wichtigste Entdeckung. Zu dieser Zeit standen die Prinzipien seiner Psychoanalyse fest. Der Traum war dabei die via regia zum Unbewussten.

1899 erscheint die „Traumdeutung", aber sie wurde auf das Jahr 1900 datiert, um den Beginn einer neuen Epoche der Wissenschaft vom Menschen zu verdeutlichen. Sechs Jahre später sind – für ihn enttäuschend – vom Traumbuch allerdings lediglich 351 Exemplare verkauft worden.[167] Im Jahre 1902 wurde Freud von der Universität Wien der Titel eines außerordentlichen Professors verliehen. 1906 erschienen die „Drei Abhandlungen zur Sexualtheorie". Für die Psychoanalyse interessierte sich bald eine Anzahl jüngerer Ärzte, die sich zur *Psychologischen Mittwoch-Gesellschaft* trafen, deren Treffen ab 1906 protokolliert wurden. 1909 fuhr Freud mit C. G. Jung, der in Zürich tätig war, und Sandor Ferenczi aus Budapest nach Amerika, um Vorträge an der Clark University zu halten.

1910 erfolgte die Gründung der *Internationalen Psychoanalytischen Vereinigung*, deren Vorsitzender Jung wird, u.a. auch, weil Freud einen Nicht-Wiener und Nicht-Jüdischen Repräsentanten dafür suchte, um die Psychoanalyse nicht zu einer Sekte werden zu lassen. Nach Zerwürfnissen mit Freud tritt Jung 1914 zurück. Die Beziehung zwischen Freud und Alfred Adler, dem Begründer der Individualpsychologie, war schon früher zerbrochen.

Die folgenden Jahre sind von einer regen Forschungs- und Veröffentlichungstätigkeit Freuds gekennzeichnet. Eine weite Verbreitung fand sein Buch über den Witz, viel gelesen wurden auch seine Krankengeschichten. Er stellte seine Vorstellungen über die Ursprünge der Religionen und Kultur dar und schrieb über Bildende Kunst und Literatur. Er hinterließ ein umfangreiches Werk von 18 Bänden und zusätzlich den Briefwechsel. Mit wichtigen Veröffentlichungen hält er seiner Zeit einen Spiegel vor. Besonders bedeutend sind die Arbeiten über die Entstehung der Neurosen, in denen auch der kulturelle Anteil daran, z.B. mit dem gesellschaftlich vorgegebenen Rollenbild der Frau, sichtbar wird. Die Frauen waren in ihren Möglichkeiten stark eingeschränkt, zumindest in der Behandlung wollte Freud deren sexuelle Wünsche formulierbar werden lassen. Auch in der Literatur dieser Zeit, wie in den Werken von Schnitzler, Strindberg, Ibsen oder Wedekind, kommt die damalige bürgerliche „Moral" mit ihren Zwängen zum Ausdruck.

Im Jahre 1923 wird bei Freud ein Gaumenkrebs diagnostiziert, der häufig operiert wird und den er sehr tapfer bis zu seinem Tod erträgt.

Freud schrieb in einem vorbildlichen Stil, der 1930 mit dem Goethe-Preis der Stadt Frankfurt/Main ehrend gewürdigt wurde. Sein Briefwechsel mit Einstein, Stefan Zweig und vielen anderen bedeutenden Zeitgenossen ist umfangreich und heute ein wichtiges Dokument der Zeitgeschichte.

Im Jahre 1936, in Deutschland war Hitler bereits an der Macht, hält Thomas Mann im privaten Kreis den Festvortrag zu Freuds 80. Geburtstag. Auch Albert Einstein schrieb achtungsvoll anlässlich dieser Gelegenheit und betont den Einfluss der Ideen Freuds auf diese Epoche. Nach dem Anschluss Österreichs erfolgen 1938 eine Hausdurchsuchung und weitere Schikanen.

---

[167] Gay (1989)

Roosevelt und auch Mussolini intervenieren zugunsten Freuds, so dass er mit Hilfe von Freunden im Juni über Paris nach London ausreisen kann. Dort stirbt er am 23. 9. 1939. Seine vier Schwestern kommen im Konzentrationslager um.

Freud hatte sich als Neurologe auf die Psychopathologie spezialisiert und versucht, das menschliche Seelenleben zu verstehen. Es war die Zeit der großen Erfolge der klassischen Physik und Chemie und Freud fühlte sich auch dieser logischen und deterministischen Denkweise verpflichtet. Von Wilhelm Fließ, für lange Zeit sein bester und innigster Freund, erhielt er die Vorlesungen von Helmholtz geschenkt. Wie die meisten anderen wissenschaftlichen Vorbilder Freuds hatten sie die Methoden und Erfolge der klassischen Physik vor Augen. Freud dachte und fühlte wie seine Lehrer positivistisch, deterministisch und atheistisch. Er hatte die Hoffnung, naturwissenschaftliches Denken auf die Erforschung des menschlichen Denkens und Handelns übertragen zu können und entlehnte daher viele seiner Begriffe der Physik, u.a. Energie, Spannung, Druck, Entladung, Verschiebung, Konservierung, Verdrängung, Mechanismus, Apparat. Aber anders als es noch seine Intention beim „Entwurf der Psychologie" gewesen war sah er im Alter eine Grenze für das, was die ihm bekannte Naturwissenschaft erfassen kann – sowohl für die Physik als auch für das Gebiet der Tiefenpsychologie. So schreibt er im 1938 begonnen und unvollendet gebliebenen „Abriss der Psychoanalyse":[168]

> „Unsere Annahme eines räumlich ausgedehnten, zweckmäßig zusammengesetzten, durch die Bedürfnisse des Lebens entwickelten psychischen Apparates, der nur an einer bestimmten Stelle unter gewissen Bedingungen den Phänomenen des Bewusstseins Entstehung gibt, hat uns in den Stand gesetzt, die Psychologie auf einer ähnlichen Grundlage auszurichten wie jede andere Naturwissenschaft, z. B. wie die Physik. Hier wie dort besteht die Aufgabe darin, hinter den unserer Wahrnehmung direkt gegebenen Eigenschaften (Qualitäten) des Forschungsobjektes anderes aufzudecken, was von der besonderen Aufnahmefähigkeit unserer Sinnesorgane unabhängiger und dem vermuteten realen Sachverhalt besser angenähert ist. Diesen selbst hoffen wir nicht erreichen zu können, denn wir sehen, dass wir alles, was wir neu erschlossen haben, doch wieder in die Sprache unserer Wahrnehmungen übersetzen müssen, von der wir uns nun einmal nicht frei machen können. Aber dies ist eben die Natur und Begrenztheit unserer Wissenschaft. Es ist, als sagten wir in der Physik: Wenn wir so scharf sehen könnten, würden wir finden, dass der anscheinend feste Körper aus Teilchen von solcher Gestalt, Größe und gegenseitiger Lagerung besteht. Wir versuchen unterdes, die Leistungsfähigkeit unserer Sinnesorgane durch künstliche Hilfsmittel aufs Äußerste zu steigern, aber man darf erwarten, dass alle solche Bemühungen am Endergebnis nichts ändern werden. Das Reale wird immer ‚unerkennbar' bleiben. Der Gewinn, den die wissenschaftliche Arbeit an unseren primären Sinneswahrnehmungen zu Tage fördert, wird in der Einsicht in die Zusammenhänge und Abhängigkeiten bestehen, die in der Außenwelt vorhanden sind, in der Innenwelt unseres Denkens irgendwie zuverlässig reproduziert oder gespiegelt werden können, und deren Kenntnis uns befähigt, etwas in der Außenwelt zu ‚verstehen', es vorauszusehen und möglicher Weise abzuändern. Ganz ähnlich verfahren wir in der Psychoanalyse."

Da Freud sich als objektiven, deterministisch denkenden Wissenschaftler sah, stand er, im Gegensatz zu C. G. Jung, dem Mystischen sehr ablehnend gegenüber. C. F. v. Weizsäcker erzählt gern eine Anekdote, die diese Haltung Freuds kennzeichnet und einen Besuch seines Onkels

---

[168] Freud, GW, Bd. 17, S. 126 f

Viktor v. Weizsäcker bei Freud betrifft. Wir halten uns hier an die von Viktor v. Weizsäcker, einem der Begründer der Psychosomatik, selbst publizierte Erinnerung[169]:

> „Beim Abschied aber wurde doch noch offenbar, dass die Begegnung nicht so ganz über die stürmischeren Untergründe des geistigen Kampfes weggeglitten war. Wie man, schon stehend, nicht immer gleich das abschließende Wort findet, so unterbrach ich die entstandene Pause mit einer vielleicht mehr ehrlich gefühlten als gut angebrachten Bemerkung. Ich sagte nämlich etwas abrupt, es schiene mir ein merkwürdiges Zusammentreffen, dass mein Besuch bei ihm gerade auf den Allerseelentag fiele. Das war nämlich der Fall. Der unerwartete Erfolg war, dass Freud erstaunt frug: wieso? Ich kam etwas in Verwirrung und versuchte zu erklären, ich sei ‚im Nebenamte wohl auch etwas Mystiker'. Darauf aber wandte er sich mir rasch zu und sagte mit einem geradezu entsetzten Blick: ‚Das ist ja furchtbar!' Einlenkend sagte ich: ‚Ich will damit sagen, dass es auch etwas gibt, was wir nicht wissen', worauf er: ‚Oh – darin bin ich Ihnen über!' Sein gequälter Ton und die rasche Abwendung von dem Thema haben, wie ich glaube, bewiesen, dass es ihm diesmal bitter ernst war, und vielleicht auch gezeigt, dass er mich bereits ein wenig liebte. Er muss dann noch irgendetwas von der Unantastbarkeit des Verstandes gesagt haben, ich habe es nicht gehört oder vergessen."

Freuds Interesse galt im Wesentlichen den verschiedenen, empirisch erfahrbaren Seiten des menschlichen Seins und weniger philosophischen Spekulationen. In seiner Selbstbeschreibung[170] führt er aus: „Auch wo ich mich von der Beobachtung entfernte, habe ich die Annäherung an die eigentliche Philosophie sorgfältig vermieden."

Freud hat als Erster eine Psychodynamik des Unbewussten entwickelt und die grundlegende Bedeutung der Kindheit sowie der kindlichen Vorstellungen und Phantasien für die spätere Entwicklung der Persönlichkeit gesehen. Er beschrieb den Ödipuskomplex, die Arbeit der Verdrängung im unbewussten Teil des Ichs, die Verursachung der Neurosen durch verdrängte sexuelle Triebe und Wünsche. Seine Forschung deckte grundlegende Erkenntnisse über die Organisation des Seelischen auf. Bei seiner Arbeit kam er zu der Einsicht, dass unsere Gedanken und Handlungen in einem viel stärkerem Maße durch unser Unbewusstes bestimmt werden, als uns lieb ist. Der Mensch ist weniger von der Vernunft bestimmt, als er annimmt, und er kann sogar inzestuöse und mörderische Wünsche und Impulse in sich tragen. *Nach Freud ist der Mensch von der Geschichte seiner sexuellen und aggressiven Triebwünsche bestimmt.*

10.2.3 Freuds Modelle der Psyche

Das psychodynamische Modell

1905 begann Freud, eine Entwicklungstheorie der Libido auszuarbeiten. Die Libido sieht er als die „Energie solcher Triebe, welche mit all dem zu tun haben, was man als Liebe zusammenfassen kann"[171]. Libido ist jene Energieform, die dem sinnlichen Genuss zugrunde liegt. Die psy-

---

[169] Weizsäcker , V. v. *Natur und Geist*, in Ges. Schriften (1988), Bd. 1, S. 144 f

[170] Freud, GW, Bd. 14, S. 86

[171] Freud *Massenpsychologie* (1921), in StA, Bd. 9, S. 85

chische Energie oder Libido drängt die Psyche zur Aktivität. Der psychische Apparat muss diese Energie oder Erregung binden, nutzen oder regulieren.

Der Schicksalsverlauf der elementaren somatopsychischen Triebspannungen ist für die Organisation der Psyche maßgebend. Dabei sind die Suche von Lust und die Vermeidung von Unlust die stärksten Motive. In der Art eines Reflexbogens komme es bei einer Reizvermehrung zu Unlust und eine Reizverminderung mache Lust.

Die *libidinösen Triebe* wirken von Anfang des Lebens an, mit dranghafter Begierde steuern sie auf ein Ziel hin. Damit postulierte Freud eine infantile Sexualität, die sich durch bestimmte frühkindliche Phasen entwickelt. „Sexuell" ist in diesem Zusammenhang als sinnlich-körperliche Wollust gemeint, so wie sie auch das Saugen an der Brust, das Lutschen am Finger oder die Lust an den Ausscheidungsvorgängen bereitet.[172]

Freud unterscheidet gemäß der Entwicklung des Kindes mit dessen Konzentration auf besonders wichtige erogene Zonen eine orale, anale, phallisch/klitoridale und später die genitale Phase. Damit hat der Trieb eine somatische, also körperliche Quelle, in der oralen Phase ist es die Mundregion, in der analen, der Zeit der Sauberkeitserziehung, die Gegend des Afters und in der phallischen-ödipalen Phase und der Zeit der Pubertät sind die Genitalien der Ort, von dem die Triebe dranghaft ausgehen. Die Affekte sah er als Ausdruckform der Triebe.

Der *Ödipuskomplex* spielt eine bedeutende Rolle in Freuds Theorie. Im Mythos des Ödipus – als Drama von Sophokles noch heute auf den Spielplänen der Theater – wird die Vorbestimmung des Sohnes dargestellt, seine Mutter besitzen zu wollen. Im Mythos wird dies vom Orakel unausweichlich festgelegt. Deshalb muss der Sohn den Vater töten, von dem er nicht weiß, dass es dieser ist, und seine Mutter heiraten. Diese Tat bringt im Mythos großes Unglück über das Land.

Diesen Mythos nahm Freud als Vorlage für das persönliche Schicksal des Jungen. Das männliche Kind hat im Alter von 3–5 Jahren sexuelle Wünsche gegenüber der Mutter und will den Vater als Rivalen beseitigen. In der Phantasie des Kindes könnte der Vater sich rächen und den Knaben kastrieren. Die Überwindung des Wunsches, die Mutter besitzen zu wollen und damit die Kastrationsangst zu bewältigen, erfolgt, indem er sich – auch, weil er erfolglos bleiben muss – mit seinem Vater identifiziert und auf die Mutter verzichtet. Das Akzeptieren des Inzestverbotes trägt nach Freud wesentlich zur Installierung des Ich-Ideals und des Über-Ichs bei. Das Mädchen wiederum muss das Begehren auf den Vater aufgeben und sich mit der Mutter identifizieren, was als komplexerer Vorgang angesehen wird. Den weiblichen Ödipuskomplex (von Jung als Elektrakomplex bezeichnet) sieht Freud durch den „Kastrationskomplex" ermöglicht und eingeleitet. Nach Freud wird die „Penislosigkeit" des Mädchens von diesem als erlittener Nachteil empfunden. Der weibliche Ödipuskomplex, der in der Pubertät eine Wiederholung erfährt, gipfelt in dem Wunsch, vom Vater ein Kind zu bekommen.

Der ödipale Konflikt wird von Freud später auch als *Ambivalenzkonflikt* verstanden. Er beinhaltet die gleichzeitige Anwesenheit einander entgegengesetzter Strebungen, Haltungen und Gefühle, z.B. Liebe und Hass, in der Beziehung zu ein- und demselben Objekt. Diesen Begriff hatte Freud ursprünglich von Bleuler übernommen. Freud schreibt über einen kleinen Jungen:

---

[172] Elhardt (1986), S. 26

„Er befindet sich in der eifersüchtigen und feindseligen Ödipus-Einstellung zu seinem Vater, den er doch, soweit die Mutter nicht als Ursache der Entzweiung in Betracht kommt, herzlich liebt. Also ein Ambivalenzkonflikt, gut begründete Liebe und nicht minder berechtigter Hass auf dieselbe Person gerichtet."[173] Im Laufe der individuellen Entwicklung sollte sich die Ambivalenz abschwächen und das liebevolle Gefühl vorherrschend werden.

Die Triebtheorie erfuhr bereits schon durch Freud selbst mehrere Abänderungen. In seiner ersten Triebtheorie hatte er dem Sexualtrieb die *Selbsterhaltungstriebe* gegenüber gestellt, die er seit 1910 als *Ich-Triebe* bezeichnet. Anfangs sah er die Befriedigung der erogenen Zone mit der Befriedigung der Nahrungsbedürfnisse vergesellschaftet, dass also in der Seele sowohl Hunger als auch Liebe als organische Triebe wirken.

Im Laufe seiner klinischen Erfahrungen erlebt Freud Patientinnen und Patienten, die sich einem Erfolg in der „Kur", wie die Behandlung bezeichnet wurde, unbewusst widersetzten und damit destruktiv gegen sich selbst handelten. Daher baute Freud einen *Aggressionstrieb* in seine Triebtheorie ein.

Freuds Trieblehre hat sich dann bis zur Ausformung eines Dualismus zwischen Eros (Lebenstriebe) und Tanatos (Todestriebe) zugespitzt. Der Todestrieb zeigt auf, dass alles Leben die immanente Tendenz habe, zum anorganischen Urzustand zurückzukehren. Für den Entwurf dieser Theorie spielte sicherlich auch die Erfahrung des ersten Weltkrieges eine Rolle, in dem sich die kulturell bedingte Hemmung der Aggressionen als Illusion verdeutlichte.

Man kann sagen, dass die meisten Analytiker der Todestriebhypothese, die die Aggression als einen einheitlichen Trieb sieht, nicht folgen. Wie schon im vorhergehenden Kapitel erwähnt wurde, wird die Anlage, sich aggressiv verhalten zu können, sowohl als angeboren als auch als reaktiv auslösbar angesehen. Für die Durchsetzung und die Befriedigung von libidinösen Bedürfnissen und von Selbsterhaltungsbedürfnissen ist Aggression unerlässlich. Sie trug in der Evolution zur Selbst- und Arterhaltung bei. Die in dieser Aggression enthaltenen eliminativen und destruktiven Komponenten sind den übergeordneten Trieben, die eben zu dieser Erhaltung dienen, untergeordnet. Eine rein destruktive Aggression ist damit Produkt eines Desintegrationsprozesses.[174]

In seinem späteren Werk beschreibt Freud einen *primären Narzissmus* des Säuglings, einen als normal anzusehenden frühen Zustand des Kindes, in dem es sich selbst „mit seiner ganzen Libido besetzt" und der noch vor der Herausbildung des Ichs ausgebildet wird. In der Sage war Narzissus ein Jüngling, der sich in das eigene Spiegelbild verliebte, nachdem er – wie Ovid in den „Metamorphosen" schildert – die Liebe von Echo zurückgewiesen hatte. Freud meint mit dem primären Narzissmus einen undifferenzierten Zustand, in dem ohne Spaltung zwischen sich und der Außenwelt ein „oceanisches Gefühl" ähnlich wie im Mutterleib vorhanden ist. Erst später wird die Libido des Kindes auf seine äußere Welt, vornehmlich auf die Mutter gerichtet. Der sekundäre Narzissmus, der ein Rückzug auf sich selbst bedeutet, wird als Regression angesehen.

---

[173] Freud (1926 d), in StA., Bd. 6, S. 247, Laplanche und Pontalis (1980), Bd. 1, S. 57
[174] Mentzos (1993), S. 26

Das topographische und das Strukturmodell der Psyche

In seinem Topographischen Modell unterteilt Freud die Psyche in *bewusste, vorbewusste, und unbewusste Anteile.* Unter vorbewussten Inhalten ist zu verstehen, dass diese zwar noch nicht dem Bewusstsein zugänglich sind, aber relativ leicht bewusst gemacht werden können. Freud kam zu der Erkenntnis, dass es starke seelische Vorgänge oder Vorstellungen gibt, die nicht bewusst werden, deren Folgen aber z.B. in Symptomen oder Fehlleistungen wie Versprechen erkennbar sind. „Es ist dem Erzeugnis des wirksamen Unbewussten keineswegs unmöglich, ins Bewusstsein einzudringen, aber zu dieser Leistung ist ein gewisser Aufwand von Anstrengung notwendig. Wenn wir es an uns selbst versuchen, erhalten wir das deutliche Gefühl einer *Abwehr*, die bewältigt werden muss, und wenn wir es bei einem Patienten hervorrufen, so erhalten wir die uns unzweideutigsten Anzeichen von dem, was wir *Widerstand* dagegen nennen."[175]

Den Zustand, in dem die Vorstellungen vor der Bewusstmachung sind, nannte Freud *Verdrängung,* und die Kraft, die die Verdrängung herbeigeführt und aufrecht erhalten hat, ist als *Widerstand* während der analytischen Arbeit für den Therapeuten spürbar.[176] Wenn diese Kraft aufgehoben wird, kann die Vorstellung bewusst werden und damit „durchgearbeitet" werden. Alle Erscheinungen des Widerstandes sind Korrelate der *Angstabwehr.*[177] Das Verstehen der unbewussten Konflikte, die Angst erzeugen, wird deutlicher durch die Vorstellungen eines *Strukturmodells der Psyche,* welches das topographische Modell erweitert.

Die psychischen Strukturen, die das topographische Modell ergänzen und erweitern, werden in Es, Ich und Über-Ich unterschieden.

Das unbewusste *Es* enthält zum einen das aus der Phylogenese mitgegebene Unbewusste. Für Freud ist es vor allem aber ein primäres unorganisiertes Reservoir der Triebenergie. Die Triebe und Wünsche, die gemäß dem Lustprinzip agieren, streben nach Befriedigung, kennen keine Wertungen, kein Gut und Böse und keine Moral. Das Es ist eine unerschöpfliche Quelle menschlichen Phantasierens, das über die einengenden Realitäten, über Raum und Zeit hinwegweist.[178]

Das *Ich* bildet sich aus dem Es heraus. Über die aus dem Es aufkeimenden Triebwünsche entscheidet das Ich, das nach dem Realitäts- und nicht nach dem Lustprinzip arbeitet, und das festlegt, ob eine Befriedigung der Triebansprüche zugelassen werden kann.

Das Ich ist der Vermittler zwischen Innen und Außen, zwischen Phantasie und Wirklichkeit und steht für die Realitätseinschätzungen. Es muss zwischen den Innenreizen, wenn sie Unlust und damit Angst erzeugen, und den Anforderungen der Umwelt, der Kultur vermitteln. Als Stätte der Angst trifft das Ich die oben erwähnten Abwehrmaßnahmen, *die unbewusst sind.* Sie können zu Kompromisslösungen oder zur Verdrängung führen. Ebenso sichert das Ich die Befriedigung der normalen narzisstischen Bedürfnisse, sowohl im Sinne der Sicherheit als auch bezüglich eines ausgeglichenen Selbstwertgefühls. Ebenfalls zum Ich gehören Funktionen wie

---

[175] Freud (1911), StA. Bd. 3:, S. 33

[176] Freud (1923 b), StA Bd. 3: S. 284

[177] Freud (1926 d), StA. Bd. 6, S. 268

[178] Thomä u. Kächele (1996), Bd. 1, S 37

Wahrnehmung und Wortvorstellung, willkürliche Bewegung, Selbstbehauptung, Gedächtnis, Anpassung, Frustrationstoleranz und Aktivität.

Das *Über-Ich* – ein Begriff, der bereits in den allgemeinen Sprachgebrauch eingegangen ist – sieht Freud als Ausdruck des Es und als das Ergebnis der Beziehungen zu den ersten Bezugspersonen, als das Resultat des Ödipuskomplexes. In dessen Verlauf und seiner Überwindung erfolgt die weitere Differenzierungen des Ichs in ein Ich-Ideal und in ein Über-Ich.[179] Die frühkindliche Amnesie führt zur Verdrängung des Ödipuskomplexes. Das Ich-Ideal mit den individuellen Zielsetzungen und das Über-Ich als Gewissen und Repräsentant der Beziehungen zu den Eltern und der Selbstbeobachtung werden verstärkt durch Religionslehre, Lektüre, Unterricht und den weiteren Einfluss von Autoritäten. Durch die herausgebildeten Verbots-, Gebots- und Idealprinzipien wird das aktuelle Tun des eigenen Ichs kritisch bewertet und an den selbstgesetzten eigenen Idealen gemessen. Die unbewussten Auswirkungen des Über-Ichs zeigen sich in Strafängsten und Schuldgefühlen. So wendet sich das Über-Ich in der Melancholie (Depression) gegen das eigene Ich. „Die Melancholie ist seelisch ausgezeichnet durch eine tief schmerzliche Verstimmung, eine Aufhebung des Interesses für die Außenwelt, durch den Verlust der Liebesfähigkeit, durch die Hemmung jeder Leistung und die Herabsetzung des Selbstwertgefühls, die sich in Selbstvorwürfen und Selbstbeschimpfungen äußert und bis zur wahnhaften Erwartung von Strafe steigert."[180]

„Der Mensch ist in seinen Angstinhalten nicht nur ein existentiell und materiell von Naturkatastrophen, von biologischen Gefahren (Krankheit, Tod) und zwischenmenschlichen Gefährdungen (Krieg, Vertreibung, Konkurrenzkampf, Verlust des Arbeitsplatzes usw.) bedrohtes Wesen, sondern erlebt sich seelischen Gefahren ausgeliefert, die aus seinem sozialen Bedürfnissen nach Kontakt, Geborgenheit, Geltung, Liebe und Selbstverwirklichung herrühren. In unserer Kultur ... ist die Armut nicht mehr eine des Magens, sondern der Seele."[181] Wir Menschen haben uns Strategien zugelegt, die psychische Wirklichkeit erträglich zu gestalten.

Die Abwehrmechanismen

Besonders Konflikte der frühen Kindheit, in der das schwache und in der Entwicklung begriffene Ich die in dieser Zeit entstehenden Konflikte nicht lösen kann, führen zu einer Schwächung des Ichs und zu charakteristischen Abwehrhandlungen und Verdrängungen. „Das erstarkte Ich des Erwachsenen fährt fort, sich gegen Gefahren zu verteidigen, die in der Realität nicht mehr bestehen, ja es findet sich gedrängt, jene Situationen der Realität herauszusuchen, die die ursprüngliche Gefahr ungefähr ersetzen können, um sein Festhalten an den gewohnten Reaktionsweisen an ihnen rechtfertigen zu können. Somit wird es leicht verständlich, wie die Abwehrmechanismen durch immer weitergreifende Entfremdung von der Außenwelt und dauernde

---

[179] Freud (1923 b), StA., Bd. 3, S. 301
[180] Freud (1917), StA., Bd. 3, S. 198
[181] Elhardt (1986), S. 47

Schwächung des Ichs den Ausbruch der Neurose vorbereiten und begünstigen."[182] Die Angst als Realisation eines Triebimpulses, einer inneren Gefahr, muss abgewehrt werden.

„Das Ich, welches das Trauma passiv erlebt hat, wiederholt nun aktiv eine abgeschwächte Reproduktion desselben, in der Hoffnung, deren Ablauf selbsttätig leiten zu können."[183] Freud bezeichnet diesen Mechanismus als *Wiederholungszwang*.

Die Art der Abwehrform bedingt die Symptomatik der Neurosen mit. Sie kann in die Charakterstruktur eingehen und bestimmend für das Verhalten und Erleben werden. Die Abwehr hat auch im Alltag eine wichtige entlastende Funktion. „Symptome binden die psychische Energie, die sonst als Angst abgeführt würde".[184]

Die *„Verdrängung"* ist heute allgemeiner Sprachgebrauch geworden. Man sollte sich klar machen, *dass sie immer unbewusst abläuft*. Als Verdrängung wird ein Vorgang bezeichnet, in dem bestimmte konflikthafte Inhalte ausgeblendet, vergessen oder übersehen werden. Die Abwehrmechanismen der Verdrängung blockieren die Bewusstwerdung von Erinnerung.

Anna Freud (1895–1982), die jüngste Tochter, hat zur Beschreibung der *Abwehrmechanismen* wertvolle Arbeit geleistet und einzelne dieser Mechanismen beschrieben.[185]

Im Folgenden sollen außer der genannten Verdrängung einige dieser intrapsychischen Mechanismen kurz vorgestellt werden.[186]

Unter *Konversion* werden körperliche Symptome verstanden, die eine symbolische Beziehung zu den unbewussten Phantasien des Betreffenden haben. Sie bezeichnet die Umsetzung eines psychischen Konfliktes in somatische Symptome, z. B. können diese motorischen Ausfälle sein, wie Lähmungen, oder sensible, wie umschriebene Anästhesien oder Schmerzen. Sie drücken verdrängte Vorstellungen durch den Körper aus. Freud meint, dass die symbolische Beziehung, die das Symptom mit der Bedeutung verbindet, nicht nur mehreren Bedeutungen gleichzeitig entsprechen kann, sondern dass die Beziehung ihre Bedeutung auch ändern kann.

Der kulturelle Einfluss auf die Symptomatik zeigt sich bei der *Konversion* besonders deutlich. Zur Jahrhundertwende waren die hysterischen Lähmungen, Blindheiten, Taubheiten und die Ohnmachten sehr viel häufiger.

Mentzos sieht heute – im Gegensatz zu Freuds Zeit – die Verlagerung der Symptome hin zu „Kreislaufstörungen", diffusen Schmerzsyndromen, ungeklärten Erschöpfungszuständen.[187] Auch unklare Rückenschmerzen können manchmal dazu gehören.

Die *Rationalisierung* ist eine sehr häufige Abwehrform, in der zweckdienliche, Sicherheit verleihende, logisch und moralisch akzeptable Erklärungen und Rechtfertigungen gefunden werden. Es sind letztlich Scheinmotive, um z.B. die Angst, die sonst deutlich würde, nicht spüren zu müssen.

---

[182] Freud (1937 c), StA., Ergänzungsbd., S. 378
[183] Freud (1926d), StA., Bd. 6, S. 304
[184] Freud (1926d), StA, Bd. 6, S. 284
[185] Freud, Anna (1994)
[186] Mentzos (1993), S. 60 ff; Arbeitskreis OPD (1996)
[187] Mentzos (1995), S. 20

Bei der *Projektion* werden Gefühle und Wünsche nicht in der eigenen Person gesehen und erkannt, sondern aus dem Selbsterleben ausgeschlossen und einem anderen zugeschoben. Der *andere* ist aggressiv oder neidisch, *nicht man selbst*.

Bei der *Verschiebung* wird die emotionale Bedeutung von einer Vorstellung gelöst und geht auf eine andere, ursprünglich weniger intensive Vorstellung über. So kann in der Phobie die eigentliche neurotische Angst auf ein kleines Tier, z.B. eine Spinne, verschoben werden oder auf eine äußere Situation, wie z.B. eine U-Bahn oder einen Fahrstuhl, die dann zur Angstquelle werden.

Bei der *Verleugnung* werden bestimmte Aspekte der externen Realität bzw. des eigenen Erlebens gegenüber sich selbst oder anderen nicht erkannt, auch wenn diese Aspekte für andere offensichtlich sind.

Die *Identifikation mit dem Angreifer* (oder Aggressor) bezeichnet eine Möglichkeit, die häufig der Bewältigung von traumatischen Ereignissen dient. So kann ein vermindertes Selbstwertgefühl oftmals auf eine Identifizierung mit einem elterlichen Aggressor zurückgeführt werden.

Die *Wendung gegen die eigene Person* besteht darin, dass angstbesetzte aggressive Impulse oder Vorstellungen keine Äußerung in Worten oder Handlungen des Betreffenden finden, sondern sich in depressiven Verstimmungen oder Selbstentwertungen manifestieren, was bis zum Selbsthass oder zu autodestruktiven Impulsen führen kann.

In der *Spaltung* werden das Selbst und die äußeren Objekte, d.h. andere Personen, nicht widersprüchlich mit ihren guten und schlechten Merkmalen erlebt, sondern einseitig als entweder nur gut oder nur böse. Die Spaltung in nur positiv oder nur negativ Beurteilte kann sich auf Personen und auf Personengruppen beziehen, wobei die jeweils anderen Anteile in der Spaltung ignoriert werden. Auch die Beurteilung oder Empfindung gegenüber der gleichen Person kann sich in rascher zeitlicher Folge ändern, sie kann als ganze Persönlichkeit heute freundlich beurteilt werden und morgen abwertend.

Neben diesen gibt es noch andere Formen der Abwehr, als ihre reifste Form sah Freud die *Sublimierung*. In ihr sah er ein erstrebenswertes Ziel, da sie Raum schafft für wissenschaftliche und intellektuelle Arbeit sowie künstlerische Tätigkeit.

Ein Trieb wird sublimiert, wenn er auf ein nicht-sexuelles Ziel und nicht auf ein sexuelles Objekt hin ausgerichtet wird, sondern z.B. auf anerkannte soziale Tätigkeiten verschoben wird. Das bedeutet, dass dann nicht mehr der biologisch mitgegebene Drang nach Sexualität und Vermehrung die Ziele des Strebens sind, sondern kulturell wertvolle Tätigkeiten verschiedenster Art.

Der psychische Konflikt aus der Kindheit kann wie gesagt in *Neurosen* seinen symptomatischen Ausdruck finden. Geraten die kindlichen Impulse und Wünsche in starkem Maße in Konflikt mit der Realität, die durch die Eltern und die Kultur vorgegeben ist, müssen sie verdrängt werden. Später können diese Treibimpulse, Wünsche und Konflikte in spezifischen Situationen wiederbelebt werden und sich dann in Symptomen Ausdruck verschaffen. Dies wird als Kompromissbildungen zwischen dem Wunsch und der Abwehr angesehen. Als *Abwehr gegen die Angst* können sich die Symptome u.a. in zwanghaftem oder hysterisch dramatisiertem Verhalten sowie in Ängsten und Phobien ausdrücken oder sich in psychosomatischen Beschwerden manifestieren.

Der Wiederholungszwang ist dadurch gekennzeichnet, dass Menschen fast schicksalhaft immer wieder in ähnliche und unangenehme Lebenssituationen geraten. Dies können ähnliche Konstellationen leidvoller zwischenmenschlicher Enttäuschungen sein oder der Versuch, traumatische Erfahrung in einen interpersonalen Zusammenhang zu bringen und zu hoffen, sie neu erfolgreicher gestalten zu können.

In der therapeutischen Arbeit können durch freie Assoziation und Deutung Teile des Unbewussten erschlossen und bewusst werden und damit der Bearbeitung zugänglich gemacht werden. Freud sah die Möglichkeit als wichtig an, dass die Verzerrung der Realität in der Übertragung interpersonell deutlich wird.

Als *Übertragung* wird das Erleben von Gefühlen, Phantasien, Einstellungen und Abwehrhandlungen gegenüber dem Therapeuten empfunden, die einer verzerrten Wahrnehmung von ihm entsprechen. Die in Beziehungen auftretenden Gefühle, Wünsche und Phantasien beziehen sich oft nicht auf die aktuelle Situation und die realen Bezugspersonen, denn es kann zu einer unbewussten Aktualisierung der frühen Objektbeziehungen kommen. In der Therapie werden diese inneren Bilder der Objektbeziehungen auf den Therapeuten projiziert. Er kann z B. so streng erlebt werden, wie der Patient seinen Vater erlebt hat.

Freud hatte die Vorstellung, dass die Übertragungsgefühle vom Patienten wie auf einen Spiegel projiziert werden und damit in einer objektiven Weise, d.h. ohne Gegenübertragungsgefühle gedeutet werden könnten. Als *Gegenübertragung* wird vor allem die gefühlsmäßige Reaktion des Psychoanalytikers auf die Übertragung des Patienten bezeichnet. Sie sei – so Freuds Forderung – von dem Analytiker zu überwinden, da sie hauptsächlich aus dessen eigenen neurotischen Konflikten herrühre. Auch wenn Freud vom Analytiker eine neutrale Haltung verlangte, so hieß das für ihn nicht, auf einen Einschluss von Spontaneität und menschlicher Wärme zu verzichten.[188]

Heute wird mehr der ganzheitliche Prozess gesehen und das durch die Übertragung hervorgerufene Erleben des Analytikers therapeutisch genutzt. Das Verstehen dieser komplexen Interaktionen ist wichtig, weil psychische Veränderungen in der Beziehung und durch Beziehungen hervorgerufen werden. *Die Übertragung und Gegenübertragung werden heute beide als wichtig angesehen und die Gegenübertragung nicht mehr als Problem.* Die Analyse der jeweiligen von Patient und Therapeut gestalteten Szene trägt viel zum Verstehen des Patienten bei.

Die Störung der Realitätsprüfung durch den Patienten kann mehrere Ebenen betreffen. Kernberg beschreibt bei einer Borderlinepatientin zwei Ebenen der Übertragungsphänomene.[189] Zum einen wurde eine *phantasierte* innere Objektbeziehung übertragen, die hochgradig verzerrt und zeitweilig fast psychotisch war und die mit ganz frühen Ich-Störungen zusammenhing, die in der Übertragung wiederbelebt wurden. Zum anderen fand eine Übertragung statt, die sich auf die *realen* Erlebnisse der Patientin aus pathologischen Eltern-Kind-Interaktionen ihrer Kindheit bezog.

---

[188] Kernberg (1993), S. 69
[189] Kernberg (1993), S. 200

Der Traum

Das beschriebene primärprozesshafte Denken wird im Traum besonders deutlich. Hier hat der Schlafende und Träumende einen anderen Bewusstseinszustand. In nicht logischer Weise ist der Träumer fähig, Dinge zusammenzudenken, Raum und Zeit zu überschreiten, etwas, das in der Tagesrealität unmöglich ist. In den vergangenen Jahrtausenden haben die Träume die Menschen immer beschäftigt. Die prophetische Sicht, die man den Inhalten zuschrieb, stand oft im Vordergrund.

Freud selbst hielt seine Beschreibung des besonderen Bewusstseinszustandes und der Entdeckung von Gesetzmäßigkeiten im Traum für das Kennzeichnendste seiner Wissenschaft. Er hob den Unterschied zwischen latenten Traumgedanken und Traumarbeit hervor. Die Traumarbeit verdichtet, verschiebt, stellt plastisch dar und unterzieht das ganze dann einer sekundären Bearbeitung[190] Die Traumarbeit stellt dabei die Form her.[191]

„Der manifeste Traum ist nicht so sehr eine Entstellung des latenten, als eine Darstellung desselben, eine plastische, konkrete Verbildlichung, die ihren Ausgang beim Wortlaut nimmt. Allerdings gerade dadurch wieder eine Entstellung, denn wir haben beim Wort längst vergessen, aus welchem konkreten Bild es hervorgegangen ist, und erkennen es darum in der Ersetzung durch das Bild nicht wieder."[192]

Der primäre latente Traumgedanke (die Impulse des Es) werden durch die Zensur in manifeste Trauminhalte transformiert.

Nach Freuds Meinung ist der Sinn aller Träume allein auf die Darstellung von Wünschen einschränkt.[193] „Es gibt auch Träume, in denen mein Ich nebst anderen Personen vorkommt, die sich durch Lösung der Identifizierung wiederum als mein Ich enthüllen. Ich soll dann mit meinem Ich vermittels dieser Identifizierungen gewisse Vorstellungen vereinen, gegen deren Aufnahme sich die Zensur erhoben hat."[194] Thomä und Kächele betonen, dass es Freud hier um „Selbstdarstellung durch Identifizierung geht, also um die Herstellung von Gemeinsamkeit. Der Träumer ist allerdings insofern egoistisch, als er seine Gedanken und Wünsche grenzenlos und ohne Rücksicht auf das herangezogene belebte und unbelebte Objekt spielen lassen kann (dasselbe gilt für Tagträume). Dass in der Selbstdarstellung im Traum auf andere Menschen ebenso wie auf Tiere oder unbelebte Objekte zurückgegriffen werden kann, ist entwicklungsgeschichtlich gesehen auf primäre Ungeschiedenheit zurückzuführen. Die Magie der Gedanken ebenso wie die der Gebärden und Handlungen hat hier ihren Ursprung."[195]

Die Zensur hat Abwehrcharakter. „Wenn die bösen Regungen der Träume nur Infantilismen sind, eine Rückkehr zu den Anfängen unserer ethischen Entwicklung, indem der Traum uns einfach wieder zu Kindern im Fühlen und Denken macht, so brauchen wir uns vernünftigerweise dieser bösen Träume nicht zu schämen. Allein das Vernünftige ist nur ein Anteil des Seelen-

---

[190] Freud (1916/17), StA, Bd. 1., S. 185

[191] Freud (1900a), StA Bd. 2, S. 510

[192] Freud (1916/17), StA, Bd. 1., S. 119f

[193] Freud, StA, Bd. 2, S. 525 ff

[194] Freud (1900 a), StA Bd. 2, S. 327

[195] Thomä u. Kächele (1996), Bd. 1, S. 187

lebens, es geht außerdem in der Seele noch mancherlei vor, was nicht vernünftig ist, und so geschieht es, dass wir uns unvernünftigerweise doch solcher Träume schämen. Wir unterwerfen sie der Traumzensur, schämen und ärgern uns, wenn es einem dieser Wünsche ausnahmsweise gelungen ist, in so entstellter Form ins Bewusstsein zu dringen, dass wir ihn erkennen müssen, ja wir schämen uns gelegentlich der entstellten Träume genauso, als ob wir sie verstehen würden."[196]

Freud sah auch eine Mitbeteiligung der „Tagesreste" bei der Herausbildung des Traumes, die mit Bestandteilen des Unbewussten zusammen die „Traumarbeit" leisten. Dadurch ist die *Möglichkeit* im Traum für eine Regression gegeben, für eine Rückkehr zu einer schon über- wundenen Entwicklungsstufe. Freud sah den Traum als Hüter des Schlafes, indem er Wünsche, die den Schlaf stören könnten „befriedigte". Der Traum beschäftigt sich auch mit Lösungsversu- chen. Der latente Trauminhalt ist durch Verdichtung, Verschiebung und Symbolisierung verän- dert, also durch Prozesse, die im Unbewussten immer eine große Rolle spielen.

Verdichtung wird als ein wesentlicher Vorgang angesehen, nach dem unbewusste Vorgänge funktionieren. Eine einzige Vorstellung vertritt für sich allein mehrere Assoziationsketten, an deren Kreuzungspunkten die Verdichtung sich befindet.[197] Verschiedene Elemente können zu einer Einheit mit „widerspruchsvollen" Zügen zusammengefügt werden. Dieser Vorgang ist nicht nur für den Traum wichtig, sondern auch bei der Technik des Witzes zu finden, beim Versprechen usw. Durch die Verdichtung erlangen die Bilder im Traum oft eine große Lebhaftig- keit.

Als *Verschiebung* wird die Tatsache bezeichnet, dass der Akzent, die Bedeutung, die Intensität einer Vorstellung sich von dieser lösen und auf andere, weniger intensive Vorstellungen überge- hen können, die mit der ersten durch Assoziationsketten verbunden sind.

Sowohl Verdichtung als auch Verschiebung waren bei Freud mit Vorstellungen über eine „freie Energie" verbunden. Bei der Verdichtung gab er die Erklärung, dass sich Energien anhäu- fen, und bei der Verschiebung sollte sich die Besetzungsenergie lösen und die Assoziationsketten entlang gleiten.

In der *Symbolbildung* kann sich sogar Gegensätzliches im selben Element abbilden. In der Symbolisierung sieht Freud einen Zusammenhang, der, so komplex er auch sein mag, das Symbol mit dem verbindet, was es repräsentiert. Psychoanalytische Symbole leiten sich von unbewussten Konflikten ab und beziehen sich vor allem auf das Körper-Ich und auf triebhafte Prozesse. Die Traumzensur und die Symboldarstellung muss überwunden werden, um Träume verstehen zu können.

Nicht nur von Freud selbst gab es viele Änderungen und Ergänzungen seiner Theorie, sondern während seines Lebens und bis heute von anderen Psychoanalytikerinnen und Psychoanalyti- kern eine Vielzahl davon. Hier konnten nur einige Aspekte berücksichtigt werden.

---

[196] Freud (1916/17), StA, Bd. 1., S. 215
[197] Laplanche (1980), Bd. 2, S. 580

Primär- und sekundärprozesshaftes Denken

Freud unterscheidet zwei verschiedene Funktionsweisen und damit zwei grundlegend verschiedene Qualitäten des Denkens. Das Unbewusste ist mit dem primärprozesshaften Denken und das Vorbewusste und Bewusste mit dem sekundärprozesshaften Denken verknüpft. Als sekundärprozesshaft kann das logische Denken verstanden werden, das zu abstrakten Verknüpfungen fähig ist. Es ist eher sprachlich ausgerichtet und am Realitätsprinzip orientiert. Freuds Auffassung vom unbewussten primärprozesshaften Denken, das er nicht mit dem Unbewussten gleichsetzte, kann in folgenden Punkten zusammengefasst werden:[198]

1. Die dynamisch unbewussten Vorgänge folgen dem Primärprozess. Vom Unbewussten können wir nur reden, wenn wir es in die Sprache des Bewusstseins übersetzt haben. Im Unbewussten finden Vorgänge statt, die unbewusste Vorstellungen mit Affekten durch den Prozess der Verdichtung und Verschiebung verknüpfen (siehe unten unter Träume).
2. Das Unbewusste kennt keine diskursive Logik und damit keinen Satz vom Widerspruch. So stehen ambivalente Wünsche und Strebungen nebeneinander und ihr Widersprechen stört nicht.
3. Das Unbewusste ist bildhaft, konkret und „sinnlich". Es kennt keine Abstraktion und deshalb keine Zweifel und kein „Nein", denn das „Nein" ist der erste abstrakte Begriff und der Beginn der Symbolisierung und des abstrakten Denkens.
4. Das Unbewusste ist zeitlos und hat damit keine Vorstellung des eigenen Todes. Es gibt keine unbewusste Vorstellung von Raum und Kausalität.
5. Die unbewusste Realität ist allein eine psychische Realität. Wünsche und Impulse folgen dem Lustprinzip, als ob es die äußere Realität nicht gäbe. Es ist, so Müller-Pozzi, vielleicht die menschlichste aller psychischen Leistungen, die Befriedigung der Bedürfnisse aufschieben zu können.
6. Der Primärprozess steht in engster Verbindung zur „Körpersprache" und zur „Organsprache". Averbale affektive Verbindungen behalten lebenslang ihre tragende Bedeutung.

Das Primärprozesshafte ist für die Regulierung, Aufrechterhaltung und Entwicklung des Selbsterlebens zuständig.

Für Freud spielt die Beachtung der ökonomischen (d.h. energetischen) Gesichtspunkte beim Primär- und Sekundärprozess eine Rolle. Für ihn gibt es in Anlehnung an Breuer beim Primärvorgang eine *freie Energie*, die nach unverzüglicher und vollständiger Abfuhr strebt, während beim Sekundärvorgang die Energie „gebunden bleibt", d.h. in bestimmten Neuronen oder Neuronensystemen gespeichert wird.

War Freud der Meinung, dass der Primärprozess keinerlei Entwicklung aufweist, gehen unterdessen die meisten Analytiker davon aus, dass beide Funktionsweisen sich entwickeln und eine Balance zwischen Primär- und Sekundärprozess erforderlich ist. Die primärprozesshafte Encodierung ist eine egozentrische. Das Erlernen der sekundärprozesshaft organisierten sprach-

---

[198] Müller-Pozzi (1995), S. 65 f

lichen Zeichen erfordert ein Absehen-Können von der Bedeutung, die diese Zeichen in der primärprozesshaften Welt des Kindes hatten. Mertens bringt als Beispiel, dass die Milch von sinnlichen Erfahrungsqualitäten, z.B. von Wärme, Wohligkeit, Linderung von Hunger zur Kategorie einer Flüssigkeit wird, die sich von anderen weißen Flüssigkeiten unterscheidet und die im Supermarkt zu kaufen ist. So wird Milch als selbstbezogene Erfahrung und als objektives Faktenwissen gespeichert.[199]

Das Bewusstsein macht zwar nach Freud den kleineren Teil der Psyche aus, dennoch geht aber die Psychoanalyse mit Sprache und Bedeutung um.

„Wo Es war, soll Ich werden" ist nicht nur der Weg zur Symptomreduktion, sondern auch die Maxime zu mehr Freiheit im Denken und Handeln.

„ Wir mögen noch so oft betonen, der menschliche Intellekt sei kraftlos im Vergleich zum menschlichen Triebleben, und damit recht haben. Aber es ist doch etwas Besonderes um diese Schwäche; die Stimme des Intellekts ist leise, aber sie ruht nicht, ehe sie sich Gehör verschafft hat. Am Ende, nach unzähligen oft wiederholten Abweisungen, findet sie es doch. Dies ist einer der wenigen Punkte, in denen man für die Zukunft der Menschheit optimistisch sein darf, aber er bedeutet an sich nicht wenig. An ihm kann man noch andere Hoffnungen anknüpfen. Der Primat des Intellekts liegt gewiss in weiter, weiter, aber wahrscheinlich doch nicht in unendlicher Ferne. "[200]

10.2.4 Ausblick

Freud wird gern als ein Kronzeuge gegen die Vorstellung einer Freiheit des Willens angeführt. Es ist richtig, dass er von der Determiniertheit der Vorgänge in der Welt spricht und diese als Voraussetzung ansieht, für das, was unter seinen Wissenschaftsbegriff fallen kann.

Allerdings ist dies bei ihm nicht sonderlich scharf, da der mathematische Hintergrund nicht geklärt ist. Aus einer solchen unklaren Definition ist dann auch keine klare Aussage im Sinne einer Naturwissenschaft zu erhalten. Sehr deutlich wird dies bei Freud sichtbar, der von „determinierten und überdeterminierten" Situationen spricht. Aus einer mathematischen Sicht wird daran deutlich, dass er auf keinen Fall eine tatsächliche Determiniertheit meinen kann, denn diese ist unter keinerlei Umständen steigerungsfähig. Freuds Motivation ist allerdings gut zu verstehen. Auf Grund der besten Naturwissenschaft, die ihm zur Verfügung stand, nämlich der klassischen Physik, versuchte er für seine Metapsychologie einen Anschluss an diese Naturwissenschaft zu finden. Da die klassische Physik keinerlei Nichtdeterminismus zulässt, war die Übernahme einer solchen Hypothese in seine theoretischen Strukturen wesentlich für die Selbstinterpretation der Psychoanalyse als Wissenschaft. Allerdings war Freud ein viel zu guter Empiriker, als dass er den Determinismus in den Auswirkungen seiner strengen mathematischen Form hätte akzeptieren können. So fasst er den Determinismus nicht zwanghaft auf und schreibt „Wir müssen hier einen Grad von Freiheit anerkennen, der psychoanalytisch nicht

---

[199] Mertens, in Koukkou, Leuzinger-Bohleber, Mertens (1998), S. 79
[200] Freud (1927 c), StA, Bd. 9, S. 186

mehr aufzulösen ist."[201] Solches ist stets mitzubedenken, wenn man Freuds „dritte große Kränkung des Selbstbewusstseins der Menschen in der Neuzeit" zu interpretieren sucht. Nachdem mit Kopernikus und Kepler die Erde nicht mehr der Mittelpunkt der Welt war und mit Darwin der Mensch ein Tier unter Tieren, wurde Freud an Hand seiner klinischen Erfahrungen deutlich, dass das Ich nicht uneingeschränkt „Herr im eigenen Hause" ist.

Richtig interpretiert bedeutet die Sentenz, „nicht Herr im eigenen Hause zu sein", dass unser Bewusstsein von vielen Faktoren beeinflusst wird, die zum großen Teil aus unserem Unbewussten stammen. Dies ist aber kein Argument gegen die Freiheit des Willens, die nur durch einen mathematischen Determinismus tatsächlich außer Kraft gesetzt würde.

Freud hatte in seinem „Entwurf einer Psychologie" versucht, die unbewussten und bewussten psychischen Strukturen aus den Nervenstrukturen heraus zu erklären.

Im Verlauf seines Lebens erkannte er, dass der Versuch scheitern muss, von einem Standpunkt eines materialistischen Monismus heraus die psychischen Strukturen erklären zu wollen, an deren Realität seine Forschungsergebnisse ihm keinen Zweifel erlaubten. Deshalb wollte er wohl auch seine diesbezüglichen Überlegungen im „Entwurf" nicht veröffentlicht haben. Wenn man allein von Materie und Energie ausgeht, dann können geistige Inhalte nicht erklärt werden. Für Freud aber war die Existenz des Bewusstseins absolut fundamental. *„Den Ausgang für diese Untersuchungen gibt die unvergleichliche, jeder Erklärung und Beschreibung trotzende Tatsache des Bewusstseins"*[202] In der Fußnote dazu steht: *„Eine extreme Richtung wie der in Amerika entstandene Behaviorismus glaubt eine Psychologie aufbauen zu können, die von dieser Grundtatsache absieht."*

Deshalb schien es in der Zeit nach Freud manchen Analytikern nur möglich und sinnvoll zu sein, entweder einen Dualismus anzunehmen oder sich auf tiefenpsychologische Erklärungen ohne naturwissenschaftliche Bezüge zu beschränken.

Wir wollen mit unserem Buch deutlich machen, dass beide Einschränkungen nicht nötig sind.

[201] Freud (1910), GW, Bd. 8, S. 209
[202] Freud (1940a (1938)), GW, Bd. 17, S. 79

10.3 Carl Gustav Jung

10.3.1 Aus dem Werdegang[203]

Carl Gustav Jung wurde 1875 in Kesswil, Kanton Thurgau, auf der Schweizer Seite des Bodensees geboren. Sein Vater war Pfarrer, der in diesem Beruf weder erfolgreich noch zufrieden war. Die Eltern litten unter den beruflichen Problemen des Vaters und der gegenseitigen Enttäuschung in der Ehe. Jung erlebte seine Mutter als depressiv, sie befand sich öfter in Behandlung. Als er 3 Jahre alt war, musste sie zu einer längeren Behandlung ins Baseler Spital. Auf die gespannten Beziehungen zwischen seinen Eltern reagierte der kleine Carl Gustav mit Atemnot. Eine Schwester wurde nach ihm geboren. Jung hatte bei seinem Vater auch Konfirmandenunterricht, den er meist als unangenehm empfand. Er beschreibt in seinen Erinnerungen, dass er mit Spannung auf das einzige ihn interessierende Thema wartete, die Trinitätslehre. Zu seiner Enttäuschung klammerte der Vater diesen Stoff einfach gänzlich aus. Später, als er die Hintergründe besser verstehen konnte, hatte er Mitleid mit dem Vater.

Jung war beeinflusst durch seine Großväter, von denen der eine ein Theologieprofessor, der andere ein bekannter Mediziner war, ein ehemaliger Rektor der Universität Basel. Dieser Arzt hatte, wie später sein Enkel auch, u.a. Interesse an Geisteskrankheiten.

Er besuchte in Basel Schule und Gymnasium. Früh zeigt sich eine Offenheit für Träume, Imaginationen und einen Zugang zu einer tiefen Ebene des nichtrationalen Wissens und Fühlens. In Basel studierte er Medizin. Sein besonderes Interesse galt dann der Psychiatrie, in der sich seine Interessen von Biologie und Geist zu vereinigen schienen. 1896, während seines ersten Studienjahres, stirbt der Vater und Jung wird das Oberhaupt der Familie. Nach dem Studium arbeitet Jung als Assistent bei dem herausragenden Psychiater Eugen Bleuler am „Burghölzli", der Kantonalen Irrenanstalt. Im Jahre 1902 wird er mit der Arbeit „Zur Psychologie und Pathologie sog. okkulter Phänomene" promoviert. Das Thema kann auch mit einer familiären Vorbelastung erklärt werden, konnte doch Jung auf eine lange Praxis spiritistischer Seancen mit seiner jüngeren Cousine zurückblicken.

1903 heiratete er Emma Rauschenbach, die Tochter einer Schaffhausener Industriellenfamilie. Die beiden bekommen 5 Kinder. Von 1903 bis 1905 arbeitet er an der psychiatrischen Klinik in Zürich. Dort führte er auch experimentelle Arbeiten über Galtons Wortassoziationen durch, wodurch er in seinem Fach bekannt wurde. Durch diese Assoziationen wurde die Funktionsweise unbewusster Komplexe demonstriert. Später als Oberarzt arbeitet über die Psychologie der Dementia praecox, die heute als Schizophrenie bezeichnet wird. Von 1905 bis 1913 war er Privatdozent für Psychiatrie an der Universität Zürich und hielt dort u.a. Vorlesung über Psychoneurosen und die Psychologie der Primitiven.

1907 ergab sich in Wien eine erste Begegnung mit Freud, zwei Jahre später reisten beide gemeinsam nach den Vereinigten Staaten. Auf Einladung der Clark University Worcester und zur

---

[203] Jung und Jaffé (1971); Wehr (1985); Meyer (1992); Stevens (1993)

Feier deren zwanzigjährigen Bestehens hielt Jung dort Vorlesungen über die Methode der Wortassoziationen, Freud über Psychoanalyse.

1909 eröffnete er eine Privatpraxis in Küsnacht bei Zürich. 1911 wurde die *Internationale Psychoanalytische Gesellschaft* gegründet, dessen Präsident Jung wurde, da es Freud, der damals in Jung seinen wissenschaftlichen Sohn sah, – wie erwähnt – sehr wichtig war, die Psychoanalyse nicht als eine rein Wiener und rein jüdische Angelegenheit erscheinen zu lassen. Im Jahre 1912 wird Jung zu Vorlesungen an die Fordham University, New York, eingeladen.

Im Laufe der Jahre entwickelten sich die Ansichten über die Psychoanalyse und die persönliche Bindung von Freud und Jung weiter auseinander, woran auch Vermittlungsversuche von Jungs Frau Emma nichts ändern konnten. Jung sah z. B die Libido nicht ausschließlich als sexuell, sondern als eine eher unspezifische psychische Energie. Die Universalität des Ödipuskomplexes lehnte er ab, für Jung war die Mutter weniger das Begierdeziel für sexuelle Inzucht, sondern er sah in ihr mehr die nährende und schützende Funktion. Grundlegend anders wurde schließlich von ihm die Rolle des Unbewussten gesehen, die er viel universeller und über das Persönliche hinausgehend ansah.

Im Jahre 1913 erfolgte die endgültige Trennung von Freud. Jung gab der eigenen Psychologie die Bezeichnung „Analytische Psychologie". In den Jahren nach der Trennung von Freud und während des Krieges 1914–18 hatte er längere Episoden von psychischen Störungen, die er analysierte. Es waren Erfahrungen, die er ähnlich auch schon in der Kindheit gemacht hatte. Jung beschäftigte sich zunehmend mit Mythologie, Alchemie, Religionsgeschichte, Okkultismus und Parapsychologie. Er führte Expeditionen zur Erforschung von alten Kulturen durch, so nach Afrika zu den Elgonyi in Kenia, ferner Reisen zu den Pueblo-Indianern in Arizona und New Mexiko und nach Indien. 1943 wurde er zum ordentlichen Professor an der Universität Basel ernannt. 1948 wurde das Jung-Institut in Zürich gegründet, das sich bis heute der Forschung über Analytische Psychologie widmet. C. G. Jung starb mit 85 Jahren 1961 in Küsnacht.

Sein Suchen nach der Grundlage von Gemeinsamkeiten auf psychischem und physikalischem Gebiet ließ ihn von 1932 bis 1957 in einen engen Gedankenaustausch mit dem Physiker Wolfgang Pauli treten. Der Briefwechsel davon ist der Nachwelt weitgehend erhalten geblieben.

Als junger Mensch am Gymnasium wurde Jung unter anderem von den Ideen von Immanuel Kant, Carl Gustav Carus, Friedrich Nietzsche und Eduard v. Hartmann beeinflusst, sowie von J. Burckhardt, dem Baseler Kulturphilosophen. Als jungen Mediziner prägten ihn besonders die Ideen Freuds und dann dieser selbst als Person mit seinem Wissen und seiner Haltung. Jungs Psychologie wurde auch von Schopenhauer stark beeinflusst. Der „Sinn im Zufall", d.h. von Ereignissen, die in der Zeit zusammentreffen und kausal nicht verbunden sind, wird bei Schopenhauer als „letzte Einheit der Notwendigkeit und des Zufalls" angesehen und erscheint als „Macht". Jung sieht in solchen kausal nicht verbundenen Ereignissen den „Sinn als anordnenden Faktor" und diesen als wesentlich für synchronistische Ereignisse.

Eine besondere Problematik in Jungs Leben stellt seine Haltung zum Nationalsozialismus dar, auch wenn Jungs anfängliche Begeisterung für den Nationalsozialismus bald wieder schwand.[204]

---

[204] Brumlik (1993), S. 27

10.3.2 Jungs Analytische Psychologie

Der Ich-Komplex als Erzeuger der Bewusstseinsfunktionen

Jung meinte „das Wesen des Bewusstseins ist ein Rätsel, dessen Lösung ich nicht kenne"[205], aber dennoch beschreibt er einige der Strukturen, die dafür notwendig sind, vor allem die zentrale Struktur des Ichs. Das Ich sieht Jung bei aller Einheit als eine zusammengesetzte Größe, er spricht deshalb vom *Funktionskomplex des Ichs, der für die Produktion und den Erhalt von Bewusstsein verantwortlich ist*, und der seine Zusammensetzung wechseln kann.[206] Ebenso wie Freud versteht Jung das Ich als den kleineren Teil des Psychischen, als einen Teilkomplex.

Jung stellt als Bewusstseinsfunktionen das Denken dem Fühlen und das Empfinden dem Intuieren gegenüber.

Nach Jungs Definition sind *Denken* und *Fühlen* beide rational, weil beide mit *Wertungen* (wahr oder falsch) arbeiten, sie schließen deshalb einander aus.

Das *Denken* ist mit den begriffliche Zusammenhängen und logischen Folgerungen befasst. Es hilft die Welt zu verstehen und sich an sie anzupassen.

Das *Fühlen* als Lust oder Unlust hilft die Erfahrung anzunehmen oder abzuwehren, es wertet nach angenehm oder unangenehm.

Empfindung und Intuition hingegen sind irrational, da sie nicht mit Urteilen sondern mit *Wahrnehmungen* arbeiten, ohne Bewertungen und ohne Sinnverleihung.

Die *Empfindungen* nehmen die Dinge so wahr, wie sie sind, und haben damit Realitätsbezug. Jung stellt sich hiermit auf einen recht naiv-realistischen Standpunkt, den er allerdings nicht beibehält.

Intuition als unbewusste innere Wahrnehmung nimmt nicht durch den Sinnesapparat wahr. Sie beinhaltet die Fähigkeit, eine der Möglichkeiten zu erfassen, die in den Dingen liegen. Die inneren Zusammenhänge und mögliche Auswirkungen werden gespürt.

Je nach Anlage der Person wird eine der vier Bewusstseinsfunktionen zur dominierenden Anpassungsfunktion, sie gibt der bewussten Einstellung Richtung und Qualität und bestimmt den

---

[205] Jung, GW, Bd. 8, § 610
[206] Jung, GW, Bd. 8, § 611 ff

psychologischen Typus der Menschen. Der Empfindungstyp wird sich z.b. alle Einzelheiten einer schönen Landschaft einprägen, der Intuitive die Gesamtstimmung.

Zu diesen Unterscheidungen kommt noch die in Extra- und Introvertierte. Wenn die äußere Welt eine größere Bedeutung hat als das Innenleben, nennt Jung die Betreffenden extravertiert. Der Introvertierte orientiert sich hingegen vor allem an den inneren Erfahrungen. So gibt es für die bewusste Einstellung 8 (2 mal 4) verschiedene Möglichkeiten, zum Beispiel kann jemand ein extravertierter Fühltyp sein.

Die zentrale Aufgabe des Ichs ist die Unterscheidung zwischen dem Ich und der Welt, es muss zwischen Innen und Außen differenzieren. Ebenso gewährleistet der Ich-Komplex auch, dass wir uns als Person in der Kontinuität von Zeit und Veränderung als selbstidentisch zu erfahren vermögen.[207] Nach Jung scheint das Bewusstsein im Wesentlichen eine Angelegenheit des Großhirns zu sein. Diesem schreibt er die rationale Zertrennung und Vereinzelung zu, so dass das Bewusstsein auch das Unbewusste als *sein eigenes Unbewusstes* betrachtet.[208]

Das persönliche Unbewusste und die Komplexe

Zum *persönlichen Unbewussten* gehören Vorgänge wie Vergessen, Verdrängen, auch unterschwellig Wahrgenommenes, Gefühltes aller Art, Gedachtes ohne Bewusstwerdung, aber auch alles Zukünftige, das sich im Inneren vorbereitet und erst später zum Bewusstsein wird[209]. Bestandteile des persönlichen Unbewussten sind die *Komplexe*, die auch bei gesunden Personen anzutreffen sind. Bei Freud können unbewusste *Konflikte* Symptome hervorrufen, bei Jung sind es die Komplexe, die krankheitswertig werden können.

„Ein Komplex ist das Bild einer bestimmten psychischen Situation, die lebhaft emotional betont ist und sich zudem als inkompatibel mit der habituellen Bewusstseinslage oder -einstellung erweist. Dieses Bild ist von starker innerer Geschlossenheit und verfügt zudem über einen relativ hohen Grad an Autonomie ...."[210]

Das bedeutet, dass die Komplexe eine Eigengesetzlichkeit entwickeln. Wenn Jung z.B. vom Vateroder Mutterkomplex spricht, dann mit der Erkenntnis, dass der Kern eines Komplexes wiederum ein Bestandteil des kollektiven Unbewussten, ein Archetyp ist.

So ist nach Jung das persönliche Unbewusste ein Produkt der Interaktion zwischen dem kollektiven Unbewussten und dem Einfluss der Umgebung, in der der Betreffende aufwächst.

---

[207] Huber (2001)
[208] Jung (1983), S. 29
[209] Jung, GW, Bd. 8 § 382
[210] Jung, GW, Bd. 8 § 201

An diese unbewussten Brennpunkte, die Komplexe, gelangte Jung durch die experimentellen Assoziationsstudien, bei denen sich die Einfälle des Patienten zu Reihen mit Verkettungen und Knotenpunkten zusammenfügen ließen. Die Assoziationen werden durch die „unbewussten Komplexe" gesteuert. Die Assoziationen sind ein Weg, um an die Komplexe zu gelangen. Zum Beispiel können der zu untersuchenden Person eine Reihe von Worten gesagt werden. Diese soll spontan mit dem ersten Wort reagieren, welches ihr auf das jeweils vorgegebene Wort einfällt. Wenn die Zeit der Antwort gemessen wird, kann das Über- bzw. Unterschreiten der Durchschnittszeit ein Hinweis für einen tieferliegenden Komplex aufzeigen. Andere Methoden, um zu den Komplexen vorzustoßen, wären beispielsweise Meditationen über ein Kristall, ein modernes Gemälde usw. Besonders deutlich werden die Komplexe in Träumen erkennbar.

Das kollektive Unbewusste

Das persönliche Unbewusste ist nur eine Oberschicht, die auf dem Fundament des kollektiven Unbewussten ruht. Dessen Bilder sind von mythologischem Charakter, die aber jederzeit neu entstehen können.[211]

Das kollektive Unbewusste enthält die typischen Reaktionsweisen der Menschheit seit ihren Uranfängen, wie die Reaktion auf Angst, die Beziehung der Geschlechter, Hass, Liebe, Geburt, Tod, aber auch abstraktere Vorstellungen wie von der Macht des „hellen und dunklen Prinzips". Das kollektive Unbewusste, das also über das persönliche Unbewusste und über die Lebenserfahrung hinausgeht, stammt aus der ererbten Hirnstruktur und enthält die Möglichkeiten des psychischen Funktionierens überhaupt[212]. Es zeigt sich in Bildern und Symbolen und kann über die Welt der Märchen, der Mythen, der individuellen Träume und durch Imaginationen erschlossen werden. Im Unbewussten ist damit sowohl eine schöpferische Potenz ebenso wie eine Potenz für das Destruktive enthalten.

Ein für die Jungsche Psychologie besonders typischer Begriff ist der des *Archetypus*, der zum kollektiven Unbewussten zu rechnen ist.

Für seine Darstellung macht sich allerdings erschwerend bemerkbar, dass Jung ein viel mehr kreativer als systematischer Denker war, so dass eine scharfe Abgrenzung seiner Begriffe nicht immer einfach ist. Dies hat er selber auch so gesehen.
Je näher wir am Bewussten sind, desto besser lassen sich die Bedeutungen erfassen und je weiter wir versuchen, ins Unbewusste vorzustoßen, desto unbestimmter werden auch die Begriffe.

---

[211] Jung, GW, Bd. 6, § 919
[212] Jung (1990) dtv, *Typologie* S. 193

Die Archetypen

Nach Jung erscheint das kollektive Unbewusste nicht chaotisch, denn es gibt mit dem Archetypus einen, wenn auch unanschaulichen, aber organisierenden und anordnenden Faktor. Die *Archetypen* (das *Urgeprägte*) sieht Jung als Postulate, die aus der Empirie abgeleitet sind und deren Inhalte, wenn überhaupt solche vorhanden sind, nicht vorgestellt werden können. Dennoch gilt:

> *„Die Archetypen erscheinen erst in der Beobachtung und Erfahrung, nämlich dadurch, dass sie Vorstellungen anordnen, was jeweils unbewusst geschieht und darum immer erst nachträglich erkannt wird. Sie assimilieren Vorstellungsmaterial, dessen Herkunft aus der Erscheinungswelt nicht bestritten werden kann, und werden dadurch sichtbar und psychisch.“*[213]

Für Jung sind die Archetypen mehr als reine Abstraktion, sie „sind einerseits Ideen (im platonischen Sinn), andererseits direkt mit physiologischen Vorgängen verknüpft und in Fällen von Synchronizität erscheinen sie gar als Arrangeure physischer Umstände, so dass man sie auch als eine Eigenschaft des Stoffes (als eine *Sinnbehaftetheit* desselben) betrachten kann.

> „Es gehört zur Nichtfeststellbarkeit ihres Seins, dass sie nicht lokalisiert werden können. Dies gilt in ganz besonderem Maße vom Archetypus der Ganzheit, d.h. vom Selbst. Er ist der Eine und die Vielen.“[214]

Für Jung ist es wichtig, dass das Stoffliche der Archetypen ernst genommen wird. Dadurch sind diese nicht nur psychisch sondern auch physisch, d.h. im Materiellen nachzuweisen. Dies wird für das Verständnis der Synchronizität bedeutsam.

Jung versteht die Archetypen als archaische Überreste, als Urbilder und geistige Formen, die dem menschlichen Geist angeboren sind und als Niederschläge sich stets wiederholender Erfahrungen der Menschheit angesehen werden dürfen. Die von ihnen hervorgerufenen Bilder werden auch als die gestalt- und sinngebende Seite der Triebe und Instinkte angesehen.

Jung sieht hinter allem Geschehen in der Psyche die Archetypen als „bewegende Kerne", wobei sie sich im Übergangsbereich zwischen Bewusstem und Unbewusstem als symbolische Bilder manifestieren. Dabei sind nur die unanschaulichen Kerne gegeben, während sich die Bildinhalte wandeln. Diese unanschaulichen Strukturen verkörpern also angeborene Erfahrungs*möglichkeiten*.

Archetypen sind nicht bewusstseinsfähig und auch nicht inhaltlich bestimmt sondern nur formal. Und auch diese formale Bestimmtheit ist nur in einer sehr bedingten Weise gegeben als eine *Möglichkeit der Vorstellungsform*.

Jung hat den Begriff des Archetypus aus seiner langjährigen Erfahrung in der Traumpsychologie und aus dem Studium der Mythologie gewonnen. Er ist mit den Archetypen auf etwas gestoßen,

---

[213] Jung, GW, Bd. 8, § 440
[214] Brief Jungs an Pauli v. 7. 3. 53, in Meyer (1992), S. 102

das sehr schwer mit umgrenzten Begriffen zu erfassen ist. Man kann sie zum Teil als Gestalt des menschlichen Instinkts ansehen aber zugleich auch als etwas, was das Vererbte und Vererbbare übersteigt. Wir wollen einige spezielle Archetypen, die auch therapeutisch bedeutsam sind, aufführen.

Am leichtesten zugänglich ist der *Schatten*, denn er lässt sich weitgehend aus dem persönlichen Unbewussten erschließen. Der Schatten ist ein moralisches Problem, welches das Ganze der Ich-Persönlichkeit herausfordert, denn niemand vermag den Schatten ohne einen beträchtlichen Aufwand an moralischer Entschlossenheit zu realisieren. Handelt es sich bei dieser Realisierung doch darum, die dunklen Aspekte der Persönlichkeit als wirklich vorhanden anzuerkennen.[215] Auch die dunklen Charakterzüge, das Minderwertige und selbst das Verwerfliche gehört zur Ganzheit des Menschen.[216]

Eine Einsicht in den Schatten erschließt sich über Träume und Mythen. Dort erscheint der Schatten als gleichgeschlechtliche Gestalt. Er stellt immer die andere Seite des Ichs dar, meist mit den Eigenschaften, die man an anderen Leuten hasst. Oft ist der Schatten mit starker Leidenschaft und Getriebenheit verbunden, so dass die Vernunft damit nicht fertig wird.

Wenn die gegengeschlechtlichen Archetypen in solchen Komplexen wirksam werden, die mit dem Schatten kontaminiert sind, so kann man die jeweiligen gegengeschlechtlichen Eigenschaften, die an sich neutral sind, als böse erfahren. Man versucht, sie zu unterdrücken, denn Schuldgefühle können auftreten, wenn die Eigenschaften von abgelehnten Personen als zu sich selbst gehörig entdeckt werden.[217]

Die *Anima* ist ein Archetypus des Seelenlebens und der Weiblichkeit im Unbewussten des Mannes. Jung schreibt dazu: *„Jeder Mann trägt das Bild der Frau von jeher in sich*, nicht das Bild *dieser* bestimmten Frau, sondern *einer* bestimmten Frau. Dieses Bild ist im Grunde genommen eine unbewusste, von Urzeiten herkommende und dem lebenden System eingegrabene Erbmasse, ein ‚Typus' (‚Archetypus') ... Wenn es keine Frauen gäbe, so ließe sich aus diesem unbewussten Bilde jederzeit angeben, wie eine Frau in seelischer Hinsicht beschaffen sein müsste. Dasselbe gilt auch von der Frau, auch sie hat ein angeborenes Bild vom Manne. Die Erfahrung lehrt, dass man genauer sagen sollte, ein Bild von *Männern*, während beim Manne es eher ein Bild von *der* Frau ist. Da dieses Bild unbewusst ist, so ist es immer unbewusst projiziert in die geliebte Figur und einer der wesentlichsten Gründe für leidenschaftliche Anziehung und ihr Gegenteil. Ich habe dieses Bild als *Anima* bezeichnet.“[218] Die Anima kann verstanden werden als die *Frau im Mann*. Sie ist beim Mann meist von der Mutter geprägt. Dieser Archetyp wirkt oft hinter dem Schatten. Bilder der Anima sind die Sirenen der Griechen oder die Loreley, die den Selbstmord des Schiffers herbeiführt.

Die Frau hat keine Anima, sondern einen *Animus*. Der *Animus* verkörpert das Logosprinzip im Unbewussten der Frau. Dieser Archetypus verkörpert oft *scheinbar vernünftige Ansichten*, die leicht daneben treffen. Manchmal wirkt er als Todesdämon oder als ein träumerisches,

---

[215] Jung, GW, Bd. 9/2, § 14f
[216] Jung, GW, Bd. 16, § 134
[217] Jacobi (1978)
[218] Jung, GW, Bd. 17, § 338

lebensfernes Gedankengespinst voller Wünsche und Urteile, wie die Dinge sein sollten. Damit verhindert er den Kontakt mit dem Leben.

Der Archetypus der *Persona*[219] bezeichnet einen Ausschnitt aus der Kollektivpsyche, der in etwa dem Ich in der Psychologie Freuds entspricht und der das positive Gegenstück zum Schatten darstellt. Nach Jung ist die Persona ein mehr oder weniger zufälliger Ausschnitt aus der Kollektivpsyche und schwer von dieser abzugrenzen. Daher der Begriff „*persona*"=Maske. „Sie ist ein Kompromiss zwischen Individuum und Sozietät über das,»als was Einer erscheint«."

Bei dem Archetypus des *Mandalamotivs* handelt es sich um eine Grundform, deren Bedeutung etwa als „*zentral*" angegeben werden kann. „Obschon das Mandala als die Struktur eines Zentrums erscheint, bleibt es doch unsicher, ob innerhalb der Struktur das Zentrum oder die Peripherie, die Teilung oder die Ungeteiltheit mehr betont ist. Da andere Archetypen zu ähnlichen Zweifeln Anlass geben, so erscheint es mir wahrscheinlich, dass das eigentliche Wesen des Archetypus bewusstseinsunfähig, das heißt transzendent ist, weshalb ich es als psychoid bezeichne."[220]

Träume

Träume spielen sowohl in der Freudschen als auch in der Jungschen Psychologie eine große Rolle. Sind sie bei Freud vor allem Ausdruck unerfüllt gebliebener Kinderwünsche, so haben sie bei Jung eine mehr kompensatorische Funktion.

Träume sind mit ihren *Symbolen* die Brücke zwischen der bewussten abstrakten und einer primitiveren, farbigeren, bildhaften Ausdrucksweise.

Ein Symbol in tiefenpsychologischer Sicht ist bedeutungsschwanger und der bestmögliche Ausdruck für eine unbekannte Sache.

Das unbewusst produzierte Traumsymbol ist der Versuch, „den ursprünglichen Geist des Menschen in das ‚fortschrittliche', differenzierte Bewusstsein zu bringen". Es wird „alles, wovon sich dieser ursprüngliche Geist in seiner Entwicklung befreit hatte, wieder zurückzubringen – Illusionen, Phantasien, archaische Denkweisen, grundlegende Instinkte usw."[221] Somit sind Traumsymbole die wichtigsten Mitteilungsträger von den instinktiven zu den rationalen Teilen des menschlichen Geistes. Ein Symbol enthält mehr, als man auf den ersten Blick erkennen kann. Dazu kommt ein unbewusster Aspekt, den man niemals und unter keinen Umständen genau definieren kann.

Eine Funktion des Traumes ist es, ein psychisches Gleichgewicht zu sichern, wobei das produzierte Traummaterial auf eine subtile Weise die psychische Balance wiederherstellten kann. Deshalb spricht Jung von der komplementären oder kompensatorischen Funktion der Träume. Der Traum kompensiert die Mängel der Persönlichkeit und warnt gleichzeitig vor Gefahren ihres

---

[219] Jung GW, Bd. 7: *Die Beziehungen zwischen dem Ich und dem Unbewussten*
[220] Jung, GW, Bd. 8 § 417
[221] Jung, v. Franz, Henderson, Jacobi, Jaffé (1995), S. 98

gegenwärtigen Kurses, deshalb sollten diese Warnungen beachtet werden. Träume wirken oft wie das delphische Orakel, das dem König Krösus prophezeite, wenn er den Halys-Fluss überschreiten würde, dann würde er ein großes Königreich zerstören. Er überschritt den Fluss und zerstörte ein Reich – es war sein eigenes.

Oft werden wir nicht nur die Schattenseite unserer Persönlichkeit übersehen, missachten und unterdrücken, sondern auch positive Qualitäten.

Die *Deutungen* eines Traumes können auf der *Objektstufe* geschehen, indem Traumausdrücke mit realen Objekten identisch gesetzt werden.

Bei der Deutung auf der *Subjektstufe* hingegen wird jedes Traumstück auf den Träumer selbst bezogen. Diese Deutung, die aus der Lebenssituation des Menschen heraus geschieht, löst die einzelnen Traumausdrücke von den Anlässen und gliedert sie dem Subjekt wieder an. „Das synthetische oder konstruktive Interpretationsverfahren besteht also in der Deutung auf der Subjektstufe."[222] Andere Personen im Traum werden dabei zu Exponenten archetypischer Muster.

Der Traum wird als Assimilation unbewusster archetypischer Bilder verstanden. Wenn das Bild mit Emotion geladen ist, gewinnt es an psychischer Energie, es wird dynamisch und kann Wirkungskraft erhalten. Im Traum können die Archetypen besonders deutlich werden, auch wenn sie sich ihrer Natur nach einer exakten Definition entziehen. Sie sind gleichzeitig Bilder und Emotionen.

Vorstellungskraft und Intuition sind wichtig für das Verständnis und die Deutung von Symbolen. Mein Traum meint mich und mein Leben, die Deutung muss also *immer individuell sein.* Die Deutungsarbeit geschieht wesentlich am symbolischen Bild durch *Amplifikation.* Die Amplifikation ist z.B. das Anreichern der Trauminhalte durch Analogien, durch Verwandtschaftsbeziehungen aller Art und zwar sowohl aus dem persönlichen Erfahrungsraum als auch vor allem aus der Gesamtheit aller menschlicher Naturbezüge und Kulturproduktionen, also auch aus dem mythologischen und künstlerischen Material.

Das Selbst und der Individuationsprozess

Das Selbst als die Ganzheit unserer Psyche umfasst die bewussten und die unbewussten Anteile. Jung setzt das Vorhandensein von unbewussten Inhalten als Postulat voraus und somit ist ihr Begriff transzendent.[223] „Das Selbst ist für Jung auch Schnittstelle von Immanenz und Transzendenz. Der Wirklichkeitscharakter des Selbst ist ein doppelter. Der zugleich personale wie transpersonale Seinscharakter des Selbst unterläuft gewissermaßen die personalisierten, objektalen Mitweltverhältnisse, ansonsten wäre das Selbst nicht Selbst sondern bloße hybrid-inflationäre Eigentäuschung des Ich."[224]

Den *Individuationsprozess* sieht Jung als eine Methode und einen Weg zur Erweiterung der Persönlichkeit. Im Unbewussten bilden sich persönlichkeitsbildende Zentrierungsvorgänge. Es

---

[222] Jung, GW, Bd. 7, S. 92.
[223] Jung (1990) dtv, *Typologie*, S. 181
[224] Huber (2001)

gibt einen Seelenkern, das als ein seelisches Zentrum das psychische Wachstum organisiert und zur Assimilation der in der Psyche liegenden weiteren Möglichkeiten drängt. Der Individuationsprozess führt nicht in die Vereinzelung, sondern durch seinen Bezug zum Transzendenten in einen allgemeineren Zusammenhang.

Die Ich-Werdung und der Autonomie-Aufbau sind wichtige Individuationsanforderungen am Beginn der Entwicklung des Individuums. In den späten Lebensabschnitten ist es die dann notwendige Verschiebung vom Ich zum Selbst. Das Selbst korrigiert das Ich durch die Einbeziehung unbewusster Seiten:

Wo Ich war, soll Selbst werden!

Dieses Postulat umfasst andere Vorstellungen von Wachstum des Psychischen als Freuds These: „Wo Es war, soll Ich werden."

Die Wandlung des Menschen kann durch wirksame Deutung der Träume wesentlich beschleunigt werden. Dort werden die Lebensmuster aufgezeigt und eine verborgene Zielrichtung wird wirksam.

Für Jung ist der Selbstwerdungsprozess keine einfache, nur befreiende und beglückende Angelegenheit. „Die Ganzheit und Erfüllung des Lebens fordert ein Gleichgewicht von Freud und Leid. Weil das Leiden aber positiv unangenehm ist, so zieht man es natürlicherweise vor, nie zu ermessen, zu wie viel Angst und Sorge der Mensch geschaffen ist. Darum spricht man stets begütigender Weise von Verbesserung und größtmöglichem Glück, nicht bedenkend, dass auch das Glück vergiftet ist, wenn sich das Maß des Leidens nicht erfüllt hat. So oft verbirgt sich hinter der Neurose all das natürliche und notwendige Leid, das man zu ertragen nicht gewillt ist. Am deutlichsten sieht man das an hysterischen Schmerzen, die im Heilungsprozess vom entsprechenden seelischen Schmerz, den man vermeiden wollte, abgelöst werden."[225]

Die finale Orientierung des Unbewussten scheint dem Bewusstsein oft entgegengesetzt. Diese Strebungen sind aber im Prinzip erkennbar. Dabei kann einem auch das Numinose begegnen „mit emotionaler Ladung, die sich auf das Bewusstsein überträgt". Jung übernahm den Begriff der Numinosität von Rudolf Otto.[226] Das Numinose als das Unbekannte schlechthin kann das Subjekt in den Zustand der Ergriffenheit, der willenlosen Ergebenheit versetzen.

Geist und Materie – eine Matrix

Jung sieht sich mit seiner Weltsicht in einer Tradition stehen, die von der griechischen Antike über die Alchemie des Mittelalter bis zu einer Überwindung des cartesischen Dualismus reicht, der mit seiner Spaltung den erkenntnisfähigen Menschen der Außenwelt gegenüber gesetzt hatte. Durch diese Spaltung ist nach Jung der Zugang zu einer „sinnerfüllenden Weltseele" verloren gegangen und es sei zu einer maßlosen Überschätzung des Ichs gekommen.

---

[225] Jung, GW, Bd. 16 § 185
[226] Jung, GW, Bd. 8, § 216

Jung nahm an, dass jede Religion ein spontaner Ausdruck eines gewissen allgemeinen seelischen Zustandes ist.[227] Neben dem vorherrschenden seelischen Zustand, z.B. bei der Herausbildung des Christentums, wurden auch die andersartigen Zustände nicht ausgeschlossen. So haben sich im Gnostizismus die symbolischen Wurzeln aus der griechische Antike erhalten und nach Jungs Meinung in unbewusster Form auch in der mittelalterlichen Alchemie. Jung sieht sich in dieser Tradition und kann damit auch zu einer Vorstellung gelangen, nach der die Psyche auch in unbelebter Materie enthalten sein kann: „Bei den griechischen Alchemisten begegnen wir früh der Idee des Steines, der einen Geist enthält."[228]

Jung sympathisiert mit denjenigen Denkern der Moderne, die suchen „was eigentlich an den Dingen ist", da heute sowohl das Argument des Glaubens als auch das der Vernunft seine Überzeugungskraft verloren habe, „Dieses Wagnis ist kein mutwilliges Abenteuer, sondern ein aus tiefster seelischer Not geborener Versuch, auf Grund einer unpräjudizierten Urerfahrung die Einheit von Leben und Sinn wieder zu entdecken."[229]

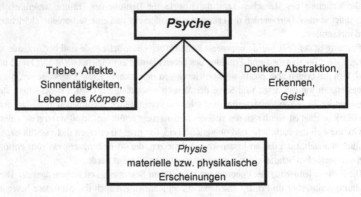

Abb. 10.3: Jungs Vorstellungen von der Psyche als umfassender Entität

Diese Einheit zu verstehen war auch das Ziel des Austausches mit Wolfgang Pauli. Für Jung hatte Einstein den Anstoß gegeben, an eine mögliche Relativität von Zeit und Raum und ihre psychische Bedingtheit zu denken. Fast 30 Jahre nach dieser ersten Anregung begann die Beziehung zu Pauli und die Entwicklung zu Jungs These der *psychischen Synchronizität*.

Auch Jung wollte nicht außerhalb der Wissenschaft stehen: „Es ist ja schließlich kein Vergnügen, immer als Esoteriker gelten zu müssen" – so ein Ausspruch in einem Brief an Pauli.[230] Jung antwortet in diesem Brief aus dem Jahre 1953 auf grundsätzliche Fragen Wolfgang Paulis, wobei die Antwort ihm nicht leicht falle – denn „wir bewegen uns ja an der Grenze des derzeitig

---

[227] Jung (1991) dtv, *Psychologie und Religion*, S. 101

[228] Jung (1991) dtv, *Psychologie und Religion*, S. 102

[229] Jung (1991) dtv, *Psychologie und Religio*n, S. 127

[230] Brief vom 27. Mai 1953, in Meyer (1992), S. 125

Denk- und Erkennbaren". Jung entwickelt eine umfassende Vorstellung des Psychischen, die über den psychoiden Archetypus überall wirke. Diese Expansionstendenz des Begriffs der Psyche, die Jung damit entwickelt, wird von Pauli kritisiert.

Psyche ist für Jung ein Allgemeinbegriff, der die „Substanz" aller Innenweltphänomene bezeichnet. Psyche sei dem physikalischen Begriff Materie (Korpuskel und Welle) *parallel* zu setzen. Als Matrix seien beide dem Mutterarchetypus zuzurechnen.

„Zu der Substanz des Psychischen gehören u.a. die *psychoiden Archetypen*. Dem Archetypus eignet empirisch die Eigenschaft, sich nicht nur psychisch-subjektiv, sondern auch physisch-objektiv zu manifestieren, d.h. er kann eventuell als psychisches inneres und zugleich als physisches äußeres Ereignis nachgewiesen werden. Ich betrachte dieses Phänomen als ein Zeichen für die Identität der physischen und psychischen Matrix."[231]

Jung sieht also Psyche und Materie als eine „Transzendentale Unbekannte" an, sie sind daher voneinander begrifflich nicht zu unterscheiden und nur sekundär verschieden als verschiedene Aspekte des Seins.

Es gibt für ihn zwei Zugänge zum Geheimnis des Seins, nämlich

1. das materielle Geschehen einerseits und
2. die psychische Spiegelung desselben andererseits.

„Seele und Körper sind wohl ein Gegensatzpaar und als solches der Ausdruck eines Wesens, dessen Natur weder aus der stofflichen Erscheinung noch aus der inneren unmittelbaren Wahrnehmung erkennbar ist. Man weiß, dass eine altertümliche Anschauung aus dem Zusammenkommen einer Seele mit einem Körper einen Menschen entstehen lässt. Es ist aber wohl richtiger, zu sagen, dass ein unerkennbares lebendiges Wesen – über dessen Natur schlechthin nichts auszusagen ist, als dass wir damit undeutlich einen Inbegriff von Leben bezeichnen – äußerlich als stofflicher Körper, innerlich angeschaut aber als Folge von Bildern an dem im Körper stattfindenden Lebenstätigkeit erscheint. Das eine ist das andere, und der Zweifel befällt uns, ob nicht am Ende diese ganze Trennung von Seele und Körper nichts sei als eine zum Zwecke der Bewusstmachung getroffene Verstandesmaßnahme, eine für die Erkenntnis unerlässliche Unterscheidung eines und desselben Tatbestandes in zwei Ansichten, denen wir unberechtigterweise sogar selbstständige Wesenheit zugedacht haben."[232]

Da bei Jung die „objektive Psyche" nicht auf die Person begrenzt ist, wird sie auch nicht durch den Körper begrenzt. Sie manifestiert sich daher nicht nur im Menschen, sondern gleichzeitig in Tieren und sogar in physikalischen Gegebenheiten. Diese letzten Phänomene bezeichnet er als die *Synchronizität archetypischer Ereignisse.*

Synchronizität wird von Jung erklärt als sinngemäße Koinzidenz.[233]

---

[231] Meyer (1992), S. 126
[232] Jung, GW, Bd. 8, §. 619
[233] Jung, GW, Bd. 8, § 959

„Das Problem der Synchronizität hat mich schon lange beschäftigt, und zwar ernstlich seit der Mitte der zwanziger Jahre, wo ich bei der Untersuchung der Phänomene des kollektiven Unbewussten immer wieder auf Zusammenhänge stieß, die ich nicht mehr als zufällige Gruppenbildung oder Häufung zu erklären vermochte. Es handelte sich nämlich um ‚Koinzidenzen', die sinngemäß derart verknüpft waren, dass ihr ‚zufälliges' Zusammentreffen eine Unwahrscheinlichkeit darstellt, welche durch eine unermessliche Größe ausgedrückt werden müsste."[234]

Als ein Beispiel diente ihm ein therapeutisches Erlebnis mit einer Patientin, deren Therapie ins Stocken geraten war. Sie berichtete von einem Traum, *in welchem sie einen goldenen Skarabäus zum Geschenk erhielt.* Just in diesem Moment kam ein Rosenkäfer von außen geflogen. Jung konnte ihn fangen und reichte ihn der Patientin mit den Worten „hier haben Sie ihren Skarabäus". Ab da ging es in der Therapie wieder voran.

Synchronizität wird gesehen als das Gegenstück zur Kausalität, dem Kern der naturwissenschaftlichen Denkweise. Dennoch ist die Synchronizität, neben der Zahl, ein weiterer Berührungspunkt von Physik und Psychologie. In dieser Absicht trifft Jung sich mit derjenigen von Wolfgang Pauli, der ebenfalls Brücken bauen wollte zwischen den beiden Sichtweisen der frühen Physik und der Alchemie bzw. zwischen der objektiven fokussierten Sichtweise der mathematischen Wissenschaften und der holistischen Sicht des emotionalen Bildhaften mit ihrem ganzheitlich-spirituellen Zugang zur Welt. Jung glaubt, dass von psychologischer Seite her das gesuchte Grenzgebiet zwischen Psychologie und Physik auch im Geheimnis der Zahl liegt, die er als einen elementaren Archetypus ansieht. Als Zahl sind sie im Inneren des Menschen, als Anzahl außerhalb von ihm zu finden, dadurch bekommen die mathematischen Gleichungen eine Wichtigkeit für Jung.

„Jungs Weltanschauung ist, dass Makrokosmos und Mikrokosmos, Weltseele und Einzelseele, Ganzes und Teil unaufhebbar in einer wechselseitigen Verwiesenheit und Zeugen-Schaft zueinander stehen. Je näher wir uns selbst, unserem Eigenen sind, desto näher sind wir auch jenem Ganzen, von dem das Eigene Erscheinung ist. Hier liegt die theoretische Offenheit der Analytischen Psychologie fürs Spirituelle begründet. Hier geht Jungs Psychologie über den konventionellen Aussagebereich jeder personalen Psychologie hinaus."[235]

Wolfgang Pauli hat in einem Brief vom 1. 6. 1957 an das C. G. Jung-Institut[236] als dessen naturwissenschaftlicher Patron beklagt, dass die Forschung an diesem Institut nicht den Anforderungen entspricht, die man unter Berücksichtigung eines naturwissenschaftlichen Standards erwarten sollte. Wir meinen aber, dass die Hauptschwierigkeit bisher darin lag, dass noch keine theoretische Möglichkeit abzusehen war, wie man Paulis Forderung nach einer *auch naturwissenschaftlich* orientierten Herangehensweise mit der Konzeption von C. G. Jungs Weltsicht sollte vereinen können. Mit unserem Konzept der abstrakten kosmischen Information wird die Möglichkeit eröffnet, eine wissenschaftliche Erfassung dieser Einheit zu bedenken.

---

[234] Jung (1990) dtv, *Synchronizität*, S. 26
[235] Huber (2001)
[236] Meyer (1992), S. 207 ff

10.4 Wolfgang Pauli

Wenn man sich von naturwissenschaftlicher Seite her dem weiten Gebiet des Psychischen nähern will, wird im Zusammenhang damit ein großer Physiker noch weithin unterschätzt: Wolfgang Pauli. Er war einer der bedeutendsten Physiker des 20. Jahrhunderts und hat entscheidende Beiträge zur Entwicklung der Quantentheorie geleistet. Sein wissenschaftliches Interesse war so breit, dass er auch in einem jahrzehntelangen geistigen Austausch mit C. G. Jung gestanden hat. Die Diskussion mit Pauli war für die Entwicklung von Jungs psychologischen Konzepten von großem Einfluss. Die Bedeutung von Paulis wissenschaftlicher Breite wird erst jetzt deutlicher wahrgenommen. So haben die Physiker bisher die psychologischen Ideen Paulis weitgehend ignoriert, und von den Psychologen fand Pauli, dass sie sich nicht genügend aus eigenem Antrieb mit den Naturwissenschaften und der Mathematik befassen würden.

10.4.1 Der Physiker Wolfgang Pauli

Wolfgang Pauli wurde am 25. 4. 1900 als Sohn eines Medizinprofessors in Wien geboren. Der große Physiker und Philosoph Ernst Mach war ein Freund der Familie und wurde sein Taufpate. Pauli meinte später einmal dazu, er sei dadurch eher „antimetaphysisch" als katholisch getauft worden. Sein Vater stammte aus der jüdischen Gemeinde Prags und war zur katholischen Kirche konvertiert.

Wolfgang Pauli war ein echtes Wunderkind. Bereits vor Beginn seines Studiums hatte er eine wissenschaftliche Arbeit zu der damals erst vier Jahre alten allgemeinen Relativitätstheorie publiziert. Er begann 1919 sein Physikstudium bei Sommerfeld in München und beendete es 1921. Sein Lehrer sollte einen Artikel zur allgemeinen Relativitätstheorie für das „Handbuch der Physik" schreiben und übertrug diese Aufgabe an Wolfgang Pauli. Dieser entledigte sich dieser Aufgabe mit Bravour und hatte mit 21 Jahren einen so fundamentalen Überblick über diese neue und schwierige Theorie abgeliefert, dass Einstein davon sehr beeindruckt war.

Pauli wendete sich dann verstärkt der Quantentheorie zu und ging zu Max Born nach Göttingen, bei dem er 1922 mit einer Arbeit über das H_2^+-Molekül promoviert wurde. Im Jahre 1924 habilitierte er sich und entdeckte im gleichen Jahr das später nach ihm benannte Ausschließungsprinzip, wofür er 1945 den Nobelpreis erhielt.

Dieses „Pauli-Prinzip" erklärt die Stabilität der Atomhüllen und war die Voraussetzung für das Verstehen des Periodensystems und der chemischen Eigenschaften der Elemente.

1925 schrieb Wolfgang Pauli den großen Handbuchartikel zur Quantenmechanik, der ebenfalls bis heute bedeutsam geblieben ist. Mit Hilfe der damals soeben von Heisenberg entdeckten Matrizenmechanik berechnete er das Wasserstoffspektrum. 1926 wurde er zum Professor ernannt und hatte ab 1928 einen Lehrstuhl an der ETH in Zürich.

Zusammen mit Werner Heisenberg arbeitete er ab 1929 an der Grundlegung der Quantenfeldtheorie, die die Quantenmechanik mit der Elektrodynamik zusammenführt. Im Jahre 1930 stellte er die Neutrino-Hypothese auf und postulierte damit ein Elementarteilchen, das bis heute gleichermaßen fundamental wie rätselhaft geblieben ist.

1940, nachdem die Schweiz von Nazideutschland vollkommen eingekreist war, ging Pauli, wohl auch wegen seiner jüdischen Herkunft, nach den USA. Pauli hat sich als einer der wenigen Spitzenleute der Kernforschung in den USA nicht an den Arbeiten zur Atombombe beteiligt. Aus seinen Briefen kann man entnehmen, dass er sich der dunklen Seite der Wissenschaft und ihrer ethischen Gefahren wesentlich bewusster war als viele andere, die möglicherweise meinten, dass eine gute Absicht eine Sache bereits auch zu einer guten macht.

Pauli hatte in Princeton enge Kontakte zu Einstein, der auf der Feier zur Verleihung des Nobelpreises 1945 deutlich machte, dass er Pauli als seinen wissenschaftlichen Nachfolger betrachtete. Pauli sah aber die großen Differenzen in den philosophischen Grundfragen und besonders im Verständnis der Quantentheorie und ging auf diese Idee nicht ein. Er erhielt 1946 die amerikanische Staatsbürgerschaft und ging im gleichen Jahr zurück nach Zürich.

Die jahrzehntelange wissenschaftliche Zusammenarbeit mit Heisenberg zerbrach 1958 an Heisenbergs Idee einer nichtlinearen Spinorfeldtheorie, deren Grundkonzeption Pauli nicht richtig fand.

Pauli starb am 15. 12. 1958 in Zürich.

Paulis Bedeutung für die Physik des 20. Jahrhunderts ging über seine eigenen Arbeiten weit hinaus. Die Beinamen „das Gewissen der Physik" aber auch „der fürchterliche Pauli" lassen auch den Laien davon etwas ahnen, wie gefürchtet seine fachliche Kritik war. Er konnte sehr direkt und abwertend sein, allerdings hat er diese scharfe Kritik nur Kollegen gegenüber geäußert, die er fachlich schätzte.[237] Sein härtestes Urteil war „das ist ja nicht einmal falsch", denn aus einer falschen Überlegung kann man ja immerhin noch etwas lernen. C. F. v. Weizsäcker hat über seinen Lehrer Heisenberg oft erzählt, dass dieser jede Veröffentlichung zuvor an Pauli schickte. Wenn Pauli sie o.k. fand, dann war sie auch in Ordnung. Wenn Pauli Kritik übte, dann konnte es sein, dass sie dennoch im Prinzip zutreffend war, aber auf jeden Fall musste dann noch hart an ihr gearbeitet werden.

Paulis Beziehung zu Jung ergab sich aus seinen psychischen Problemen. Trotz seiner privaten Schwierigkeiten waren aber Paulis enorme Arbeitsfähigkeit und seine wissenschaftliche Kreativität niemals eingeschränkt gewesen. 1927 starb seine Mutter an Vergiftung. 1929 heiratete Pauli. Seine Frau, Mitglied einer Tanzschule, verließ ihn bald, so dass er nach einem Jahr wieder geschieden war. Danach wurden seine psychischen Probleme so groß, dass er sich auf den Rat seines Vaters hin an C. G. Jung wendete, der in Zürich praktizierte.

Jung erkannte sofort die große Kreativität von Paulis Unbewusstem und hatte die Absicht, nach einer Therapie die Fähigkeiten Paulis auch für seine eigene wissenschaftliche Arbeit fruchtbringend werden zu lassen. Um den Vorwurf einer Beeinflussung seines Patienten nicht aufkommen zu lassen, überwies Jung ihn an Erna Rosenbaum, bei der Pauli von 1931 bis 1934 eine Analyse machte. Diese wurde auch von Pauli als erfolgreich angesehen. 1934 heiratete er seine zweite Frau Franca Bertram, mit der er bis zu seinem Lebensende eine offenbar gute Ehe führte.

---

[237] H. Primas, private Mitteilung

Ab 1932 begannen regelmäßige Diskussionen mit Jung und der Briefwechsel zwischen beiden dauerte bis 1957 an.

Alle Physiker, die Pauli persönlich kannten, berichteten aber noch über eine weitere Seite dieses großen Geistes. Unter dem Namen „Pauli-Effekt" waren paranormale Erscheinungen im Zusammenhang mit Paulis Gegenwart unter den Physikern legendär geworden.

Der Experimentalphysiker und Nobelpreisträger Otto Stern, ein guter Freund Paulis, hatte diesem ein ständiges Laborverbot gegeben. C. F. v. Weizsäcker berichtete von zwei solchen Erlebnissen, die ihm zugestoßen waren. Das eine war ein Seminar, das am Vormittag stattfand. Da Lichtbilder gezeigt werden sollten, war der Raum vollkommen abgedunkelt und nur der Projektor leuchtete. Pauli, der immer sehr lange arbeitete und auch sehr spät aufstand, war noch nicht anwesend. Plötzlich ging die Tür auf, jemand kam herein – und plötzlich war es stockfinster. Als man mit Mühe wieder zum Licht gefunden hatte, stellte sich heraus, dass in diesem Moment Pauli herein gekommen war. Ein zweites Erlebnis geschah auf einer Konferenz in Amerika. Weizsäcker war der Redner vor Pauli und der Nobelpreisträger Rabi war der Chairman. Dieser hatte einen Wecker dabei, mit dem er für jeden die 45 min. Redezeit einstellen konnte. Weizsäcker hatte seinen Vortrag gut geplant und war pünktlich fertig. Danach begann Pauli zu reden, und dieser sprach und sprach ... Rabi wurde immer unruhiger, sprang plötzlich mit dem Wecker in der Hand auf und rief in den Saal: „Pauli-Effekt, Pauli-Effekt, der Wecker ist kaputt." Eine weitere Anekdote über den Pauli-Effekt handelt von einer vollkommen unerklärbaren Selbstzerstörung eines Experimentes in Göttingen. Als man Pauli davon berichtete und meinte, diesmal sei er nicht beteiligt, ließ er sich die genaue Zeit geben, dachte etwas darüber nach und meinte dann, dass er just zu dieser Zeit auf dem Wege zwischen Zürich und Kopenhagen in Göttingen umgestiegen sei.

10.4.2 Die Suche nach dem Hintergrund

Aus dem Briefwechsel Paulis mit Jung[238] und aus den vielen weiteren Briefen Paulis, die dankenswerter Weise jetzt publiziert werden[239], wird die andere Seite Paulis deutlich, von der zu seinen Lebzeiten nur wenige wussten.

Paulis Zugang zu seinem eigenen Unbewussten war sehr ausgeprägt. Er war ein intensiver Träumer, der seine Träume auch ernst nahm und diese bearbeitete. Es war lange Zeit nicht bekannt gewesen, dass ein wichtiges Buch von C. G. Jung, „Psychologie und Alchemie", in dem er sich mit den symbolischen und unbewussten Anteilen der Naturwissenschaften befasst hat, ganz wesentlich auf Träumen von Wolfgang Pauli beruhte. Dieser hatte Jung die Genehmigung geben, über 400 aus dem Fundus von 2000 seiner notierten Träume in diesem tiefenpsychologischen Buch zu verwerten.

Pauli, der an sich selbst die massive Wirkung der unbewussten Triebkräfte der Psyche erfahren hatte, war für diese Seite der Wirklichkeit offener als viele seiner Physikerkollegen. Er suchte

---

[238] Pauli-Jung-Briefwechsel, Meyer (1992)
[239] Pauli (1996–2001)

danach, wie dieser Bereich mit dem zusammenzudenken war, den er als Physiker untersuchte. Zwar fand er die Unterscheidung von „physisch" und „psychisch" in der empirischen Welt der Phänomene sinnvoll und notwendig, aber für ein tatsächliches Verständnis strebte er eine Einheit dieser beiden Bereiche an. Nachdem durch die moderne Physik die Materie zu einer „abstrakten unsichtbaren Realität"[240] geworden war, schien ihm dieses Ziel erreichbar zu werden. Pauli hatte sich in einer Arbeit mit dem Verhältnis von Kepler zu dem Alchimisten Fludd befasst und fand, dass damals die monistische Sprache der Alchemie keine gute Beschreibung chemischer Prozesse bot. Die Alchemie konnte zwar wichtige Bereiche der menschlichen Seele zutreffend erfassen, aber naturwissenschaftliche Experimente und Zusammenhänge noch nicht.

Wir meinen, dass mit dem Konzept der Protyposis eine objektive, rationale und eben deshalb symbolische Erfassung der *Möglichkeiten* des Naturgeschehens gegeben werden kann, die Pauli als neue Weltbeschreibung gesucht hatte. Sie kann damit einen genügend weiten Rahmen bieten, um auch die irrationale Aktualität des Einmaligen aufzunehmen.

Obwohl Pauli sich selbst als einen Ungläubigen bezeichnete, sah er doch die fundamentale Bedeutung der Religion. Er fühlte, dass er heute als Physiker die Einseitigkeiten kompensieren müsse, die in dieser Wissenschaft auf die naturwissenschaftlichen Pionierleistungen des 17. Jahrhunderts gefolgt waren.

Bei den Begründern der modernen Physik, z.B. bei Kepler, Newton und Leibniz, war das Bewusstsein des Transzendenten noch lebendig, das später, z.B. bei Laplace und dessen Nachfolgern, nicht mehr zu entdecken ist. Trotz der Offenheit Keplers für die Transzendenz war Pauli der Übergang von der Alchemie zu der mit Kepler einsetzenden neuzeitlichen Denkweise so wichtig, dass er diesem Thema eine umfangreiche Arbeit widmete. In Paulis Sicht war der Übergang von der mittelalterlichen zur neuzeitlichen Physik verbunden mit dem Übergang von der Quaternität zur Trinität. Pauli war der Meinung, dass die Naturwissenschaft in diesem Prozess das Bewusstsein dafür verloren habe, dass das Böse eine Realität ist, der man sich zu stellen habe, dass das wissenschaftliche rationale Denken eine janusköpfige Gestalt hat. Bei Fludd ist mit der Quaternität noch ein Bereich für das Dunkle, Böse vorhanden, während in Keplers Sicht, die gemäß der christlichen Tradition in der Trinität Gottes gipfelt, das Böse verschwunden ist. In der Gegenwart hingegen spürte Pauli ein Wiederkehren dieser Quaternität:

> „Es ist heute der Archetypus der *Ganzheit* des Menschen, von dem die nun quaternär werdende Naturwissenschaft ihre emotionale Dynamik bezieht. Dem entspricht es, dass dem Wissenschaftler von heute – anders als zur Zeit des Plato – das Rationale sowohl gut als auch böse erscheint. Hat doch die Physik ganz neue Energiequellen von früher ungeahntem Ausmaß erschlossen, die sowohl zum Guten wie zum Bösen verwendet werden können. Dies hat zunächst zu einer Verschärfung der moralischen Konflikte und aller Gegensätze geführt, sowohl bei den Völkern wie beim Individuum."

So war es Pauli auch aus ethischen Gründen wichtig, den Wirkungen aus dem kollektiven Unbewussten, die Jung als Archetypen bezeichnete, sowohl auf wissenschaftlichem als auch auf psychologischem und religiösem Gebiet nachzugehen. In der Gegenwart sah er sehr viel günsti-

---

[240] Brief Paulis an Jung vom 27. Februar 1953, in Meyer (1992)

gere Aussichten als früher für einen *psychophysischen Monismus*, der es erlauben würde, alle Bereiche der Realität, sowohl die materiellen als auch die geistigen, erfassen zu können. Ein solcher Monismus ist nicht ohne eine Paradoxie denkbar. Pauli schreibt an Jung über Bohr[241]:

> „Schon am Anfang der 20er Jahre (noch *vor* Aufstellung der jetzigen Wellenmechanik) demonstrierte er mir das Gegensatzpaar „Klarheit – Wahrheit" und lehrte mich, dass jede wahre Philosophie mit einer *Paradoxie* gleich beginnen müsse."

Wenn man sich dieser Einsicht verschließt und denkt, man könne streng logisch philosophieren, ohne sich einem solchen Problem zu stellen, dann ergibt sich für solche philosophischen Konstruktionen:

> „Die bei allen diesen Gebilden nicht ausgedrückte wesentliche Paradoxie der menschlichen Erkenntnis (Subjekt-Objekt-Relation) kommt dann *an irgend einer späteren, ihren Autoren unerwünschten Stelle doch an den Tag!"*

Weitere interessante Ausführungen in diesem Brief, mit dem er auf Jungs Buch „Antwort auf Hiob" reagiert, betreffen Paulis Interpretation des Unbewussten und der Termini „seiend" und „nichtseiend" in der aristotelischen Philosophie. Auf das Argument, dass manche dem Unbewussten nicht das Attribut des „Seins" zubilligen, schreibt er an Jung:

> „Aus diesen Gründen möchte ich vorschlagen, den aristotelischen Ausweg aus dem Konflikt zwischen „seiend" und „nicht seiend" auch auf den Begriff des Unbewussten anzuwenden. Viele sagen heute noch, das Unbewusste sei „nicht seiend", eine bloße privatio des Bewusstseins. (Dazu gehören wohl auch alle diejenigen, die Ihnen „Psychologismus" vorwerfen). Die Gegenposition dazu ist die, das Unbewusste und die Archetypen, wie die Ideen überhaupt, an überhimmlische Orte und in metaphysische Räume zu verlegen. Diese Auffassung erscheint mir aber ebenso bedenklich und dem Gesetz des Kairos zuwider. In dem angeschriebenen Analogieschema habe ich deshalb den dritten Weg beschritten, das Unbewusste (ebenso wie die Eigenschaften des Elektrons und der Atome) als „der Möglichkeit nach seiend" aufzufassen: Es ist eine legitime Bezeichnung des Menschen für Möglichkeiten des Geschehens im Bewusstsein und gehört als solche der echten symbolischen Wirklichkeit der „Dinge an sich" an.

Hier sieht man, dass Pauli dem Unbewussten eine Seinsform zuschreibt, die typisch für quantenphysikalische Zustände ist. Aus heutiger Sicht kann man dies sicher nicht für alle Bereiche des Unbewussten behaupten, denn bestimmte, abrufbar gespeicherte Informationen des Unbewussten müssen gerade wegen ihrer Abrufbarkeit klassisch abgespeichert sein.

---

[241] Brief Paulis an Jung vom 27. Februar 1953, in Meyer (1992), S 95

Pauli sieht die Bedeutung des Unbewussten in den Aspekten, die nicht der rationalen Logik unterliegen. Diese können vor allem dann Macht gewinnen, wenn sie geleugnet werden. Beides jedoch gehört zum Menschen. So schreibt er:

„Diese Ganzheit des Menschen scheint in zwei Aspekte der Wirklichkeit hineingestellt: Die symbolischen „Dinge an sich", die der Möglichkeit nach seiend sind und die konkreten „Erscheinungen", die der Aktualität nach seiend sind. Der erste Aspekt ist der rationale, der zweite der irrationale (wobei ich diese Adjektiva analog verwende, wie das von Ihnen in der Typenlehre bei der Charakterisierung der verschiedenen Funktionen geschehen ist). Das Zusammenspiel der beiden Aspekte ergibt das Werden."

Bei Pauli wird auch deutlich, dass er das Unbewusste nicht auf den persönlichen Bereich beschränkt sehen will. Die im Unbewussten vorhandene Information ist nach seiner Auffassung zum Teil auch der unpersönlichen Natur zuzurechnen:

„Wie alle Ideen ist das Unbewusste *zugleich im Menschen und in der Natur*; die Ideen haben *keinen* Ort, auch keinen *himmlischen*. Man kann gewissermaßen von *allen* Ideen sagen ,cuius libet rei centrum, cuius circumferentia est nullibi' (was Fludd nach alten alchemistischen Texten von Gott sagt; siehe meinen Keplerartikel, p. 174). Solange man Quaternitäten fern von Menschen ,im Himmel' aufhängt (so erfreulich und interessant solche Versuche, als Anzeichen bewertet, auch sein mögen), werden keine Fische gefangen, der Hierosgamos unterbleibt und das psychophysische Problem bleibt ungelöst."

Das Unbewusste ist demnach nicht als lokalisiert vorzustellen, auch dies passt zu einer im Wesentlichen quantenphysikalischen Natur. Hierin trifft sich Pauli auch mit Jungs Vorstellungen, der an anderer Stelle schreibt[242]:

„daß die zentrale Struktur des kollektiven Unbewussten nicht örtlich zu fixieren ist, sondern eine überall sich selbst identische Existenz ist, die als unräumlich gedacht werden muss und infolgedessen, wenn auf den Raum projiziert, überall im Raum vorhanden ist. Darstellung des kollektiven Unbewussten als quaternium, der vierfachen Emanation oder Ausstrahlung. Bewusstsein ständig erzeugt durch eine aus dem Innenraume des Unbewussten hervorgehende Energie."

Nach Pauli ist das Unbewusste auch nicht in einem „Jenseits" zu verorten, sondern gehört mit zum Hier und Jetzt. Er beschreibt dann, wie er sich eine Lösung des psychophysischen Problems vorstellen kann:

„Beim psychologischen Problem handelt es sich um die begriffliche Erfassung der Möglichkeiten der irrationalen Aktualität des einmaligen (individuellen) Lebewesens. Wir werden an dieses Problem nur herankommen, wenn wir auch das Gegensatzpaar ,Materialismus – Psychismus' in der Naturphiloso-

---

[242] Brief Jungs an Pauli, in Meyer (1992), S. 96 f

phie synthetisch überwinden können. Ich meine mit ‚Psychismus' nicht etwa Psychologismus und nicht etwas der Psychologie eigentümliches, sondern einfach das Gegenteil von Materialismus. Ich hätte auch ‚Idealismus' sagen können, was aber zeitlich auf die bekannten, seit Kant im 19. Jahrhundert herrschenden philosophischen Strömungen beschränkt bliebe."

Aus diesen Ausführungen ist sicherlich deutlich geworden, dass wir Paulis Konzepte als Vorläufer unseres hier vertretenen Modells ansehen dürfen.

Bereits bei ihm werden in einer naturwissenschaftlichen Sicht Phänomene denkbar, die Jung aus seiner psychologischen Sicht und aus seinen klinischen Erfahrungen kannte. Pauli scheute sich auch nicht, über Unkonventionelles nachzudenken. Er hatte einen Traum geschildert, bei dem es um die „Vorlesung an die fremdem Leute" ging, die er in Esslingen halten sollte, einem Dorf weit hinter Zürich in der Provinz, um sich dann den außersinnlichen Wahrnehmungen (ESP) zuzuwenden.

„Einerseits war dieser Traum also eine Antizipation meiner Reaktion nach dem vollständigen Lesen Ihres Buches, andererseits führte er mich nun auf die Subjektstufe zurück. In diesem Moment sah ich, dass ‚zufällig' auf meinem Schreibtisch auch eine Arbeit von McConell über ESP Phänomene lag, und ich erinnerte mich sogleich, dass Sie mit Absicht Ihre beiden Schriften ‚Antw. auf Hiob' und über die Synchronizität etwa gleichzeitig haben erscheinen lassen. Die ESP-Phänomene spiegeln nun auch eine Seite des psychophysischen Problems wieder (wo hört im Materiellen die Psyche eigentlich auf?) und nahm man beide Schriften zusammen, so ergab sich bereits eine wesentlich weniger ‚provinziel-le' Atmosphäre."

Mit dem Begriff der Synchronizität greift Pauli einen Jungschen Begriff auf, mit dem ein nicht-kausaler aber sinnhafter Zusammenhang bezeichnet wird, bei dem der psychische und der materielle Bereich korreliert scheinen. Pauli akzeptierte, auch aus seiner eigenen Lebenserfahrung heraus, die Realität solcher Ereignisse. Für ihn war es von daher ohne jeden Zweifel, dass es Zusammenhänge gibt, für die die Vorstellung einer kausalen Verursachung unvorstellbar sind, die aber dennoch als sinnhaft angesehen werden können.

Sein Problem mit Jung bei der Interpretation dieser Phänomene war, dass Pauli wusste, dass Derartiges unter keinerlei Umständen statistisch nachzuweisen ist. Das, was statistisch überprüfbar und damit auch reproduzierbar ist, gehört zur Physik – und die Synchronizität definitiv nicht. In Briefen an M. Fierz beklagte sich Pauli über Jungs fehlende Einsicht in diese Zusammenhänge.[243]

Pauli erfasst hier einen wichtigen Aspekt der Psychologie des Unbewussten. Eine ganze Reihe der Erscheinungen, die mit dem Unbewussten verbunden sind, *ist auf jeden Fall ohne die Machtförmigkeit der klassischen Naturwissenschaften*. Die *klassischen Naturwissenschaften* haben den Vorteil, dass aus ihren Aussagen überprüfbare Resultate folgen, so dass bei Berücksichtigung der betreffenden Zusammenhänge *kausale Wirkungen in der Zukunft erzielbar werden können und damit auch Macht ausgeübt werden kann.*

---

[243] Wir danken H. Primas, Zürich, für ein aufschlussreiches Gespräch zu diesem Themenbereich

Die Aspekte der Machbarkeit und Machtförmigkeit sind bei synchronistischen Phäno-
menen nicht gegeben.

Trotzdem beobachtet man immer wieder Versuche, diesen Sachverhalt leugnen zu wollen. Es ist
daher ein probates Kriterium, gegenüber öffentlichen und publikumswirksamen Bekundungen
derartiger Phänomene ein gesundes Misstrauen aufzubauen und stets auch Scharlatanerie für
möglich zu erachten. Wem das Numinose tatsächlich begegnet ist, der geht damit nicht auf den
Markt – zumindest nicht in der Regel – und wenn doch, dann nur mit viel Bedenken. Und die
wirklichen Propheten, so wie Jona[244], wissen, eine wie problematische Angelegenheit das Numinose ist. Auch Wolfgang Pauli scheint dies ähnlich gesehen zu haben. Im Brief an Jung schreibt
er[245]:

> „Es ist dabei zu berücksichtigen, dass die mathematische Naturwissenschaft für mich, wie für jeden
> anderen, der sie betreibt, eine überaus starke Bindung an eine Tradition bedeutet, übrigens an eine
> typisch abendländische Tradition – eine Stärke und eine Fessel zugleich! Bekehrungen zum Taoismus
> wie bei *R. Wilhelm* oder zum indischen Mystizismus, wie bei *A. Huxley* können einem Naturwissen-
> schaftler, glaube ich, kaum zustoßen. Im Sinne dieser Tradition und meiner bewussten Einstellung
> war alles, was zur Gegenposition der Naturwissenschaften gehört, weil mit Gefühl verbunden, eine
> private Angelegenheit."

Dennoch war er offen für diesen gesamten Problemkreis, denn er schreibt dann weiter an Jung
über den Traum, in dem es um die Vorlesung vor den „fremden Leuten" ging – also offenbar
keine Physikstudenten oder wohl auch keine Wissenschaftler:

> „Dagegen erwarten die Leute im Hörsaal einen Professor, der sowohl die Naturwissen-
> schaften doziert, als auch ihre gefühlsmäßig-intuitive Gegenposition, vielleicht sogar ein-
> schließlich ethischer Probleme. Die Leute im Hörsaal haben entgegen meinen Widerstän-
> den den Standpunkt, dass auch dieser erweiterte Gegenstand der ‚Vorlesung', obwohl
> persönlich, doch für die Öffentlichkeit interessant sei."

---

[244] Görnitz (1999)
[245] Meyer (1992), S. 91

11 Das Ziel des Weges – von der kosmischen Information zur Einheit von Geist und Körper

Wir haben mit dem Buch einen langen Weg durchschritten, der jetzt zu seinem Ziel gelangen soll. Es ist der Weg der Entstehung von immer neuen Gestalten in der kosmischen Ausdifferenzierung der Protyposis, der abstrakten Quanteninformation. Von ihrem Wesen als Information ist von ihr in ihrer dauerhaftesten Form, in der als Materie, fast nichts wahrzunehmen. In Form der Energie besitzt sie die Fähigkeit, Veränderungen zu bewirken, und erst im Lebendigen steuert und organisiert sie als *Information im eigentlichen Sinne* und als Medium für Bedeutung weitgehend die Abläufe des Geschehens.

Obwohl Information als die Grundlage aller Gegenstandsbereiche der Naturwissenschaft anzusehen ist, wird ihre Möglichkeit, Bedeutung vermitteln zu können, *ihre eigentliche Informationseigenschaft*, erst an den *Lebewesen* deutlich.

Wenn Leben bedeutet, Informationen aufnehmen zu können, sie zu verarbeiten und zu speichern und aus diesen Erfahrungen für sich und seine Nachkommen Nutzen ziehen zu können, dann wird am Lebendigen der Informationsaspekt der Information – das Geistige – unverzichtbar. Aber wie erwächst dieser Aspekt aus dem Körperlichen?

Wir haben mehrmals davon gesprochen, dass die abendländische Wissenschaft seit den Tagen von René Descartes mit dem so genannten Leib-Seele-Problem – oder wie man heute moderner formuliert – mit dem Geist-Gehirn-Problem befasst ist. Hierbei wird heute das Gehirn als der Teil des Körpers verstanden, der den Geist „produziert". Descartes hatte mit seiner Einteilung der Realität in die denkende und die ausgedehnte Substanz die Gewissheit zu finden gemeint, die heute für viele Menschen durch die moderne Wissenschaft garantiert zu werden scheint. Diese beiden Substanzen werden heute in der Regel mit „Geist" und mit „Materie" gleichgesetzt. Da sich die Naturwissenschaften mit den „objektiven Seiten" der Wirklichkeit befassen und uns der Geist als subjektiv erscheint, ist aus der Sicht der Naturwissenschaften der Geist mehr und mehr ins Hintertreffen geraten. Der materielle Aspekt ist so massiv in den Vordergrund gerückt, dass er vielfach als einziger Bereich der Wirklichkeit gilt.

Aus diesem Blickwinkel würde sich für unser Thema ein unbedingtes Primat des Gehirns und eine – um es milde auszudrücken – recht zweifelhafte Position für das Bewusstsein ergeben. Gegen diese materialistische Sichtweise – die auch als „naturalistisch" bezeichnet wird – wäre im Grunde nicht so viel einzuwenden, wenn sie nicht an zwei wesentlichen Verkürzungen kranken würde.

Der eine Einwand gegen diese Sicht ist ein philosophisch-psychologischer. Der Begriff der „Materie" wird bis heute üblicherweise als ein Gegensatz zum „Geist" verstanden. Bei allen Nachfragen wurde uns immer wieder bestätigt, dass fast alle Menschen mit dem Begriff der Materie eine Vorstellung verbinden, die zutreffend mit einem Bild „wie feiner Sand oder Staub, nur feiner" ausgemalt werden kann. So lange man sich den Materiebegriff mit derartigen Assoziationen veranschaulicht, ist es vollkommen unmöglich, Materie zu vergleichen mit etwas, das von der Art unserer Gedanken ist. Und wenn dann „die Materie" die einzige Realität sein soll, dann ist in einem solchen verengtem Bild von der Welt für den Geist kein Platz mehr vorhanden. Diese Weltsicht geht unserer Meinung nach fundamental an der Realität vorbei. Um an der alleinigen Realität der Materie festzuhalten und sich dennoch nicht allzu sehr in einen Widerspruch zu den eigenen Erfahrungen zu setzen, wird von manchen Wissenschaftlern ein so genannter „*nichtreduktiver*" Materialismus eingeführt, der wegen der damit postulierten Nichtableitbarkeit eine Nische für so etwas ähnliches wie den Geist öffnen soll. Dagegen richtet sich unser zweiter, ein methodischer Einwand:

Naturwissenschaftliche Erklärung ist immer reduktionistisch. Wenn wir das Ziel einer Reduktion von etwas Komplexem auf etwas Einfaches, von Unverstandenem auf Verstandenes aufgeben, geben wir die naturwissenschaftliche Grundstruktur auf. Reduktionismus bedeutet, eine solche Verbindung zwischen Theoriebereichen zu knüpfen, die einen Grenzübergang vom einen zum anderen ermöglicht.

Damit kann dann verstehbar werden, wie die verschiedenen mathematischen und begrifflichen Strukturen miteinander zusammenhängen und welche Limites notwendig sind, um von einer mathematischen Theorie zu einer anderen zu gelangen. In der Regel wird eine solche Reduktion nicht in einem Schritt, sondern über Zwischenstufen verlaufen. Wichtig ist dabei, dass an jedem Übergang deutlich wird, welche mathematischen Formen warum und in welcher Weise verändert werden. Die Widerstände, die gegen ein reduktionistisches Verstehen vor allem von geisteswissenschaftlicher Seite vorgebracht werden, missverstehen aus unserer Sicht zwei wichtige Aspekte. Jedes Verstehen zielt im Grunde auf eine Ganzheit, auch wenn wir Menschen immer nur Teilbereiche überblicken können. Jeder dieser Teilbereiche wird seine eigenen Methoden und Sprachkonventionen besitzen, die es erlauben, in diesem Feld optimal zu arbeiten.

Es ist also unabdingbar, die verschiedenen Bereiche unseres Erkenntnisstrebens zu einer Einheit zusammenzudenken, denn sonst würden wir die beschränkte Arbeitskapazität unseres Erkenntnisvermögens und die daraus folgenden Unterschiede in den Beschreibungsweisen – wie z.B. in Biologie und Physik – in den Rang von Naturgesetzen erheben.

Ein zweites Missverständnis über den reduktionistischen Ansatz zieht seine Berechtigung aus Übertreibungen, die nicht tiefgründig genug reflektiert sind. Dass die Vorstellung, die „Welt mit ihren Objekten ist nichts anderes als eine Anhäufung von Atomen, und aus den atomaren

Gesetzen kann alles erklärt werden", nicht nur philosophisch, sondern bereits aus naturwissenschaftlicher Sicht falsch ist, haben wir ausführlich dargelegt. Dennoch bleibt es eine wichtige Stufe im Prozess des menschlichen Erkenntnisgewinns, beispielsweise zu verstehen, welche Gesetze im Bereich der Atome das Verstehen der chemischen Bindungen von Atomen zu Molekülen beherrschen. An dieser Stelle scheint eine Reduktion nur in dieser Richtung, d.h. von der Chemie zur Physik als der Basiswissenschaft möglich zu sein. Dieser Weg der Reduktion führt vom Menschen über die Biologie und Chemie bis zu den Atomen der Physik.

Mit Protyposis, der abstrakten Quanteninformation, kann man eine andere Art der Reduktion vollziehen. Anstatt einen vollkommen unklaren Materiebegriff zur Grundlage zu wählen, wird mit dem Gewissesten und am besten Bekannten gestartet, den Gedanken im Bewusstsein. In einem sich anschließenden Abstraktionsprozess wird diese sich selbst erlebende Quanteninformation von allen Aspekten des Erlebens und der Bedeutung entkleidet, um zu einer bedeutungsfreien Quanteninformation zu gelangen, die ohne Sender und Empfänger als Protyposis schließlich einen objektiven Charakter erhält. Auf diese lassen sich dann sowohl die Atome als auch die Inhalte des Bewusstseins zurückführen.

Ein so allgemein verstandener Reduktionismus soll also alle Bereiche des menschlichen Wissens auf ihre gegenseitigen Zusammenhänge untersuchen und die Beziehungen zwischen ihnen aufklären.

11.1 Die Bindung von Wahrnehmungen zu Objekten und Ereignissen

Die Frage der Bindung von Wahrnehmungen aus verschiedenen Sinnesorganen zu Objekten, die unter verschiedenen Bedingungen wiedererkannt werden, ist eines der großen Probleme der Hirnforschung.

11.1.1 Die Informationsaktivitäten im Gehirn

Wir haben ausführlich dargelegt, dass das menschliche Gehirn ein System aus Nervenzellen ist, das in einem solch hohen Grade vernetzt ist, dass eine Veranschaulichung nur schwer erreicht werden kann. Diese starke Vernetzung und die interne Informationsverarbeitung führt dazu, dass das Gehirn im Wesentlichen mit sich selbst beschäftigt ist. Grob geschätzt geschieht mehr als vier Fünftel der Informationsverarbeitung gehirn-intern und nur weniger als ein Fünftel der bearbeiteten Information kommt von außen.[246]

Diese vorwiegend interne Verarbeitung bedeutet, dass die einlaufenden Informationen offenbar sehr intensiv und unter den verschiedensten Gesichtspunkten miteinander verglichen und mit der bereits vorhanden Information in Beziehung gesetzt werden.

Unabhängig von der Art des Sinnesreizes wird die einkommende Information stets in der gleichen Weise und in der gleichen Form dem Gehirn zugeleitet. Das, was davon bis heute *gemessen* werden kann, ist der jeweilige *Träger* dieser Information und seine Wirkung. So findet man die Information gekoppelt an elektrische Erregungen, die entlang der Nervenbahnen wandern. An den Synapsen gelangt die Information von einer Nervenzelle zur anderen gekoppelt an Neurotransmitter oder ebenfalls direkt an elektrische Signale. Diesen beiden Typen, die elektrischen und die chemischen, sind die hauptsächlichen Formen der Informationsvermittlung und damit von besonderer Wichtigkeit.

Die Existenz elektrischer Signale im Gehirn hat man schon relativ früh mit dem EEG feststellen können, der ersten nichtinvasiven Messung von Hirnaktivität am lebenden Menschen. Dabei werden die elektrischen Signale aus den Hirnarealen durch Elektroden auf der Kopfhaut abgeleitet und dann verstärkt.

Wir nehmen an, dass diese elektromagnetischen Erscheinungen im Gehirn, es treten neben den elektrischen auch magnetische Effekte auf, einen unverzichtbaren Träger für den Quanten-Lebens-Prozess bilden.

Zu dieser Überzeugung passt auch die medizinische Erfahrung, dass eine vollkommene elektromagnetische Inaktivität des Gehirns zu einer irreversiblen Auslöschung dieser Persönlichkeit führt und daher als medizinische Definition des Todes der betreffenden Person angesehen wird.

Die Entstehung der verschiedenen Wellen, die im EEG gemessen werden können, scheint noch nicht vollständig verstanden zu sein. An den einzelnen Nervenzellen lassen sich in der Regel Aktivitäten im 40-Hz-Bereich messen. Darüber hinaus gibt es auch wesentlich höherfrequente Erscheinungen, die bis in den Bereich des sichtbaren Lichtes reichen.[247] Es scheint möglich, dass die niederfrequenten elektrischen Erscheinungen im EEG auch subharmonische oder Schwebungen dieser hochfrequenten Schwingungen beinhalten. Das würde dafür sprechen, dass das EEG im Wesentlichen kollektive Moden der Hirnaktivität misst und damit Erregungen, die in Bezug auf die Größe der Nervenzelle als nichtlokal anzusehen sind, da sie sich aus dem Zusammenspiel tausender Nervenzellen ergeben, die aber doch nur Teilbereiche des ganzen Hirns betreffen. Damit wird es mit dem EEG möglich, die Aktivitäten von Hirnarealen festzustellen und z.B. den Fokus von Erkrankungsherden zu lokalisieren.

---

[246] W. Singer sprach im Physikalischen Kolloquium der Universität Frankfurt am 28. 11. 2001 davon, dass 80–90 % der im Gehirn verarbeiteten Information aus der Hirnrinde selbst kommen und nur 5–10 % von außen.

[247] Popp et al. (2002)

Früher haben die technischen Möglichkeiten gefehlt, mittels schneller Fourier-Analyse all die Informationen auszuwerten, die in den Frequenzmustern stecken. Die Einteilung in Alpha-, Beta-, Delta- und Thetawellen umfasst jeweils ein sehr breites Frequenzband und ist damit recht unscharf. Auf einer Konferenz traf ich (T. G.) einen Kollegen, der die neuen Möglichkeiten der computergestützten Fourier-Analyse nutzt. Er berichtete, dass eine Fourier-Analyse eine Verbindung zwischen bestimmten Frequenzbereichen und -mustern mit emotionalen und kognitiven Aktivitäten des Hirns erkennen lässt.[248] So sei es beispielsweise möglich, bestimmte emotionale Zustände wie Ärger und Wut, aber auch Verliebtheit oder die Vorfreude auf eine Drogengabe und dann deren Wirkung am EEG zu erkennen.

Weil die primären Reize im Prinzip alle als Erregungen von der gleichen Art ins Gehirn gelangen, besitzt das Nervensystem sozusagen einen „universellen Code", mit dem sämtliche Information, die ins Hirn kommen soll, codiert wird. Die Signale von den Reizen gelangen in die jeweils zuständigen Gehirnregionen, wo sie einer ersten Verarbeitungsstufe unterzogen werden.

Da das Gehirn keinen Schmerz empfindet, kann man im Rahmen von Operationen, die aus anderen Gründen notwendig sind, ohne Betäubung und damit bei vollem Bewusstsein des Patienten mit sehr feinen Elektroden sehr kleine Bereiche oder sogar einzelne Zellen auslösen und die elektrischen Veränderungen an ihnen untersuchen.

11.1.2 Neurophysiologische Voraussetzungen für bewusste Wahrnehmungen

Für die Existenz von Bewusstheit gibt es zuerst einmal verschiedene biologische und psychologische Voraussetzungen. Für eine *neurophysiologische Sichtweise* ist z.B. die von K. Engel[249] dargestellte Abfolge repräsentativ. Eine Charakterisierung der verschiedenen Bewusstseinsanteile und der jeweils beteiligten besonders aktiven Hirnregionen sind in Tabelle 11.1 zusammengefasst.

Die erste Voraussetzung ist *Wachheit* (Vigilanz). Ihr entspricht eine zunächst unspezifische Steigerung des Aktivierungsniveaus der Nervenzellen. Des Weiteren müssen die *sensorischen Signale verarbeitet* werden. Dazu gehört die Merkmalsanalyse und die Segmentierung der Signale sowie eine erste Bindung der sensorischen Signale. Das nächste Kriterium ist *Aufmerksamkeit*. Sie bedeutet eine Selektion der einlaufenden Daten und eine Auswahl von Information für eine fokussierte Verarbeitung. Durch das *Arbeitsgedächtnis* werden wir befähigt, den situationalen Kontext zu halten. Mit diesen Punkten ist primäre Wahrnehmungsbewusstheit erfasst. Um zu einem personalen Bewusstsein zu gelangen, das Engel auch als Selbstbewusstsein bezeichnet, sieht er drei weitere Punkte als wesentlich an. Das *Langzeitgedächtnis* arbeitet sowohl als explizites als auch als implizites Gedächtnis und versorgt uns mit Daten aus unserem früheren Erleben. Antrieb und emotionale Bewertung, kurz *Motivation*, sorgen dafür, dass wir unsere Aufmerksamkeit weiterhin bewusst konzentrieren. Die *Handlungsplanung*

---

[248] G. Haffelder, private Mitteilung, 2001
[249] Aus Engel (1999), leicht modifiziert

erlaubt eine zielgerichtete Aktivität, die schließlich von unserem Ich-Bewusstsein gebündelt und aktiviert wird. Alle diese Anteile werden wir an und in bewussten Zuständen von erwachsenen Menschen finden können.

VORAUSSETZUNGEN FÜR BEWUSSTSEIN Gradierungen von Bewusstsein	
Personales Bewusstsein (Selbstmodell) Primäres Wahrnehmungsbewusstsein (awareness)	unterschiedliche anatomische Strukturen von Teilleistungen involviert
Wachheit (Vigilanz) – unspezifische Steigerung des Aktivierungsniveaus	Formatio reticularis (MRF) unspezif. Thalamuskerne
Sensorische Verarbeitung – Merkmalsanalyse, Segmentierung	Sensorische Areale, spezif. Thalamus
Aufmerksamkeit (Selektion) – Auswahl von Information für fokussierte Verarbeitung	Parietaler Cortex, Pulvinar, Colliculus superior
Arbeitsgedächtnis – Halten des situationalen Kontextes	Präfrontaler Cortex
Langzeitgedächtnis – Episodisches Gedächtnis	Hippocampus, Assoziations- cortex
Motivation – Antrieb, emotionale Bewertung	Limbisches System
Handlungsplanung – zielgerichtete Aktivität	Präfrontaler, prämotorischer, parietaler Cortex

Tab. 11.1: Voraussetzungen für bewusste Wahrnehmung (nach Engel)

Unsere Sicht geht von einer stärkeren Betonung der Entwicklung sowohl mit ihren stammesge-schichtlichen als auch mit ihren individualgeschichtlichen Aspekten und der Information aus. Wie wir in den Kapiteln 8 und 9 dargelegt haben, sind die angeborenen Motivationssysteme auch bereits bei Vorgängen der primären Wahrnehmung beteiligt und fließen ebenso wie der Körper-zustand unbewusst in das Wahrnehmungsbewusstsein ein. Das primäre Wahrnehmungsbe-wusstsein, das neben der Wachheit und Aufmerksamkeit auch die sensorische Verarbeitung und das Arbeitsgedächtnis erfordert, ist für das personale Bewusstsein allein noch nicht ausreichend. Für dieses ist neben der Motivation und der Planung vor allem auch die persönliche Lebensge-schichte von größter Bedeutung. Wenn durch Krankheit o.ä. das episodische Gedächtnis eingeschränkt wird, hat dies zugleich eine Beeinträchtigung der gesamten Persönlichkeitsstruktur zur Folge.

In Kapitel 8 haben wir die beteiligten Hirnstrukturen betrachtet und gesehen, dass in fast allen Stufen, die für das Bewusstsein notwendig sind, die bewertenden Strukturen des limbischen Systems beteiligt sind, in denen die emotionale und affektive Situation bestimmt wird. Eine Vorstellung von Bewusstsein ohne Emotionen muss daher als ein irreales Konzept angesehen werden.

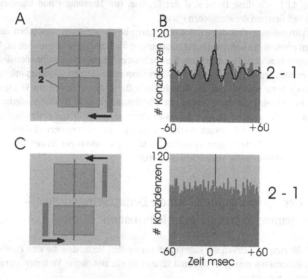

Abb. 11.1: Reizabhängigkeit der Synchronisation[250]
In A werden zwei Neurone mit dem gleichen Stimulus gereizt, darauf synchronisieren sie ihre Aktivität: B
In C werden diese zwei Neurone mit verschiedenen Stimuli gereizt, darauf erfolgt kein Synchronisieren ihrer Aktivität: D

Wir hatten bereits erwähnt, dass das Modell der synchronisierten Zusammenarbeit der Nervenzellen eine *notwendige* Voraussetzung dafür aufzeigt, wenn verschiedene Zellen das gleiche Objekt erfassen sollen. Zum Nachweis werden die Zellen in ihrem Modus des „Feuerns" gemessen. Dabei zeigt sich in der Abb. 11.1 eine sehr erstaunliche und hoch synchronisierte Arbeitsweise bei denjenigen Nervenzellen, die das gleiche Objekt bearbeiten, und es gibt andererseits keine Synchronisation, wenn ihre Aktivität verschiedenen Objekten gilt.[251]

---

[250] Engel et. al. (1992)
[251] Engel, Singer et al.

Für die elementaren Wahrnehmungsleistungen haben Gestalt- und Kognitionspsychologie eine Reihe von Regeln entdeckt, die einer solchen Synchronisation zugrunde liegen können. Ein besonders wichtiges Merkmal eines Objektes ist, dass sich seine Teile gemeinsam bewegen. Sehr oft können wir gut getarnte Objekte dann entdecken, wenn sie beginnen, sich gegen den Hintergrund zu verschieben. Eine andere Möglichkeit besteht darin, Linien über Verdeckungen hinweg fortzusetzen, sowie Symmetrien und Regelhaftigkeiten auszunutzen.

Die Abhängigkeit der Synchronisation von Art und Form des Reizes wird gut sichtbar in der Abbildung 11.1. Alle diese Daten sind das Ergebnis von Messungen und unterliegen daher natürlich den Gesetzen der klassischen Physik.

Es ist anzunehmen, dass diese Untersuchungsergebnisse aufzeigen, was neben anderen Bedingungen ebenfalls als *notwendige* Voraussetzungen für Bewusstsein anzusehen ist. Wir hatten davon gesprochen, dass die einfachsten Wahrnehmungsleistungen an dafür spezialisierte Neuronen gebunden sein können. Für höhere Wahrnehmungsleistungen allerdings müssen derartige zeitweilige Netze aktiv werden, die danach wieder für andere Aufgaben zur Verfügung stehen können. Hier können wir also erkennen, dass bestimmte einfache Bindungsaufgaben, wie z.B. das Zusammenfassen der Teile eines Stabes zu einem ganzen Stab, mit einer solchen Synchronisation des Feuerns der Nervenzellen erklärt werden können. Schwieriger wird eine Lösung des „Bindungsproblems", wenn diese einfachen Erklärungen nicht mehr ausreichend sind. Dann werden quantentheoretische Modelle unvermeidbar.

11.1.3 Der „Quantensprung" für die Denkgeschwindigkeit – Quantenparallelverarbeitung der Information

Natürlich ist eine der Stärken der künstlichen neuronalen Netze, dass sie eine Parallelverarbeitung von Information ermöglichen. Damit können sie ein assoziatives Verhalten simulieren, wie es Lebewesen auszeichnet.

Der Unterschied von den klassischen künstlichen neuronalen Netzen, die auch eine Parallelverarbeitung der Information ermöglichen, zu einem System des Quantencomputings besteht im Wesentlichen darin, dass das Quantencomputing einem unendlichfachen Parallelverarbeitungsprozess entspricht.

Daher wird durch das Quantencomputing das normale Parallelrechnen der klassischen neuronalen Netze um einen ganzen Qualitätssprung überboten, der auch dadurch nicht einzuholen wäre, wenn man die Anzahl der klassischen Neuronen einfach vergrößern würde. Wir dürfen deshalb erwarten, dass für ein solches Gebilde wie das Gehirn mit seinen Netzen von Nervenzellen dieser Sachverhalt ebenfalls zutrifft. Ein großer experimenteller Fortschritt wird allerdings nötig sein, um so genau messen zu können, dass sich das Nichtausreichen der klassischen Konzepte von selbst und direkt und nicht nur aufgrund von naturgesetzlichen Überlegungen zu erkennen geben muss.

Ein gutes und anschauliches Beispiel hierfür liefert ein so einfaches Modell wie der Transport eines Ions durch einen Elektrolyten.

In der Schule haben wir gelernt, dass die Bewegung des Ions in einer quasi-anschaulichen Weise wie bei der Brownschen Bewegung in einer Zickzack-Bahn durch den Elektrolyten verläuft. Diese klassische Vorstellung erlaubt es, alle Phänomene, wie z.B. die Metallabscheidung bei der Galvanisierung oder die Funktionsweise der Autobatterie anschaulich zu verstehen. Erst bei sehr genauen Untersuchungen zeigt es sich, dass mit einer solchen Vorstellung die Effizienz der natürlichen Vorgänge nicht erfasst werden kann.

Wir wollen dazu ein sinnfälliges Bild aus der Alltagswelt ausmalen: Der gesamte Kapitalverkehr kann unter der Voraussetzung verstanden werden, dass das Geld und Gold zwischen Banken hin- und hergetragen wird, wenn Überweisungen und ähnliche Transaktionen vorzunehmen sind. Die von uns Bankkunden tagtäglich erfahrbare Praxis stützt bis zu einem gewissen Grade den Glauben an die Realität dieser Vorstellung. Bei einer sehr genauen Überprüfung des Sachverhaltes und beim Nachdenken über effizientere Methoden wird einem allerdings schnell klar werden, dass die Banken diesen umständlichen Prozess nur vortäuschen, um größere Zinsgewinne erzielen zu können. Tatsächlich tauschen sie aber nicht die Materie, sondern in der Regel *lediglich die Information* darüber aus, welche Zuordnung von Geldern zu welchen Konten zu verändern ist.

Ähnlich effizient arbeitet auch die Natur in unserem Elektrolytbeispiel. Auch hier läuft die Information über das Überschuss-Ion als Quanteninformation auf einem nichtlokalen Wege durch den Elektrolyten. Dabei wird die Zuordnung der Ionen zu den Komplexen, an die sie binden, in einer sehr schnellen Weise durch den gesamten Elektrolyten hindurch verändert. Wenn die Information an der anderen Elektrode angelangt ist, wird dann dort ein Ion abgegeben.[252] Man sieht also, dass hierbei primär nicht die Masse und auch nicht die Energie, sondern die Information bewegt wird. Für die Informationsübertragung an den Synapsen halten wir das durch die Quantentheorie erzielbare bessere Verständnis für grundlegend. Kandel schreibt: „Um einschätzen zu können, warum Nervenzellen für ihre Funktion (Ionen-)Kanäle brauchen, müssen wir ... die physikalische Chemie von Ionen in Lösungen verstehen."[253] Mit klassischen Modellen allein ist aber deren Schnelligkeit und Effizienz nicht zu erklären.[254] Auch für die Schnelligkeit der Proteinfaltung, die ebenfalls mit klassischen Modellen nicht zu erklären ist, liefert die Quantenvorstellung, dass sämtliche Konfigurationen der Möglichkeit nach zugleich getestet werden können, ein Erklärungsmodell. Andererseits ist aber allein eine Verwendung der Bezeichnung „...quanten" auch noch nicht ausreichend, um quantenphysikalische Gesetzmäßigkeiten zu bezeichnen. „In jedem synaptischen Vesikel ist ein Transmitterquant gespeichert."[255] Wenn man beispielsweise diese Begriffsbildung als Anlass nehmen würde, darin bereits einen Ausdruck für quantenphysikalische Zusammenhänge zu sehen – was Kandel nicht tut – würde man einem sehr vordergründigen Missverständnis unterliegen. Dieses portionsweise Auftreten der Neurotransmitter in Paketen von über 5000 solcher Moleküle dürfte etwa ähnlich

---

[252] Marx, Tuckerman, Hutter, Parrinello (1999)

[253] Kandel et al. (1996), S. 122

[254] Siehe z.B. Lill (2002)

[255] Kandel et al. (1996), S. 284

viel mit Quantenphysik zu tun haben wie im Supermarkt das Vorkommen der Milch als 1-Liter-Quanten.

Warum chemische Informationsübertragung in biologischen Systemen?

Wenn die Isolierung der Qubits und damit die Realisierung von deren Quanteneigenschaften an Photonen so viel leichter geschehen kann als an Objekten mit Ruhmasse, die wegen ihrer oft wirksam werdenden Ladungen viel schwerer von ihrer Umwelt zu isolieren sind, und wenn die Quanteneigenschaften so fundamental für das Leben sind, wieso wird dann ein großer Teil der Informationsübertragung in Lebewesen auf chemischen Wege abgewickelt? Für den chemischen Weg der Informationsverarbeitung sprechen wichtige Argumente. Wir haben erläutert, dass über die Zwischenstufe der Moleküle eine Wechselwirkung von Licht mit Licht vermittelt werden kann. Ein weiterer Grund ist, dass die biologischen Möglichkeiten auf Fakten beruhen müssen, damit für das Lebewesen eine gewisse Sicherheit gegeben ist. Eine Möglichkeit, Erfahrungen speichern zu können und wieder auf sie zurückgreifen zu können, wird durch die Makromoleküle gewährleistet. Sie zeigen unter den Bedingungen von Leben, z.B. bei Temperaturen zwischen etwa −30°C bis ungefähr 120°C, Gestalteigenschaften, die wie klassische Größen behandelt werden können.[256] Daher können sie für die klassische Speicherung von Information und deren Transport verwendet werden.

Ein besonders wichtiger Gesichtspunkt ist der Informationsreichtum, der sich in einem einzelnen biologischen Makromolekül unterbringen lässt. Während mit einem Photon nur wenige Bits transportiert werden können, so wie ein Schalter nur „ein" oder „aus" zulässt, könnte man ein großes Biomolekül eher mit einem Brief oder einem kleinen Computerprogramm vergleichen. Mit den Makromolekülen lassen sich sehr differenzierte Nachrichten, z.B. bedingte Anweisungen an ganz spezielle Ziele übermitteln, sowohl innerhalb der Zellen als auch zwischen ihnen.

11.1.4 Quantenstruktur und Bindungsvorgang

Wenn wir die Quantenstruktur der Information betrachten, so wird deutlich, dass sie ein hervorragendes Modell für die Beschreibung des Bindungsvorganges liefert. Sie erlaubt, über die Produktbildung von Teilzuständen die Informationen der einzelnen Wahrnehmungen zu einem Gesamtzustand zu verbinden. Wie darf man sich diese Prozedur ohne Zuhilfenahme der mathematischen Hilfsmittel der Quantentheorie, d.h. der funktionalanalytischen Methoden des Hilbert-Raumes vorstellen? Wenn sich zwei Systeme im Rahmen der Quantentheorie verbinden, so ist dies selbstverständlich ein Kombination im Sinne von „sowohl als auch", der Gesamtzustand setzt sich aus den Zuständen der beiden Teile zusammen, hierbei wird noch nichts Neues sichtbar. Wir wollen an einer Skizze die Angelegenheit verdeutlichen. Unsere Systeme sollen

---

[256] Für diese Moleküle gelten für manche Eigenschaften in sehr guter Näherung Superauswahlregeln, das sind klassische Eigenschaften an Quantensystemen; siehe z.B. Primas (1981, 1987).

jeweils lediglich zwei verschiedene Zustände einnehmen können. Da wir nicht vierdimensional zeichnen können, werden wir verschiedene Einfärbungen verwenden.

Abb. 11.2: Je zwei Basis-Zustände (oben oder rechts bzw. y oder x) zweier Systeme (schwarz oder grau)

Das Gesamtsystem kann sich dann in vier möglichen Basiszuständen befinden:

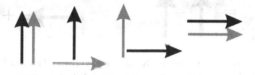

Abb. 11.3: Vier Basis-Zustände des Gesamtsystems als Kombinationen der Teilsystemzustände (schwarz und grau)

Bis jetzt kann man keinen Unterschied zu den klassischen Vorstellungen erkennen. Nun machen wir uns bewusst, dass Quantenzustände keine Fakten, sondern Möglichkeiten darstellen. Die Basis-Zustände können demnach auch anders dargestellt werden:

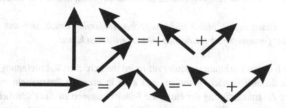

Abb. 11.4: Eine andere Darstellung der Basis-Zustände des Systems

Wenn ich also das Teilsystem in den Zustand „oben" präpariert habe, dann kann ich sowohl den Zustand „links-oben" als auch den Zustand „rechts-oben" nach einer Nachprüfung finden. Der Zustand „rechts" kann auf „rechts-oben" und „nicht-links-oben" mit „Ja" antworten. Umgekehrt gilt auch, dass „links-oben" bei Nachprüfungen sowohl auf „oben" als auch auf „nicht-rechts" mit „Ja" antworten wird, allerdings auch nur jeweils in der Hälfte der Fälle. (Abb. 11.5)

Abb. 11.5: Zusammensetzung eines Zustandes aus Basis-Zuständen des Systems

Wenn ich das Gesamtsystem nach „oben-oben" befrage und „Ja" erhalte, dann muss auch jedes Untersystem im Zustand oben sein. Was ist aber der Fall, wenn ich das Gesamtsystem nach „links-oben, links-oben" befrage, und die Antwort „Ja" erhalte?

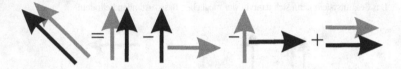

Abb. 11.6: Einem reinen Zustand des Gesamtsystems müssen keine definiten Zustände der Teilsysteme entsprechen, es ist unmöglich, dafür den Zustand des schwarzen Teilsystems *unabhängig* von dem des grauen Teilsystems festzulegen. Die Zustände der einzelnen Teile sind *verschränkt*.

Dann liegt für die Teilsysteme keineswegs fest, in welchen Zuständen ich sie finden werde, die verschiedensten Antworten sind möglich. Nach der Erstellung des Gesamtsystems werden also stets Zustände möglich, die bei der Präparation der Ausgangsteile nicht zugänglich gewesen waren, in denen mithin die Ausgangssysteme in überhaupt keinen definierten Zuständen sind.

Gerade in diesen neuen, bisher nicht möglichen Zuständen drückt sich aus, dass im Rahmen der Quantenphysik tatsächlich „Neues" entstehen kann.

Wenn wir nach diesen Zeichnungen wieder zur realen menschlichen Wahrnehmung zurückkehren, so ist hoffentlich deutlich geworden, dass auch in unserem Bewusstsein ein ähnlicher Effekt bei der Zusammenfügung der einzelnen Teilinformationen zu einer Ganzheit geschieht. An diese so zusammengefügten früheren Teilinformationen können jetzt „Fragen" gestellt werden, die zuvor vollkommen sinnlos waren. Oder anders formuliert, die Zusammenfassung der Teilinformationen zu einer Gestalt erlaubt nun, neue Informationen zu erhalten, die zuvor auch nicht ansatzweise existent gewesen waren. In einem zweiten Schritt kann dieser so entstandene Gesamtzustand mit bereits im Gedächtnis vorhandenen Informationen verglichen werden. Dazu sind die Gedächtnisinhalte als Quantenzustände bereitzustellen, in einer physikalischen Sprache: „zu präparieren". Das Skalarprodukt zwischen den so gegebenen zwei Zustandsvektoren, hier dem aus dem Gedächtnis und dem von den Wahrnehmungen, liefert ein natürliches Maß für den Grad von Gleichheit bzw. Verschiedenheit von Zuständen.

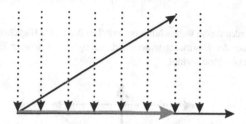

Abb. 11.7: Skalarprodukt als Schattenwurf: Das von oben kommende Licht wirft auf den unteren Vektor, der zum Lichteinfall senkrecht liegen muss, einen (grauen) Schatten vom oberen Vektor.

Wir meinen, dass dies nicht nur eine sehr zutreffende mathematische Analogie bedeutet, sondern dass damit tatsächlich ein Modell bereit gestellt wird, welches die Vorgänge bei der Bindung zutreffend beschreibt. Wie kann dies konkret aussehen? Die Wahrnehmungen gelangen aus den verschiedenen Sinnesorganen auf unterschiedlichen Wegen in die verschiedenen primären Felder des Gehirns. Unter Berücksichtigung der verschiedenen Weglängen der Nervenleitung werden Daten, die von dem gleichen Ereignis stammen, auf diesen Zeitpunkt verrechnet und dann über das soeben beschriebene Tensorprodukt ihrer Zustände zu einem Gesamtzustand zusammengefasst. Die Produktbildung ist die mathematische Beschreibung davon, wie die Teilinformationen zu einer Gesamtinformation vereinigt werden. Das wesentliche, was die Quantenphysik dazu beiträgt, ist die dabei entstehende Vielfalt an neuen Zuständen.

Nun können Gedächtnisinhalte, die aus naturgesetzlichen Gründen als klassische Information gespeichert sind, aktiviert werden. Hierfür stehen zwei Möglichkeiten offen. Entweder wird die Originalinformation wieder in einen Quantenzustand überführt oder es wird zuerst eine Kopie gefertigt, was für klassische Information stets möglich ist, und diese dann verwendet. Im nächsten Schritt kann eine zentrale Struktur der Quantenphysik genutzt werden, der Vergleich zweier Zustände über ihr *Skalarprodukt*. Anschaulich gesprochen wird dabei der Schatten des einen mit dem Bild des anderen verglichen.

Erinnern wir uns noch einmal an Abb. 8.10. „Dieses Bild zeigt einen Menschen", wäre die Aussage der Messung. Die Abb. 11.8 zeigt, dass aber auch *ein* Wahrgenommenes gleich gut zu *zwei* Erinnerungen passen kann. Obwohl die beiden Gesichter recht individuell gestaltet sind, wird man doch von Zeit zu Zeit eine Art Vase sehen. Im Bilde des Skalarproduktes würden zwei Vorlagen etwa ähnlich gut zu der einkommenden Information passen.

Abb. 11.8: Zwei Wahrnehmungen an einem Bild

In diesem Fall werden unsere Wahrnehmungen zwischen den beiden Möglichkeiten hin und her springen, bis unter der Einwirkung weiterer Erinnerungen oder anderer Kriterien eine der Möglichkeiten die Oberhand gewinnt.

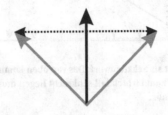

Abb. 11.9: Eine Vorlage passt zu zwei verschiedenen Erinnerungen

11.1.5 Fakten in Gehirn und Psyche

Im Gehirn findet ein ständiges Wechselspiel von Quantenprozessen mitsamt ihren Korrelationen einerseits und von Messvorgängen andererseits statt. Dazu gehören beispielsweise das Feuern von Nervenzellen, die Schaltung neuer synaptischer Verbindungen, abgeschlossene Denkprozesse, ausgesprochenen Gedanken usw. Die Messungen unterbrechen die Korrelationen und schaffen die Fakten, die dann auch als Messergebnisse registriert sein können. In der üblichen Beschreibung des Messprozesses in der Quantenmechanik spielt immer der „Beobachter" eine wesentliche Rolle. Er ist zuständig dafür, ob eine Wechselwirkung als Messung aufzufassen ist oder nicht. *Für die Beschreibung der Vorgänge im Gehirn, die zur Erklärung von Bewusstsein führen sollen, kann daher nicht ein Beobachter und damit sein Bewusstsein vorausgesetzt werden.* Deshalb ist für diese Erklärung das Modell eines beobachterfreien, an den Kosmos angebundenen Messvorganges so wesentlich, wie wir ihn in Abschnitt 5.2 erläutert haben.

Im Zusammenhang mit dem Bewusstsein ist es möglicherweise anschaulicher, an Stelle des Begriffes der *„Messung"* den der *„Entscheidung"* zu verwenden. Auch jede Bewertung, ob bewusst oder unbewusst, ist im physikalischen Sinne eine Entscheidung, nämlich die für die getroffene Bewertung. Eine Entscheidung setzt ein Faktum und beseitigt zugleich alle die Möglichkeiten, die zuvor vorhanden gewesen waren und die mit der gefällten Entscheidung entfallen. Natürlich wird im allgemeinen Sprachgebrauch eine Entscheidung zumeist mit einem Subjekt zusammen gedacht, welches diese Entscheidung fällt. Aber „Entscheidung" konnotiert wesentlich weniger mit Maß und Zahl als „Messung". In beiden Fällen soll deutlich werden, dass Information, die zuvor in den Möglichkeiten der Quantenkorrelationen vorhanden war, danach verloren ist. Nur die Information bleibt, die in den durch die Messung entstandenen Teilen faktisch geworden ist, während die Information, die in den Korrelationen der Ganzheit gesteckt hatte, das Gehirn mit der Wärmestrahlung verlässt, um schließlich in den schwarzen

Nachthimmel, in die Weiten des Alls zu entschwinden. Die entstehenden Fakten werden ihrerseits zum Ausgangspunkt von neuen Quantenprozessen, die zu neuen Korrelationen führen.

Dieses dynamische Gewebe der Schichtenstruktur bewirkt also ein gleichzeitiges Ineinanderwirken von klassischer und quantisierter Information, wobei die dauerhafte, d.h. faktische Abspeicherung ins Gedächtnis als klassische Information erfolgt, z.B. durch eine faktische Proteinfaltung.

Für eine Speicherung im Arbeitsgedächtnis ist auch eine Speicherung in Form von Quanteninformation vorstellbar. Seitdem „Licht angehalten" werden kann[257] wird erkennbar, dass Quantenzustände zwischengespeichert werden können, sofern keine Information über diesen Zustand dem System entnommen wird. Die dauerhafte Speicherung, die Übernahme ins Gedächtnis, ist der einzige Prozess an einem Quantenrechner, der irreversibel ist, das Resultat soll schließlich dauerhaft sein. Alle anderen Prozesse im Quantencomputer sind reversibel. Unter einem thermodynamischen Gesichtspunkt bedeutet das auch, dass bei ihnen die Wärmeproduktion im Vergleich zu allen anderen Möglichkeiten der Informationsverarbeitung minimal ist. Wenn das Gehirn nicht als Quanteninformationsverarbeitungsinstitution, sondern durchgehend nur klassisch arbeiten würde, müsste man vermuten, dass die Wärmeproduktion so hoch wäre, dass das Eiweiß, aus dem es besteht, gerinnen würde.

Daher ist es auch unter einem energetischen Gesichtspunkt ein Ausdruck der „Weisheit der Natur", wenn Lebewesen ihre Informationsverarbeitung im Wesentlichen quantenphysikalisch organisieren.

11.1.6 Ein Beispiel für Quantenphänomene im Geistigen

Wir sind es gewohnt, den Lauf unserer Gedanken als so natürlich zu empfinden, dass es vielen schwer fällt, dafür eine abstrakte naturwissenschaftliche Erklärung zu akzeptieren. An extremen oder gar pathologischen Fällen jedoch kann es wie in einem Vergrößerungsglas deutlich werden, welche Strukturen hinter diesen Erscheinungen stehen. Als Savants werden solche Menschen bezeichnet, bei denen bestimmte geistige Fähigkeiten im Übermaß ausgebildet sind, wie z.B. ein extrem schnelles Zahlenrechnen oder ein fotografisches Gedächtnis oder die Fähigkeit, Tausende von Büchern optisch zu speichern. Dies ist oft mit autistischem Verhalten gekoppelt oder sogar mit der Unfähigkeit gepaart, „normale" Alltagshandlungen zu erledigen. Oliver Sacks beschreibt einen Fall von männlichen erwachsenen Zwillingen[258].

Die beiden erfassten den Inhalt einer hinabgefallenen Streichholzschachtel sofort und ohne Zählen exakt als „hundertelf". Wenn man 111 Streichhölzer abzählen will, so dauert es eine

---

[257] Bajcsy et al. (2003)
[258] Sacks (1990), S. 255 ff

Weile. Zugleich „sahen" sie auch die Primfaktorenzerlegung in 3 mal 37. Die beiden konnten nicht im eigentlichen Sinne „Rechnen", die wirkliche Mathematik war ihnen fremd, aber offenbar bewegten sie sich in der für uns abstrakt erscheinenden geistigen Landschaft der Zahlen wie wir uns in einer uns vertrauten Gegend unserer Heimat.

Ein gemeinsames Vergnügen der beiden bestand darin, sich gegenseitig sechsstellige Primzahlen zu nennen. Primzahlen spielen innerhalb der Mathematik eine besondere Rolle. Sie können ohne Rest nur durch 1 und sich selbst geteilt werden. Diese Eigenschaft ist unabhängig von der Art, wie die Zahlen dargestellt werden, z.B. ob im Dual- oder im Zehner-System. Jede beliebige Zahl lässt sich auf nur genau eine Weise in Primfaktoren zerlegen – aber dafür muss man natürlich die Primzahlen kennen. Ihre Eigenschaften haben die Mathematiker bereits seit dem Altertum interessiert. Berühmt geworden ist das „Sieb des Eratosthenes", mit dem Primzahlen sozusagen mechanisch aus den übrigen natürlichen Zahlen aussortiert werden können: Man beginnt mit der 2 und streicht jede zweite Zahl weg, d.h. alle geraden. Die erste, die stehen geblieben ist, ist die 3. Nun streicht man auch jede dritte Zahl aus und die 5 bleibt als erste stehen, dann die 7, die 11, die 13 usw. Dies ist eine absolut sichere und zugleich recht umständliche Prozedur. Große Primzahlen zu erzeugen ist bis heute noch keine einfache Sache.

Sacks beobachtete seine Schützlinge eine Weile und als er ihnen dann eine achtstellige Primzahl aus einer Zahlentafel nannte, brauchte es lediglich eine halbe Minute, bis die beiden erkannten, dass auch dieses eine Primzahl war. Sie antworteten daraufhin jeder mit einer anderen, nun neunstelligen Primzahl. Sacks nannte aus seinem Buch eine zehnstellige. Daraufhin dachten die Zwillinge wieder etwas nach und einer nannte eine zwölfstellige Zahl, die Sacks aber nicht mehr überprüfen konnte, da ihm damals keine Quelle von mehr als zehnstelligen Primzahlen bekannt war. Eine Zeit später bemerkte er, dass sie mit zwanzigstelligen Zahlen operierten, von denen er vermutete, dass es ebenfalls Primzahlen seien, was aber damals (1966) von ihm nicht nachgeprüft werden konnte.

Gegenwärtig ist die wesentliche und auch in der Öffentlichkeit am meisten beachtete Besonderheit des Quantencomputings die von Peter Shor[259] gefundene theoretische Möglichkeit, eine Primfaktorzerlegung vornehmen zu können, die *in einer exponentiellen Weise schneller* ist, als dies mit klassischen Computern möglich ist. Mit klassisch arbeitenden Computern können bisher Codes nicht geknackt werden, die auf großen Primzahlen basieren, da deren dafür notwendige Rechenzeit extrem lang würde. Technische Quantencomputer, die dies theoretisch sehr viel schneller können, existieren in der Realität noch nicht, bisher können sie die Zahlen bis 15 in Primfaktoren zerlegen.

Die an den Savants besonders deutlich sichtbaren Phänomene und vor allem deren Geschwindigkeit kann man als einen wichtigen Hinweis darauf deuten, dass die Informationsverarbeitung im Gehirn über weite Strecken nach den Gesetzen der Quantenphysik abläuft und nur teilweise und nur in einer groben Näherung mit den Modellen der klassischen, d.h. technischen neuronalen Netze beschrieben werden kann. Es ist vorstellbar, dass diese Menschen beispielsweise eine Primzahlenzerlegung so vor sich sehen können, wie es in Abb. 11.11 illustriert ist.

---

[259] Shor (1994)

Man mag sich fragen, wieso wir normalen Menschen mit unseren Gehirnen nicht auch so in der Welt der Zahlen zu Hause sein können wie die beiden oben geschilderten Savants. Aber bei den Zwillingsbrüdern war es offenbar so, dass ihre gesamte Informationsverarbeitungskapazität von den Zahlen absorbiert war und für das „normale Leben" fast nichts mehr frei blieb.

Die häufig zu findende These, dass wir Menschen lediglich etwa 7 Bit pro Sekunde verarbeiten, ist ziemlich irreführend. Dies trifft höchstens auf die uns bewusst seienden Objekte der Umwelt zu. Über all unsere Sinne nehmen wir sehr viel mehr an Informationen auf, die aber dann in der internen Bewertung als unwesentlich unterdrückt und nicht bis ins Bewusstsein gelassen werden. Alle diese Verarbeitungsschritte erfordern eine große Kapazität, ohne dass wir uns dieser bewusst sein müssen. Wenn die Zwillinge also in der Welt der Zahlen spazieren gehen, mag deshalb bei ihnen keine Kapazität mehr frei gewesen sein für die uns als real erscheinende Welt, z.B. des Anziehens oder des Busfahrens. Sacks musste bei einem späteren Besuch feststellen, dass sie dies nun konnten. Zehn Jahre nach der Zeit, als er sich mit ihnen befasst hatte, hatte man sie für eine „Behandlung" getrennt und in verschiedene Anstalten gebracht. Mit Bedauern stellte Sacks fest, dass deren Zahlenwelt und auch ihre damit verbundene Heiterkeit aber verschwunden waren.

11.1.7 Reizverarbeitung, Bindung und Quantenkorrelationen

Wenn man genau arbeiten will oder muss, dann sind die Reize, die von den Sinnesorganen aufgenommen werden, in ihren Eigenschaften nur zu verstehen, wenn sie als Quantenereignisse aufgefasst werden. So werden im Auge von den Sehzellen einzelne Photonen absorbiert, und die dabei aufgenommene Energie dient zur Auslösung von chemischen Veränderungen in der Retina, von wo aus sie dann als elektrische Impulse ins Gehirn weitergeleitet werden. Die Empfindlichkeit unserer Sinnesorgane ist so groß, dass sie bis fast an das Quantenrauschen heranreicht. Ein gut dunkeladaptiertes Auge kann bereits zwei bis drei Photonen wahrnehmen, und wenn das Ohr noch ein wenig empfindlicher wäre als es tatsächlich ist, so würden wir die thermische Bewegung der Moleküle in der Luft hören können. Auch die Empfindlichkeit des Geruchs reicht bei manchen Tierarten bis auf ein einzelnes Molekül hinab.

Der Informationsübergang von einer Nervenzelle auf eine andere geschieht an den Synapsen zumeist als Austausch von Ionen. Es gibt aber auch Synapsen, an denen eine direkte elektrische Erregungsübertragung ohne eine Zwischenschaltung chemischer Vorgänge geschehen kann, die so genannten Gap Junctions.

Die *jeweiligen Areale im Gehirn* entscheiden darüber, wie alle diese – physikalisch im Grunde gleichartigen – Informationen interpretiert werden, z.B. als Licht oder als Schall oder als Druck usw.

Das „Verlegen" dieser Leitungen wird durch das Genom nur ungefähr vorgeplant. Die Verbindungen müssen in dem sich entwickelnden Gehirn durch eine ständige Überprüfung optimiert werden. Dazu werden sehr viele der bei der Geburt eines Säugers angelegten Nervenverbindungen wieder eingeschmolzen. Auch später gilt, dass Verbindungen zwischen zugleich erregten

Zellen verstärkt werden und Verbindungen zwischen Zellen, die selten oder nicht gemeinsam erregt werden, abgebaut werden. Dies wird gewöhnlich als Hebb'sche Regel bezeichnet.

Da die Informationsverarbeitung in einem Lebewesen primär dessen Lebenserhalt dient, wird unter diesem Gesichtspunkt eine ständige Prüfung durchgeführt. Wir haben beschrieben, dass alle Prozesse stets auch durch das limbische System bewertet werden. In diesem werden die einlaufenden Daten aus der Außenwelt mit dem Körperzustand abgeglichen. Die Ergebnisse dieses Abgleichs können als Affekte vorliegen und dann wieder von außen wahrnehmbar sein. Zugleich werden die Daten mit Informationen aus dem Gedächtnis und den anderen höheren Arealen verknüpft. Dort stehen bewertete Erfahrungen aus der bisherigen Lebenszeit zur Verfügung, die eine Auswertung der einlaufenden Daten erleichtern oder in schwierigen Fällen sogar erst ermöglichen. Diese schwierigeren Fälle stellen, wie wir bereits in Kapitel 8 erwähnt haben, das eigentliche „Bindungsproblem" dar. Wir wollen jetzt diese Überlegungen noch einmal stärker von der Seite der Quantentheorie her beleuchten. Wie wird es erreicht, dass Wahrnehmungen aus den verschiedenen Sinnesorganen und von Objekten, von denen nur eine teilweise Information zur Verfügung steht, in zutreffender Weise jeweils *einem* Objekt zugeordnet werden kann? Als Beispiel möge noch einmal an das Vexierbild der Abb. 8.10 erinnert werden. Bei solchen Aufgaben bemerken wir, dass sie nur mit bewusster Anstrengung zu lösen sind, wir müssen unsere Aufmerksamkeit auf diese Aufgabe lenken. Viele andere Wahrnehmungsaufgaben – nämlich solche, die den natürlichen Bedingungen und nicht künstlich geschaffenen Komplikationen entsprechen – werden hingegen gleichsam nebenbei und von selbst gelöst. Oft werden wir uns dessen nicht einmal bewusst. Erst ein Nachfragen oder Nachdenken erlaubt es, das Wahrgenommene voll ins Bewusstsein zu heben. So wie wir es von vielen erlernten Fähigkeiten kennen, werden diese bei hinreichender Übung dann im Wesentlichen automatisch durchgeführt, ohne dass wir uns des Ablaufes im Einzelnen bewusst sein müssten. Es ist aber schwer vorstellbar, wie die Aufgabe mit dem Vexierbild ohne Bewusstsein sollte gelöst werden können.

Beim weiteren Nachdenken über das Bindungsproblem wird deutlich, dass die Vorgänge in Bewusstsein und Gehirn erst zu verstehen sind, wenn sie als Quantenprozesse begriffen werden. *Ein Aspekt des Quantenhaften der Bewusstseinsprozesse betrifft die Geschwindigkeit, mit der die Informationsverarbeitung von Lebewesen durchgeführt werden kann. Ein weiterer und besonders wichtiger ist der des Erlebens, der ohne Quanteneigenschaft unvorstellbar bleibt. Der zentrale Aspekt ist aber, dass die in der Psyche gespeicherten Gestalten als Quanteninformation aktiviert werden können – sie werden „präpariert" – und dass sie damit für einen Abgleich mit der einlaufenden Information zur Verfügung stehen.*

Im Bereich des Quantencomputings beginnt man heute, die *Geschwindigkeitsvorteile*, die die Quantenphysik ermöglicht, technisch zu realisieren.[260] Wir wollen noch einmal bemerken, dass mit einem Quantencomputer mathematisch keine anderen Resultate erhalten werden können als auch mit klassisch arbeitenden Computern zu erzielen wären. Allerdings ist ein Lebewesen im Wesentlichen keine Rechenmaschine und ein bedeutsamer – und *ein für Lebewesen lebenswichtiger* – Unterschied liegt in der Geschwindigkeit, mit der die informationsverarbeitenden Quantenprozesse im Vergleich zu den klassischen ablaufen können. Wenn Lebewe-

---

[260] Eine aktuelle Einführung in die Quanteninformatik bietet z.B. Alber et al. (2002).

sen nicht zu einer hinreichend schnellen Entscheidung gelangen, könnten sie nämlich bei-spielsweise gefressen werden!

Die unendlichfache Parallelverarbeitung führt dazu, dass Probleme angegangen werden kön-nen, für die mit klassischen Prozessen die Lebenszeit nicht ausreichen würde. Wie kann man dies veranschaulichen? Wir wollen ein einfaches Beispiel konstruieren: Wie sucht man eine Nadel im Heuhaufen? Die klassische Weise der Suche besteht darin, jeden Halm anzuschauen, ob er aus Gras oder aus Stahl ist.

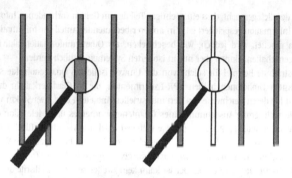

Abb. 11.10: Die klassische Suche nach der Nadel im Heuhaufen

In der Quantenversion kann man einen *kohärenten Quantenzustand* aus allen Inputs erstellen – und diesen in einem einzigen Schritt auslesen! In unserem Beispiel würden wir Licht auf die Halme fallen lassen, und an der Reflexion denjenigen aus Stahl erkennen. Die hohe Geschwin-digkeit bei der Lösung einer Bindungsaufgabe wird so erklärlich.

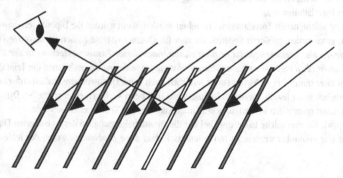

Abb. 11.11: Die Quantensuche nach der Nadel im Heuhaufen

11.2 Quanteninformation als Voraussetzung von Bewusstsein

11.2.1 Die Isolierung der Quanteninformation von ihrer Umgebung

Wir hatten deutlich gemacht, dass ein wichtiger Teil der im Gehirn vorhandenen Information als klassische Information gespeichert ist. Ein anderer bedeutender Anteil der Information, mit der das Gehirn arbeitet, wird jedoch, wie beschrieben, als Quanteninformation aktiviert. Solche Quanteneigenschaften können aber nur in isolierten Systemen deutlich werden.

Das illustrativste Beispiel für solche von der Umwelt isolierten Quantenobjekte sind die bereits erwähnten Diphotonen in den EPR-Experimenten, die in Glasfaserkabeln durchgeführt werden und für deren Reichweite von den industriellen Anbietern bald etwa 50 km versprochen werden. Die recht große Ausdehnung eines Quantenexperimentes über viele Kilometer hinweg ist nur möglich, weil die Photonen so gut wie keine Wechselwirkung mit der Glasfaser haben.

Auch hier kommt ein fundamentaler Unterschied zu den Anschauungen zum Vorschein, die auf der klassischen Physik beruhen. *In der klassischen Physik bedeutet „Trennung" vor allem „räumliche Trennung"*. „Wo ein Körper ist kann kein zweiter sein" – das dürfte die erste physikalische Aussage sein, die den meisten in der Schule begegnet. In der Quantentheorie hingegen bedeutet „Trennung", dass zwischen den Systemen keine Wechselwirkung stattfindet und keine verschränkten Zustände ausgebildet sind. Die Photonen verlaufen in der Glasfaser inmitten des Glases und haben dennoch mit diesem so gut wie keine Wechselwirkung.[261] Daher darf man diese Lichtquanten so beschreiben, als ob das Glas gar nicht vorhanden wäre. Wegen der fehlenden Wechselwirkung verbleiben die Photonen vom Kabel und vom übrigen Rest der Welt getrennt. Sie behalten die bei ihrer Entstehung vorhandenen Korrelationen bei und bilden keine neuen Korrelationen aus.

Wenn solche neuen Korrelationen entstehen würden, dann würden die Diphotonen damit zu Teilen eines neuen, größeren Systems. Da aber für Quantensysteme typisch ist, *dass die Teile, aus denen sie zusammengesetzt worden waren, nach dieser Zusammensetzung in der Regel nicht mehr als dasjenige weiter existieren, das sie gewesen waren,* so können die Teile dann wegen ihrer nunmehrigen Nichtexistenz natürlich auch keine Quanteneigenschaften aufweisen.

Lediglich unter jeweils speziellen Bedingungen und beim Vorliegen einer speziellen Dynamik kann davon gesprochen werden, dass ein Quantensystem aus Teilen bestehen würde.

Typisch für eine solche Isolierung, bei der die Quanteneigenschaften der so isolierten Diphotonen klar erkennbar werden, ist nun wiederum, dass diese *Diphotonen* wegen der fehlenden

---

[261] Durch eine Unregelmäßigkeit im Herstellungsprozess des Glases, z.B. einen Lunker oder eine andere Dichteschwankung, kann eine Wechselwirkung des Diphotons mit dem Glas provoziert und dadurch die Isolierung von Licht und Glas voneinander durchbrochen werden. Da es kein absolut ideales Glas gibt, beträgt die Reichweite der Experimente bisher auch „nur" etwa 15 km und nicht viele Millionen km.

Wechselwirkung mit dem Glasfaserkabel *im Inneren* des Glases auch *nicht gefunden werden können*.

In der klassischen Physik kann man eine solche Isolierung nur durch die völlige Abwesenheit von Materie erreichen. Man denke beispielsweise an die Leere des Weltraumes, die die Himmelskörper weitgehend voneinander isoliert, oder an die evakuierten Hohlwände einer Isolierkanne, die für heiße Getränke oder für flüssige Luft verwendet wird.

In der Quantentheorie hingegen kann ein System von einem anderen streng isoliert sein und dennoch können beide sich räumlich vollkommen durchdringen.

Die Diphotonen laufen mitten durch das Glas – und dennoch sind die Photonen von diesem Glas wegen der fehlenden Wechselwirkung mehr getrennt als die Erde von der Sonne. Würde man versuchen, sie dennoch zu messen und ihre Anwesenheit damit nachzuweisen, so würde der Sinn des ganzen Versuches – die Feststellung der Korrelation innerhalb des Diphoton-Quantensystems über große Entfernungen – gerade dadurch zerstört werden. Dies ist ähnlich wie bei den Kölner Heinzelmännchen, die auch nur so lange am Werke waren, wie niemand sie beobachtet hat. Die neugierige Schneidersfrau, die ihnen durch das Streuen von Erbsen und das anschließende Gepolter beim Hinfallen auf die Schliche kommen wollte (d.h. physikalisch gesprochen durch Lokalisierung bzw. eine Wechselwirkung mit dem jeweiligen Ort) erreichte mit der Kenntnisnahme lediglich den Totalabzug dieser so nützlichen Gesellen. Während also innerhalb der Glasfaser von den Diphotonen nichts zu merken ist und auch nicht zu bemerken sein soll, muss wiederum am Ende des Kabels ein Gerät stehen, das mit hoher Effizienz mit den Teilen des Diphotons wechselwirkt, die in dieser Wechselwirkung erst als eigenständige Objekte entstehen. Diese Teile werden unter der Messung und ihrer Wechselwirkung dort zu normalen Photonen. Deren vorherige Korrelation kann aber noch wahrgenommen werden, wenn die beiden Experimentatoren, die an den beiden Enden messen, z.B. in einem normalen Telefongespräch ihre Messresultate miteinander vergleichen.

11.2.2 Gedanken als zeitweilig isolierte Quantenobjekte

Dass Gedanken oder, allgemeiner gesagt, bewusste und unbewusste psychische Inhalte etwas sind, was sehr gut vom Rest der Welt isoliert ist, wird unter anderem daran sichtbar, dass es keine Möglichkeiten gibt, „Gedanken zu messen".

Messbar sind Hirnaktivitäten, nicht aber die Gedanken selbst.

Dass Gedanken Information sind, wird wohl nicht bestritten werden. Soweit sie aussprechbar und damit duplizierbar sind, müssen sie in den Bereich der klassischen Information fallen. Aber jedem aufmerksamen Selbstbeobachter ist sicher die Erfahrung bekannt, dass es in manchen Fällen sehr schwierig ist, dasjenige hinreichend gut und genau in Sprache zu verwandeln, was er denkt und fühlt. Darunter fällt sowohl das jedermann bekannte Ambivalenzerleben als auch die darüber hinausgehende Tatsache, dass die volle Unbestimmtheit eines Zustandes nicht auf einmal ausgesprochen werden kann und *nicht alle Möglichkeiten in Sprache übersetzt* werden können. Wir sehen dies als einen Hinweis darauf, dass auch die Quanteninformation in der Psyche unter einer Fragestellung nicht einfach so weiter bestehen bleibt, sondern dass durch jede Entscheidung im Allgemeinen eine Veränderung dieser Information erwartet werden muss. Eine Entscheidung heißt hier z.B. die Antwort auf eine selbstgestellte oder von außen herangetragene Frage.

Dass also Gedanken als Quanteninformation zeitweilig keine Wechselwirkung mit dem Gehirn haben und somit – wie die Photonen im Glas – als vom Gehirn getrennt zu beschreiben sind, ist aus physikalischen Gründen recht plausibel.

Unter geeigneten Bedingungen erlaubt die Quantentheorie die Aufspaltung von etwas, das zuerst vollkommen zutreffend als *„reine Materie"* beschrieben wird, in etwas, das dann *„als ein Teil Materie und als ein Teil Information"* zu verstehen ist. Diese Information darf dann und kann dann – geeignete Isolierung vom Träger vorausgesetzt – auch isoliert behandelt werden. Möglicherweise besteht eine der Rollen der Gliazellen, die im Gehirn die Nervenfasern umhüllen, darin, eine solche Isolierung der Quanteninformation von ihrer Umwelt zu stabilisieren.

Dabei kann die Information allein, d.h. sogar ohne Träger, oder auch gemeinsam mit ihrem energetischen Träger, z.B. einem Photon, quantenphysikalisch vom Rest des Gehirns getrennt sein, d.h. von seiner Ruhmasse. So ist es beispielsweise bei den Experimenten in der Quanteninformatik möglich, binäre Alternativen als abstrakte Information zu behandeln, ohne auf ihre Träger rekurrieren zu müssen. Praktisch kann dies dadurch geschehen, dass das Qubit durch eine Spineinstellung repräsentiert wird, und dieser Spin im Verlauf des Experimentes von dem Verhalten des „restlichen" Lichtquants oder Elektrons nicht beeinflusst wird, er also die ganze Zeit abgespalten bleibt. Wie dies im Gehirn im Einzelnen geschieht, das ist sicherlich eine noch zu lösende Frage an die Forschung. Wir sind nicht sicher, ob beispielsweise den Mikrotubuli dabei eine solche Bedeutung zukommt, wie es Hammeroff und Penrose vorschwebt.[262] *Jedenfalls wird ein Gedanke solange als reine Quanteninformation anzusehen sein, wie er – und eventuell sein Träger, also ein Photon oder vielleicht sogar ein Molekül – mit dem Gehirn, das sie beherbergt, keine Wechselwirkung haben und er damit als isoliert angesehen werden kann.* Gedanken können also so gut vom Rest der Welt isoliert sein, dass sie von außen nicht bemerkt und mit Geräten nicht messen werden können. Diese Wechselwirkungslosigkeit hält natürlich nur jeweils eine kurze Zeit an. Danach wird innerhalb des Gehirns ein „Messprozess" stattgefunden haben und ein Faktum entstanden sein, z. B. eine Entscheidung gefällt oder eine Bewertung erfolgt sein. Dies kann ein im Unbewussten oder im Bewusstsein gefällter Entschluss sein oder eine Aussage oder eine andere Handlung. Das Bewusste oder die sichtbar gewordene Handlung wird dann auch als solches Faktum konstatiert werden können.

Der Begriff des Messprozesses ist eine physikalische Bezeichnung, die nicht nur, wie oben erwähnt, an technische Messgeräte, sondern auch an einen Experimentator denken lässt, der dann alles säuberlich notiert. Wie kann dieses Bild auf die hier vorliegende Situation übertragen

---

[262] Hammeroff (1982), Penrose (1991, 1995), Hammeroff und Penrose (1996)

werden? Da das Bewusstsein des Beobachters erklärt werden soll, kann er nicht zugleich daneben sitzen und die Messung vornehmen. Außerdem sind ja in der Regel keine physikalischen Messapparaturen vorhanden. Wie können wir also die Vorgänge in Gehirn und Bewusstsein veranschaulichen, die zu den Fakten oder Ereignissen führen?

11.2.3 Isolierung und Verschränkung

Um die Vorgänge zwischen Psyche und Körper verstehen zu können, soll noch einmal an die dynamische Schichtenstruktur von klassischer und Quantenphysik erinnert werden. Wir gehen davon aus, dass die Quantenphysik, da sie der genauere Teil der Physik ist, auch der fundamentalere ist. Allerdings erlaubt sie im Allgemeinen keine Zerlegung ihrer Wissenschaftsgegenstände in getrennte Objekte, denn wegen der mathematischen Struktur dieser Theorie stehen die Objekte alle miteinander in Beziehung.

Unter bestimmten Umständen kann aber die Wechselwirkung eine solche Form annehmen, dass zurecht von Teilen des betrachteten Quantensystems gesprochen werden kann, selbst dann, wenn diese Teile zuvor nicht als existent angesehen werden konnten.

Dazu muss es erstens möglich sein, eine Ganzheit in Teile zerlegen zu können. Zweitens muss die Wechselwirkung von solcher Form sein, dass diese Teile unter ihrer Einwirkung sich weiterhin getrennt entwickeln und sich nicht wieder neu verschränken. Wenn eine solche Beschreibung sinnvoll und möglich ist, dann können die Korrelationen des interessierenden Teils mit dem Rest der ganzen Struktur als unwesentlich angesehen werden und dann kann dieser Teil tatsächlich als abgetrennt und als isoliert beschrieben werden.[263]

Ein solches neu isoliertes Objekt kann dann mit der Genauigkeit der Quantenphysik erfasst werden. In der Sprache der Physik bedeutet dies, dass eine Zustandspräparation stattgefunden hat.

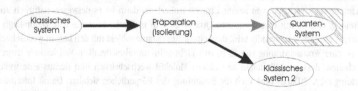

Abb. 11.12: Zustandspräparation durch Isolierung des Quantensystems

Der Rest, das klassische System 2, wird weiterhin nicht so genau beschrieben, wie es die Quantentheorie erlauben würde, sondern lediglich so genau, wie es die klassische Physik erfordert.

---

[263] Der Zustand muss ein Produktzustand im Tensorprodukt der Zustandsräume der Teile sein.

Das bedeutet, dass für diesen Rest alle Unterschiede zwischen dem Wirkungsquantum und der Null ignoriert werden können und müssen. Wenn mit einer Zustandspräparation ein reines Quantensystem erstellt worden ist, können an diesem dann auch alle Besonderheiten der Quantentheorie deutlich werden. Im Falle des Gehirns kann dieses System z.B. ein reiner Gedanke sein oder eine Information, die an Photonen – Lichtteilchen – als energetische Träger oder vielleicht auch an ein als isoliert anzusehendes Molekül als materiellen Träger gebunden ist.

Ein solches Quantenobjekt kann nun mit einem anderen Quantenobjekt in Wechselwirkung treten. Da beide an der Genauigkeit der Quantenphysik teilhaben, werden für sie auch Quanteneffekte möglich, wie z.B. eine Zustandsüberlagerung. Das bedeutet, beide bilden dann gemeinsam ein neues Quantenobjekt, das in Zustände gelangen kann, von denen man sagen muss, dass in ihnen die Ausgangsteile nicht mehr existent sind.

Abb. 11.13: Die Wechselwirkung von Quantenobjekten führt zu Verschränkungen

Man kann dies noch anders formulieren: Jedes Ausgangsteil ist – allerdings nur der Möglichkeit nach – zugleich in Zuständen, die sich gegenseitig logisch ausschließen. Die Zuordnung zwischen jeweils zusammengehörenden Zuständen der beiden Teile ist dann durch deren Korrelationen festgelegt. Ist z.B. der Gesamtzustand „Null", so können die beiden Teile 1 und 2 zwar in allen möglichen Zuständen sein, aber nur so, dass sie jeweils entgegengesetzte Werte, also beispielsweise 1_{oben} mit 2_{unten} oder 1_{rechts} mit 2_{links} besitzen. Die verschiedenen Möglichkeiten der Teile sind also korreliert. Solche Korrelationen sind immer dann vorhanden, wenn zwei Quantenobjekte in einem Präparationsprozess gemeinsam erzeugt worden sind. Wenn ein einzelnes Quantensystem recht gut von seiner Umwelt isoliert ist, dann ist es deswegen natürlich auch schwierig, dass es mit einem anderen Quantensystem in Wechselwirkung tritt. Dafür kann es hilfreich oder sogar notwendig sein, dass ein drittes Quantenobjekt mit den beiden wechselwirkt. So ist eine Wechselwirkung von Licht mit Licht sehr unwahrscheinlich. Viel leichter kann es geschehen, dass zwei Photonen mit einem Molekül wechselwirken und daraus eine weitere Wirkung folgt.[264] Daran wird auch die Bedeutung des Körperlichen sichtbar. Damit Informationen sich miteinander verschränken können, kann die Vermittlung durch materielle Entitäten notwendig sein, die sich in einem instabilen Zustand befinden müssen – in der Sprache der Chaostheorie an einem Bifurkationspunkt – und daher auf feinste Anregungen reagieren können.

---

[264] Eine solche Form der Wechselwirkung wird auch in den technischen Realisierungen für Quantencomputing betrachtet, siehe z.B. Bouwmeester et al. (2000).

Auch hier wird wieder einmal die steuernde Rolle der Information sichtbar. Sie stellt nicht die Energie bereit, die für einen Wirkungserfolg notwendig ist, sondern löst das Wirksamwerden der bereitgestellten Energie lediglich aus.

Auf jeden Fall kann davon ausgegangen werden, dass die Quanteninformation im Bewusstsein und im Unbewussten sich miteinander und mit den Zuständen des Körpers verschränken werden. Natürlich werden sich im Allgemeinen nicht nur zwei Zustände verschränken, sondern sehr viel mehr. Eine solche Anhäufung des Gleichen würde aber am Prinzip nichts ändern, lediglich die Darstellung würde etwas schwerer verstehbar werden.

Da ein Quantenzustand, wie von uns bereits oft beschrieben, mit sich zugleich unendlich viele andere Zustände mit ermöglicht, erlaubt er keine Beschreibung als *definitiv vorliegendes Ergebnis*, auch wenn alle Möglichkeiten mit der entsprechenden Wahrscheinlichkeit gewichtet sind und eine davon nahe bei eins liegt.

Um ein tatsächlich reales Ergebnis – ein Faktum – zu erhalten, ist das vonnöten, was die Quantenphysik als „den Messprozess" bezeichnet.

Dazu muss nun das betreffende – bislang als isoliert betrachtete – Quantensystem in Wechselwirkung treten mit einem anderen System, das lediglich so genau erfasst wird, dass für dieses die klassische Beschreibung ausreicht.

Im hier interessierenden Phänomenbereich könnte dies beispielsweise bedeuten, dass ein unbewusster oder aber auch bewusster Gedanke in Wechselwirkung mit dem Körperzustand desjenigen tritt, der ihn denkt. Da der Körper eines Lebewesens unauflöslich mit seiner Umwelt verbunden ist, wird der Körper mit der Umwelt zusammen ein System darstellen, das sinnvoll klassisch beschrieben wird. Physikalisch ist dies dadurch gesichert, dass Lebewesen eine hinreichend große Körpermasse besitzen, so dass die Argumente der „Dekohärenz"[265] sinnvoll angewendet werden können.

Allerdings ist dabei über das „Klassisch-Werden" mit zu bedenken, dass die von vielen Physikern erwünschte und erhoffte *Gewissheit in aller mathematischen Strenge* erst nach unendlich langer Zeit zu erhalten ist. Zuvor sind die Wahrscheinlichkeiten lediglich sehr, sehr klein, aber noch nicht Null. Wir hatten in Kapitel 5 unsere Sicht dazu dargelegt.

Durch die Wechselwirkung, z.B. mit dem Körper, wird jetzt für das Quantensystem des betreffenden Gedankens die Isolierung vom Körper aufgehoben. Sein Zustand wird an die Zustände des Körpers gekoppelt, während die anderen Quantenzustände, mit denen er vorher Korrelationen gehabt haben konnte, von ihm und dem Körper getrennt werden. Da der Körper nach Voraussetzung klassisch beschrieben wird, kann von den Quantenkorrelationen zu den anderen Gedanken nichts in diese Wechselwirkung hinübergerettet werden, und unser betrachteter

---

[265] Die Dekohärenz beschreibt das Klein-Werden der Korrelationen von größeren Objekten durch die Wechselwirkung mit einer Umwelt, siehe z.B. Giulini, Joos, Kiefer, Kupsch, Stamatescu, Zeh (1996).

Gedanke geht allein in einen Zustand über, der jetzt als klassisch zu interpretieren ist. *Damit ist ein Faktum entstanden*, das jetzt tatsächlich vorliegt, da für diesen Zustand alle Wahrscheinlichkeiten nur noch Null und lediglich einmal Eins betragen – „ein Messergebnis" ist sichtbar geworden, d.h. eine Bewertung ist getroffen oder eine Entscheidung gefällt worden.

Solche Wechsel von Zustandpräparation und -messung geschehen in unserem Körper und unserem Geist sicherlich mit unerhörter Häufigkeit und bilden damit ein dynamisches Gewebe, das lediglich in verkürzenden Beispielen beschrieben werden kann.

Betrachten wir z.B. die Sehwahrnehmung: Jedes einlaufende Photon bewirkt einen Quantenabsorptionsprozess im Sehpurpur der Netzhaut und löst eine irreversible Reaktion aus – also einen Messprozess. Auf Grund dieses Faktums werden Signale ins Gehirn gesendet, die an verschiedenen Arealen Wirkungen auslösen, also als weitere Messungen angesehen werden können. In dem dortigen Nervengewebe können nun wieder weitere Quantenzustände erzeugt werden, die z.B. mit anderen Zuständen aus dem Gedächtnis im Blick auf bereits erfahrene Erinnerungen abgeglichen werden.
Da ein Gedanke ein Quantensystem ist, ist er nicht notwendig an die Lokalitätsvorstellungen der klassischen Physik gebunden. Daher kann er sich ausdehnen – wie das Diphoton – und bis zu einer Messung zur gleichen Zeit an verschiedenen Orten sein.

Ein Gedanke, wie jede Quanteninformation, muss nicht lokalisiert sein und kann daher auch zu Korrelationen zwischen verschiedenen Orten im Gehirn führen!

Einen Gedanken darf man sich daher vorstellen als etwas, das sich über das ganze Gehirn oder sogar den ganzen Körper und vielleicht sogar noch darüber hinaus erstrecken kann, ohne dass deswegen seine Isolierung vom Rest der Welt sofort aufgehoben werden müsste.

11.2.4 Die ontologische Qualität der Gedanken

Wir verweisen noch einmal darauf, dass die Physik für sämtliche Bereiche der Wirklichkeit entdeckt hat, dass alle fundamentalen Strukturen – weit über die atomar kleinen hinaus! – nur mittels der Quantentheorie verstanden werden können. Daher darf man sicher sein, dass auch in der Hirnforschung und für so komplexe und differenzierte Gebilde wie die Nervenzellen dieser Sachverhalt zutreffen wird – nämlich der, dass mit der klassischen Physik allein die internen Strukturen – von welcher Form von Materie auch immer – nicht tatsächlich begriffen werden können!

Wir stehen damit wieder einmal am zentralen Problem – und zugleich an der Stelle, an der deutlich wird, dass nur mit den Konzepten der Quantentheorie eine Lösung möglich ist. Wenn eine Herleitung des Mentalen aus dem verlangt wird, was mit den üblichen Vorstellungen als „Materie" – vulgo „feiner Sand" – bezeichnet wird, ist dieses Problem tatsächlich unlösbar.

Die Quantentheorie aber hat gezeigt, dass Materie als äquivalent zu Energie angesehen werden darf und von uns ist dargelegt worden, dass Materie und Energie zur Protyposis, zu abstrakter Quanteninformation äquivalent sind.

Im Anhang wird die Mathematik skizziert, die aufzeigt, wie aus Quantenbits die Quantenteilchen der konventionellen Physik erzeugt werden können. Damit wird die physikalische Begründung für die These geliefert, dass Materie als „kondensierte Quanteninformation" verstanden werden kann. Dies liefert die Basis dafür, dass ein mentaler Zustand – „mein mentaler Zustand", der als Quanteninformation etwas Geistiges ist – als ebenso real angesehen werden kann wie ein energetischer oder ein materieller.

Die Gedanken sind so real wie die Atome.

Bisher hat man entweder versucht, bei der naturwissenschaftlichen Erklärung des Geistigen von dem bislang noch immer unklaren Begriff der Materie ausgehend auf die mentalen Zustände zu schließen und dabei das Ergebnis erhalten, dass dies nicht geleistet werden kann. Oder man hat sich auf eine dualistische Haltung zurückgezogen, die eine naturwissenschaftliche Erklärung erst recht nicht ermöglicht. Wir haben verdeutlicht, dass der Prozess der Reduktion auf eine Weise denkbar ist, die anders verläuft, als man sich das bisher vorgestellt hatte.

Wenn man von der Quanteninformation als Grundlage des Seienden startet, kann man von diesem Ausgangspunkt sowohl auf die Materie als einer abgeleiteten Größe als auch auf die mentalen Zustände als einer Form von sich selbst erlebender Information schließen.

Wenn wir die Realität der Gedanken anerkennen, dann kann es z.B. leichter fallen, die Wirkung von Psychotherapie auch unter naturwissenschaftlichen Gesichtspunkten erfassen zu können, und nicht nur die seit langem bekannte Wirkung lediglich aus klinisch-hermeneutischer Sicht zu beschreiben. Spitzer[266] beschreibt Untersuchungen mit impotenten Männern, wobei gezeigt werden konnte, dass eine Psychotherapie ohne Hormonbehandlung einen Einfluss auf die Potenz und auf die Testosteronkonzentration bewirken konnte.

11.3 Erleben und Bewusstsein

Für eine Beschreibung der Phänomene des Bewusstseins aus naturwissenschaftlicher Sicht und mit Blick auf seinen Informationsaspekt ist das reflektierte Bewusstsein so wichtig, weil dieses sich klar beschreiben lässt und allen gesunden Erwachsenen zugänglich ist.

---

[266] Spitzer (2001), S. 8 ff

Die Herausentwicklung eines Ichs beginnt mit der körperlichen Unterscheidung vom Du. Im Psychischen ist diese Differenzierung anfangs noch nicht weit vorangeschritten. Die angeborenen Motivationssysteme, die durch die affektiven Bewertungen aufs Wahrnehmungsbewusstsein wirken, sind noch nicht bewusst reflexiv. Als Geburt eines reflexiven Selbst kann man das Selbsterkennen im Spiegel ansehen. Die stärkere psychische Trennung, vor allem nach der Herausbildung einer Theorie des Geistes, erlaubt es, den anderen als psychisch getrennt wahrzunehmen. Die Fähigkeit zur Selbstreflexion ermöglicht auch, über die anderen zu reflektieren. Die materielle Basis für ein solches reflektiertes Ich ist nicht nur das Gehirn, sondern der ganze Leib, der das Erleben ermöglicht.

11.3.1 Selbsterleben

Denkendes Selbsterleben bildet einen individuellen Quantenprozess, der *in seinem Kern* zu Lebzeiten *nicht klassisch* wird, denn das „Klassisch-Werden" und der damit verbundene Verlust aller Möglichkeiten ist mit dem Tod des Lebewesens gleichzusetzen. Als ein Quantenprozess ist er von außen, durch einen Dritten, *nicht* vollständig erfassbar, erst mit der Herausbildung eines reflektierten Bewusstseins verliert die *prinzipielle Unerkennbarkeit* und damit die Unreproduzierbarkeit von Quantenzuständen ihre mathematisch zwingende Unausweichlichkeit. Dieser individuelle Prozess erscheint solange zeitlos, bis z.B. durch eine Aufmerksamkeitsänderung, eine Bewertung oder eine Entscheidung eine Unterbrechung erfolgt und ein Faktum gesetzt wird. Dadurch werden ständig Teile an diesem individuellen Prozess faktisch[267] und neue Teile werden durch Wechselwirkungen diesem Quantenprozess hinzugefügt. Der Träger dieses Lebens-Quanteninformationsprozesses ist das Gehirn und der übrige Körper, mit dem ständige Wechselwirkungen geschehen.

Eine Schlüsselstellung bei der Verbindung des Erlebensprozesses mit dem Körperlichen nehmen die Affekte und Emotionen ein. Das dafür zuständige limbische System ist bereits ab Geburt gut entwickelt. Zusammen mit dem restlichen Körper werden von ihm ständig Bewertungen getroffen, d.h. Messungen durchgeführt. Dabei legen die Affekte die Gestalt des zu diesen Messungen gehörigen Operators mit fest.

Bei dem vom Körper und vom limbischen System bewirkten Bewertungen und Entscheidungen scheint der klassische Anteil, der die Fakten erzeugt, vor allem aus den körperlichen Bereichen zu stammen. Der *psychische Anteil* dieser Prozesse wird im wesentlichen quantisch sein. Im Laufe der Individualentwicklung und der Gehirnreifung werden die kognitiven Inhalte zunehmen, in die die Bewertungen und Entscheidungen einfließen. Daher erhalten dann diese kognitiven Anteile einen stärker klassischen Charakter. Während beim Säugling die Bewertungen fast nur auf der Basis von Körperzuständen erfolgen, können mit dem Ausbau des individuellen Gedächtnisses weitere Bewertungskriterien eingeschlossen werden. Es darf vermutet werden, dass die Speicherung der Erfahrungen anfangs sogar auch außerhalb des Nervensystems erfolgen kann, später natürlich immer mehr im assoziativen Teil des Gedächtnisses.

---

[267] Der mathematische Begriff ist die Bildung „partieller Spuren" der Dichtematrix

Das Zusammenwirken von klassischen und quantischen Vorgängen erlaubt auch die nichtlinearen Verhältnisse zu erfassen, die für jedes Selbsterleben notwendig sind. Die Quantenphysik ist essentiell linear, aber in klassischen Zusammenhängen sind Nichtlinearitäten ohne weiteres zu modellieren. Sie treten immer dann auf, wenn der Output die Form der Inputverarbeitung beeinflusst, was bei Selbstbezüglichkeit notwendig ist. Die *Schichtenstruktur* macht außerdem deutlich, dass eine *durchgängige* logische Beschreibung von Selbsterleben unmöglich ist (siehe auch in Abschnitt 14.9). Die Individualität des Erlebensprozesses, die von anderen immer höchstens teilweise erfasst werden kann, bedingt auch, dass jedes Lebewesen sein *eigenes* Erleben hat.

Wie ist nun ein erlebter Zustand *als erlebt* beschreibbar? Bereits die Sprache hilft uns hier ein Stück weiter. Quanteninformation kann sich als erlebt nur dann empfinden, wenn sie verbunden ist mit der Lebenserfahrung eines Lebewesens, eines Individuums. In das Erleben fließt unvermeidbar der Zustand des Körpers mit ein, der sich vor allem über Affekte und Emotionen mit der Psyche verbindet.

Erlebte Information ist auch stets eine unmittelbar bewertete und somit bedeutungsvolle Information.

Eine weitere Charakterisierung von Bewusstsein ist das Vorliegen zutreffender innerer Bilder über die äußere Lebensumwelt des betreffenden Lebewesens und über seine Stellung in ihr. Wenn wir Bewusstsein so charakterisieren, dann ist wiederum der Schluss sehr naheliegend, z.B. einem Säugetier Bewusstsein zuzusprechen. Bewusstsein erschafft einen *„eigenen* inneren Raum, *einen psychischen Raum"*, in dem mögliche künftige Handlungen und deren wahrscheinliche Folgen in einem gewissen Rahmen dargestellt werden können. Je höher entwickelt ein Tier ist, desto größer werden seine Möglichkeiten sein, in einem inneren Probehandeln Chancen auszuloten und nicht lediglich auf die äußere Umwelt reagieren zu müssen.

Die sich erlebende Information steht in der Beziehung zum Körper und zu den Verbindungsgliedern zwischen Körperlichem und Geistigem, d.h. zu den Gefühlszuständen. Zugleich besteht eine Bindung an die geistigen Inhalte, die als Gedächtnis bezeichnet werden. Das Gedächtnis ist nicht in vollem Umfang und zu jeder Zeit zugänglich, vieles in ihm ist implizit oder verdrängt und damit unbewusst. Manches ist in der Tat wirklich vergessen, wobei aber eventuell nur der „objektive Sachverhalt" nicht mehr vorhanden ist, während die gefühlsmäßigen Aspekte durchaus noch gespeichert bleiben können und auch noch weiterhin wirken können – aber nicht mehr ohne weiteres bewusst. Ein weiterer wichtiger Faktor, der auf das Erleben einwirkt, ist selbstverständlich die äußere Umwelt.

Eine solche *unmittelbare* Eigenwahrnehmung eines Lebewesens, die nicht durch andere oder durch etwas anderes vermittelt wird, ist eine Voraussetzung dafür, aus bloßen Reiz-Reaktions-Ketten ausbrechen zu können. Die Beobachtungen legen nahe, dass solche zutreffenden inneren Bilder es auch z.B. einem Hunde ermöglichen, in einem gewissen Rahmen freie Entscheidungen fällen zu können, auch wenn dessen Gehirnkapazität möglicherweise nicht ausreicht, Inhalte seines Bewusstseins noch einmal reflektieren zu können oder gar sprachlich zu formulieren. Dass die höher entwickelten Tiere eine unmittelbare Wahrnehmung ihrer Körperzustände und ihrer Umwelt besitzen, ist eine Tatsache, deren Leugnung heutzutage ein gehöriges Maß an Ignoranz erfordern würde.

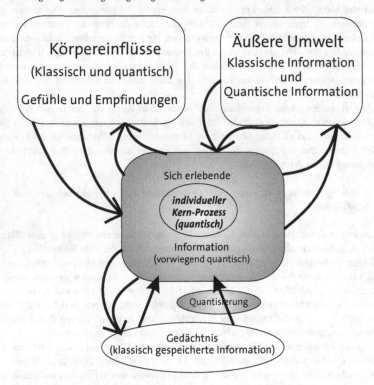

Abb. 11.14: Selbsterleben mit aufeinander folgenden Schichten von klassischer und quantischer Information

Entscheidungsfreiheit

Wenn das Gehirn so viel an Energie verbraucht und es für ein Lebewesen energetisch günstiger ist, Handlungen unbewusst ablaufen zu lassen, weil Bewusstsein energetisch besonders „teuer" ist, worin liegt dann der Vorteil von Bewusstsein?

Bewusstsein ermöglicht es, dass ein Lebewesen sich spontan auf neue Möglichkeiten einstellen kann und es sich damit mehr Möglichkeiten des Handelns eröffnet. Da das Bewusstsein auch darin besteht, gegenwärtige Situationen im Lichte vergangener zu betrachten, stehen mit ihm mehr Erinnerungen und damit auch ein Mehr an Erfahrun-

gen bereit. Vor allem aber erlaubt es, gleichzeitig sowohl die eigene Identität als auch die der Artgenossen präsent zu haben.

Nachdem wir nicht nur dem Menschen sondern auch Tieren die Fähigkeit zu Entscheidungen, d.h. zu einer Auswahl aus verschiedenen Handlungsoptionen, zuzusprechen haben, muss diese Aussage natürlich noch etwas spezifiziert werden. Die Möglichkeiten für freie Entscheidungen werden immer geringer, je kleiner die Informationsverarbeitungskapazität von Lebewesen ist, d.h. je weiter wir uns in Richtung auf den Anfang der Entwicklung des Lebens zurückbewegen.

Je weniger entwickelt das Informationsverarbeitungssystem eines Lebewesens ist, desto weniger Bewusstsein möchten wir ihm zusprechen.

Biologen versichern, sie könnten bei manchen Lebewesen, z.B. bestimmten besonders gut untersuchten Schnecken mit einem einfachen Nervensystem, das Verhalten wie bei einem Automaten vorhersagen. Je höher aber ein Nervensystem entwickelt ist, desto vielfältiger werden die Verhaltensmöglichkeiten sein und desto leichter wird es uns fallen, dem Tier Bewusstsein zusprechen zu können.

Erleben

Von uns Menschen wissen wir, dass wir im Prinzip in der Lage sind, unser Bewusstsein bis zu einem gewissen Grade zu kennen. Wir wissen, dass wir reflektieren können, dass wir es sind, die diese Bewusstseinsinhalte haben. Die Möglichkeit eines solchen reflektierten Ich-Bewusstseins ist, wie erwähnt, nicht einmal dem Menschen von Geburt an gegeben. Aber auch dann, wenn das Handeln nicht unterbrochen und reflektiert wird, haben die bewussten und vorbewussten Zustände die Eigenschaft des *„Erlebens"*, gehören zu einem Teil der jetzigen Lebenswirklichkeit des Menschen, oder auch eines Tieres.

Das „Erleben" kann verstanden werden als eine informationsbasierte Einheit, die eine Kombination der von außen und der aus dem Gedächtnis und vom Körper herkommenden Informationen darstellt. Diese Informationen sind keineswegs vollständig bewusst, sowohl aus dem Gedächtnis als auch aus dem Körper wird der überwiegende Teil der Information als unbewusste beigesteuert werden.

Das Erleben erweist sich *stets als eine Form von selbstbezüglicher Information*, auch in den Fällen, in denen das Bewusstsein nicht bis zu dem uns erwachsenen Menschen möglichen Grad an Selbsterkenntnis gelangt. Wir erinnern daran, dass das Erleben nicht nur mit rationalen Erwägungen, sondern immer und unabweisbar mit gefühlshaften Vorgängen und damit mit der Rückbindung an den Körper verkoppelt ist.

11.3.2 Das dynamische Gedächtnis

Im Gedächtnis ist Information als klassische Information codiert und abgespeichert. Von dort kann diese abgerufen werden, wobei sie vervielfacht wird und damit sowohl verbleibt als auch für eine Bearbeitung zur Verfügung steht.[268] Dies entspricht dem Beispiel der Festplatte im Computer, von der die Daten ebenfalls abgerufen werden und zugleich auf ihr verbleiben können. Damit ist aber nur die eine Seite von „Erinnern" beschrieben. Die Information wird zum Teil in Quanteninformation umgewandelt. In der Quantentheorie wird ein solcher Prozess, der einen neuen Quantenzustand erzeugt, wie erwähnt als „Zustandspräparation" bezeichnet.

Abb. 11.15: Wechsel zwischen klassischen Zuständen und einem quantischen

Abb. 11.16: Wechsel zwischen quantischen Zuständen und einem klassischen

Wenn die Information als reine Quanteninformation abgerufen wird, dann wird diese in der Regel nicht zugleich gespeichert verbleiben. Eine solche Aktivierung wird deshalb die Information dynamisch werden lassen. In der Regel darf man dann erwarten, dass bei einer Wiedereinspeicherung eine veränderte Information abgelegt wird. Dieser Effekt eines Umbaues des Gedächtnisses durch das Erinnern ist auch neurochemisch belegt. Eine solche dynamische Bearbeitung und Veränderung des Gedächtnisses findet ständig statt und zum großen Teil in seinen unbewussten Anteilen. Ein wichtiger Teil der Traumarbeit dürfte darin bestehen, die gespeicherten Gedächtnisinhalte mit den neu gewonnen Erfahrungen zu einem Gesamtgebilde zu verarbeiten.

Der Vorgang der Dynamisierung des Gedächtnisses liefert die Grundlage für alle Formen von sozialer Kommunikation und auch für jede Psychotherapie. Das Aktivieren von Gedächtnisinhalten auch aus dem Unbewussten erlaubt deren Veränderung und damit die Bearbeitung von Konflikten und traumatischen Schädigungen. Im Vorgang des Sprechens über ein Problem wird die gespeicherte Information aktiviert, dabei kann sie quantisch werden. Formulieren und Aussprechen setzen ein Faktum, bedeuten also physikalisch eine Messung. Dabei wird in der Regel der Zustand verändert, bestimmte Aspekte gehen verloren und konflikthafte Inhalte können anders bewertet und in veränderter Form wieder abgespeichert werden.

---

[268] Wir erinnern daran, dass klassische Information ohne Einschränkung vervielfacht werden kann.

11.3.3 Bedeutung als Ergebnis von Reiz und Lebensgeschichte

Wir waren von der abstrakten kosmischen Information ausgegangen, die definitionsgemäß bedeutungsfrei ist. Wichtig ist nun, die Information wieder mit Bedeutung zu versehen.

Bedeutung entsteht, wenn Information in einem lebenden System wirken kann.

Die messbaren Impulse im Gehirn haben physikalisch alle dieselbe Struktur, sie sind im gewissen Sinne ununterscheidbar. Ihre Bedeutung entsteht dann, wenn sie in verschiedenen Gehirnarealen verschieden wirken können. Ein und derselbe elektrische Impuls wird je nach Zielort als optischer oder akustischer Reiz wahrgenommen. Hier wird besonders deutlich, dass die Bedeutung nicht in der Information allein steckt, sondern zu ihr aus der Umgebung des Lebewesens, z.B. aus den Hirnarealen, hinzugefügt wird.

Heute kann man dazu leicht eine Analogie aus dem Bereich der Computer anbieten. Eine Menge von Daten allein hat noch keine Bedeutung. Den Bits sieht man nicht an, ob sie zu einer Text- oder Bilddatei gehören. Sie erhalten ihre Struktur erst unter einem Programm. Auch eine Datei zeigt ihre Bedeutung erst durch das Programm, mit dem sie eine Wirkung entfalten kann, d.h. durch ihr umgebendes System.

Damit ist z.B. auch klar, dass das EEG keine Bedeutung in dem Sinne anzeigen kann, welche konkreten Gedanken durch den Kopf gehen, der mit ihm untersucht wird. Es zeigt allerdings durch seine Aktivitätsbereiche etwas an, dem man eine psychologische oder medizinische Bedeutung z.B. im Sinne einer Krankheitsdiagnose geben kann.

11.3.4 Die reflexive Struktur von Information

Eine reflexive Struktur ist für den Begriff der Information in keiner Weise seltsam oder merkwürdig – im Gegenteil, man darf die *Möglichkeit des Reflexiven* als einen Wesenszug von Information ansehen. Der ursprünglich Sinn des Begriffes Information umfasste bereits die Möglichkeit der Codierung, dass also eine Information durch eine andere ausgedrückt wird. Wenn Information die Menge möglicher Gestalten erfasst, so ist auch darin wieder die Selbstbezüglichkeit dieses Begriffes verborgen, denn was ist eine Gestalt – wenn nicht die Zusammenfassung von unterschiedlichen Informationen zu einem Oberbegriff? Der kosmische Entwicklungsgang, der in den ersten Kapiteln des Buches geschildert wurde, erweist sich als eine Ausformung der Protyposis in immer neue Gestalten. Wenn am Beginn dieser Reihe die Protyposis zu Elementarteilchen „kondensiert", so ist in dieser neuen Gestalt von der sie konstituierenden Information fast nichts mehr zu verspüren. Wenn wir den Weg der Protyposis, der abstrakten kosmischen Information hin zum Bewusstsein betrachten, so lässt diese anfangs von der Materie im engeren Sinne noch nichts erahnen. Sie ist nicht lokalisierbar und kann auch nicht einen Ort verändern, d.h. nicht bewegt werden. Nach der Bildung der Elementarteilchen und Atome ist dann erst einmal der materielle Aspekt vorherrschend. Mit jeder neuen Stufe der Gestaltbildung wird dann der Informationsaspekt wieder wichtiger und der materielle Aspekt der Gestalten wird zunehmend weniger bedeutsam, um dann im Bereich der Lebewesen und der Kultur fast gänzlich in den Hintergrund zu treten. So wird sich beispielsweise außer dem Brandschutzbeauftragten kaum jemand für die chemische Zusammensetzung des Theatervorhangs interessieren. Dafür wird der Bedeutungsaspekt im Kulturellen vorherrschend und der reflexive Charakter von Information wird deutlicher sichtbar. Am stärksten kommt die Reflexivität der Information beim Selbstbewusstsein zum Tragen. Wenn ich mich, meine Gedanken und Empfindungen, selbst wahrnehme, so bedeutet dies, dass dieses Wahrnehmen zugleich den Erlebnischarakter besitzt, den wir an uns als das Wesen bewusster Wahrnehmung kennen. Die Informationsverarbeitung, die wir vornehmen, ist wie oben geschildert, wesentlich an unseren Körper gebunden. Über den Körper ist stets auch eine Verbindung zur äußeren Welt sichergestellt.

Wenn von Information über Information gesprochen wird, ist in der jeweils oberen Stufe vom Informationscharakter der vorhergehenden Stufe fast nichts mehr unmittelbar zu bemerken. Erst in einer reduktionistischen Reflexion kann dieser verborgene Informationscharakter wieder deutlich werden.

Wie Descartes bereits bemerkte, sind zwar Zweifel über unser Denken und vor allem über seine Inhalte nicht nur erlaubt, sondern unabdingbar. Nicht aber ist beim Denken Zweifel darüber möglich, dass wir denken. Da wir unserer Selbsterkenntnis über die reale Existenz unserer Gedanken in der Regel trauen dürfen, spricht nichts dagegen, daraus weitere Schlussfolgerungen zu ziehen.

Die moderne Naturwissenschaft erlaubt damit heute einen Einstieg in die empirischen Wissenschaften an einer Stelle, die als Möglichkeit von der Naturwissenschaft lange Zeit ausgeblendet war. Nachdem wir eine über Jahrhunderte währende wissenschaftliche Entwicklung durchlaufen haben und so viele Zusammenhänge aufgeklärt worden sind, kann heute der Erkenntnisprozess auch an einer ungewöhnlichen Stelle einen Startpunkt setzen, nämlich mit der unmittelbarsten empirischen Erfahrung, die man haben kann, d.h. mit der jeweils eigenen Empirie dessen, was in meinem jeweiligen Bewusstsein vorgeht. Es ist also nicht mehr notwendig, die Natur dadurch zu erklären, dass man alles in „kleinste Objekte" zerlegt, zumal dieser Weg in immer größere theoretische Komplikationen führt, wenn er über die Atome hinaus fortgesetzt wird. Das sogenannte Standardmodell der Elementarteilchen ist die komplizierteste Theorie, die noch Ergebnisse liefern kann – wenn auch mit 18 noch zu erklärenden Parametern. Die Stringtheorie, die eine Grundlage für das Standardmodell liefern soll, und die von „kleinsten Fäden" ausgeht, ist so komplex, dass man noch nicht einmal die Gleichungen kennt, geschweige denn Lösungen. Anstatt mit fiktiven räumlich „kleinsten Objekten" kann man besser mit dem logisch Einfachsten beginnen, den Quantenbits, aus denen dann nicht nur die psychischen Phänomene, sondern auch die materiellen Objekte rekonstruiert werden können.

11.3.5 Zur Simulation von Leben und Bewusstsein und die Rolle der Lebensgeschichte

Mit der Entwicklung von immer leistungsfähigeren Geräten zur Datenverarbeitung und - manipulation wird zunehmend die Frage erwogen, ob auch künstlich geschaffene Systeme Leben oder auch Bewusstsein besitzen könnten. Wenn es sich bei den von manchen erhofften Systemen des „künstlichen Lebens" um biologische Einheiten handelt, die lediglich bislang noch nicht existiert haben, so ist nicht auszuschließen, dass diese, wie andere auch, auch als „lebend" angesprochen werden müssten. Bei Objekten, die auf der Basis heutiger Mikroprozessoren gebaut würden, beispielsweise aus Halbleiterchips, könnte aus unserer Sicht lediglich über die *Simulation* von Leben gesprochen werden. Ähnlich verhält es sich mit der Frage von künstlichem Bewusstsein. Auch hier halten wir es für ausgeschlossen, dass künstliche Systeme, die nach den Gesetzen der klassischen Physik konzipiert wurden und mit ihnen verstanden werden können, Bewusstsein erhalten können. Eine Simulation von bewusstseinsähnlichem Verhalten ist allerdings gewiss immer besser möglich. Auch daran kann man viel lernen und solche Systeme können für technische Anwendungen äußerst nützlich sein, aber bewusst werden sie nicht agieren können.

Lebewesen sind durch einen „lebenslangen" Quanteninformationsprozess ausgezeichnet, der erst mit ihrem Tod beendet werden wird. Wir denken, dass es daher auch eine Quanteninformationsverarbeitung auf allen Stufen des Lebendigen von den Zellen bis zu den ganzen Organismen gibt. Zwar können in molekularbiologischen Experimenten viele Prozesse innerhalb lebender Zellen von außen mit Hilfe von Molekülen wie mit Schaltern ein- und ausgeschaltet werden, aber ohne einen solchen äußeren Eingriff müssen die Zellen diese Abläufe eigenständig steuern, d.h. sie müssen eine eigene Informationsverarbeitung besitzen. Veranschaulichungen solcher Lebensprozesse mit Beispielen aus dem Bereich der Technik lassen fast immer vergessen, dass in technischen Geräten die *Informationsorganisation* vom Erbauer bereits eingearbeitet worden ist. Deshalb ist dann an den fertigen Geräten, wenn sie denn ordnungsgemäß funktionieren, d.h. nach genau den Informationsinstruktionen des Erbauers, von der Informationsverarbeitung in ihnen auf den ersten Blick nichts mehr zu erkennen.

Lebewesen haben keinen solchen Erbauer wie ein technisches Gerät, sie sind bei Strafe des Todes auf eine funktionierende Informationsverarbeitung angewiesen. Dies geschieht vor allem über die elektrodynamische Wechselwirkung, zu der auch die gesamte Chemie mit all ihren komplexen Wechselwirkungen gehört. Die experimentellen Ergebnisse über Biophotonen stützen diese Auffassung.[269] Aus den modernen Ergebnissen biophysikalischer Forschung folgt also, dass Leben als ein makroskopischer individueller Quantenprozess verstanden werden muss, der die verschiedenen Lebensfunktionen integriert und die Identität des Lebewesens durch die Zeit hindurch sichert.

Einen solchen makroskopischen individuellen Quantenprozess betrachten wir als eine notwendige Voraussetzung für Bewusstsein.

---

[269] Popp et al. (2002)

Daher würde aus unserer Sicht ein sichtbares Agieren künstlicher Systeme keinesfalls ein
Hinweis darauf sein, dass bei diesen auch nur ansatzweise Bewusstsein vorhanden wäre, denn
bisher besitzen solche Artefakte, d.h. künstlich erstellte Systeme, in einem mathematischen
Sinne allesamt nur ein streng determiniertes Verhalten und sind daher lediglich Abbildungssys-
teme, so wie es beispielsweise ein Fotoapparat ist. Eine solche Determiniertheit wird auch nicht
durch die Erzeugung von Pseudozufallszahlen durchbrochen.

Allerdings gibt es heute die Möglichkeit, künstliche Systeme schaffen zu können, die das Verhalten bewusstseinsfähiger Lebewesen tatsächlich über weite Strecken *simulieren*. Wie ist eine
solche Simulation möglich? Die Voraussetzung dafür ist, das Verhalten soweit zu analysieren,
dass man dafür Regeln aufstellen kann. Sobald diese vorliegen, kann man ein System so programmieren, dass es sich so verhält, wie es diese Regeln verlangen. Dann wird es ein Verhalten
simulieren, das so gut ist, wie die Regeln, die man dafür hat finden können. Eine andere Möglichkeit würde darin bestehen, ein hinreichend komplexes neuronales Netz so lange zu trainie-
ren, bis es ebenfalls fast immer die Regeln einhält, die man simulieren wollte. Dass heute die
Simulation von bewusstseinsähnlichem Verhalten recht gut gelingt, wird, wie oben erwähnt,
von manchen Autoren zum Anlass genommen, solchen Systemen bereits die Möglichkeit von
Bewusstsein zuzuschreiben.

Gewiss kann man an Simulationen eine Menge über das Simulierte lernen, aber das sollte
in der Wissenschaft nicht dazu führen, beides miteinander zu verwechseln.

Wirklich ernsthaft wird man sich mit der Frage der Bewusstseinsfähigkeit von Artefakten, von
künstlichen Simulationen, dann auseinandersetzen müssen, wenn diese tatsächlich von einem
individuellen Quantenprozess gesteuert werden und so etwas wie eine „Lebensgeschichte"
erlangen können. Bei einem Lebewesen hängt die Geschichtlichkeit und damit die *Bedeutung*
der von ihm verarbeiteten Information wesentlich auch daran, dass dieser individuelle Quantenprozess beendet werden kann, dass das Lebewesen sterben kann. Bis heute gibt es nicht den
geringsten Anlass, Bewusstseinsfähigkeit für künstlich realisierbar zu halten, aber wir können
die Möglichkeit der Schaffung bewusstseinsfähiger Roboter nicht prinzipiell ausschließen, falls
man tatsächlich lernfähige Quanteninformationsverarbeitungssysteme entwickeln könnte, die
beziehungs- und reflexionsfähig sein müssten und damit eine Lebensgeschichte und Bedeutungserzeugung entwickeln könnten.

11.4 Das ausgedehnte reflexionsfähige Ich

11.4.1 Bewusstsein und reflektiertes Bewusstsein

Wir hatten für eine erste Beschreibung des Bewusstseins an die allen Menschen unmittelbar
gegebene Erfahrung des Selbstbewusstseins appelliert. Dabei verkennen wir keinesfalls, dass das

einer von mehreren Schritten ist, die zur Lösung dieses Problems führen. Dies liegt auch an der Breite der Erscheinensweise des Bewusstseins. Die Grade des bewussten Handelns sind sehr weit gespannt. Sie reichen auf der einen Seite bis zur reflektorischen Reaktion auf eine unmittelbare Gefahr oder einen Reiz, was manchmal – wie z.B. beim Kniesehnenreflex – zum großen Teil über das Rückenmark abzulaufen scheint, *aber danach sofort reflektiert werden kann*. Oft wird auch, wie bei Freud, von *Vorbewusstem* gesprochen, das – ebenso wie das Unbewusste – ein Handeln, Denken und Fühlen verursacht, das aber im Gegensatz zu diesem leicht bewusst gemacht werden *kann*. Das bewusste Handeln reicht schließlich bis zur gründlich reflektierten Erwägung dessen, was während des Handelns in unserem Bewusstsein vorgegangen ist.

Viele unserer wesentlichen Handlungen geschehen vorbewusst oder bewusst, aber nicht unbedingt reflektiert. Reflexion benötigt Zeit und ist daher einem schnellen aktuellen Handeln abträglich.

11.4.2 Das Ich

Wie wir bereits geschildert haben, hat sich die Suche nach dem *eigentlichen Sitz* des „Ichs im Gehirn" als erfolglos herausgestellt – aber auch als überflüssig!

Es gibt ein Ich, aber keine in einem räumlichen Sinne zentrale Stelle, die der Sitz der Person wäre.

Die *Suche* nach einem solchen Zentrum kann aus der Grunderfahrung der klassischen Physik erklärt werden, da es nach ihr keine ausgedehnten und zugleich teilelosen Einheiten geben kann. Wir haben ausführlich dargelegt, dass diese vereinfachende Weltsicht heute als überholt angesehen werden kann. Die Quantenphysik erlaubt genau solche ausgedehnten Einheiten, die wir als *henadisch* bezeichnet haben.

Damit haben wir eine Denkfigur erhalten, die sehr gut geeignet ist, die Ausgedehntheit eines teilelosen Ichs über unser Gehirn und unseren Körper zu beschreiben.

11.4.3 Reflexives Bewusstsein

Wie gesagt führen wir die meisten unserer Handlungen durch, ohne dabei zu reflektieren, dass wir sie durchführen. Wenn Sie jetzt beim Lesen gebeten werden, mit dem Lesen einen Moment inne zu halten und sich kurz bewusst zu machen, dass Sie gerade gelesen haben, dann wird ihnen sofort klar werden, dass Sie sich zuvor keineswegs notwendig dessen bewusst sein mussten, dass Sie lesen. Dennoch waren Sie natürlich nicht bewusstlos gewesen, als Sie begonnen haben, diesen Absatz zu lesen. Es ist also notwendig, zwischen Bewusstsein und reflektiertem Bewusstsein, dem Selbstbewusstsein, d.h. dem Bewusstsein des eigenen Bewusstseins, zu unterscheiden.

Normalerweise können wir Menschen relativ gut erkennen, ob ein anderer Mensch bei Bewusstsein ist. Bewusstlosigkeit erkennen wir z.B. an narkotisierten Personen. Auch das fehlende Wachbewusstsein eines Schlafenden schränkt dessen Kommunikations- und Wahrnehmungsmöglichkeiten ein. Die fehlenden Reaktions- und Kommunikationsmöglichkeiten stellen in der Alltagswelt ein gutes Kriterium dar, ob ein Wachbewusstsein vorhanden ist. Dessen Fehlen kann bis zu einem gewissen Grade bewusst vorgetäuscht werden, mancher antwortet auf die Frage, ob er bereits schlafe, mit einem „Ja".

Das reflektierte Bewusstsein ist die reinste und klarste Form von Bewusstsein und sie steht im Prinzip allen gesunden erwachsenen Menschen zur Verfügung. Daher kann an das Wissen um diese Form des Bewusstseins mit dem geringsten Verständnisproblem appelliert werden und wir wollen menschliches Bewusstsein durch einen Hinweis auf diese Erfahrungen beschreiben.

Ein Mensch ist bewusst, wenn er sich dessen bewusst werden kann.

*An dieser zirkulären Definition soll deutlich werden, dass Selbstbewusstheit als eine Voraussetzung für die **Beschreibung** von Bewusstheit angesehen werden muss.*

In den meisten bewussten Situationen sind wir uns zwar unseres Bewusstseins nicht bewusst, *können* es aber jederzeit werden. Diese Möglichkeit besteht in der Bewusstlosigkeit natürlich nicht. Über unser eigenes Bewusstsein können wir unmittelbar, ohne jede Vermittlung, reflektieren. Das Bewusstsein eines anderen ist hingegen von außen nicht direkt, sondern nur an seinem Handeln und seinen Körperreaktionen feststellbar. Wenn das Handeln – wozu auch das Sprechen gehört – beeinträchtigt ist, kann man sich über den Bewusstseinszustand eines anderen Menschen weitgehend täuschen. Beim so genannten „Locked-in-Syndrom" sind Menschen bei vollem Bewusstsein, aber dennoch unfähig, diesen Zustand anderen verdeutlichen zu können, so dass sie kaum von einem Koma-Patienten zu unterscheiden sind.

Wenn wir von unserem reflektierten Selbstbewusstsein ausgehend das der anderen Menschen erschließen, so eröffnet dies die weitere Möglichkeit, nicht nur anderen Menschen, sondern auch Tieren Bewusstsein zusprechen zu können. Die Ähnlichkeit der höher entwickelten Tiere mit uns legt den Schluss zwingend nahe, dass auch diese Bewusstsein besitzen, auch wenn Tiere zu einem reflektierten Bewusstsein, zu Selbstbewusstsein, kaum fähig sind.

Bewusstsein, das ich reflektierend über mich haben kann, ist Information über mir gegenwärtige Information.

11.4.4 Das Wesen des Bewusstseins

Das *Wesen des Bewusstseins* wird erkennbar an seiner höchsten Stufe, am *reflektierten Bewusstsein*. Das bedeutet, dass Bewusstsein darauf angelegt ist, sich bis zum Selbstbewusstsein hin entwickeln zu können. Dies gilt sowohl für den Menschen, der die Fähigkeit zu einem Ich-Bewusstsein zu gelangen, in seiner Kindheit erwirbt, als auch in der Evolution, die auf das Selbstbewusstsein der Primaten zielt.

> *Reflektiertes Bewusstsein ist Information, die sich selbst kennt. Bewusstsein ist Information, die sich bis zu einem gewissen Grade kennen kann.*

Wenn also Bewusstsein etwas ist, das offen sein muss für eine Weiterentwicklung bis zum Selbstbewusstsein, dann folgt daraus ein wichtiges Kriterium für seine naturwissenschaftliche Beschreibung.

Um echte *Selbstbezüglichkeit*, so wie eine Selbstreflexion sie erforderlich macht, *naturwissenschaftlich beschreiben und modellieren zu können*, sind Strukturen von *mathematischer Unendlichkeit* notwendig.

Während eine endliche Menge niemals einer Teilmenge gleichmächtig ist, gibt es für unendliche Mengen stets echte Teilmengen mit der gleichen Mächtigkeit wie die Ausgangsmenge. Das bedeutet, dass eine unendliche Menge eineindeutig auf eine echte Untermenge abgebildet werden kann. Das einfachste Beispiel für diese Eigenschaft unendlicher Mengen, die bei endlichen Mengen keine Entsprechung besitzt, ist die Möglichkeit, jeder natürlichen Zahl – 1, 2, 3, ... – genau eine gerade Zahl – 2, 4, 6, ... – eineindeutig zuzuordnen. *Die Unendlichkeit, die hier gefordert wird, muss keine aktuale Unendlichkeit sein.* Niemals hat jemand bis „unendlich" gezählt. Es genügt aber, dass das Zählen niemals an eine Grenze gelangen kann, dass es also keine größte Zahl gibt, an der das Zählen aufhören müsste. Somit ist es für diese Überlegungen auch kein Problem, dass das Weltall nach der hier im Buch vorgestellten Theorie zu jeder Zeit nur ein endlich großes Volumen besitzt. Die Expansion sorgt dafür, dass es keinen „größten Wert" für diese und andere physikalische Größen geben muss.

Die Zustandsräume bereits der einfachsten quantentheoretisch beschriebenen Elementarteilchen sind unendlichdimensional. Daher sind es die Zustandsräume von komplexeren Quantensystemen erst recht, da diese als aus vielen Elementarteilchen zusammengesetzt beschrieben werden können. An solchen Objekten ist daher ein derartiger Abbildungsprozess einer Menge auf eine gleichmächtige Teilmenge, der der Selbstreflexion entspricht, aus mathematischen Gründen ohne weiteres möglich.

Ein noch gewichtigeres Argument sehen wir darin, dass für jeden einzelnen Quantenzustand gilt, dass mit ihm zugleich unendlich viele andere Zustände *potenziell* mitgegeben sind, denn Quantenzustände enthalten stets die Möglichkeit der gleichzeitigen Mitexistenz unendlich vieler anderer Zustände, die vom betreffenden Zustand verschieden sind.

Strukturen, die vollständig klassisch beschrieben werden können, die also keinen un-
verzichtbaren Quantenanteil enthalten, können zu keinem reflektierten Bewusstsein
fähig sein, denn klassische Strukturen sind notwendig endlich, da ein klassischer Zu-
stand sogar eindeutig ist.[270]

Die mögliche Unendlichkeit ist die Voraussetzung für eine eineindeutige Abbildung einer Menge auf eine echte Teilmenge, und eine solche eineindeutige Abbildung liefert diejenige Struktur von Reflexivität, die ein reflektiertes Bewusstsein auszeichnet. *Die potenzielle Unendlichkeit der Zustände im Bewusstsein ermöglicht also die Reflexivität, ohne dass dafür eine unendliche Folge von Homunculi notwendig wäre.*

11.4.5 Qualia als erlebtes Bewusstsein

Diesen Erlebnischarakter des Bewusstseins zu erfassen, wird als die eigentliche Schwierigkeit einer naturwissenschaftlichen Herangehensweise an dieses Problem gesehen.

In der Literatur wird dies als das Qualia-Problem bezeichnet: Wie kann die lebensweltliche Differenz zwischen den mentalen Phänomenen, die wir erleben, und den neuronalen Gebilden, die wir bereits ein Stück weit verstehen, einer vereinheitlichenden naturwissenschaftlichen Beschreibung zugänglich gemacht werden?

Das Qualia-Problem wird von vielen der heutigen Philosophen behandelt, eine sehr prägnante Schilderung ist bei Kim zu finden.[271] Bei ihm wird die Aufgabe einer reduktionistischen Naturwissenschaft darin gesehen, das Geistige auf das Körperliche zurückzuführen. Er schreibt:

"Aber man kann leicht erkennen, wie Qualia einem jedweden Reduktionsversuch Widerstand leisten
können. Qualia scheinen nämlich *intrinsische* Eigenschaften unserer Erfahrungen zu sein. Der
schmerzhafte, mir wehtuende Charakter eines stechenden Schmerzes in meinem Ellbogen ist als eine
von mir gefühlte Qualität intrinsisch verschieden zum Beispiel von dem Kribbeln, das ich in meiner
Schulter verspüre."

Hier wird also die jeweils verschiedene Subjektivität des Erlebens angesprochen, während das Feuern von Nervenzellen in beiden Fällen gleich erfolgt, wenn es auch an verschiedenen Stellen im Gehirn passiert.

Kim erwägt dann, ob der Lösungsansatz der Emergentisten der richtige sein könnte. Diese haben aufgegeben, nach einer einsichtigen Erklärung dafür zu suchen, wie das Bewusstsein aus den physiologischen Prozessen im Nervensystem abgeleitet werden könnte. Er fährt fort:

"Es hat verschiedene – darunter auch beeindruckend subtile und einfallsreiche – Versuche gegeben,
das Problem der Qualia auf die eine oder andere Weise loszukriegen, angefangen bei Versuchen, Qua-

---

[270] Die durch die Thermodynamik eingeführte Uneindeutigkeit ist keine ontologische, sondern folgt lediglich
aus Unkenntnis, ist also für unsere Überlegungen hier unerheblich.

[271] Kim (2001), S. 266 f

lia als funktionale (und somit extrinsische) Eigenschaften aufzufassen, bis hin zur ausdrücklichen Leugnung dessen, dass es Qualia überhaupt gibt. Letztlich läuft das Problem des Reduktionismus auf folgendes hinaus: Sind wir bereit, Qualia als intrinsische Eigenschaften sui generis aufzugeben? Wenn wir es sind, dann können wir zumindest den ... lokalen Geist-Körper-Reduktionismus bekommen; sind wir es nicht, hat der Reduktionismus verloren."

Und weiter:

"Wenn unsere Überlegungen zum Emergentismus und zur Nach-unten-Verursachung generell richtig sind, dann gilt auch: Wenn der Reduktionismus aufgegeben werden muss, dann auch die Verstehbarkeit mentaler Verursachung. Wir finden uns somit in einem grundsätzlichen Dilemma wieder: Wenn wir am Reduktionismus festhalten wollen, können wir die mentale Verursachung erklären. Bei unserem Versuch, das Mentale auf physikalische/biologische Eigenschaften zu reduzieren, kann es aber gut sein, dass uns der intrinsische, subjektive Charakter unseres Geistes abhanden kommt – und damit genau das, was das Mentale zu etwas Mentalem macht. ... Geben wir hingegen den Reduktionismus auf, verzichten wir auch auf die Möglichkeit zu sehen, wie eine mentale Verursachung überhaupt möglich sein sollte."

So endet im wesentlichen Kims Buch

Während sich der Begriff der Qualia vorwiegend in der philosophischen Literatur findet, wird in der mehr biologisch orientierten Hirnforschung eher der Begriff der *Repräsentanz* verwendet. Wir hatten die Problematik dieses Begriffes bereits in Kapitel 7 angesprochen. Der Sinn von Repräsentation besteht darin, dass das, was repräsentiert, ein Zeichen oder ein Symbol für dasjenige ist, was es repräsentieren soll.

Genau diese Bedeutungszuordnung vom Repräsentierenden zum Repräsentierten erfordert ein Bewusstsein, das dieses leistet.
Daher kann der Repräsentationsbegriff gerade nicht für eine Erklärung von Bewusstsein verwendet werden.

Dass der reinen Information ein Seinsstatus zukommt, wird naturwissenschaftlich ausschließlich im Rahmen der Quantentheorie denk- und vorstellbar. Dagegen ist die Simulation einzelner Quantenvorgänge auch mit den Mitteln der klassischen Physik möglich. Daher ist es vernünftig, spezielle Zustände, z.B. Schalterstellungen, zu Repräsentanzen zu erklären. So kann z.B. Gedächtnis als klassisch gewordene Quanteninformation bezeichnet werden. Dies bedeutet aber nicht, dass biologisch gespeicherte Information etwa so vorliegen würde wie auf einer Computer-Festplatte. Bereits die Abspeicherung der von außen kommenden Information geschieht immer zusammen mit einer Überlagerung von intern bereits vorhandener, hat also notwendigerweise immer einen subjektiven Anstrich. Andererseits wird auch unter einer Aktivierung die gespeicherte Information verändert und kann dann auch verändert abgespeichert werden. Damit dürfte die Quantentheorie eine schlüssige Erklärung für das weithin beobachtete Gedächtnisphänomen liefern, dass sich oftmals die Erinnerung unter dem Erinnern verändert.

Das Gedächtnis ist die notwendige Voraussetzung dafür, dass ein Lebewesen eine Information zu einer Bedeutung werden lassen kann.

11.5 Fazit: Bewusstsein als selbsterlebende Quanteninformation

Wir haben gezeigt, dass mit der von uns vorgestellten abstrakten kosmischen Quanteninformation, der Protyposis, eine naturwissenschaftliche Beschreibung von Bewusstsein und Erleben (Qualia) möglich wird, die sich nicht auf eine dualistische Beschreibung zurückziehen muss, um die Realität dieser beiden Erscheinungen retten zu können.

Allerdings erlaubt der Zugang über die Quanteninformation, alle die Vorteile beizubehalten, die eine dualistische Beschreibung für das Bewusstsein hat, nämlich es als eine individuelle und wirkende Realität zu erfassen.

Wir gehen aus von einer Quanteninformation, die genauso real ist wie die sogenannten materiellen Bausteine der Wirklichkeit. Diese hat als Träger einen lebenden Körper und ein Gehirn, welches auf die Verarbeitung und Speicherung von Information spezialisiert ist.

Die wichtigste Eigenschaft dieser Quanteninformation ist ihre potentielle mathematische Unendlichkeit, die es ermöglicht, dass ein Ganzes auf Teile von ihm verlustfrei abgebildet werden kann. In Verbindung mit der Schichtenstruktur von quantischen und klassischen Entitäten haben wir damit die Voraussetzungen für eine allgemeine Rückbezüglichkeit – wegen der Nichtlinearitäten des Klassischen – als auch für eine Selbstbezüglichkeit – wegen der Unendlichkeit des Quantischen. Da wir davon ausgehen, dass eine raumzeitlich lokalisierte Wechselwirkung von Information mit Information, eine Codierung, nur über die Zwischenschaltung eines Trägers möglich ist, wird notwendigerweise auch der Zustand des Trägers in diese Codierung einwirken. In Alltagssprache bedeutet dies, dass ein Erlebensaspekt bei einer genügend umfangreichen Informationsmenge nie auszuschließen ist, dass also aus dieser naturwissenschaftlichen Betrachtung die Qualia notwendig folgen.

Ein individueller Quantenprozess ist „von außen" niemals vollkommen zugänglich, da bei jeder Messung der Ursprungszustand zerstört wird. Diese physikalische Individualität liefert die Grundlage für die Individualität jedes Bewusstseins. Diese Einschränkung gilt nicht für eine Kenntnisnahme „von innen", Selbsterkenntnis ist auch aus naturwissenschaftlicher Sicht möglich.

11.5.1 Verbindung der Information zu Körper und Gedächtnis

Die Informationsverarbeitung in den Lebewesen ist unabdingbar auch an eine Verbindung zum Körper gekoppelt und hat damit auf jeden Fall einen Erlebensaspekt. Durch die Lebensgeschichte, die in seinem Gedächtnis codiert abgespeichert ist, wird ein Lebewesen in die Lage versetzt, der einkommenden Information Bedeutung zuschreiben zu können und sie damit zu einer bedeutungshaltigen Gestalt werden zu lassen.

Gedächtnis ist hier im allgemeinsten Sinne gemeint. Er umfasst sowohl die genetische Information, in der die Erfahrungen der vorhergehenden Evolutionsschritte gespeichert sind, als auch die im Körper und speziell im Nervensystem gespeicherten individuellen Erfahrungen. Beim Menschen kommt zu diesen noch die ganze Fülle der kulturell überlieferten Informationen hinzu.

Die kulturellen Überlieferungen versetzen uns in die Lage, uns in der Weise über uns selbst verständigen zu können, wie es bisher in einem beeindruckenden Maße möglich geworden ist. Sei erlauben eine Wissenschaft von der Natur und vom Menschen zu entwickeln, mit der er sich recht weit selbst verstehen kann.

11.5.2 Psychische Fakten

In dem dynamischen Verwobensein der quantischen und klassischen Teilzustände des Lebewesens finden fortwährende Abgleichvorgänge statt, bei denen die Fakten entstehen, die die Ausgangspunkte für die jeweils nächsten Schritte der Lebensdynamik darstellen.

In einem Lebewesen ist es nicht anders als in einem Team, in dem nach dem Erwägen von Entscheidungsmöglichkeiten immer wieder auch ein Entschluss gefasst werden muss. Auf der Basis eines solchen Faktums werden dann die nächsten Schritte aufbauen können, ein andauerndes In-der-Schwebe-Halten ist nicht möglich.

Die Herbeiführung eines Faktums ist, wie gesagt, an die *Existenz eines als klassisch anzusehenden Objektes* gebunden. Dies bedeutet, dass von der universellen Gültigkeit der Quantentheorie, die zugleich eine universelle Einheit zur Folge hat, zu einer Beschreibung übergegangen wird, die nur noch Teileinheiten erfasst und von den Beziehungen zwischen diesen absieht. Diese Zerlegung wird benötigt, da wir Menschen nicht in der Lage sind, die kosmische Einheit als solche beschreibend erfassen zu können. Als klassisch wird zumeist der Körper oder ein Teil von ihm angesehen, beispielsweise eine Zelle. Klassische Teilbereiche aus dem Unbewussten und aus dem Bewusstsein werden in der Regel auch mit klassischen Teilbereichen aus dem Körper verbunden sein, der als der Träger dieser Information dient. Der befragte Quantenzustand kann ebenfalls rein körperlich oder aber unbewusst oder bewusst sein. Je nach dem wird dann ein solcher Prozess als rein körperlich oder als unbewusst oder bewusst anzusehen sein. Eine „Frage" (d.h. im physikalischen Sinne ein Messvorgang) des Körpers ans Bewusstsein könnte beispielsweise das Bewusstwerden eines Körperschmerzes sein, was das Bewusstsein verändern wird. Das Bewusstsein kann beispielsweise den Körper auffordern zu laufen, was den Körperzustand faktisch verändern wird. Eine Frage vom Bewusstsein ans Unbewusste könnte die nach der Attraktivität eines Gesprächspartners sein.

11.6 Das Selbst

11.6.1 Selbstbewusstsein als evolutionär höchste Ausformung der Schichtenstruktur

Nach unseren Darstellungen von Quantenphänomenen vor allem im Unbewussten, können wir uns nun noch einmal der Frage des Selbstbewusstseins zuwenden.

Wie gesagt, ist der *Erlebensaspekt von Bewusstsein* nicht auf den Menschen beschränkt, sondern wohl auch fast allen Tieren zuzubilligen. Anders ist es mit dem reflektierten Bewusstsein, dem Bewusstsein seiner selbst. Im Ausmaß des reflektierten Bewusstseins mit seiner Symbol- und Abstraktionsfähigkeit sind wir Menschen von den Tieren unterschieden, so dass Sprache und Kultur im eigentlichen Sinne dieses Begriffes nach unserer bisherigen Kenntnis auf den Menschen beschränkt geblieben ist. Außerirdische Kulturen, die es sicherlich geben mag, kennen wir noch nicht.

Wir bevorzugen hier den Begriff des reflektierten Bewusstseins, weil dieser klarer ist, auch aus physikalischer Sicht, und weil er eine sichere Abgrenzung vom „normalen", dem unreflektierten Bewusstsein erlaubt. Es fällt uns schwer, einem wachen Säuger so etwas Ähnliches wie das „auftauchende Selbst" oder das „Kernselbst" eines Säuglings abzusprechen. Ein Hund ist bewusst, und er ist es selbst und kein anderer, aber er besitzt nicht die Fähigkeit zur Reflexion. Er wird sich als Welpe im Spiegel als einen anderen Hund anbellen und, wenn er älter geworden ist, sein Spiegelbild vollkommen ignorieren.

11.6.2 Selbstbefragung des Bewusstseins

Was macht aus wissenschaftlicher Sicht das reflektierte Bewusstsein so interessant? Die quantenphysikalische Zustandsreduktion des normalen Bewusstseins ist stets an den Körper gebunden, der das klassische System bereitstellt, welches für einen Messvorgang benötigt wird. Solche Messungen, die in der Quantensprache als Zustandsreduktionen bezeichnet werden, finden ständig statt.

Für die *Selbstbefragung des Bewusstseins* reichen diese Modelle nicht mehr aus, denn hier wird ein System als Teil oder als Ganzes sich als Ganzes vollständig selbst befragen.

> *Bei der Reflexion wird es nun vorstellbar, dass sogar ein Teilbereich des Bewusstseins das Ganze, d.h. alle Teile des Bewusstseins misst.*

Dazu muss das informationsverarbeitende System so umfangreich sein, dass eine solche Teilung möglich wird, die diese interne Messung erlaubt.

Ein Entscheidungsvorgang könnte dann so geschehen, dass in einem Teil des Bewusstseins der Zustand des ganzen Bewusstseins vollständig abgebildet wird. Dies ist nur für potenziell unendliche Mengen möglich, eine Bedingung, die hier wegen der Quanteneigenschaften erfüllt ist. Da dieser Zustand des Bewusstseins bewusst, d.h. bekannt ist, kann diese Abbildung erfolgen. Das Verbot aus dem Non-Cloning-Theorem für Quanteninformation greift nur bei unbekannten Zuständen, bei denen man sicherstellen müsste, jede *beliebige* Quanteninformation zu verdoppeln – und das geht nicht.

Nun kann ein Teil des Bewusstseins dieses Abbild des Ganzen unter einer Fragestellung betrachten und dann eine Entscheidung herbeiführen, d.h. physikalisch gesprochen eine Messung durchführen. Unter dieser Entscheidung geht dann der vorher vorhandene Zustand in einen solchen über, dass er eine klare Antwort auf die gestellte Frage zulässt. Wir müssen hier noch einmal daran erinnern, dass es hier um das reflektierte Bewusstsein geht, d.h. um die Reflexion dessen, was bereits bewusst ist.

In die *Fragestellung* – d.h. physikalisch gesprochen in den entsprechenden Operator – können allerdings Anteile sowohl aus dem Bewusstsein, aus dem Unbewussten und aus dem Körperlichen einfließen. Wir können dies wie einen inneren Dialog betrachten, der auf die Befragung des einen Teils des *Bewusstseins*, der das ganze Bewusstsein repräsentiert, durch einen anderen Teil, der auch das Unbewusste und das Körperliche mit umfangen kann, zu einer Entscheidung genötigt wird, d.h. in einen neuen Zustand gelangt.

Wie wir beschrieben haben, erreicht der Mensch diese Fähigkeit erst ab dem 18. Lebensmonat. Mit dem Wachstum des Gehirns wird es dann möglich, dass sich in ihm Quantensysteme voneinander isolieren, die dann von einander getrennt arbeiten und auch miteinander diskutieren können. Wenn dann das Kind sich im Spiegel sieht, das ist ein bewusster Vorgang, dann hat es soviel Kapazität im Bewusstsein, dass es das Spiegelbild erkennen und sogar, wie beschrieben, dann reflektieren kann, dass es dieses Bild selbst ist.

Wenn das Gehirn des heranwachsenden Kindes einen solchen Reifegrad erreicht hat, können dann in seinem Bewusstsein solche dialogische Prozesse stattfinden, die es vorher mit seinen Bezugspersonen erlebt hat. So werden die Gespräche des Kindes mit seinem Spielzeug viel Ähnlichkeit besitzen zu denen, die die Mutter mit ihm führte. Wenn erst insgesamt wenig und zugleich noch wenig differenzierte Gehirnmasse und damit auch nur eine geringe Informationsverarbeitungskapazität vorhanden ist, ist eine solche, für eine Reflexion notwendige Unterteilung des Bewusstseins noch nicht möglich. Außerdem zeigt es sich, dass beim Ausfall bestimmter Hirnstrukturen derartige Reflektionsmöglichkeiten auch wieder verloren gehen können. Dass für die Selbstreflexion viel an Hirnkapazität benötigt wird, ist auch daran zu erkennen, dass solche Selbstreflexionsstufen in der Regel nicht sehr weit geschachtelt werden können. So können wir meistens ohne Mühe darüber nachdenken, was wir denken. Es wird aber schwierig, darüber nachzudenken, was wir denken, wenn wir darüber nachdenken, was wir denken.

In diesem Problemkreis zeigt sich eine Analogie des Weges eines Individuums von der Eizelle zum Gehirn mit dem Weg der Evolution von den niederen zu den höheren Tieren. Wenn ein Mehr an Komplexität entsteht, wird auch ein Mehr an Austausch von Information möglich und notwendig. Je mehr Beziehungen ein Lebewesen hat, desto notwendiger und zugleich aufwendiger wird es, diese im Gehirn zu speichern. Dies betrifft die Beziehungen zum anderen, aber auch die Beziehungen der anderen zu ihm. In den sozial lebenden Säugerpopulationen wird darüber hinaus auch die Beziehung der anderen zu den weiteren Gruppenmitgliedern bedeutsam. Daher ist für eine gesunde Entwicklung der kommunikative und affektive Austausch notwendig. Sehr gravierende Mängel der Kommunikation können bis zu Erscheinungen führen, wie sie z. B. bei Kaspar Hauser beobachtet wurden.

11.6.3 Selbstreflexion

Die Notwendigkeit, alle diese Beziehungen zur Umwelt und besonders die zum sozialen Umfeld präsent zu haben und zu bearbeiten, hat beim Menschen die Bewusstseinsbildung so angeregt, dass sie bis zur Herausbildung des reflexiven Bewusstseins geführt hat.

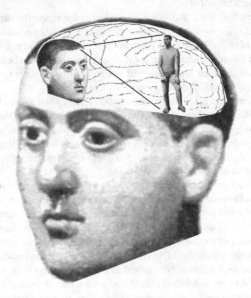

Abb. 11.17: Metapher für Selbstreflexion (Beobachtung des Bewusstseins durch einen Teil desselben, der wieder das Ganze misst).

Aus physikalischer Sicht stellt sich die Reflexion als Messvorgang dar. Der Quantenprozess, der sowohl bewusste als auch unbewusste Anteile umfasst, wird unterbrochen durch die Fragestellung nach dem, was denn im Moment in ihm vorgeht. Das Stellen einer solchen Frage, ihre Formulierung, gehört physikalisch gesehen zum Bereich der klassischen Physik, da damit ein Faktum gesetzt wird.

Der befragte Teil, den wir als Quanteninformation annehmen dürfen, wird unter der Wirkung der Frage in einen neuen Zustand übergehen, der dann ein solcher Zustand sein muss, dass er zu einer klaren Antwort auf die Frage gehört. Vor der Befragung war dies nicht notwendig gewesen. Im Allgemeinen wird der Zuvor-Zustand *bezüglich der Fragestellung* unbestimmt sein. Das bedeutet erstens, dass er einen Möglichkeitsbereich eingrenzt und nicht vollkommen beliebige Antworten zulässt. Und zweitens, dass die verschiedenen Antworten auf die Frage nur mit einer jeweiligen Wahrscheinlichkeit erwartet werden können, die weder Null noch Eins ist.

Vom klassischen Teil, der als Frage agiert, besteht sicherlich auch eine Verbindung zum Unbewussten, von wo aus alle die Anteile in die Fragestellung einfließen, die vor der Entscheidung nicht oder nicht voll bewusst sind. Ebenso besteht die Möglichkeit, dass das körperliche Befinden über Affekte und Emotionen Einfluss auf die Fragestellung nimmt. Je weniger entwickelt das Lebewesen ist und je näher die Entscheidung an der Lebenswirklichkeit liegt, desto massiver wird die Einwirkung des Körperlichen sein. Beim Menschen scheint *bei sehr abstrakten* Fragestellungen die Anbindung ans Körperliche weniger zwingend zu werden.

11.6.4 Das Selbst

Unter dem Ich wird der zentrale Organisator des Psychischen verstanden, der absichtsvoll auf seine Umwelt gerichtet ist.

> *Unter dem Selbst versteht man diejenige Struktur des Ichs, die sich reflexiv auf sich selbst beziehen kann.*

Das Selbst integriert die *Gesamtheit der psychischen Erscheinungen*, es umfasst die bewussten und unbewussten Anteile unserer Persönlichkeit, es bewertet und steuert sich und ist fähig, seine Beziehungen zu regulieren. Dies bedeutet, dass im Selbst das Ich sich zum Objekt der eigenen Wahrnehmung machen kann.[272]

Wir hatten früher bereits dargelegt, dass für endliche Systeme eine solche Selbstbezüglichkeit große Probleme aufwirft und dass erst mit einer zumindest potenziellen mathematischen Unendlichkeit eine Beschreibungsmöglichkeit denkbar wird. Aus diesem Grunde erscheint es naheliegend, für das Selbst eine Quantenstruktur anzunehmen. Diese kann aber nicht ausschließlich sein, da ja in unserem reflektierten Bewusstsein auch Faktisches vorhanden sein kann. Zum Klassischen, also dem Faktischen, kann man beispielsweise den eigenen Namen rechnen, aber auch gewiss Teile der Identität, die keinen Möglichkeitsspielraum besitzen. Das Wechselspiel zwischen quantischen und klassischen Anteilen macht verständlich, warum wir uns bei weitgehend konstanten klassischen Anteilen der Identität doch zugleich immer wieder anders empfinden können und die Möglichkeit auch zu Änderungen der Persönlichkeit gegeben ist.

Solche Situationen einer Mischung von klassischer und quantischer Beschreibung sind auch aus der Physik wohlbekannt. Auch dort wird je nach dem notwendigen Genauigkeitsgrad ein Wechsel zwischen beiden Arten der Beschreibung vorgenommen. Dabei werden bestimmte Teilsysteme eines Experiments als Quantensysteme erfasst, andere als klassische.

---

[272] OPD (1996), S. 67

11.6.5 Quantenstrukturen im Unbewussten

Für das Unbewusste dürfen wir einen gewichtigen Anteil von Quanteninformation voraussetzen. Für diese Annahme spricht, dass das Unbewusste – wie erwähnt – keine Zeit kennt und nicht der klassischen Logik genügt. Beides trifft auch auf Quantenzustände zu. Die weitreichende „Nichtentschiedenheit" des Unbewussten spricht ebenfalls für ein Vorliegen von quantisierter Information.

Neben den Quanteninformationen liegen auch im Unbewussten viele Informationen in einer klassischen Form vor. Solche kann immer wieder abgerufen werden und kann dann wieder die gleichen Wirkungen hervorrufen. Genauso wie eine klassische Apparatur in der Lage ist, in einem Experiment immer wieder ein Elektron im gleichen Quantenzustand zu erzeugen, darf man davon ausgehen, dass ebenso klassische Information im Unbewussten immer wieder den gleichen Einfluss auf das Bewusstsein haben kann, dass sie die gleichen bewussten Quantenzustände erzeugt. Dies liefert eine schlüssige Erklärung für das bereits erwähnte und gleichermaßen verbreitete wie lästige Phänomen des Wiederholungszwanges, bei dem z.B. der Betroffene immer wieder Situationen herbeiführt, deren negative Auswirkungen er in seinem Bewusstsein durchaus präsent haben könnte.

Das Vorliegen von quantisierter Information eröffnet Möglichkeiten mit weitreichenden Konsequenzen. So muss Quanteninformation nicht immer lokalisiert oder an einen massiven Träger gebunden sein. Damit werden Korrelationen vorstellbar, die in einer Weltbeschreibung an Hand der klassischen Physik undenkbar sein müssen.

Im Rahmen einer wissenschaftlichen Beschreibung, die versucht, ohne mathematische Hilfsmittel auszukommen, besteht die eigentliche Schwierigkeit der Beschreibung von Quantenphänomenen darin, dass es nicht einfach zu verdeutlichen ist, dass *quantenphysikalische Korrelationen keinen Wechselwirkungscharakter haben*. Wie in „Quanten sind anders"[273] dargestellt wurde, ist beispielsweise Prophetie nicht aus physikalischen Gründen unmöglich, aber mit Gewissheit folgt, dass sich aus einer Prophezeiung keine kausalen Folgen im Sinne einer Wirkung ergeben können. Genauso wie in den Versuchen mit den Diphotonen kann man diese Korrelationen unter der *Gültigkeitsvoraussetzung von Nebenannahmen* nutzen, ob aber diese Voraussetzung zutreffend war, lässt sich nur im Rahmen der Gesetze der klassischen Physik überprüfen. Am Beispiel der Prophetie wird deutlich, dass unsere Beschreibung des Unbewussten als Quantenphänomen auch dem Jungschen kollektiven Unbewussten nahe kommt.

---

[273] Görnitz (1999, 2005)

11.7 Die dynamische Schichtenstruktur und die psychischen Prozesse

11.7.1 Quantenphysikalische Aspekte der psychischen Prozesse

Wir hatten bereits darauf verwiesen, dass im Rahmen einer quantentheoretischen Weltbeschreibung die klassische Logik nur in einer eingeschränkten Weise gültig ist. Zugleich bewirkt sie mit ihrem henadischen Zug der Beschreibung, dass miteinander wechselwirkende Objekte vereint werden und sie im Einen, in einem Ganzen aufgehen. Die Beziehungen zwischen den Teilen führen dazu, dass diese so „verschmelzen", dass sie danach als nicht mehr existent angesehen werden dürfen.

Da in der rein quantenphysikalischen Weltbeschreibung keine Fakten vorkommen, ist damit auch die Zeit mit ihren Modi von Vergangenheit, Gegenwart und Zukunft in ihr nicht vorhanden. Die Zeitlosigkeit der Quantenphysik führt u.a. zu dem seltsamen Phänomen von „delayed choice", der verzögerten Wahl, bei der – in einer metaphorischen Sprechweise gesagt – jetzt entschieden werden kann, was zuvor gewesen war, bei denen also der Unterschied zwischen früher und später seinen Sinn verliert.

Die Weltbeschreibung der klassischen Physik hingegen zerlegt die zu beschreibende Welt in Objekte, die einzeln erkannt und untersucht werden können. Eine Wechselwirkung in ihrem Rahmen belässt den Objekten ihre Eigenexistenz, so dass sie durch die zeitlichen Abläufe hindurch einzeln verfolgt werden können wie die Planeten am Nachthimmel oder die Autos in einem Stau. Durch die Fähigkeit der klassischen Beschreibung, Unterscheidungen konstatieren zu können und Kausalketten zu erkennen, ermöglicht sie einen *machtförmigen Umgang mit der Welt*, der es erlaubt, aus erkannten Ursachen die erwünschten Wirkungen zu erzielen. Damit ist auch zu verstehen, dass in ihr die Fakten als bedeutsamer eingeschätzt werden als die Möglichkeiten und dass sie die Logik voll berücksichtigt.

Das Verbleiben des Quantischen im Bereich der Möglichkeiten hat zur Folge, dass das Mitteilen oder Erklären von quantischen Zusammenhängen nur im Rahmen der klassischen Physik möglich ist. Andererseits ist das Quantische die – meist nicht sichtbare – Grundlage einer jeden klassischen Weltbeschreibung, so dass beide Sichtweisen in ihrem Wechsel für eine vollständige Erfassung des Weltgeschehens unverzichtbar sind. Dies bezeichnen wir als die dynamische Schichtenstruktur.

Da die menschliche Psyche ein Teil der Natur ist, werden die in der Natur sonst geltenden allgemeinen Gesetzmäßigkeiten auch für die Psyche gelten, denn die dynamische Schichtenstruktur wirkt auch in diesem Bereich.

Es ist also zu erwarten, dass in den Modellen der Psyche eine adäquate Struktur gefunden werden kann. Sowohl psychoanalytische Konzeptionen als auch die Ergebnisse der Säuglings- und Bindungsforschung erfüllen unter ihrer jeweiligen Sicht diese Erwartungen.

Freud definiert eine ihm wichtige Unterscheidung in primär- und sekundärprozesshaftes Denken. Die Primärprozesse sind stets unbewusst und berücksichtigen weder die klassische Logik noch die reale Zeitstruktur. Als sekundärprozesshaftes Denken wird das rationale Denken bezeichnet, das seine Wirkung erst im späteren Leben voll entfaltet und dann in das reflektierende Bewusstsein mündet. Freud war der Meinung, dass das sekundärprozesshafte Denken erst später ausgebildet wird und nur das primärprozesshafte von Anbeginn des Lebens an wirksam sei und dann in allen unbewussten Vorgängen unverändert wirksam bleibt. Heute meint man, dass auch sekundärprozesshaftes Denken beim Säugling von Anfang an vorhanden ist und sich auch das primärprozesshafte verändert.

Das sekundärprozesshafte Denken wird aber erst im späteren Kindesalter voll entwickelt und gilt üblicherweise als Norm für das Denken der Erwachsenen. Ihm liegt die gleiche Struktur zu Grunde, die wir für die klassische Physik dargelegt haben. Wenn man dies als die reifere Erkenntnisweise ansieht, so ist dagegen erst einmal nichts einzuwenden. Wenn man allerdings meint, dass man das primärprozesshafte Denken im späteren Leben gänzlich ablegen könnte und man nur noch rational und logisch denken könnte, begeht man einen ähnlichen Irrtum wie mit der Meinung, man könnte im Prinzip auf die als problematisch empfundene Quantentheorie verzichten. Das Unbewusste arbeitet weitgehend primärprozesshaft, und man hat auch als Erwachsener im Grunde nur die Wahl, zu versuchen, sich möglichst viele seiner unbewussten Motive bewusst zu machen, oder aber man wird von ihnen beeinflusst, ohne dass man es merkt.

Als Nebenbemerkung möchten wir zu bedenken geben, dass diese beiden Denkstrukturen und ihr Verhältnis zueinander vielleicht auch einen Hinweis darauf geben können, warum die Denkweise der klassischen Physik auch von so vielen der guten Physiker als die anzustrebende Weltbeschreibung gesehen wird und das aus der Quantenphysik sich ergebende Weltbild zumindest emotional abgelehnt wird, da es naturgemäß weniger Sicherheit bietet und die Machtfülle der klassischen Physik und deren Determinismus hinterfragt.

Freud versuchte seine Unterscheidung von primär- und sekundärprozesshaftem Denken mit einer Metaphorik zu rechtfertigen, die mit dem Energiebegriff arbeitete. Freuds Vorstellungen von einer „freien Energie", die beim Primärvorgang nach unverzüglicher und vollständiger Abfuhr strebt, während eine „gebundene Energie" für den Sekundärprozess eine Rolle spielt, sind nicht nur unter physikalischen Gesichtspunkten wenig hilfreich. Mit diesen Metaphern, mit denen er die Unterscheidung zu begründen suchte, verwendete Freud zwar die modernste Physik, die ihm damals zur Verfügung stand, als Begründung wird dies aber heute kaum mehr akzeptiert. Heute können wir stattdessen sagen, dass die Information als psychische Ursache die bereits vorhandene Energie auslöst, um die intendierten Vorgänge anzustoßen.

Eine weitere Bestätigung unserer obigen These liefert die moderne Säuglingsforschung. Wir haben in Kapitel 9 dargelegt, dass manche ihrer Vertreter[274] beim Säugling eine Einheit der Wahrnehmung sehen, zugleich aber auch eine Differenzierung bemerken, die zunehmend ausgebaut wird. Während am Anfang der Entwicklung eine eher henadische Empfindung seiner Welt vorherrscht, die aber, wie gesagt, auch bereits Differenzierungen umfasst, wird die Unterscheidungsfähigkeit, die am Anfang vor allem den eigenen Körper betrifft, zunehmend auf die

---

[274] Siehe z.B. Dornes

psychischen Bereiche und die Umwelt ausgedehnt. Eine besonders wichtige Etappe in der Entwicklung von Differenzierungen stellt die Herausbildung der begrifflichen Sprache dar.

Wir sind der festen Überzeugung, dass bestimmte Aspekte dieser Befunde der Ausdruck des ihnen gemeinsam zugrunde liegenden fundamentalen Sachverhaltes sind, der oben angesprochen wurde. Wenn wir nämlich diese Angaben aus Psychoanalyse und Säuglingsforschung unter dem Gesichtspunkt der Information betrachten, sehen wir, dass das so genannte primärprozesshafte Denken ebenso wie die holistische Wahrnehmung vorwiegend an eine quantenhafte Informationsverarbeitung gekoppelt ist. Um diese Information aber aussprechen zu können, sind wir auf die Sprache und ihre sekundärprozesshafte Struktur verwiesen. Auch vom Unbewussten können wir nur reden, wenn wir es in die Sprache des Bewusstseins übersetzt haben. Der gleiche Sachverhalt trifft auch in dem Teil der Natur zu, der von der menschlichen Psyche unterschieden ist und deshalb gewöhnlich von der Physik beschrieben wird. Eine sprachliche Mitteilung quantenphysikalischer Zusammenhänge ist nur im Rahmen der klassischen Physik möglich. Das sekundärprozesshafte Denken mit seiner Fähigkeit der Unterscheidung und dem Postulieren von Kausalität erlaubt, aus Ursachen die gewünschten Wirkungen zu erzielen. Dieses Denken ist aber nicht in der Lage, die *Herkunft* der Wünsche zu erklären, die man erfüllt sehen möchte. Die Regungen dazu stammen aus dem Unbewussten in einer ähnlicher Weise, wie den klassischen Gesetzen diejenigen der Quantentheorie zugrunde liegen.

Da sich auch in anderen Strukturen und Regelhaftigkeiten von psychischen Phänomenen Ähnlichkeiten zu anderen Bereichen der Natur finden lassen, so sollen einige von diesen nachfolgend etwas genauer betrachtet werden. Durch die Berücksichtigung von Argumenten aus dem Quantenbereich können diese psychischen Phänomene auch aus naturwissenschaftlicher Sicht gut beschrieben werden. Daher möchten wir das Folgende als mögliches Erklärungsmodell zur Diskussion stellen.

11.7.2 Wirkungen aus dem Unbewussten

Die *Verdichtung* ist ein unbewusster Prozess, bei dem aus einzelnen Vorstellungen etwas völlig Neues entsteht. Durch die Verdichtung erlangen Bilder im Traum oft eine große Lebhaftigkeit. Als Beispiel könnte ein Gesicht mehrere Züge vereinen, das einer dem Träumer bekannten Frau, verbunden mit Zügen einer Statue und den Augen der Großmutter oder aber statt der Augen mit den Scheinwerfern des Sportwagens, den er sich vielleicht wünscht.

Aus quantenphysikalischer Sicht kann dies durch eine Kombination von Tensorproduktbildung mit einer Codierung erfasst werden, wobei die Codierung in der Fachsprache der Physik als „partielle Spur" bezeichnet wird.

Bei der Spurbildung wird über diejenigen Zustandseigenschaften gemittelt, die für das konkrete Problem nicht relevant sind, weil sie z.B. zur uninteressanten Umgebung gerechnet werden können. Damit verliert man die genaue Kenntnis der Quantentheorie für den Gesamtzustand und nähert sich durch diesen Mittelungsprozess der ungenauen Zustandskenntnis der klassischen Physik an. So etwas benötigt man bei derjenigen Form der Codierung, bei der durch das Weglassen von redundanter Information die Informationsmenge verkleinert wird, ohne dass dabei die interessierende Information verloren gehen würde. Dieser Vorgang entspricht auch der Herausbildung neuer Bedeutungsstufen, wie sie in Abb. 8.3 dargestellt wird.[275]

Bei der Tensorproduktbildung, über die wir in Kapitel 5 und noch einmal in Abschnitt 11.1 gesprochen hatten, werden Teilinformationen zu einer Gesamtinformation verbunden, wobei die Menge der möglichen Zustände nicht additiv, sondern multiplikativ wächst. Mit der Tensorproduktbildung werden, wie erwähnt, sehr viele neue, vorher undenkbare Zustände möglich – genau dies passiert bei der Verdichtung. So werden bei dem obigen Beispiel sehr viele neue Kombinationen von Gesichtern geschaffen, die über eine bloße Aneinanderreihung oder gar nur einen Mittelwert der ursprünglichen hinausreichen und die sogar widersprüchliche Eigenschaften zusammenfassen können.

Wie seit Bohr unter dem Begriff der Komplementarität bekannt ist, weiß man, dass die Quantenphysik erlaubt, dass verschiedene Elemente zu einer Einheit mit „widerspruchsvollen" Zügen zusammengefügt werden können.

Durch einen partiellen Spurbildungsprozess, der auch als eine Projektion, aber nicht nur auf einen einzigen Vektor wie beim Skalarprodukt, sondern auf einen vieldimensionalen Unterraum aus der Menge aller Zustände verstanden werden kann, wird die überflüssige Informationsmenge gleichsam neutralisiert. Durch die damit gegebene Erzeugung einer klassischen Umgebung kann dieser Vorgang auch als Messung interpretiert werden.

Als *Verschiebung* wird die Tatsache bezeichnet, dass der Akzent, die emotionale Bedeutungen oder die Intensität von Vorstellungen sich von diesen lösen und auf andere, zuvor weniger intensive Vorstellungen übergehen können, die mit den ersten durch Assoziationsketten verbunden sind.

Eine einheitliche Quanteninformation kann sich unter bestimmten Bedingungen in Teile aufspalten, und diese Teile können sich als eigenständige Objekte mit anderen neu zusammenfinden und somit neue Ganzheiten bilden. Derartige Vorgänge finden auch bei der Verschiebung statt. Für Freud war es wichtig, dass dieser Vorgang sich zumeist im Unbewussten abspielt, bei dem sich ein emotionaler Informationsanteil, z.B. wegen seines bedrohlichen Inhaltes, von seiner „objektiven" Verursachung ablösen kann. Diese Information ist aber danach nicht einfach verschwunden, sondern kann sich mit einer anderen verknüpfen, die für den Betreffenden mit weniger bedrohlichen Konsequenzen verbunden ist. So mag man sich über den Chef ärgern, schluckt diesen Ärger herunter, und wird dann am Abend daheim plötzlich über eine Reaktion der Kinder ärgerlich, die man unter anderen Umständen kaum zur Kenntnis genommen hätte.

In der Sprache der Quantentheorie haben wir es hier mit Transformationen von Zuständen zu tun, die sowohl als Bewegungen (unitäre Drehungen) im Hilbert-Raum als auch als Projektionsvorgänge zu verstehen sind. Wenn wir einen „Drehungsvorgang" vorliegen haben, so liegt eine reine Quantentransformation vor, die als eine gesetzmäßige Veränderung von Wahrscheinlichkeiten anzusehen ist, ohne dass dabei etwas faktisch werden würde. Dieser Vorgang ist reversibel und wäre ohne weiteres rückgängig zu machen. Bei einem mathematischen Projekti-

---

[275] Diejenige Form der Codierung, die eine Nachricht für Dritte unlesbar machen soll, ist hier nicht gemeint.

onsvorgang findet hingegen eine Messung statt, es „passiert" etwas. Dabei ist es nicht notwendig, dass eine vollständige Messung geschehen muss, auch eine teilweise Messung, in der nicht auf einen scharfen Zustand, sondern in einen ganzen Teilraum von noch möglichen Zuständen projiziert würde, ist denkbar. In einem solchen Fall ist ein Ungeschehen-Machen im mathematischen Sinne nicht ohne weiteres möglich. Dies kann als Modell für eine Verschiebung im psychologischen Sinne dienen.

Die *Symbolisierung* hat Bezüge zur Verdichtung und Verschiebung. Freud sieht als Symbol einen Zusammenhang, der, so komplex er auch sein mag, das Symbol mit dem verbindet, was es repräsentiert. Bei ihm ist der unbewusste Aspekt zentral. Bei Jung ist das Symbol nicht nur unbewusst, sondern darüber hinaus auch mit einer numinosen bzw. transzendentalen Kraft versehen. Das Symbol drückt bei ihm etwas aus, das anders nicht ausgedrückt werden kann, und verliert seine Kraft, wenn es rational analysiert wird.

Wir sehen in der Möglichkeit der Symbolisierung – deren Bedeutung über ihren psychoanalytischen Gebrauch weit hinausreicht – *einen fundamentalen und allgemeinen Zug der Information*, die immer darauf hin angelegt ist, auch Information über Information zu sein und damit Codierung. Ein Symbol fasst also das an einer Informationsmenge zusammen, was im betreffenden Zusammenhang als das Wesentliche erscheint, und unterdrückt die Redundanz. In der Sprache der Quanteninformation geht es hierbei, wie gerade beschrieben, um die Bildung partieller Spuren, damit die Genauigkeit der Quantenbeschreibung nicht über Gebühr ausgedehnt wird.

Unter *Ambivalenz* versteht man einander widersprechende Strebungen, die gleichzeitig wirksam sind. Therapeutisch bedeutsam können sie werden, wenn sie als Ambivalenzen im Unbewussten konflikthaft wirken.

Darüber hinaus ist die Widersprüchlichkeit mit ihrem bewussten Auftreten eine Grunderfahrung jedes selbstbewussten Menschen. In vielen Situationen, in denen wir noch keine Entscheidung gefällt haben, erfühlen wir die Menge der Möglichkeiten, die in ihr gegeben sein mögen. Diese Offenheit der Zukunft kennen wir als eine psychische Grundtatsache. Sie wird in der unbelebten Natur durch die Schichtenstruktur von klassischer Physik und Quantenphysik erfasst. Die Quantentheorie als Theorie der Möglichkeiten erweist sich stets als offen für eine Fülle von Möglichkeiten, die in jeder konkreten Situation gegeben sind. Wie wir bereits geschildert haben, führt das Fällen einer Entscheidung dazu, dass aus diesen Möglichkeiten eine als faktisch realisiert wird.

In der Ambivalenz spiegelt sich damit ein Wesenszug der fundamentalen Grundstruktur aller Wirklichkeit wieder, dass nämlich die Kausalketten, die die klassische Physik so überaus erfolgreich anwendet, stets nur in einer sehr guten Näherung gültig sind.

Unter *Verdrängung* versteht man, wie erwähnt, einen Vorgang, bei dem bestimmte konflikthafte Erlebnisse oder Erinnerungen ins Unbewusste gelangen und damit ausgeblendet, vergessen oder übersehen werden. Die *Abwehr* ist eine unbewusst wirkende Kraft, die dafür sorgt, dass diejenigen Inhalte des Bewusstseins, die ins Unbewusste verbracht worden sind, dort im Unbewussten verbleiben.

Eine *Auswirkung von abgewehrten und verdrängten Konflikten* der Psyche kann sich z.B. in *Zwängen* äußern, die sich auch als Zwangshandlungen oder in Grübelzwängen zeigen können. Bei bestimmten Zwangshandlungen werden immer wieder die selben Fragen gestellt, z.B.

ob der Gashahn tatsächlich abgestellt worden ist, obwohl es bereits vielfach nachgeprüft wurde, oder andere Handlungen werden in der selben Weise wider bessere Einsicht wiederholt. Der so genannte *Wiederholungszwang* kann sich beispielsweise darin äußern, dass man „zufällig" immer wieder an den gleichen ungeeigneten Typ von Partner gerät.

Ein wichtiger Bereich für die Wirkung der Abwehr können traumatisierende Erfahrungen sein. Diese können auf eine solche Weise im Unbewussten gehalten werden, dass sie dann nicht mehr mit den anderen Teilen der Persönlichkeit bewusst zusammenarbeiten können. Dadurch organisieren sich die verdrängten Anteile als fast geschlossene Systeme, die aber, auch wenn sie einer Amnesie unterliegen, weiterhin in die Persönlichkeit hinein wirken können, wie es z.B. in der Regel auf einen Missbrauch in Kindheit erfolgt.

Aus Sicht der Quanteninformation kann man vermuten, dass in diesen Fällen die Information als *klassische Information* in einer Weise abgelegt wurde, die eine Reaktivierung fast nicht zulässt. Mathematisch gesprochen hat der mit dem traumatisierenden Erlebnis verbundene Entscheidungsprozess (eine Messung) die Daten in einen solchen Unterraum des Zustandsraumes projiziert, dass die „normalen" Wechselwirkungen zu ihm keinen Zugang besitzen und daher in der Regel eine Aktivierung unterbleibt. In Verbindung mit anderen Speicherinhalten können die verdrängten Inhalte aber andererseits zu einer „Observablen" werden und eine Wirkung entfalten, der man dann, wegen ihrer erwähnten Unveränderbarkeit, schwer entrinnen kann.[276] Allerdings sei angemerkt, dass mit – wenn auch manchmal langwierigen – therapeutischen Anstrengungen durchaus Verbesserungen erreicht werden können. Dies würde bedeuten, dass der psychische Prozess mit seinen Wechselwirkungen so verändert wird, dass diese Unterräume wieder beeinflusst werden können. Dann kann dort eine Aktivierung der klassischen Information (eine Präparation) geschehen und die Information dann als Quanteninformation verändert und wieder anders gespeichert werden. Anders ausgedrückt heißt dies, dass durch eine Bewusstmachung das Ereignis mitsamt seinen gefühlsmäßigen Bindungen wieder erinnert und erlebt wird und somit bearbeitet werden kann. Damit nicht erst eine solche quasi abgekapselte klassische Speicherung eintritt und sich verfestigen kann, kann es daher für viele belastende Ereignisse wichtig sein, alsbald über das Widerfahrnis zu sprechen.

Ähnliche Mechanismen können auch hinter den in allen menschlichen Kulturen vorhandenen und wichtigen Trauerritualen vermutet werden. Diese haben den Sinn, den Verlust auszudrücken und damit fassbar werden und bewusst bleiben zu lassen und ihn dann auch in der Gemeinschaft zu bearbeiten.

11.7.3 Verbindung des Psychischen zum Körper

Die Anbindung der als Bewusstsein bezeichneten Information an den Quantenprozess des Lebendigen ermöglicht dieser Information die Qualität des Erlebens.

---

[276] Für die mathematisch vorgebildeten Leser sei daran erinnert, dass das Tensorprodukt zweier Zustände auch als Operator, d.h. als eine Observable aufgefasst werden kann.

Sich erlebende Information gibt es nur in der Verbindung zu einem lebendigen Körper.

Die Präsenz des Körpers sichert wegen dessen klassischen Eigenschaften auch die Verbundenheit zu Raum und Zeit, denn die dem Körperlichen verbundene Information wird durch diese Verbindung aus der Zeitfreiheit der Quantenphysik immer wieder herausgenommen. Zugleich wird damit auch die Einheit von Körper und Geist theoretisch erfasst.

Die Information, die sowohl unser Bewusstsein als auch unser Unbewusstes umfängt, steuert und lenkt auch die Lebensvorgänge des Körpers. Sie kann sowohl zur Gesundung als auch – was biologisch widersinnig zu sein scheint – zu seiner Erkrankung beitragen. Aus einer nur biologistischen Sichtweise muss die Vorstellung einer psychosomatischen Erkrankung absurd erscheinen. Was sollte es geben können, was in der Evolution einem Organismus einen Vorteil bereiten könnte, wenn er erkrankt?

Wir hatten allerdings bereits in Kapitel 8 darauf verwiesen, dass solche biologischen Überlegungen nur solange eine alleinige Berechtigung besitzen, als die Information des Lebendigen ausschließlich genetisch weitergegeben werden kann. Die Situation ändert sich, wenn sich eine Kultur entwickelt.

Wenn man den Quanteninformationsaspekt des Lebens ernst nimmt, dann kann bei denjenigen Lebensformen, die ihre Information nicht mehr ausschließlich biologisch weitergeben, das „Geistige" eine gleiche oder sogar eine höherrangige Bedeutung erhalten als das „Körperliche".

Wenn das Genom seine bisherige Rolle als das einzige Medium für die Informationsweitergabe verliert, dann muss damit auch die körperliche Lebensform nicht mehr den Rang des Letztentscheidenden behalten.

Unter dem Aspekt der Weitergabe der Lebensinformation kann in diesem Fall, in dem das Biologische nicht das Letzte ist, unter Umständen eine körperliche Erkrankung sogar ein kleineres Übel sein, nämlich dann, wenn sie hilft, die Verstärkung einer Erkrankung in der psychischen Struktur des Betreffenden und damit seelisches Leiden zurückzuhalten.

11.8 Das Selbst und seine Beziehungsmöglichkeiten

Der Quanteninformationsaspekt des Psychischen ist auch für das Verstehen von Phänomenen bedeutsam, die in normalen wissenschaftlichen Diskussionen üblicherweise mit einem Tabu belegt sind, nämlich Phänomene, die sich gelegentlich zwischen den Psychen zweier Menschen oder in noch umfangreicheren Zusammenhängen abspielen können. In dem Kapitel 10 ist bereits darauf hingewiesen worden.

Wie kann das Konzept der Quanteninformation zu einem Verständnis dieses Geschehens verhelfen?

Für den ersten Einstieg in derart merkwürdige Vorgänge muss man sich vergegenwärtigen, dass die Quantenphysik eine Theorie ist, die für ihre Gegenstände die normalen Einschränkungen von Raum und Zeit ignoriert. Quantenphänomene sind prinzipiell nicht lokal im Raume, dass bedeutet, sie können als Einheit räumlich ausgedehnt sein. Sie sind auch nicht lokal in der Zeit, so dass für einen individuellen Quantenprozess die Unterscheidung zwischen früher und später keine Basis besitzt, so lange der Prozess nicht von außen zerstört wird.

Wie wir dargelegt haben, ist die Existenz der Quanteninformation nicht notwendig an einen Träger gebunden. Zwar wird es ohne Träger schwieriger, sich eine Wechselwirkung der Informationen untereinander vorstellen zu können, aber es sind bis heute keine zwingenden Gründe bekannt, die das verbieten würden. Die Geschichte der Physik kennt hinreichend viele Beispiele dafür, dass Phänomene, deren Nachweis für völlig unmöglich gehalten wurde, dennoch später den Experimenten zugänglich wurden. Die Beispiele dafür reichen von Paulis Neutrino-Hypothese, die in einem reinen Verzweiflungsakt über physikalische Probleme aufgestellt wurde, bis zu den EPR-Versuchen. Während Pauli wegen seines Einfalls, der damals alle Regeln der etablierten Physik brach, von seinen italienischen Physiker-Kollegen zur „Bastonade" verurteilt wurde, wissen wir heute, dass es von diesen exotischen Objekten, den Neutrinos, sogar drei Sorten gibt, die sich außerdem in ihren winzigen Massen unterscheiden. Und heute kommen die ersten industriell gefertigten Geräte auf den Markt, die mit Hilfe von EPR-Quantenkorrelationen eine aus naturgesetzlichen Gründen abhörsichere Kommunikation erlauben.

11.8.1 Interpersonale Interaktionen und rationales Denken

Wir dürfen daher auch für derartige Vorgänge wie die interpsychischen Phänomene davon ausgehen, dass das, was aus physikalischen Gründen nicht ausdrücklich verboten ist, auch in der Natur realisiert sein kann. Dies vermuten wir auch für das Vorkommen von interpersonalen psychischen Phänomenen. Sobald man in einem geschützten Umfeld mit Menschen spricht, erfährt man immer wieder von höchst merkwürdigen Begebenheiten solcher Art, die wir mit Hilfe des Konzepts der *verschränkten Zustände* deuten können.

Durch Wechselwirkungen werden von den Beteiligten gemeinsame Zustände aufgebaut, die dann durch die zeitliche Entwicklung in solche Formen übergehen können, dass sie nicht mehr Zustände des einen bzw. des anderen sind, sondern solche, die gleichsam über beide Partner ausgebreitet sind. Eine Voraussetzung dafür ist wahrscheinlich, dass eine starke emotionale Verbindung zwischen den Beteiligten bestehen musste. Diese muss aber, wie man an dem unten zitierten Beitrag von Freud sehen kann, nicht notwendig bewusst sein.

Eine solche emotionale Bindung bedeutet eine starke Wechselwirkung, die einen verschränkten Zustand konstituieren kann.[277] Das Geschehen danach aber hat überhaupt nichts mit einer

---

[277] Wir müssen hier noch einmal daran erinnern, dass der von Schrödinger stammende Begriff der „Verschränkung" leider sehr ungeeignet ist, ein zutreffende Vorstellung zu erzeugen. Das „Verschränken" ist ein Begriff der Tischlerei und bezeichnet einen Vorgang, bei dem an zwei Brettern durch ein passendes

„Wechselwirkung über Distanzen" hinweg zu tun, meint aber mehr als ein Unbewusstbleiben von äußeren Wahrnehmungen. Es ist ein Ausdruck davon, dass zuvor eine Einheit in Teilen der beiden Psychen gebildet worden war, die aber in der Regel unbewusst bleibt. Ein dramatisches Ereignis, wie z.B. ein Unfall oder eine Kriegverletzung, kann wie eine Messung wirken und durch das Faktisch-Werden diese Einheit verdeutlichen. Hierzu passt als Illustration des Gemeinten ein Vorfall, den Gaddini, ein angesehener italienischer Psychoanalytiker, vom Ende einer Sitzung beschreibt.[278] Der Patient berichtete ihm zu diesem Zeitpunkt, dass er die Empfindung eines ungeheuren Stoßes auf seine linke Seite habe. In der folgenden Sitzung erfuhr Gaddini, dass der Pkw der Mutter des Patienten im selben Moment von einem Autobus von links erfasst und zerquetscht worden war. Dieses Geschehen wird dadurch besonders glaubwürdig, dass es Gaddini nicht gelang, den Patienten dazu bringen zu können, dass er sich in dieser Stunde an die Empfindung aus der letzten erinnern konnte.

So können auch zwischen einer Mutter und ihrem Kind psychische Relationen möglich sein, die Mahler als „Zweieinheit" beschrieben hat, dass nämlich die Mutter selbst ein unbewusstes, aber unmittelbares Mitspüren für den Zustand ihres Säuglings haben kann und umgekehrt. Ein solcher Zustand betrifft selbstverständlich nur einen Teilbereich dieser beiden Menschen, und zwar nur aus der Domäne des Psychischen. Aus dem kann die Mutter natürlich leichter wieder austreten als der Säugling.

Im Vergleich zum Säugling kann beim Erwachsenen der Schwerpunkt des Erlebens mehr zur Seite des rationalen Denkens verschoben sein, welches als klassisch zu verstehen ist. Hingegen ist zu erwarten, dass beim Säugling wegen des noch nicht voll ausgereiften Gehirnes der Schwerpunkt von dessen Erleben näher am Körperlichen liegt. Damit wird er stärker eingebunden sein in die, auch beim Erwachsenen weitgehend unbewusst bleibenden Abläufe aus dem Erlebensbereich, und der Säugling kann weniger rational trennend denken. Beim Säugling ist darüber hinaus auch der bedeutungstragende Informationsanteil des Bewusstseins klein, so dass in diesem wenig klassische Eigenschaften zu erwarten sind.

Aussägen wie bei Nut und Feder die zu verleimende Fläche sehr stark vergrößert wird und damit eine große Haltbarkeit der Verbindung erreicht wird. Dennoch bleiben es ständig *zwei* Bretter und nie etwas anderes, als Quantenzustand hätten wir hingegen ein einziges Brett ohne jede Verleimung.

[278] Gaddini, E. (1998, S. 271)

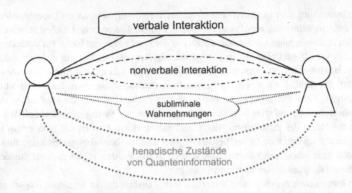

Abb. 11.19: Aspekte von Beziehungen zwischen Personen: Die verbalen und nonverbalen Interaktionen enthalten sowohl bewusste als auch unbewusste Anteile, während subliminale Wahrnehmungen und henadische Zustände unbewusst sind.

Das Körperliche hat immer einen großen Anteil am Materiellen, so dass daher der Körper in weitem Rahmen als klassisch erscheinen wird. Diejenige Information des Körperlichen, die nicht als Materie oder Energie, sondern als Bedeutung vorliegt, ist gering und hat wenig Chancen, auch noch einen abgegrenzten Teil von sich allein, ohne Korrelation mit dem Körper, klassisch werden zu lassen. Das Bewusstsein andererseits hat einen geringen materiellen Anteil, so dass von diesem materiellen Anteil wenig Anhalt für ein klassisches Verhalten des Bewusstseins kommen wird.

Wird die Gehirnstruktur in der Entwicklung differenzierter, so kann der *bedeutungstragende Informationsanteil im Bewusstsein* ebenfalls zunehmen und schließlich so umfangreich werden, dass er *klassische Züge erhält und somit rationales Denken ermöglichen kann*. Er kann so viel Information enthalten, dass die Ungenauigkeit der klassischen Beschreibung keinen Schaden anrichtet – eine Großbank muss sich nicht um Cents kümmern.

Je mehr man sich auf das Rationale zurückzieht, desto weniger wird vom Quantenhaften des Bewusstseins zu verspüren sein. Die Aufforderung, das Rationale zurückzustellen und in einem möglichst entspannten Körperzustand freie Assoziationen zuzulassen, gestattet es, mehr von dem Quantenhaften des Bewussten und auch des Unbewussten verspüren zu können. Solche Quantenzustände ermöglichen Korrelationen, u.U. sogar zu anderen Personen, und eröffnen den Zugang zur Fülle der Möglichkeiten, kreative Impulse aus dem Unbewussten werden geweckt und neue Ideen können entwickelt werden. Daher ist es von den Künsten bis zur Wirtschaft wichtig, solche Methoden ohne sofortige Zensur zulassen zu können. Nach einem solchen kreativen Prozess ist es dann wichtig, der Rationalität wieder zu ihrem Recht zu verhelfen.

In Laufe der geistig-körperlichen Entwicklung wird sich also der *Schwerpunkt des Erlebens* mehr in die Richtung des Geistigen verschieben und damit – auch wegen der stärkeren Trennung vom Körper – rationaler werden können. Dazu passt, dass bei den Bemühungen, wie z.B. in der Meditation, die das Ziel einer ganzheitlichen Wahrnehmung verfolgen, in allen traditionellen Überlieferungen die Form der Körperhaltung eine wichtige Rolle spielt. Offenbar kann damit die Stärke der Trennung von Geistigem und Körperlichem verringert werden, so dass die psychischen Inhalte weniger von der rational-trennenden Form des Denkens bestimmt werden. Ein ähnliches Zurückdrängen des rational-trennenden Denkens wird in tiefenpsychologischen Therapieformen angestrebt. Der stärker wirksam werdende Quantenanteil kann dabei auch in der interpersonalen Interaktion eine Rolle spielen. In diesem Kontext wird unter *Übertragung* das Erleben von Gefühlen, Phantasien, Einstellungen und Impulse des Patienten in seinem Verhältnis zum Therapeuten verstanden, die zum einen aus Wiederholungen von Beziehungserfahrungen stammen, zum anderen erst jetzt möglich werdende Erlebnisweisen sind. Durch diesen erwünschten Effekt können Inhalte des Unbewussten des Patienten wieder zur Aktualität und zum Bewusstsein kommen und damit einer Bearbeitung zugänglich werden.

Als *Gegenübertragung* bezeichnet man die gefühlsmäßige Reaktion des Psychoanalytikers auf die Übertragungen der Patienten. Wir können annehmen, dass es wegen der verbalen und nonverbalen Interaktion in einem entspannten Zustand des therapeutischen Settings ohne Störungen von außen zu einer Verschränkung von psychischen Teilzuständen zwischen Patient und Therapeut kommen kann. In Analogie zu Einstein-Podolski-Rosen-Zuständen würde dann eine Eigenmessung des Analytikers an seinem emotionalen Zustand ihm eine gleichzeitige Kenntnis vom Zustand des Patienten erlauben können. Allerdings gilt dabei das in Abschnitt 5.2.5 Gesagte, dass eine *Kenntnis mit Gewissheit* über den Zustand des anderen nicht durch eine einseitige Beobachtung erreicht werden kann. Mit verschränkten Zuständen kann lediglich eine – hier unbewusste – *Korrelation* von Quanteninformation ausgedrückt werden.

Freud war gegen nichtkausale Phänomene eingestellt. Er führt in einem Manuskript, das aus seinem Nachlass[279] veröffentlicht wurde, aus:

„Die Analytiker sind im Grunde unverbesserliche Mechanisten und Materialisten, auch wenn sie sich hüten wollen, das Seelische und Geistige seiner noch unerkannten Eigentümlichkeiten zu berauben. In die Untersuchung des okkulten Stoffes treten sie auch nur darum ein, weil sie erwarten, dadurch die Wunschgebilde der Menschheit endgültig von der materiellen Realität auszuschließen."

Er sieht die möglichen geistigen Folgen des Durchbruchs einer solchen Weltsicht äußerst kritisch:

„Sie werden als Befreier vom lästigen Denkzwang begrüßt werden, alles, was seit den Kindertagen der Menschheit und den Kinderjahren der Einzelnen an Gläubigkeit bereit liegt, wird ihnen entgegenjauchzen. Ein fürchterlicher Zusammenbruch des kritischen Denkens, der deterministischen Forderung, der mechanistischen Wissenschaft mag dann bevorstehen; wird ihn die Technik durch ihr unerbittliches Festhalten an Größe der Kraft, Masse und Qualität des Stoffes aufhalten können?"

An diesem Zitat wird sehr deutlich, wie klar Freud sich zu der Weltsicht der klassischen Physik bekennt, und dass er keine Vorstellung davon hatte, dass mit deren Zusammenbruch keines-

---

[279] Freud: *Psychoanalyse und Telepathie* (1921) in GW, Aus dem Nachlass, S. 26 ff

wegs ein kritisches wissenschaftliches Denken zu einem Ende kommen müsste. Vier Jahre nach diesen Notizen fand Werner Heisenberg die mathematischen Grundlagen der Quantenmechanik und veränderte damit die bislang gültige Basis der physikalischen Weltbeschreibung, auf die Freud so vertraute. Dennoch war Freud als Wissenschaftler so wenig voreingenommen, dass er, wenn auch unwillig, Phänomene wahrgenommen hat, die seinen weltanschaulichen Vorentscheidungen entgegenstanden. So verbot er sich nicht, z.b. etwas wie „Gedankenübertragungen" als Möglichkeit des Psychischen zu erwägen. Freud beschreibt – mit großem Widerwillen gegen deren Existenz – die Erfahrungen zweier Patienten aus seiner Praxis, bei denen so genannte Wahrsager etwas von verborgenen Wünschen der sie Befragenden erfasst haben mussten, und für die Freud keine andere Erklärung als Telepathie möglich zu sein schien.

Aus unserem Quanteninformationskonzept folgt, dass die von Freud geschilderten Fälle in keiner Weise ein Durchbrechen gültiger Naturgesetze oder die Einführung von außerwissenschaftlichen Entitäten erforderlich machen. Quanteninformation muss nicht auf den Körper ihres Erzeugers beschränkt sein. Allerdings muss in aller Deutlichkeit betont werden, dass derartige Phänomene *nichts* mit der *Machtförmigkeit der klassischen Naturwissenschaften* gemeinsam haben, dass mit ihnen *keine kausalen Wirkungen* zu erzielen sind und dass sie prinzipiell Einzelereignisse sind.

11.8.2 Transpersonale psychische Phänomene

Mit dem Begriff des kollektiven Unbewussten führt C. G. Jung ein überpersonales psychisches Agens ein, das einerseits vielen kritisch denkenden Menschen äußerst suspekt ist und andererseits von anderen mit vorbehaltsloser Begeisterung angenommen wird. Jung sieht mit dem kollektiven Unbewussten auch im außerpersönlichen Raum die Möglichkeit des Wirkens von psychischen Kräften. In ihm werden z.B. die Einflüsse zusammengefasst, die die Zeitströmungen einer Epoche im kulturellen Bereich bestimmen. Das kollektive Unbewusste wirkt sich indirekt in allen kulturellen Erscheinungen aus, in den Mythen und den religiösen Überzeugungen, aber auch in den wissenschaftlichen Denkstrukturen. Zu ihm können die Menschen auch einen direkten Zugang haben, z.B. in den Träumen, in der Ekstase und in anderen paranormalen Bewusstseinszuständen. Auch in Bildern und Phantasien, die von psychisch kranken Menschen entwickelt werden, sieht Jung direkte Ausdrucksmöglichkeiten des kollektiven Unbewussten.

Jung sieht sich mit diesem Begriff in die Lage versetzt, eine Wirkung des Psychischen auch im außerpsychischen Raum zu denken und damit auch synchronistische Effekte ernst zu nehmen. Pauli suchte jedoch „etwas Drittes", das einen Hintergrund für die Bereiche der Materie und der Psyche bereitstellen könnte. Ihm schwebte etwas vor, das erlauben würde, Geist und Materie als komplementäre Aspekte einer umfassenderen Einheit aufzufassen, so wie es in der Physik zuerst mit Welle und Teilchen geschehen ist. Ein weiteres wichtiges Problem bestand für Pauli in der Frage des Zufalls. Besonders im Zusammenhang mit der Evolution sah er es als möglich an, dass hinter der physikalischen Konzeption des Zufalls eine teleologische Struktur unerkannt verborgen sein könnte.

Wir meinen, dass Protyposis, die abstrakte kosmische Quanteninformation genau eine solche Struktur anbietet. Wie wir gezeigt haben, kann diese sich sowohl in Geist als auch in Materie ausformen. Sie kann damit das von Pauli gesuchte „Dritte" sein, eine umfassende Einheit, die sich sowohl ins Materielle als auch ins Geistige konkretisieren kann. Mit ihr wird der Kosmos als Ganzes zu einem Gegenstand der Quantentheorie und unterliegt damit deren deterministischer Struktur für die *Möglichkeiten*. Das würde erlauben, die von Pauli aufgeworfene Frage von Zufall und Teleologie, die ihm besonders im Blick auf die Evolution bedeutsam war, neu zu diskutieren. Wenn Quanteninformation grundsätzlich zu Selbsterkenntnis strebt, so ergibt sich daraus ein zentraler teleologischer Aspekt für die gesamte kosmische Entwicklung. Dieses Streben nach Selbsterkenntnis setzt das Ziel für eine immer stärker werdende Differenzierung, eine immer umfangreichere Fülle an Gestalten, die schließlich so komplex werden, dass in uns Menschen diese Selbsterkenntnis beginnen kann.[280] Eine Verabsolutierung des Quantencharakters des gesamten Kosmos würde allerdings dazu führen, dass es in Strenge keine Fakten geben könnte. Fakten kann es aus kosmischer Sicht nur lokal geben, da deren Auftreten an das Entweichen von Information „in die Tiefen des Weltraumes" gekoppelt ist. Aus dem Kosmos als Ganzes könnte natürlich nichts „in die Tiefen des Weltraumes" entschwinden, weil aus ihm nichts entkommen kann. Kosmisch gesehen gäbe es dann keine Fakten, weil keine Quantenkorrelation tatsächlich verloren gehen würde. Das würde bedeuten, dass unsere Meinungen über Fakten lediglich sehr plausible Irrtümer sind und dass damit auch die Zeit verschwinden würde. Die Kollegen aus der Quantenkosmologie sehen genau dieses Problem.[281] Deren Lösungsvorschlag einer „Nichtexistenz" der Zeit können wir allerdings nicht teilen, denn schließlich ist die Quantentheorie eine aus der Erfahrung abgeleitete Theorie, die daher eine Zeitstruktur bereits voraussetzen muss.[282] Bei dieser Argumentation sollte nicht vergessen werden, dass immer, wenn es um die Beschreibung des Ganzen geht, die Annahme einer absoluten Gültigkeit der Logik kaum zu verteidigen ist. Diese Frage werden wir im Anhang noch einmal aufgreifen.

11.9 Die Frage der Willensfreiheit

Im Rahmen der modernen Hirnforschung wird die Willensfreiheit recht kontrovers diskutiert und von vielen Autoren als eine Illusion angesehen, die aus ihrer Sicht dennoch möglicherweise nützlich und sogar notwendig sein mag.

---

[280] Es soll hier noch einmal daran erinnert werden, dass diese Zunahme an Differenziertheit normalerweise als „Expansion des Kosmos" interpretiert wird.

[281] So z.B. Zeh und Kiefer, private Mitteilungen und diverse Veröffentlichungen

[282] Siehe auch Görnitz, Ruhnau, Weizsäcker, C. F. v. (1992)

11.9.1 Ist Willensfreiheit wichtig?

Eine vollgültige Person zu sein, der alle staatsbürgerlichen Rechte und Pflichten zukommen, wird in unserer Gesellschaft daran geknüpft, dass der Betreffende auch strafmündig ist. Jemanden, der „unzurechnungsfähig" ist, der für sein Tun und Handeln nicht zur Rechenschaft zu ziehen ist, wird abgesprochen, dass er einen freien Willen besitzt und sich demgemäß hätte auch anders verhalten können.

Die Frage eines freien Willens ist daher auch von großer sozialer Bedeutung, und wir müssen uns fragen, welche Stellung sie in einer naturwissenschaftlichen Beschreibung geistiger Prozesse haben kann.

Eine Modellierung der Denkprozesse im Gehirn mit den Hilfsmitteln der klassischen Physik allein, wie z.B. mit den neuronalen Netzen, muss berücksichtigen, dass, wie ausführlich dargestellt, dann *aus mathematischen Gründen* alles Zukünftige vollständig festgelegt wäre.

Damit wäre ein zentraler Gesichtspunkt unseres Personseins ausgeblendet oder gar geleugnet, nämlich, dass wir uns als Menschen wahrnehmen, die freie Entscheidungen fällen können.
Ein weiterer wichtiger Gesichtspunkt wird deutlich an den Menschen, die unter einer Erkrankung leiden, die im Volksmund als Gemütskrankheiten oder seelische Leiden bezeichnet werden. Die häufigste unter ihnen ist die *Depression*. Sie ist charakterisiert durch körperliche Symptome wie Antriebslosigkeit, und durch eine extrem negative Bewertung von Vergangenheit, Gegenwart und Zukunft und einer Einschränkung der Beziehungsfähigkeiten. *Ein wesentlicher Aspekt ist die mit der Erkrankung verbundene Einschränkung des freien Willens*, um Alternativen und Gestaltungsmöglichkeiten wahrnehmen zu können. Bei einer solchen Erkrankung ist ein Appell zu einer Willensentscheidung, wie „reiß dich doch etwas zusammen" vollkommen wirkungslos, da bei diesen Patienten die Möglichkeiten, eine freie Entscheidung fällen zu können, außergewöhnlich vermindert sind. In schweren Fällen scheint für den Betroffenen die einzig mögliche Entscheidung die für den Suizid zu sein. Auch Menschen, die unter *Zwängen* leiden, die also aus einem inneren Antrieb gezwungen sind, bestimmte Kontrollen oder Rituale übermäßig oft zu wiederholen, können dies nicht willentlich beherrschen. Auch hier würde die Heilung eine größere Freiheit der Willensentscheidungen mit beinhalten.

11.9.2 Was spricht gegen Willensfreiheit?

Vor der Konklusion einer Leugnung der Willensfreiheit schrecken einige der biologischen Hirnforscher konsequenterweise nicht zurück, sie bezeichnen, wie erwähnt, den *„freien Willen" als eine Illusion*. Dass uns unser Wille dennoch als frei erscheint, wird beispielsweise mit einem frühen sozialen Lernprozess begründet. Die Erinnerung an diesen Lernprozess sei wegen der frühkindlichen Amnesie nicht möglich, so dass fälschlicherweise die Willensfreiheit uns nicht als angelernt, sondern als naturgegeben erscheinen müsse. *Konsequenterweise müsste dann* *z.B. auch die bei einer Heilung einer Depression wieder einsetzende Möglichkeit freier Entscheidungen als Wiederinstallation einer Illusion angesehen werden.*

Die Versuche, den freien Willen als lediglich soziales Konstrukt zu erklären und ihn damit in gewisser Weise auch zu ermöglichen, *berücksichtigen allerdings nicht die unerbittlichen Konsequenzen der mathematischen Strukturen,* die – offen oder verdeckt – den verwendeten Erklärungsmodellen zugrunde liegen. *Denn die Beschränkung auf die klassische Physik erzwingt die totale Festlegung des zeitlichen Ablaufs aller der damit beschriebenen Vorgänge.*

Dies ist das gleiche Modell wie in manchen frühen religiösen Mythen. In dieser frühzeitlichen Weltsicht liegt die Zukunft des Menschen dennoch keineswegs klar vor ihm. Auch in ihr wird der Betroffene von dem überrascht, was ihm zustößt. Er hat aber wegen der Determiniertheit keine Chance, dem Schicksal in den Arm zu greifen, das lassen die Göttinnen nicht zu. Diese Vorstellung gibt es in der germanischen Tradition mit den *Nornen* und in der griechischen Mythologie, in der die *Moirai,* die in der römischen Tradition zu den *Parcae* werden, als Schicksalsgöttinnen den Lebensablauf eines Menschen bereits bei seiner Geburt vollständig festgelegt haben. Damit ist bis zu seinem Ende jede Lebenswendung festgelegt und nicht einmal Zeus hat die Möglichkeit, das Schicksal seines Sohnes Sarpedos zu ändern. Dies entspricht exakt den mathematischen Konsequenzen der klassischen Physik, wenn man sich darauf festlegt, die Quantentheorie auszublenden.

11.9.3 Zufall als unzureichendes Argument für freien Willen

Nun gibt es den Vorschlag, die Freiheit des Willens dadurch ermöglichen zu wollen, indem man sich auf den *Indeterminismus der Quantenphysik* bezieht. Dieses Argument ist geeignet, den Determinismus der klassischen Physik in seine Schranken zu verweisen, aber das Problem des freien Willens löst es noch nicht. Wenn wir an Stelle einer von uns nicht durchschaubaren Vorherbestimmung dem Wirken eines blinden Zufalls unterworfen wären, so wäre dies wohl auch keine Lösung des Problems. Wir wären dann zwar nicht mehr die Schauspieler in einem seit langem bereits abgedrehten Film, in dem nichts Neues mehr hinzukäme, aber wenn eine fremde Macht oder der „Zufall" uns durch ihr Würfeln wie Marionetten zu dem veranlassen würde, was wir – gemäß dieses Modells – illusionär als freie Handlung ansehen würden, wäre es keinen Deut besser.

Wo zeigt sich ein Weg zwischen der Skylla der Determiniertheit und der Charybdis des blinden, unreflektierten Zufalls?

11.9.4 Die dynamische Schichtenstruktur ermöglicht eine zutreffende Beschreibung des freien Willens

Das Verstehen eines freien Willens wird mit der dynamischen Schichtenstruktur möglich, die ein Gewebe von klassischer und quantischer Naturbeschreibung darstellt.

Manche Wissenschaftler sind der Meinung, dass es keinerlei Beziehungen zwischen dem Postulat des freien Willens und dem quantenphysikalischen Indeterminismus gibt. In der betreffenden Argumentation wird zurecht hervorgehoben, dass die Freiheit einer Willensentscheidung zur Voraussetzung hat, dass man alle Argumente des Für und Wider abgewogen hat, bevor man zu einer Entscheidung gelangt und diese nicht einfach von einem blind-würfelnden Zufall abhängt.

Wir denken, dass für eine freie Entscheidung ein solches Abwägen auf der Basis der bis dahin vom Betreffenden gespeicherten äußeren und inneren Erfahrungen geschehen kann und muss. Dies kann in einer Weise erfolgen, die nicht grundsätzlich wesensverschieden sein muss vom dem, was man „Deep Blue", dem erfolgreichen Schachcomputer, einprogrammiert hat. Das Aufrufen der im Gedächtnis gespeicherten Daten und deren Bewertung ist etwas, das bereits im Rahmen der klassischen Physik und Logik möglich ist. An dieser Stelle ist die genaue Beschreibung, die z.B. die Dynamik und damit das Quantenhafte am Gedächtnis berücksichtigt, noch nicht notwendig.

Wenn dies allerdings alles wäre, dann wäre sowohl die Bewertung als auch deren Ergebnis und außerdem die daraus folgende Handlung von vornherein festgelegt und keineswegs frei, da die Möglichkeit von Alternativen nicht denkbar wäre. Dies ist – um es noch einmal zu betonen – eine zwingende mathematische Folge der Struktur von Differentialgleichungen, die nicht einmal für den Fall des Chaos ohne die Quantentheorie etwas Zufälliges zulassen würden. Wir müssen auch hier wieder einmal daran erinnern, dass wir die mathematischen Modelle unserer Weltbeschreibung ernst zu nehmen haben. Anderenfalls können wir nicht wissen, welche Konsequenzen aus ihnen tatsächlich folgen und *an welchen Stellen sie durch andere Modelle abzulösen sind*.

Soweit unsere Gedanken als Quanteninformation vorliegen, genügen sie aus prinzipiellen Gründen den Gesetzen der Quantentheorie. Das bedeutet, dass sie sich als „Bereich von Möglichkeiten" streng gesetzmäßig weiterentwickeln werden. Dabei können diese Gesetzmäßigkeiten von den äußeren und inneren Bedingungen abhängen, die auf unsere Gedanken einwirken können. Zu dem, was einwirkt, gehören neben den körperlichen Einflüssen all die sozialen Rahmenbedingungen, unter denen wir aufgewachsen sind, die persönlichen Erfahrungen, die uns geprägt haben samt den Auswirkungen von Erziehung und Beziehungen, die wir in unserem Gedächtnis bewusst oder unbewusst aufbewahren.

Diese „möglichen Gedanken" sind nicht klar, nicht formuliert oder gar ausgesprochen (all dies würde in der Sprache der Physik bereits eine Messung bedeuten). Sie können beschrieben werden als *ein gleichzeitiges Erfassen aller der Gedanken, die auf der Basis der vorhandenen Situation formuliert werden könnten*.

Diese Menge möglicher Gedanken kann sich nicht regellos verändern, sondern wird sich, wie bei allen Quantensystemen, nach den Regeln der Quantentheorie auf Grund der vorliegenden Dynamik weiterentwickeln.

Ein solcher innerer Quantenzustand, der den Bereich meiner möglichen Gedanken umfasst, kann nun von einem anderen, einem klassischen Teil meines Bewusstseins befragt werden.

Eine solche Prüfsituation, also das Abwägen der Denk- und Handlungsmöglichkeiten, kann interpretiert werden als die Vorbereitung eines Messprozesses, der ja aus physikalischen Gründen auf eine klassische Basis bezogen werden muss.

Das Erwägen der Situation und deren Bewertung bedeutet die Vorbereitung einer Fragestellung an meinen eigenen inneren Zustand.

Für die Mathematik des Messvorganges ist es in unserem Zusammenhang wesentlich, dass durch die Fragestellung festgelegt wird, in welche aus allen möglichen Zuständen das System nach der Messung gelangen kann und muss.[283] Damit wird durch die Fragestellung der Zustand des Systems, in den es nach der Befragung gelangen kann, in *einer gewissen Weise* festgelegt – aber nicht total determiniert.

Eine Erwägung der Entscheidungssituation auf der Basis meiner Erfahrungen und eine daran gekoppelte Entscheidung ist also keine reine Willkür und lässt für das Wirken von lediglich blindem Zufall keinen Raum.

Nach den Gesetzen der Quantentheorie wird aber mit der Fragestellung die konkrete Antwort noch nicht fixiert. Der Zustand, in dem ich mich als Ergebnis meiner Erwägung befinden werde, ist nicht vollständig festgelegt, denn hier liegt ein Einzelfall vor, und das Ergebnis einer Einzelmessung ist als konkretes Faktum nicht vorherbestimmt.

Das hier geschilderte Zusammenspiel von klassischer und quantisierter Physik bietet damit einen Rahmen, der es erlaubt, die Freiheit des menschlichen Willens auch im Rahmen einer mathematisch-naturwissenschaftlichen Weltbeschreibung zu denken. Es ermöglicht, die moderne Naturwissenschaft mit unserer eigenen Erfahrung und einer Jahrtausende alten philosophischen Denktradition zu versöhnen, die mit dem freien Willen zugleich eine Vorbedingung der Möglichkeit von ethischem Verhalten formuliert.

Willensfreiheit ist somit auch daran gekoppelt, dass der klassische Teil des Bewusstseins entscheiden kann, welche „Frage" ans Quantenbewusstsein gestellt werden soll. Die Frage darf sich durchaus aus den Vorbedingungen ergeben, die zu der Entscheidungssituation führen. *Damit ist eine Ankopplung der Entscheidung an die determinierenden Faktoren möglich und der „blinde Zufall" ist in die Schranken gewiesen. Aber wiederum gilt: eine determinierte Fragestellung determiniert nicht die Antwort.* Die mathematischen Strukturen, die zum ersten Male an der Quantentheorie entdeckt wurden, ermöglichen eine nichtdeterminierte Dynamik.

Diejenigen Teile unseres Bewusstseins, des Unbewussten und des Körpers, die in der jeweiligen momentanen Situation klassisch wirken, können aus den Möglichkeiten der

---

[283] In der Sprache der Quantentheorie ist mit der Messung ein Operator verbunden, und die möglichen Zustände nach der Messung müssen Eigenzustände dieses Operators sein.

Quanteninformation des nichtklassischen Teils der Psyche ein klassisches Faktum werden lassen.

Zumeist werden in einem solchen Prozess rein *geistige* Fakten und Handlungen erschaffen, die nicht von Außen, sondern nur durch Introspektion erkennbar sind. Allerdings können dann aus diesen geistigen Fakten neue Denkprozesse oder auch geändertes Verhalten als ein sichtbarer Ausdruck von geistigen Prozessen entstehen,die dann auch von außen wahrnehmbar sind.

11.9.5 Experimente zur Willensfreiheit?

Wir haben soeben dargelegt, dass es aus unserer Sicht keinen naturwissenschaftlichen Grund gibt, die Freiheit unseres bewussten Willens leugnen zu müssen. Nun wird aber in der Literatur ausgiebig ein Experiment geschildert, welches den Gedanken der Willensfreiheit widerlegen würde, der Versuch von B. Libet.

Kant war der Meinung, dass die Willensfreiheit etwas sei, das unter keinen Umständen einer empirischen Prüfung zugänglich sei. Wir sind ebenfalls der Überzeugung, dass es sich bei der Willensfreiheit um die Grundlage einer jeden ethischen Forderung handelt und sie daher auch eine philosophische Fragestellung darstellt. Allerdings denken wir schon, dass auch eine solche philosophische Frage im Lichte der Empirie geprüft werden muss und man dann dann zuzusehen hat, wie die Experimente zu interpretieren sind. Dass jedes experimentelle Resultat der Interpretation bedarf, war in der Physik lange Zeit ausgeblendet gewesen. Eine der positiven Folgen der Quantentheorie für die Naturwissenschaften insgesamt besteht darin, dass an ihr diese Notwendigkeit nicht mehr ignoriert werden konnte.

Wie ist Libets Experiment[284] zu interpretieren? Gute deutschsprachige Schilderungen des experimentellen Sachverhaltes findet man beispielsweise bei Nørretranders[285], bei Walter[286] oder bei Roth[287] auf den letzten 30 Seiten seines Buches. Roth berichtet über eine Begegnung mit Libet und dass dieser als Dualist die Absicht hatte, die Freiheit des Willens experimentell beweisen zu wollen.[288]

Für das Experiment werden bestimmte Messverfahren verwendet: mit dem Elektromyogramm (EMG) kann man den Beginn einer Muskelkontraktion objektiv feststellen. Das ebenfalls objektiv im EEG feststellbare Bereitschaftspotential des Gehirns zeigt den Beginn einer motorischen Willkürhandlung an, z.B. einer folgenden Muskelkontraktion. Dieses ist anfangs symmetrisch, d.h. das Potential erstreckt sich über beide Hemisphären, und wird dann asymmetrisch, man spricht von lateralisiert, wenn die Muskeln nur in einer Körperhälfte kont-

---

[284] Libet et al. (1983), Libet (1985)
[285] Nørretranders (1997)
[286] Walter (1998)
[287] Roth (2001), S. 427 – 457
[288] Libet et al. (1983), Libet (1985)

rahiert werden. In späteren Experimenten von Haggard und Eimer[289] wurde auch dieses lateralisierte Potential gemessen.

Die Versuche waren im Wesentlichen so organisiert, dass die Probanden die Aufgabe hatten, innerhalb einer Zeitspanne von etwa 3 Sekunden „spontan" eine Fingerbewegung durchzuführen. Zugleich hatten sie sich zu merken, in welchem Moment sie den Entschluss fassten, diese Bewegung nun tatsächlich durchzuführen.

Libet als Dualist hatte offenbar die Hoffnung, dass der Zeitpunkt des Entschlusses, den die Probanden bewusst wahrgenommen und anzugeben hatten, vor der Herausbildung des Bereitschaftspotentials lag. Das nach Roth für Libet enttäuschende Ergebnis war aber, dass das Bereitschaftspotential sich etwa 500 Millisekunden vor dem wahrgenommenen Entschluss herausbildete. Libet war daraufhin der Meinung, dass die Willenshandlungen von unbewussten corticalen Instanzen des Gehirns vorbereitet werden und der Mensch somit nicht frei handelt. Die Versuche von Haggard und Eimer bestätigten Libets Experimente und Roth schließt aus beiden: „Wir müssen vielmehr davon ausgehen, dass sich das Gefühl, etwas jetzt zu wollen (das fiat! der Volitionspsychologen, der Willensruck), sich erst kurze Zeit nach Beginn des lateralisierten Bereitschaftspotentials entwickelt, und dass die erste Komponente, das symmetrische Bereitschaftspotential, sich weit vor dem »Willensentschluss« aufbaut. Dieser Willensakt tritt in der Tat auf, nachdem das Gehirn bereits entschieden hat, welche Bewegung es ausführen wird."

Daraus schlussfolgert er konsequent weiter: „Es gibt viele weitere Erkenntnisse aus der Handlungspsychologie, die dafür sprechen, dass das Gefühl, eine Bewegung zu wollen, erst auftritt, nachdem die Bewegung bereits eingeleitet wurde. Dies ist z. B. bei Experimenten der Fall, bei denen man möglichst schnell einen linken oder rechten Knopf drücken muss, je nachdem welcher Hinweisreiz aufleuchtet. Diese Entscheidungen werden eindeutig vorbewusst getroffen. Die entsprechenden Bewegungen haben schon eingesetzt, ehe ich das Gefühl der Entscheidung habe. Schließlich bestätigen Untersuchungen auch unseren subjektiven Eindruck, dass bei eingeübten Greifbewegungen unser Wille nicht der Bewegung der Hand vorausgeht, sondern dass er diese direkt antreibt. ... Erst wenn das Bereitschaftspotential (besonders das lateralisierte) eine Mindeststärke erreicht hat und corticale Neurone hinreichend aktiviert wurden, tritt das Bewusstsein auf, etwas zu wollen (wobei allerdings bereits feststeht, dass dies passiert). Die hierbei auftretenden Verzögerungszeiten von 300 bis 400 Millisekunden stimmen gut mit denen überein, die in der Großhirnrinde nötig sind, um zum Beispiel eine Sinneswahrnehmung bewusst werden zu lassen."

Roth schließt die Ausführungen seines Buches im wesentlichen mit dem Resümee:

„Zusammengefasst zeigen die hier vorgestellten Forschungsergebnisse, dass die beiden entscheidenden Komponenten des Phänomens »Willensfreiheit«, nämlich etwas frei zu wollen (zu beabsichtigen, zu planen) und etwas in einem freien Willensakt aktuell zu verursachen, eine Täuschung sind. Das erstere Gefühl tritt auf durch Zuschreibung bzw. Aneignung von unbewussten Handlungsmotiven, die aus dem limbischen System stammen, das letztere Gefühl tritt auf, nachdem das Gehirn längst entschieden hat, was es im nächsten Augenblick tun wird."

---

[289] Haggard und Eimer (1999)

Ist eine solche Interpretation des Experimentes im Hinblick auf die Willensfreiheit die einzig mögliche?

Funk[290] spricht davon, dass die von Libet entdeckte Vordatierung von Daten durch das Bewusstsein, welches wesentlich langsamer arbeitet als die Reflexe, dafür sorgt, dass der „Reflexmensch" nicht mit dem „bewusst denkenden Menschen" in Widerspruch gerät. Er ist der Meinung, dass die oben dargestellte Interpretation diese verschiedenen Arbeitsweisen des Gehirns nicht genügend in Rechnung stellt und eine Widerlegung der Willensfreiheit somit nicht gegeben sei.[291]

Aus unserer Sicht kann diese Interpretation folgendermaßen ergänzt werden: Die erste freie Willensentscheidung des Probanden ist, an einem solch relativ stupiden Versuch teilzunehmen. Diese Entscheidung wird im Verlaufe des Versuches sicherlich immer wieder einmal überprüft, ob man nämlich nicht einfach nach Hause geht, anstatt nach Aufforderung „spontan" den Finger zu krümmen. – Aus der populärpsychologischen Literatur ist die Aufforderung „Sei spontan!" als klassisches Beispiel einer so genannten Doppelbindung weithin bekannt. Sie stellt für die Handlung einen unlösbaren Widerspruch dar, da Spontaneität einerseits und Handeln auf Aufforderung andererseits sich ausschließen. – Man hat sich also entschlossen, weiterhin mitzumachen, vielleicht weil man Student ist und die Bezahlung benötigt. Nun kann man nicht den geringsten Grund finden, in welchem Moment man den Finger – innerhalb des fest vorgeschriebenen Zeitfensters – krümmen sollte. Man wird sich also in einem freien Willensakt entscheiden, eine zufällige Entscheidung herbeizuführen, d.h. sich ein Signal aus dem Unbewussten geben zu lassen. Was sonst sollte man in dieser sowohl bedeutungslosen wie kriterienfreien Situation sonst tun?

Auch in sonstigen Situationen ist es oft sinnvoll, dass das Bewusstsein lediglich die „Direktive" erstellt und diese an das Unbewusste weiterleitet. Darauf hin wird das Unbewusste eine Handlung einleiten, denn unbewusste und automatisierte Handlungen sind – wie bereits erwähnt – stets effizienter als bewusste. Fälschlich wird oft „das Gehirn" als Initiator bezeichnet, aber diese Sprechweise verkennt den Vorrang der Information über das Materielle bei den Lebewesen. Allerdings ist es ebenfalls von evolutivem Vorteil, wenn das Bewusstsein eine Kontrolle über die Handlungen behält. Der Stopp einer einsetzenden Handlung ist dem Bewusstsein vorbehalten, schon weil das Unbewusste keine Verneinung kennt. Dies passt auch zu empirischen Befunden, mit denen die „Freiheit des Nein" aufgezeigt wird.[292]

Wenn man das Problem der Willensfreiheit nur unter der dualistischen Perspektive denken kann, so wie es oben dargestellt wurde, würde natürlich ein Signal aus der Hirnrinde, das dem Entschluss vorausgeht, eine Beeinträchtigung der Freiheit bedeuten. Wir haben deutlich gemacht, dass zu einer solchen pessimistischen Interpretation keine Notwendigkeit besteht. Wenn ich in meinem Gehirn ein Zufallssignal erzeuge, das ich will, wer, wenn nicht ich, hat es verursacht? Wo sollte ein Unterschied zwischen mir und meiner Hirnrinde und meinem limbischen System festzumachen sein? Für eine dualistische Beschreibung des Leib-Seele-Problems gibt es aber aus unserer Sicht keine Notwendigkeit. Wir haben dargelegt, dass unsere Gedanken den

---

[290] Funk (2000)

[291] Funk, pers. Mitteilung

[292] Obhi, S.S. and Haggard, P., 2005

gleichen Realitätsgrad wie die Elementarteilchen haben, die in den Zellen unseres Gehirns gefunden werden können.

Zugleich ist aber auch immer wieder daran zu erinnern, dass die von der Ethik geforderte freie Entscheidung gerade nicht bedeutet, dass wir uns vollkommen außerhalb jeglicher Norm verhalten. Außerdem ist die Freiheit niemals so absolut, wie sie in manchen zugespitzten philosophischen Formulierungen dargestellt wird. In diesem Zusammenhang sei daran erinnert, dass durch Freud seit über 100 Jahren bekannt ist, dass wir in einem gewissen Sinne nur eingeschränkt „Herr im eigenen Hause" sind.

Aus unserem Beschreibungsmodell ergibt sich, dass für die Gedanken wie für jedes andere Quantenobjekt folgt, dass sich ihre Zustandsmöglichkeiten streng deterministisch weiterentwickeln. Gemäß der Quantentheorie sind mit einem Zustand zugleich unendliche viele andere Zustände ebenfalls möglich. Die Möglichkeiten für jeden von diesen Zuständen, d.h. die Wahrscheinlichkeit für sein jeweiliges Faktisch-Werden-Können, können sich im Laufe der Zeit verändern. Diese Veränderung ist gesetzmäßig, aber dennoch bleibt zutreffend, dass alle diese möglichen Zustände zugleich vorhanden sind und deshalb ein sich ergebendes faktisches Ereignis nicht festgeschrieben ist. Es wird – wie gesagt – nur mit einer bestimmten Wahrscheinlichkeit eintreten.

Wir sind der Überzeugung, dass ein derartig differenziertes Modell wie das von uns vorgestellte, sehr gut dem entspricht, was wir Menschen tatsächlich an uns beobachten können.

In diesem Zusammenhang ist ein weiterer Aspekt zu betrachten. Willensfreiheit wird ausgeschlossen durch einen strengen Determinismus. Dieser ist bedingt durch eine bestimmte mathematische Struktur, und zwar die der klassischen Physik. Viele Wissenschaftler, denen die enge Beziehung zur Mathematik fehlt wie sie in der Physik wegen der einfachen Strukturen naturgegeben vorliegt, verstehen unter Determinismus meist eine weniger klare Situation, die jedenfalls nie die gnadenlose Strenge mathematischer Strukturen erreicht.

Wir gründen die Willensfreiheit auf der Schichtenstruktur von Quantentheorie und klassischer Physik. Damit wird keine Beliebigkeit behauptet, aber auch keine absolute Festlegung für das einzelne Faktum.

Genau diese Freiheit, die in Verbindung mit einer Regelhaftigkeit auftritt, und die von unserem Modell naturwissenschaftlich begründet wird, beschreibt die Erfahrungen zutreffend, die wir Menschen an uns selbst und an den anderen machen können.

12 Rückblick und Ausblick

Nach unserer Erfahrung gibt es zwei hauptsächliche Arten, ein Buch zu lesen. Die eine, die vielfach als die normale angesehen wird, beginnt am Anfang und versucht, sich bis zum Ende durchzuarbeiten. Die zweite sieht zuerst am Ende nach, ob sich denn die Mühe des Weges auch lohnen würde.

Wie soll man für beide Lesergruppen das Ende des Buches ausgestalten? Wir denken, der Versuch einer Darstellung dessen, was wir erreicht haben und was sich daraus ergeben kann, dürfte für beide Gruppen interessant sein. Wir werden also die natur-, human- und geisteswissenschaftlichen Resultate kurz zusammenfassen und dann daraus einige Schlussfolgerungen ziehen.

12.1 Rekapitulation des Erkenntnisganges – von der kosmischen Information zum Bewusstsein

Unser Ziel war es, deutlich zu machen, dass dasjenige, das uns Menschen von allen anderen Lebewesen unterscheidet, der Geist, eine Realität ist, die nicht aus einer naturwissenschaftlichen Betrachtung ausgeschlossen werden muss oder gar, noch extremer, gänzlich geleugnet werden müsste.

12.1.1 Das neue Bild der Materie

Die Anerkennung des Geistigen ist möglich geworden durch ein neues Verständnis von Materie, das mit dem bisherigen, am Atombegriff orientierten, nichts mehr gemein hat. Das alte Bild der Materie als Ansammlung von „kleinen Teilchen" wird ersetzt durch ein neues, das die Information als zentral und fundamental erkennen lässt. Das neue Bild erlaubt, dass das, was als die „innerste Struktur der Welt" aufscheint, am zutreffendsten mit einer Vorstellung von etwas Geistigem veranschaulicht werden kann. „Normale Materie" erweist sich als „kondensierte Quanteninformation", wobei dann von dem Informationsaspekt vordergründig nichts mehr zu bemerken ist. Die Wechselwirkung von reiner Information mit Materie, ihre Abspaltung und Wiederzusammenführung, wird damit zu einem naturwissenschaftlich beschreibbaren Prozess.

Wir Menschen stehen, soweit wir die kosmische Evolution überblicken können, am gegenwärtigen Ende einer Entwicklungslinie der Ausdifferenzierung der *Protyposis*, die man als das *Weltsubstrat* – eine *abstrakte kosmische Quanteninformation* – ansehen kann, die in uns Menschen schließlich dazu kommt, über sich selbst nachzudenken.

Eine solche Gedankenkette kann heute mit einer sinnvollen naturwissenschaftlichen Begründung versehen werden. Der dafür wesentliche neue Input stammt von der Quantentheorie, die als eine universale Theorie anzusehen ist, da sich bisher keine Grenze ihres Geltungsbereiches aufgezeigt hat. Wir haben gezeigt, dass ihre henadische, d.h. auf Vereinheitlichung zielende Struktur dazu führt, dass bislang als essentiell angesehene begriffliche Wesensunterschiede – wie z.B. zwischen Materie und Bewegung – auf den Rang von lediglich nützlichen und zweckmäßigen Unterscheidungen herabsinken.

In den Darstellungen der Quantentheorie wird viel vom Welle-Teilchen-Dualismus gesprochen. Die Konzentration auf diesen – durchaus zutreffenden – Sachverhalt verdeckt unserer Meinung nach die weitaus bedeutsamere Tatsache, dass die Quantentheorie zu viel weiterreichenden Konsequenzen führt. So hebt sie beispielsweise den über Jahrtausende als fundamental angesehenen Unterschied von Kraft und Stoff auf. Kräfte werden heute als Felder verstanden, die quantisiert werden müssen. Die Übersetzung dieses Vorganges in eine alltäglichere Sprache besagt, dass die *Feldquanten*, deren Austausch die Kraft bewirkt, keine fundamental anderen Objekte sind als diejenigen *Elementarteilchen*, die die *stoffliche Materie* konstituieren. Der einzige Unterschied besteht darin, dass die Kraftteilchen einen ganzzahligen Drehimpuls (Spin) besitzen, während die normale Materie durch einen halbzahligen Spin ausgezeichnet ist. Zwei der Materieteilchen können sich somit zu einem Kraftteilchen zusammentun.

Eine noch viel spektakulärere Äquivalenz ist die zwischen Materie und Bewegung.

Am Berührungspunkt von Quantentheorie mit allgemeiner Relativitätstheorie, d.h. im Rahmen der Theorie der Schwarzen Löcher, wird nun die entscheidende neue Äquivalenz deutlich, die Äquivalenz von Masse und Energie mit der abstrakten, kosmisch definierten Information.

Die Physik ist in der Lage, Aussagen über die Menge an Information machen zu können, die in einer gegebenen Situation *nicht* zugänglich ist, und die als Entropie bezeichnet wird. Da um die Schwarzen Löcher ein Horizont existiert, aus dem nichts – weder Materie noch Licht – in die äußere Umgebung gelangen kann, muss daher dort die unzugängliche Information besonders groß sein.

Dies ist tatsächlich der Fall und führt zu riesigen Werten für die Entropie der Schwarzen Löcher. Wenn dieses Modell auf den Gesamtkosmos verallgemeinert wird, gelangen wir zur *Protyposis*, der *abstrakten kosmischen Information*. Diese kann zu normalen Elementarteilchen „kondensieren". Dies geschieht mit Hilfe der so genannten zweiten Quantisierung, bei der *aus vielen Quantenbits die Teilchen der relativistischen Quantenmechanik entstehen* und mit der wir zur physikalischen Bestätigung der obigen Äquivalenz gelangen. Aus diesen Elementarteilchen lässt sich dann all das aufbauen, was wir in der Welt als makroskopische Materie vorfinden.

Da damit eine Wesensgleichheit von Information einerseits und Energie und Materie andererseits belegt ist, wird eine Wechselwirkung zwischen all diesen Entitäten ohne jede Mühe vorstellbar.

12.1.2 Die Evolution und ihre Prinzipien

Ein langer kosmischer Entwicklungsgang führte von der sehr dichten und heißen Frühphase des Universums über die Herausbildung der ersten Schwarzen Löcher zu den Galaxien mit ihren Milliarden von Sonnen, in denen alle die chemischen Elemente entstanden sind, die für die Bildung kleinerer Himmelskörper wie unsere Erde notwendig sind. Auf einigen solchen Planeten können dann die Umweltbedingungen so sein, dass sich auf ihnen Leben entwickeln kann. Dies war auf unserer Erde der Fall, auf der sich vor etwa 3,5 Milliarden Jahren die ersten Einzeller entwickeln konnten.

Wir sehen es als einen inhärenten Wesenszug der kosmischen Information an, dass sie *auf Leben zielt* und damit auf die Möglichkeit, Information zu speichern, zu verarbeiten und mit Bedeutung zu versehen.

Die Lebewesen sind daher auch durch einen Quanteninformationsverarbeitungsprozess gekennzeichnet, der über ihre Charakterisierung lediglich als Systeme fernab vom thermodynamischen Gleichgewicht weit hinausreicht.

Die thermodynamische Kennzeichnung ist zutreffend und notwendig, aber nicht hinreichend, um Lebewesen von anderen Systemen zu unterscheiden, die nicht lebendig sind.

Vor etwa einer halben Milliarde von Jahren traten die größeren Lebewesen auf den Plan, die sich dann rasant weiter entwickelt haben. Vor etwa 5 Millionen Jahren spalteten sich unsere Vorfahren von ihren Verwandten, den anderen Menschenaffen ab. Seit etwa 35.000 Jahren gibt es nur noch eine einzige Menschenart auf der Erde, den modernen Menschen, uns.

Im Zuge der Ausdifferenzierung der kosmischen Information entsteht mit den Lebewesen die Möglichkeit, dass Information Bedeutung erhalten kann.

Bedeutung setzt Codierung voraus, also dass so etwas wie ein *Zeichen* oder ein *Symbol* entstehen kann. Ein Zeichen ist etwas, das *für etwas anderes* steht. Dies kann nur geschehen, wenn das Zeichen mit einer anderen Information verbunden wird, die es *nicht mit sich* trägt, sondern die *von einer anderen Seite gestellt werden muss.* Eine der wesentlichen Eigenschaften der Lebewesen ist es, dass sie intern Informationen verarbeiten und auch speichern können. Damit können *sie mit dieser internen Information eine von außen kommende Information zu einem Zeichen werden lassen. Sie haben die Möglichkeit externe Information mit Bedeutung zu versehen.*

Für die Weitergabe der Informationsverarbeitungsfähigkeit haben die Lebewesen den genetischen Code entwickelt, man kann vielleicht auch formulieren, der genetische Code hat Leben ermöglicht. Ein solches Henne-Ei-Problem ist sicher geeignet, Zeit und Diskussionskraft zu binden, obwohl man einsehen kann, dass es falsch formuliert ist. Beides bedingt einander und keines ist unabhängig vor oder von dem anderen.

Der genetische Code ist universell, d.h. alle Lebewesen auf der Erde haben die gleiche Struktur eines genetischen Aufbaues. Aus unserem Verständnis der kosmischen Entwicklung folgt, dass dies darüber hinaus auch eine universelle Struktur im Kosmos darstellt, die aus den chemischen Eigenschaften der Atome folgt und die demnach – auch wenn es heute noch nicht bewiesen werden kann – für alles mögliche Leben gültig ist, dass sich überall und immer entwickeln wird, falls es die Umstände der Umwelt nicht verhindern.

Wir sehen daher Leben auch *in erster Linie weniger als einen „Kampf ums Dasein"* an, sondern vielmehr als einen unumgänglichen Schritt in der kosmischen Entwicklung, der nur durch widrige Umstände unterbunden werden kann. Dabei wird von uns natürlich anerkannt, dass begrenzte Ressourcen selbstverständlich auch die Konkurrenz um diese bewirken können – oder aber auch eine Kooperation im Sinne eines *Nicht-Nullsummenspieles*. Solche Kooperation ist seit der Entstehung der Zellen, die durch solche Zusammenarbeit zu dem wurden, was sie heute sind, bis zu den staatenbildenden Lebewesen der zweite und wahrscheinlich wichtigere Teilaspekt der Evolution.

Das wirkliche Verständnis für das Wesen der Evolution werden wir Menschen erst dann erreicht haben, wenn der Aspekt der *Kooperation* mit der Bedeutung, die ihm in der Natur zukommt, auch in der Kultur verinnerlicht wird. Ohne dies kognitiv und emotional zu begreifen, wird die Menschheit den bereits jetzt vor ihr stehenden großen Aufgaben nicht gerecht werden können. Dabei wird es auch darum gehen, ein ausgewogenes Verhältnis zwischen der Anerkennung der jeweiligen Individualität der Menschen, Völker und Kulturen zu erreichen und zugleich eine geistige Auseinandersetzung über die anzustrebenden Lösungsmöglichkeiten zu führen. Dies wird erleichtert durch die Erkenntnis, dass ein reflexionsfähiges Bewusstsein sich nur in der Beziehung, d.h. in Kooperation mit anderen Menschen entwickeln kann.

Der Aspekt der Kooperation ist außerdem der einzige, der die Weiterexistenz des irdischen Lebens auf anderen Himmelskörpern ermöglichen kann, wenn einmal wegen des Endes der Sonnenentwicklung auf Erden eine Konkurrenz überhaupt nichts mehr bewirken kann. Denn dann werden alle Lebensgrundlagen im Feuer der bis zur Erde reichenden Sonnenoberfläche verdampfen.

12.1.3 Informationsverarbeitung im Lebendigen

Mit der Entwicklung der mehrzelligen Tiere wurde die Spezialisierung von Zellen zu Nervenzellen möglich, die nur noch der Informationsverarbeitung dienen. Schließlich bildeten sich dann noch Zentralen dafür aus, die Gehirne. Bei den Wirbeltieren, die eine intensive Brutpflege betreiben, d.h. besonders bei den Säugern, können sich über das Genom hinaus auch so etwas wie die Anfänge einer kulturellen Informationsweitergabe an die Nachkommen entwickeln. Wirkliche Kultur entsteht jedoch erst mit der nächsten Stufe der Informationsweitergabe, die allein uns Menschen gegeben ist, mit der grammatisch durchgeformten Sprache.

Die Sprache ermöglicht es, dass eine potenziell unendlich große Menge an Zeichen und Symbolen entstehen kann.

Mit der Erfindung der Schrift wird dann die Informationsweitergabe an zeitlich oder räumlich entfernte Artgenossen ermöglicht und damit eine unbegrenzte Kumulation von bedeutungstragender Information möglich.

Die Effektivität der Lebewesen kann nur bei Berücksichtigung des teilweisen Quantencharakters der von ihnen durchgeführten Informationsbearbeitung verstanden werden.

Die Quanteninformationsverarbeitung ermöglicht mit ihrer unendlichfachen Parallelität die Assoziativität und die große Geschwindigkeit, die das Lebendige charakterisiert. Sie erlaubt es, die feinabgestimmten *Steuerungsvorgänge im Lebendigen* zu verstehen, an deren Aufdeckung die Forschung zu arbeiten beginnt. Da die Quantenphänomene immer erst bei einer sehr großen Genauigkeit der Naturbeschreibung notwendig zu Tage treten, ist es kein Wunder, dass bisher in der Molekularbiologie noch fast keine Notwendigkeit für deren Einsatz vorgelegen hat. Es ist aber bereits jetzt absehbar, dass die Quanteneigenschaften bei den biologischen Systemen im Allgemeinen und besonders auch bei der eigentlichen Bedeutungsauswertung, speziell im Nervensystem, nicht mehr ignoriert werden können. Bei der Verbindung von biologischen mit Nano-Systemen wird dies schon deutlich.

Die höchste Form der Informationsverarbeitung in einem Lebewesen ist das reflexive Bewusstsein. Es ist nach dem gegenwärtigen Stand der Wissenschaften an die Existenz eines hinreichend komplex organisierten Gehirns gekoppelt, welches seinerseits einen wesentlich höheren Energieumsatz als andere Organe besitzt. Daher ist es zweckmäßig, wenn in einem Lebewesen der größte Teil der Informationsverarbeitung ohne den Einsatz seines Bewusstseins erfolgt, d.h. *unbewusst*. Das Bewusstsein wird von Lebewesen dann eingesetzt, wenn zu erwarten ist, dass mit seiner Unterstützung energetischer Aufwand und Ertrag in ein günstigeres Verhältnis gebracht werden kann. Je höher entwickelt ein Bewusstsein ist, desto mehr werden diese biologischen Gründe durch soziale und kulturelle Belange ergänzt. Das Modellieren von Sozialbezügen kann nicht unbewusst geschehen. Die Möglichkeit einer rückgekoppelten Informationsverarbeitung erlaubt es, all das ausbilden zu können, das wir mit dem Begriffen „Geist" und „Kultur" umreißen. Mit einer Modellierung des eigenen Quantenlebensprozesses mittels Information wird es möglich, die damit gegebenen Quantenmöglichkeiten aktiv nutzen zu können.

12.2 Die Einheit von Leib und Seele

Als ein wichtiges Ergebnis unserer Überlegungen sehen wir die Möglichkeit an, über die Einheit von Leib und Seele in einem neuen Gesamtzusammenhang nachdenken zu können. Es zeigt den Menschen als Teil der Natur und als Zielpunkt einer Entwicklung. Das vorgelegte Modell einer Schichtenstruktur kann das Einheitliche und zugleich diese Einheit in ihren Teilen erfassen. Aus ihm ergibt sich die *naturwissenschaftlich begründete Existenz eines ausgedehnten Ichs*. Ein Erleben und eine Seele ist auch den höher entwickelten Tieren zuzusprechen, ein *abstrakt reflektierendes Selbst* gibt es nur beim Menschen. Die Wechselwirkung zwischen der Quanteninformation im Bewusstsein und vor allem im Unbewussten und den Zuständen des Körpers ist sowohl direkt möglich, wie es die Psychosomatik kennt, als auch mit dem Weg über beispielsweise Hormone oder Neurotransmitter. Gedanken als Quanteninformation können somit auf dasjenige wirken, das als gestaltete Quanteninformation unter dem Begriff des Somatischen zusammengefasst wird, wie auch dieses seinerseits direkt auf die Psyche wirken kann.

12.2.1 Selbsterleben, Bewusstsein und ausgedehntes Ich

Das Bewusstsein ist ein System von Quanteninformation, das wegen seiner Quanteneigenschaften vom Rest der Welt sehr gut isoliert ist. Lediglich Teilsysteme von ihm treten mit dem Körper und damit mit der weiteren Umwelt in Wechselwirkung. Zugleich bündelt das Bewusstsein stets einen Teil der wesentlichen Systeminformationen über den Körper und dessen Zustand, wodurch der Erlebensaspekt bedingt wird. Die Verflechtung des Psychischen mit dem Körperlichen wird besonders offensichtlich an den psychosomatischen Erscheinungen, die es nicht nur beim Menschen gibt.

Als Quantensystem ist das Bewusstsein in seinem aktuellen und konkreten Zustand von außen nicht objektivierbar, aber durch Entscheidungen und Handlungen (d.h. durch Faktenerzeugung) *wird es teilweise deutlich.*

Als Ich bezeichnen wir ein Lebewesen mit einem Bewusstsein, was nach allem, was wir bisher sicher wissen, an einen materiellen Körper gebunden ist. Der Quantenaspekt des Bewusstseins führt dazu, dass es keine lokalisierte Stelle gibt, die sein Zentrum sein könnte. Damit ist es nicht mehr nötig, nach einem „Sitz" des Ichs zu suchen. Ein Ich wird stets als ausgedehnt erscheinen, ein Homunculus ist überflüssig, um die Einheit des Bewusstseins erklären zu können.

Das Bindungsstreben der Quanteninformation drückt sich auch aus im Zusammenführen der verschiedenen Wahrnehmungen eines Objektes zu einem jeweiligen Ganzen. Und nicht zuletzt erlaubt dieses Modell, die *Realität der Gedanken* – die jedem Menschen sicher intuitiv gewiss ist – auch naturwissenschaftlich zu verstehen.

12.2.2 Selbst und logisches Denken

Wenn das Bewusstsein als System von quantischer und klassischer Information auf Grund der Hirnentwicklung so umfangreich wird wie beim Menschen, dann kann ein Teil von ihm das Ganze betrachten und das Bewusstsein wird zur Reflexion fähig. Der fortlaufende Fluss des Denkens und Fühlens kann als eine ständige Dynamik angesehen werden, wobei fortwährend zwischen den quantischen und klassischen Bereichen der psychischen Inhalte Entscheidungen gefällt, Fakten geschaffen und neue Quantenzustände präpariert werden. *Ein solches selbstreflexionsfähiges Ich soll als Selbst bezeichnet werden.* Soweit dem Selbst sein eigener Quantenzustand bekannt ist, wird es ihm möglich, diesen zu reproduzieren. Für einen bekannten Zustand ist dies im Rahmen der Quantentheorie erlaubt und wird als „Präparation" bezeichnet, während es für einen unbekannten Quantenzustand unmöglich ist (Non-Cloning-Theorem). Daher kann man z.B. über ein Gefühl sprechen, physikalisch gesagt den zugehörigen Quantenzustand messen, indem man seine Kopie „misst", ohne dass man deswegen den Originalzustand verlieren müsste. So kann man über seine Fröhlichkeit sprechen, ohne diesen Zustand deswegen verlieren zu müssen. Für das reflektierende Selbstbewusstsein gelten somit einige Einschränkungen nicht, die aus der Quantentheorie in anderen Situationen bekannt sind.

Die Entwicklung des menschlichen Geistes führt zu einer *wachsenden Rationalität des Denkens.* Das gilt auf individueller Ebene beim Heranwachsenden und auch für die kulturelle Entwicklung der Menschheit insgesamt. Bewusstsein erlaubt, *kreativ die Möglichkeiten zu erkunden*, die einem Lebewesen für seine Handlungen zur Verfügung stehen, und *Entscheidungen zu fällen*, die dann neue Fakten schaffen. Diese beiden Aspekte führen beim Menschen mit seiner Fähigkeit, sein eigenes Bewusstsein *reflektieren* zu können, zu einer Einheit von *Kreativität und logischem Denken.*

Je stärker das Ich reflexionsfähig wird und damit zu einem Selbst, desto stärker tritt auch seine *Personhaftigkeit* hervor.

Die Reflexionsfähigkeit des Menschen bedeutet, dass er sich selbst zum Gegenstand der Beobachtung machen kann. Diese Einheit von Beobachter und Beobachtetem macht es möglich, dass in ihm erste und dritte Person zugleich präsent sind.

Ein reflektiertes und beschriebenes oder gemessenes Gefühl ist eine Beschreibung und kein Gefühl. Beschriebenes gehört, da es faktisch ist, nicht zum Zuständigkeitsbereich der Quantenphysik und fällt damit zugleich aus dem pulsierenden und sich entwickelnden Leben heraus. Fakten sind „tot", denn sie gehören zur Vergangenheit, die sich nicht mehr ändern kann. Sie können aber zur Präparation eines neuen Quantenzustandes dienen, der für die Zukunft offen ist. Eine reife und voll entwickelte Rationalität wird also wieder zum Anerkennen und zum Einschluss des Nicht-Faktischen gelangen. Für ein reifes Selbst bedeutet dies, bei aller Rationalität den Anschluss an Emotionen und Affekte nicht zu verlieren.

Das *Selbsterhaltungsstreben* ist ein Lebensgrundprinzip und kommt jeglichem Lebewesen zu, mit den Einzellern angefangen. Das *Selbsterleben* als nächst höhere Stufe umfasst natürlich auch das Selbsterhaltungsstreben, zum *Erlebenscharakter* ist aber zusätzlich ein ausgebildetes Nervensystem notwendig. Die *Reflexionsfähigkeit,* die als *Selbsterkenntnis* die höchste Entwicklungsstufe verkörpert, erlaubt es, alles zu hinterfragen, sogar die eigene Existenz. Hier reicht die Selbsterhaltung nicht mehr aus, um das Überleben auch psychisch zu sichern.

Mit dem reflektierten Selbst tritt aus der Sicht der Naturwissenschaften die Notwendigkeit von *Sinn* zutage.

Ein reflexionsfähiges Ich benötigt Sinn, um existieren zu können und nicht in einem Nihilismus zu versinken. Sinn ist etwas, das aus dem Ganzen kommt und aus dem, was darüber hinaus weist, also aus der *Transzendenz*. Das kosmische Entwicklungsprinzip zielt aufs Ganze, so dass wir von Natur aus durch die Evolution mit darin eingebunden sind.

12.3 Die Freiheit des Menschen

Wir haben dargelegt, dass auch aus der Sicht der Naturwissenschaften das Geistige als Realität betrachtet werden kann, und dass das, was in den großen philosophischen Entwürfen mit dem Geistigen verbunden ist, die *Idee der Freiheit*, nicht zurückgewiesen werden muss.

Diese Freiheit, die von den Geisteswissenschaften bisher lediglich im Widerspruch zu den als gültig angesehenen naturwissenschaftlichen Theorien postuliert wurde, wird durch das Zusammenwirken der beiden physikalischen Grundstrukturen, der klassischen und der quantischen, auch aus naturwissenschaftlicher Sicht ermöglicht. Diese Freiheit ist uns Menschen gegeben – als Chance und zugleich als Verpflichtung.

Natürlich besitzt der Mensch keine totale Freiheit, die es ihm beispielsweise ermöglichen würde, alles tun zu können, was ihm gerade in den Sinn käme – wobei außerdem zu fragen bliebe, ob eine solche, durch Triebe und andere unbewusste Vorstellungen gesteuerte Willkür tatsächlich unter den Begriff der Freiheit fallen würde.

Die erste und grundlegende Einschränkung des Menschen, die einer möglichen Allmachtsphantasie entgegensteht, ist die, mit dem Wissen um seinen Tod konfrontiert zu sein. Dieses Wissen kann er verdrängen, er kann den Tod eventuell durch eine Selbsttötung zeitlich vorziehen, ihn aber beliebig lange hinauszuzögern ist unmöglich.

Als Säugling sind wir alle von der Pflege durch Erwachsene in einer absoluten Weise abhängig, so dass auch in diesem Lebensalter „Freiheit" kein besonders treffender Terminus für menschliche Existenz sein kann, auch wenn wir wissen, dass der Säugling durch sein Verhalten dasjenige der Mutter mit beeinflusst.

Im Laufe einer gesunden Entwicklung werden wir uns hingegen als immer weniger eingezwängt erleben, so dass für uns eine gewisse Freiheit über unsere Gedanken und – wenn auch in geringerem Maße – über unsere Entscheidungen zur allgemeinen Lebenserfahrung gehört.

Aber auch die Entscheidungen der Erwachsenen sind nicht vollkommen frei in dem Sinne, dass sie nicht durch bewusste oder unbewusste Einflüsse beschränkt würden. Sie sind abhängig von genetischen und epigenetischen Einflüssen, von den Beziehungserfahrungen, die in der Kindheit gemacht wurden und die wesentlich für die Selbstwahrnehmung und den damit verbundenen Selbstwert sind, natürlich auch von der individuellen Verarbeitung aller dieser Faktoren. Sie beeinflussen die Art und Weise, wie man sich und die Welt befragen kann und wie man damit die Möglichkeiten erkennen und nutzen kann, die im eigenen Denken und Fühlen wie auch in der Umwelt gegeben sind. Die psychologischen Erkenntnisse über das Wirken unbewusster Triebe, Wünsche und Vorstellungen treffen sich dabei mit den Erkenntnissen aus der

Hirnforschung, die aufgezeigt haben, wie die Einflüsse in der Frühentwicklung zu messbaren Auswirkungen auf die Gestaltung unseres Nervensystems und seiner neuronalen Verknüpfungen führen. Auch im Erwachsenenalter sind Änderungen noch möglich, aber in der Regel nicht mühelos und auch nicht kurzfristig zu erreichen.

Wir hatten in unserem Entwurf die Erfahrung einer prinzipiell vorhandenen Freiheit des Willens begründet. Das Modell der dynamischen Schichtenstruktur aus klassischer und quantischer Physik gestattet zusammen mit dem Konzept der Protyposis, der abstrakten kosmischen Quanteninformation, und deren Äquivalenz mit Energie und Materie eine auch naturwissenschaftlich fassbare Wechselwirkung zwischen Geistigem und Körperlichem, die diese Freiheit ermöglicht.

12.4 Kultur als Teil der Natur

Der von uns vorgestellte kosmische Entwicklungsprozess der Informationsdifferenzierung lässt keinen grundlegenden Unterschied zwischen der natürlichen und der kulturellen Entwicklung erkennen. *Ansätze für eine nichtgenetische Weitergabe und Weiterentwicklung von Information gibt es bereits bei unseren nichtmenschlichen Vorfahren, und unsere kulturell-technische Entwicklung ist durchaus als eine Weiterführung der Evolution von Information mit neuen Mitteln anzusehen.*

All das, was aus der kosmischen Information entsteht, was wir vorfinden und beobachten, von dem können wir erkennen, dass es letztendlich auf Bewusstsein hinausläuft. Die Information wird erfasst in der Fülle der möglichen Unterscheidungen, d.h. sie wird gemessen durch die möglichen Gestalten. Zugleich stellen die realen Gestalten die Basis jeder Unterscheidung dar, liefern also die Grundlage für eine Definition von Information. Das eine bezieht sich also auf das andere und macht deutlich, dass Information stets reflexiv zu verstehen ist – und nicht erst das reflektierte Bewusstsein.

Die kosmische Entwicklung zielt auf ein Mehr an realen Gestalten. Wir Menschen sind in diese Entwicklung eingebunden, so dass sich auch für uns immer mehr und detailliertere Gestalten herausbilden werden. Gestalten zu erfassen, heißt *Zeichen oder Symbole durch Codierung zu erzeugen*, bedeutet zu abstrahieren. Das bedeutet, dass auch unsere Gehirnentwicklung auf ein Mehr an Abstraktheit zielen wird. Die Fähigkeit zur *Abstraktion* erlaubt es, Erscheinungen zueinander in Beziehungen zu setzen, die ohne die entsprechende Abstraktionsstufe unverbunden bleiben würden. Wir haben dargelegt, dass auf hinreichen hohem Niveau sogar Geist und Materie vereint werden können.

Ein reifes menschliches Gehirn kann die Welt in den Kategorien von Kausalitäten und Gesetzmäßigkeiten erfassen, es kann logisch denken und argumentieren. Daher ist zu erwarten, dass auch die zukünftige Entwicklung der Menschen auf ein solches Mehr an Abstraktheit zielt. Ein stärkeres Denken in Kausalitäten und Gesetzmäßigkeiten kann zu einer besseren Gestaltung der äußeren Lebensbedingungen führen. Eine schärfere Wahrnehmung steuert auf eine größere

Genauigkeit der Beschreibung zu und von dieser ist zu gewärtigen, dass sie ebenso wie in der Physik wieder dazu führen wird, die Dynamik der Schichtenstruktur ernst zu nehmen und mit den Quantenaspekten auch wieder die Einheit der Wirklichkeit zu erfassen. Die zunehmende Möglichkeit der Differenzierungsfähigkeit darf somit als Fortschritt in der Hirnentwicklung betrachtet werden.

Eine sehr genaue Beschreibung der Welt lässt, wie gesagt, die henadischen Aspekte wieder hervortreten. Das logische Denken ist ein Entwicklungsfortschritt – es ist aber alleine nicht ausreichend. Für die Menschen bedeutet dies, auch die Wahrnehmungen ihrer Emotionen nicht zu verdrängen und die körperlichen Zustände als wichtig zu bewerten.

Wenn wir davon ausgehen, dass das Gefühlshafte am Anfang des Lebens stärker ausgebildet ist als das Kognitive, so kann dies dahingehend interpretiert werden, dass die mit den Entscheidungen verbundenen Messprozesse anfangs mehr unter Beteiligung des Körpers gemessen werden, nach der Ausreifung des Gehirns von diesem und stärker vom Bewusstsein.

Die Entwicklung im Kosmos und beim Menschen bedeutet gleichermaßen Vermehrung und Weitergabe von Information. Sie führt zu einer immer reichhaltigeren Fülle von Gestalten, damit zu immer mehr Information über Information, zu Zeichen und Symbolen. Die Informationsdifferenzierung und Informationsintegration werden also zunehmen. Natürlich muss auch ein Drang zur sexuellen Entwicklung vorhanden sein, ohne den das Leben nicht weiterbestehen könnte und der die Informationsweitergabe biologisch sichert. Somit können die *genetischen und die kulturellen* Aspekte als Weiterführung der kosmischen Entwicklung angesehen werden.

Wir sehen, dass beim Menschen *ein Motivationssystem* vorhanden ist, welches auf Begrifflichkeit und damit auf Abstraktheit und auf Kultur zielt. Es ist verbunden mit Interesse, Leidenschaft und Liebe für den Umgang mit dem Symbolischen. Aus ihm erwachsen Kunst, Mathematik und die anderen Wissenschaften. Während in der Mathematik und in den Naturwissenschaften mit der wachsenden Abstraktion ein Zurücktreten des Einheitsempfindens wahrzunehmen ist, sehen wir besonders in der Kunst eine Wiederherstellung desselben.

In der Erziehung der Kinder und Jugendlichen geschieht es ständig, dass durch andere Ansichtsweisen, d.h. durch neue Messprozesse, bestehende Korrelationen verändert werden können. Die Entscheidungen (Messungen) werden in der Regel sowohl von der Einsicht, von der Kognition her, als auch von den Affekten her, den gefühlshaften Körper- und Geisteszuständen verursacht. Ähnliche Veränderungen geschehen auch später zwischen Erwachsenen in guten und angstfreien Gesprächen. Mit einer Betrachtung aus verschiedenen Blickwinkeln werden jedes Mal neue Fragestellungen, d.h. andere Messprozesse, ermöglicht, die ihrerseits zu neuen Fakten und aus diesen wieder zu neuen Korrelationen führen können. Für die Seelsorge und auch in einer Therapie mit den in ihr angestrebten Veränderungen bedeutet dies, dass durch neue Fragestellungen, d.h. auch Deutungen, gefühlshafte Quantenprozesse bzw. Korrelationen spürbar werden müssen und dann verändert werden können.

Da die Ausformung der menschlichen Gehirnstruktur nur etwa zur Hälfte von den Genen bestimmt wird, folgt im Umkehrschluss, dass kulturelle Leistungen, die jemand für die Gesellschaft bringt, bei den anderen Menschen auf den nichtgenetischen Anteil wirken können und damit in ähnlicher Weise Ursachen setzen können wie zuvor in der Biologie nur die Gene. Hierin zeigt sich ein neuer Zug in der Evolution und zugleich wird darin die große Verantwortung im kulturellen Bereich deutlich, wie z.B. im Bildungswesen oder den Massenmedien. Die Gesellschaft wird dann klug handeln, wenn sie die Unterstützung der Erziehenden, der Eltern und Lehrer ausbaut.

12.5 Ethische Folgerungen

Vom Beginn seines Lebens an ist für jeden Menschen die Liebe, die ihn beim Aufwachsen umgeben sollte, für seine weitere Entwicklung mit bestimmend. Wenn er in dieser Zeit ein Gefühl für Sicherheit und für den Wert der eigenen Person erwerben kann, wird ihn dies in seinem ganzen weiteren Leben begleiten können. Dies wird ihm ermöglichen, Achtung vor der Andersartigkeit der anderen Menschen zu haben und seiner Verantwortung gegenüber den anderen Gliedern der Natur gerecht werden zu können. Wenn die sozialen Umstände so sind, dass dafür nur wenige Chancen bestehen, so wird im Gegenzug die Gesellschaft später unter den Konsequenzen leiden müssen. Heute kann man immer besser verstehen, welche katastrophalen Folgen auch für die nachfolgende Generation Kriege und massive Unterdrückungen haben.

Wir hoffen, dass die Weiterentwicklung der menschlichen Erkenntnis im Hinblick auf eine einheitliche Weltsicht den Geist, auch mit seinen aus dem Unbewussten stammenden Anteilen, wieder mit den Naturwissenschaften versöhnen kann.

Durch die Konzentration auf das Faktische, auf das Materielle, hatte die Naturwissenschaft in den letzten Jahrhunderten ihre großen Erfolge erzielt. Durch diese ist sie zunehmend zu einem Idol für die Sicht auf die Welt und den Menschen geworden. Wegen der mit ihrer klassischen Form bisher verbundenen Einengung dieses Blickes hat sie zugleich die Transzendenz zunehmend aus dem Gesichtsfeld verloren.

Heute kann die Naturwissenschaft beginnen, der Öffentlichkeit deutlich zu machen, dass sich ihre Sicht über das Klassische hinausentwickelt. Die makroskopische Materie ist nicht das Einzige, von dessen Existenz wir auszugehen haben. Damit können auch die verschiedenen Versuche von philosophischer und religiöser Seite eine Chance erhalten, wieder ein breiteres Gehör für ein Weltbild finden zu können, das über den Materialismus des 19. Jahrhunderts hinauswächst. So lange dieser allein das Denken der Menschen bestimmt, scheint die einzige Möglichkeit einer Gestaltung des Lebens darin zu bestehen, das Wissen um den eigenen Tod zu verdrängen. Der Erwerb eines Übermaßes an materiellen Gütern und die Beschäftigung mit deren Konsum sollen wesentlich mehr an Unverletzlichkeit und Sicherheit suggerieren, als sie tatsächlich bieten können.

Unsere Hoffnung ist, dass ein naturwissenschaftliches Wissen um die henadische Struktur der Welt dazu beitragen wird, dass wir Menschen bei unserem Tun mit einem tieferen inneren Wissen begreifen, welche Auswirkungen unser Handeln auf die anderen Glieder der Gesellschaft, nicht nur im eigenen Lande, sondern auf der ganzen Erde, und auf die Ökosysteme hier und anderswo haben kann.

Wir sind zuversichtlich, dass sich die materialistische Tendenz, die aus dem 19. Jahrhundert überkommen ist und die noch immer unser gesellschaftliches und ökonomisches Denken beherrscht, wieder umkehren kann und wird. Eine neue geistige Orientierung ist notwendig und möglich. Für sie wird es darauf ankommen, auch im Denken der Öffentlichkeit den henadischen Charakter zu stärken. Es ist notwendig, dass wir den *einen Kosmos*, die *eine Welt*, wieder als *Einheit* wahrnehmen. Die Trennung unserer Kultur, des öffentlichen Denkens, in einen technisch-naturwissenschaftlichen und einen geistig-kulturellen Bereich und die Illusion, es sei ein Fortschritt und ein Ausdruck von Liberalität, die Welt wie eine Ansammlung zusammenhangloser Fakten zu betrachten, hat lang genug unheilvoll gewirkt.

Während für die Philosophie die Gefahr besteht, dass sie ohne einen Blick auf die Naturwissenschaft zu einem Glasperlenspiel degeneriert, wird andererseits Naturwissenschaft ohne Ethik sogar verbrecherisch werden können.

Eine Ethik aber hat ohne Transzendenz keine Basis.

Es ist eine alte Weisheit, die immer noch gültig ist, dass aus dem Sein noch kein Sollen folgt, dass aber das Sollen auf dem Sosein aufzubauen hat. Und je besser wir Menschen dies erkennen, desto besser werden wir uns realistische und zugleich gute Ziele setzen können.

Wenn man aber meint, dass auf das Transzendente verzichtet werden könnte, auf dasjenige, was dem Menschen Sinn und Grund geben kann, dann wird man erleben müssen, dass Wissenschaft und Politik ohne eine Rückbindung daran banal und vor allem gefährlich werden.

Da der Mensch in die evolutionäre Entwicklung eingebunden ist, gibt es bei ihm eine angeborene Motivation, die ihn dazu anregt, über den jeweils vorgefundenen Stand der Informationsverarbeitung hinauszugehen. Mit ihr zielt er auf das Erkennen von immer komplexeren Zusammenhängen, auf das Bilden von Symbolen und strebt damit nach Wissen und Wahrheit. Auch deshalb müssen gesellschaftliche und politische Systeme allen Menschen Bildung ermöglichen. Wenn politische Systeme – gleich welcher Ideologie – ihren Bürgern den freien Zugang zu vielfältiger Informationen verwehren wollen, richten sie sich damit gegen die Natur des Menschen und werden zum Glück nur von endlicher Dauer sein.

12.6 Geist jenseits des menschlichen Gehirns?

Wir haben davon gesprochen, dass das menschliche Denken sich von einer eher ganzheitlichen Erfahrensweise in die Richtung des rationalen Denkens mit seinen scharfen Unterscheidungen und Trennungen entwickelt. Eine ähnliche Entwicklung mag man auf dem Felde der Kultur sehen, auf dem ebenfalls die mythische Weltsicht der Frühzeit von einer eher wissenschaftlichen in der Gegenwart abgelöst wurde. Wir haben aber in unserer Darstellung den größten Augenmerk darauf gelegt, deutlich werden zu lassen, dass die Wissenschaftsentwicklung an dieser Stelle nicht stehen geblieben ist, sondern mit der Quantenphysik eine neue Qualität ereicht hat. Mit ihr kommt der henadische, vereinheitlichende Blick auf die Welt auf einer höheren Stufe wieder zur Geltung.

In den östlichen Kulturkreisen war diese Wahrnehmung, anders als im Abendland, nie derartig aus dem Blick geraten. Kann man daher annehmen, dass der Westen sich jetzt einer Position nähert, die der Osten schon immer eingenommen hatte?

Wir denken, dass dies differenzierter zu betrachten ist. Es ist ein historisches Faktum, dass die Naturwissenschaften mit all ihren Erfolgen sich allein im abendländischen Kulturkreis entwickelt haben. Wenn das diskursive und rationale Denken nicht sehr wichtig genommen wird, ist eine Herausbildung der naturwissenschaftlichen Denkweise unmöglich. Hier sind wir den Griechen zu Dank verpflichtet, von denen wir – über die Vermittlung durch die Araber – das skeptische Fragen gelernt haben. Und ohne die Entgötterung der Erscheinungen am Himmel und auf Erden, die das jüdisch-christliche Erbe des Abendlandes darstellt, hätte sich der empirische Zugang zur Welt nicht durchsetzen können, der die andere Voraussetzung der Naturwissenschaften darstellt.

Allerdings ist das Rationale nicht die alleinige Grundlage im Leben der Menschen, auch nicht der Erwachsenen, man denke nur an den Gebrauch von Suchtmitteln oder das Verhalten der Marktteilnehmer oder auch die Abhängigkeit der Menschen von Statussymbolen. Ebenso ist, wie wir dargelegt haben, die Rationalität der klassischen Naturwissenschaften nur eine Projektion, ein Schatten aus der viel reicheren Welt der Quantenphysik. Diese konnte aber, auch das ist wichtig, nur über den Weg der klassischen Physik gefunden werden und ist ohne diese nicht kommunizierbar.

Wir sehen daher vor uns einen Weg einer sich vereinheitlichenden Sicht auf die Welt. Auf diesem Weg werden sich die Unterschiede zwischen der östlichen und der westlichen Sicht relativieren.

Die Protyposis, die abstrakte kosmische Information, ist das Abstrakteste, was denkbar ist.

Damit kommt sie von allen nur denkbaren naturwissenschaftlichen Begriffen sowohl dem am nächsten, was im Buddhismus als die „Leere", als auch dem, was bei Platon das „Eine" genannt wird.

Der westliche Weg, der in der Vergangenheit das menschliche Individuum als das Ebenbild Gottes entsprechend hoch geschätzt hat, wird nach unserer Überzeugung dahin führen, dass auch dasjenige, was überindividuell und als Grundlage des Individuums vorhanden ist, nicht mehr verdrängt oder verleugnet werden muss. Dieser Weg erscheint in einer gewissen Weise komplementär zu sein zu dem östlichen, der in seinen religiösen Übungen die Personalität als Schein entlarven will und im Resultat zu einer reiferen Persönlichkeitsstruktur gelangen kann.

Wir haben davon gesprochen, dass Persönlichkeit verbunden ist mit der Möglichkeit der Selbstreflexion. Reflexives Bewusstsein setzt Quantenstrukturen voraus. Wenn es gelingen würde, einen individuellen Quantenprozess zu erschaffen, der sowohl *Entwicklungs-* als auch *Lern- und Reflexionsfähigkeit* besitzt und damit eine *Lebensgeschichte* erhalten wird, so sollte davon ausgegangen werden, dass dann auch eine Persönlichkeit entwickelt werden kann. Es ist nicht auszuschließen, dass dies sogar für nichtbiologische d.h. für technische Systeme möglich sein könnte, allerdings ist bisher nicht der geringste Anhaltspunkt dafür zu erkennen.

Eine weit schwierigere Frage ist damit verbunden, ob Schlussfolgerungen aus dem Quantencharakter der kosmischen Information zu ziehen sind, die noch weiter reichen würden. Wir kennen aus der Sicht der Naturwissenschaften bislang lediglich reflektiertes Bewusstsein, das eine Basis in einem menschlichen Gehirn hat.

Muss dies eine notwendige Begrenzung für jedes Bewusstsein sein? Wir besitzen bis heute noch keine Kenntnis über mögliche Wechselwirkungen von Informationen ohne Träger. Informationen, die mit einem rein energetischen Träger verbunden sind, d.h. an Licht gekoppelt, wechselwirken ohne die Vermittlung von ruhmassebehafteter Materie nach bisheriger Kenntnis kaum miteinander. Daher ist bislang die Anbindung eines Bewusstseins an ein Gehirn als notwendig anzusehen. Die Wechselwirkung des Gehirns mit dem elektromagnetischen Feld – in der Sprache der Quantentheorie mit den Photonen – ist seit längerem bekannt. Das Verschwinden jeglicher elektromagnetischer Erscheinungen im Gehirn markiert das Eintreten des Todes im Sinne der Medizin. Auf jeden Fall wird diejenige Form der Protyposis, die wir heutzutage als Bewusstsein beschreiben, mit dem Ende des Quantenlebensprozesses ebenfalls beendet sein.

Wir haben zwar in der bisherigen naturwissenschaftlichen Empirie keinerlei konkrete Anhaltspunkte dafür, dass in der riesigen Menge der kosmischen Quanteninformation Wechselwirkungen auch außerhalb von Gehirnen möglich sind, die zu einer selbstreflexiven Struktur von Information führen könnten, können aber andererseits die Existenz solcher Gebilde nicht prinzipiell ausschließen, die uns bekannten Naturgesetze verbieten diese Vorstellungen nicht. Da sich die „Person" über ihre Selbstreflexivität definiert, so müsste einer solchen uns unbekannte selbstreflexive Struktur auch etwas zugeschrieben werden, was den Aspekt der Personhaftigkeit einschließt.

Wir würden es aber als eine unzulässige Missinterpretation ansehen, wenn man das Vorstehende als den Versuch eines Gottesbeweises interpretieren würde. Aus unserer Sicht beruht jeder Versuch eines Gottesbeweises auf einem Irrtum. Transzendenz ist nach unserem Verständnis dieses Wortes etwas, was dadurch definiert werden kann, dass es die Möglichkeit der Beweisbarkeit übersteigt. Dabei hat die Frage der Möglichkeit von „Beweisbarkeit" nichts mit der Frage nach der Möglichkeit von „Existenz" zu tun.

Die durch die Quantentheorie wieder ins Bewusstsein gerückte Fülle der Möglichkeiten, die keinesfalls mit Beliebigkeit verwechselt werden darf, eröffnet also Horizonte, die aus Sicht der Naturwissenschaften zuvor nicht gesehen werden konnten.

Wir sind sicher, dass das Erfassen der tieferen Strukturen der Realität im Kosmos, in der irdischen Natur und im Menschen dazu anregen wird, den gesamten Komplex von Natur- und Geisteswissenschaften, von Ökonomie, Kultur und auch von Religion neu zu bedenken.

13 Literatur

Ainsworth, M., Blehar, M., Waters, E., Wall, S.: *Patterns of Attachment, A Psychological Study of the Strange Situation*, Hillsdale, NJ, Erlbaum (1978)

Adler, A. : *Der Sinn des Lebens*, (1933) Fischer, Frankfurt (2004)

Alber, G., Beth., T., Horodecki, M., Horodecki, P., Horodecki, R., Rötteler, M., Weinfurter, H., Werner, R., Zeilinger, A. : *Quantum Information, An Introduction to Basic Theoretical Concepts and Experiments*, Springer, Berlin, New York (2002)

Arbeitskreis OPD (Hrsg.): *Operationalisierte Psychodynamische Diagnostik*, Hans Huber, Bern, Göttingen (1996)

Aspect, A., Grangier, Ph. and Roger G.; Experimental realization of Einstein-Podolsky-Rosen-Gedankenexperiment: A new violation of Bells inequalities, *Physical Review Letters 19* (1982) 91–94

Bajcsy, M., Zibrov, A. S., Lukin, M. D.: Stationary pulses of light in an atomic medium, *Nature 462*, (2003) 638-641

Balint, M.: *Urformen der Liebe*, Huber-Klett, Stuttgart (1966)

Bekenstein, J. D.: *Phys. Rev. D7* (1973) 2333

Bekenstein, J. D.: *Phys. Rev. D23* (1981) 278

Bieri, P.(Hrsg.): *Analytische Philosophie des Geistes*, Neue wissenschaftliche Bibliothek, Bodenheim, Athenäum, Hain, Hahnstein (1993)

Bild der Wissenschaften, Heft 3 (2002)

Bischof, N.: *Das Kraftfeld der Mythen*, Piper, München (1996)

Bischof, N.: *Das Rätsel Ödipus*, Piper TB, München (1997[4]), Original (1985)

Blome, H.-J., Höll, J., Priester, W.: *Bergmann-Schäfer, Bd. 8: Sterne und Weltraum*, de Gruyter, Berlin, New York (1997)

Blome, H.-J., Priester, W.: Vacuum energy in a Friedmann-Lemaître cosmos, *Naturwissenschaften 71* (1984) 528–531

Blome, H.-J., Priester, W.: Big Bounce in the Very Early Universe, *Astron. Astrophys. 250* (1991) 43–49

Bouwmester, D., Ekert, A., Zeilinger, A. (Eds.): *The Physics of Quantum Information*, Springer, Berlin, Heidelberg (2000)

Bowlby, J.: *Bindung, Eine Analyse der Mutter-Kind-Beziehung* (1969), dt. Kindler, München (1975)

Breidbach, O.: *Expeditionen ins Innere des Kopfes, von Nervenzellen, Geist und Seele*, TRIAS Thieme, Stuttgart (1993)

Brumlik, M.: *C. G. Jung zur Einführung*, Junius, Hamburg (1993)

Buchholz, M. B., Gödde, G. (Hrgb.): *Das Unbewusste in aktuellen Diskursen*, Bd. II: *Anschüsse*, Psychosozial, Gießen (2005)

Carus, C. G.: *Psyche, Zur Entwicklungsgeschichte der Seele*, Pforzheim (1846)

Cantalupo, C., Hopkins, W. D.: Asymmetric Broca's Area in great apes, *Nature 414* (2001) 505

Comer, R. J.: *Klinische Psychologie*, Spektrum, Heidelberg (1995)

Constantinescu, F., de Groote, H. F.: *Geometrische und algebraische Methoden der Physik: Supermannigfaltigkeiten und Virasoro-Algebren*, Teubner, Stuttgart (1994)

Cooper, G., Kimmich, N., Belisle, W., Sarinana, J., Brabham, K., Garrelü, L.: Carbonaceous meteorites as a source of sugar-related organic compounds for the early Earth, *Nature 414* (2001) 879–883

Damasio, A.: *Ich fühle, also bin ich, Die Entschlüsselung des Bewusstseins*. List, München und Leipzig (2000)

Darwin, Ch.: *Über die Entstehung der Arten durch natürliche Zuchtwahl* (1860)

deWaal, F. B. M.: *Wilde Diplomaten*, Hanser, München (1991)

Doerner, Dietrich: *Bauplan für eine Seele*, Rowohlt, Reinbek bei Hamburg (1999)

Dornes, M.: *Der kompetente Säugling*, Fischer, Frankfurt (1993)

Dornes, M.: *Die frühe Kindheit*, Fischer, Frankfurt (1997)

Edelman, G. M.: : *Göttliche Luft, vernichtendes Feuer: wie der Geist im Gehirn entsteht*, Piper, München (1995)

Eibel-Eibelsfeld, I.: *Biologie des menschlichen Verhaltens*, Piper, München (1984)

Eiselers *Handwörterbuch der Philosophie*, Hrsg. Müller-Freienfels, R., Berlin (1922)

Elhardt, S.: *Tiefenpsychologie, eine Einführung*, Kohlhammer, Stuttgart (1971, 1986[10])

Elsner, N., Lüer, G. (Hrsg.): *Das Gehirn und sein Geist*, Wallstein Verlag, Göttingen (2000),

Engel, A. K. et. al.: Temporal coding in the visual cortex: new vistas on integration in the nervous system, *Trend. Neurosci. 15* (1992) 218–226

Engel, A. K.: *Neuronale Synchronisation, Assemblies und Bewusstsein*, Seminar des GRK Frankfurt, Riezlern, 8.–11. Okt. (1999)

Engel, A. K.: *Zeitliche Bindung und phänomenales Bewusstsein*, in Newen und Vogeley (Hrsg.) (2001)

Erikson, E. H.: *Der vollständige Lebenszyklus*, Suhrkamp, Frankfurt (1995)

Ermann, M.: *Psychotherapeutische und psychosomatische Medizin*, Kohlhammer, Stuttgart (1995)

Fedrowitz, J., Matejovski, D., Kaiser, G. (Hrsg.): *Neuroworlds*, Campus, Frankfurt (1994)

Freud, A.: *Das Ich und die Abwehrmechanismen*, Fischer Frankfurt (1994), Kindler München (1964)

Freud, S.: *Gesammelte Werke* (18 Bände) Bd. 1–17 London (1940–52), Bd. 18 Frankfurt 1986, seit (1960) Fischer, Frankfurt, TB, (1999): GW

Freud, S.: *Studienausgabe*, Fischer, Frankfurt (1969–1975), TB (1979): StA

Freud, S.: *Entwurf einer Psychologie* (1895), GW, aus dem Nachlass

Freud, S.: *Abriß der Psychoanalyse* (1940a (1938)), GW Bd. 17,

Freud, S.: *Massenpsychologie* (1921), in StA, Bd. 9

Freud, S.: *Hemmung, Symptom, Angst* (1926 d), in StA. Bd. 6

Freud, S.: *Einige Bemerkungen über den Begriff des Unbewussten in der Psychoanalyse* (1911), StA., Bd. 3:

Freud, S.: *Das Ich und das Es 1. Bewusstsein und Unbewusstes* (1923 b), StA., Bd. 3

Freud, S.: *Zukunft einer Illusion* (1927 c), StA Bd. 9

Freud, S.: *Die Traumdeutung* (1900a), StA Bd. 2

Freud, S.: *Vorlesung zur Einführung in die Psychoanalyse* (1916/17) *Der Traum, Archaische Züge und Infantilismen*, StA, Bd. 1

Freud, S. (1917) *Trauer und Melancholie*, StA. Bd. 3: S. 198

Freud, S. (1937 c) *Die endliche und die unendliche Analyse*, StA. Ergänzungsbd. S. 378

Funk, R. H. W.: Zeit – Facetten eines Phänomens, *Wiss. Zeitschr. der* TU Dresden, 49 (2000) 4 f

Gaddini, E. (1998): *Das Ich ist vor allem ein körperliches: Beiträge zur Psychoanalyse der ersten Strukturen*, Edition diskord, Tübingen

Ganten, D. et al. (Hrsg.): Gene, Neurone, Qubits & Co, Unsere Welten der Information, S. Hirzel, Stuttgart (1999)

Gay, P.: *Freud*, Fischer, Frankfurt (1987, 1989²)

Oehde, E. und Emrich, H. M.: Kontext und Bedeutung. Psychobiologie der Subjektivität im Hinblick auf psychoanalytische Theoriebildung, *Psyche 52* (1998) 963–1003

Giulini, D., Joos, E., Kiefer, C., Kupsch, J., Stamatescu, I. O., Zeh, H. D.: *Decoherence and the Appearance of a Classical World in Quantum Theory* Berlin, Springer (1996)

Görnitz, B. & Th.: Das Unbewusste aus aus Sicht einer Quanten-Psycho-Physik – ein theoretischer Entwurf, in Buchholz und Gödde (2005), S. 757-803

Görnitz, Th.: A New Look on the Large Numbers, *Intern. Journ. Theoret. Phys. 25* (1986) 897 f

Görnitz, Th.: Abstract Quantum Theory and Space-Time-Structure, Part I: Ur-Theory, Space Time Continuum and Bekenstein-Hawking-Entropy, *Intern. Journ. Theoret. Phys. 27* (1988) 527–542

Görnitz, Th.: On Connections between Abstract Quantum Theory and Space-Time-Structure, Part II: A Model of cosmological evolution, *Intern. Journ. Theoret. Phys. 27* (1988) 659–666

Görnitz, Th., Ruhnau, E.: Connections between Abstract Quantum Theory and Space-Time-Structure, Part III: Vacuum Structure and Black Holes, *Intern. Journ. Theoret. Phys. 28* (1989) 651–657

Görnitz, Th., Weizsäcker, C. F. v.: *De-Sitter Representations and the Particle Concept in an Ur-Theoretical Cosmological Model*, in Barut, A. O., Doebner, H.-D. (1986)

Görnitz, Th.: *The Role of Parabose-Statistics in Making Abstract Quantum Theory Concrete;* in B. Gruberet al. (1991)

Görnitz, Th., Graudenz, D., Weizsäcker, C. F. v.: Quantum Field Theory of Binary Alternatives, *Intern. J. Theoret. Phys. 31* (1992) 1929–1959

Görnitz, Th., Ruhnau, E., Weizsäcker, C. F. v.: Temporal Asymmetry as Precondition of Experience – the Foundation of the Arrow of Time., *Intern. Journ. Theoret. Phys. 31* (1992) 37–46

Görnitz, Th. und Schomäcker, U.: *Group theoretical aspects of a charge operator in an ur-theoretical framework*, talk given at: GROUP 21, Applications and Mathematical Aspects of Geometry, Groups, and Algebras, Goslar (1997)

Görnitz, Th.: *Quanten sind anders, die verborgene Einheit der Welt*, Spektrum, Akad. Verl.,
    Heidelberg (1999), TB (2006)

Görnitz, Th. & B.: Das Bild des Menschen im Lichte der Quantentheorie, in Buchholz und Gödde
    (2005), S. 720-745

Goethe, J. W.: *Schriften zur Naturwissenschaft*, Reclam, Stuttgart (1977)

Goethe, J. W.: *Gesammelte Werke*, Weimarer (Sophien-)Ausgabe, Herausgegeben im Auftrage
    der Großherzogin Sophie von Sachsen: II. Abtheilung: Goethes Naturwissenschaftliche
    Schriften: 11. Band: Zur Naturwissenschaft: Allgemeine Naturlehre: I. Theil: Über Na-
    turwissenschaft im Allgemeinen, einzelne Betrachtungen und Aphorismen.

Gold, P., Engel, A.K.: *Der Mensch in der Perspektive der Kognitionswissenschaft*, Suhrkamp,
    Frankfurt (1998)

Goldstein, B. E.: *Wahrnehmungspsychologie*, Spektrum, Heidelberg (1997)

Goyal, R. K., Hirano, I.: The enteric nervous system, *New England Jour. of Medicine, 334*
    (1996) 1106

Gruber, B., L. C. Biedenharn, H. D. Doebner (eds): *Symmetries in Science V*; Plenum, New
    York, London (1991)

Haeckel, E.: *Die Welträtsel* (1899)

Hammeroff, S. R. und Watt, R. C.: Information processing in microtubules, *J. Theor. Biol. 98*
    (1982) 549–561

Hammeroff, S. R. und Penrose, R.: Conscious events as orchestrated space-time selections, *J.
    Consciousness Stud. 3* (1996) 36–53

Hark, H.: *Lexikon Jungscher Grundbegriffe*, Walter, Olten und Freiburg i.B. (1988)

Hartmann, E. v.: *Philosophie des Unbewußten*, Berlin (1869)

Hawking, S. W.: Particle creation by black holes, *Comm. Math. Phys. 43* (1975) 199–220

Hawking, S. W. und Ellis, G. F. R.: *The Large Scale Structure of the Universe,* University Press,
    Cambridge (1973).

Heck, D. und Sultan, F: Das unterschätzte Kleinhirn, *Spektrum der Wissenschaft, 10/*(2001), S.
    36 ff.

Holsboer, F.: Stress — Angst – Depression: Die neue Psychopharmakologie, *MaxPlanck-
    Forschung HV 99* (1999)

Huber, R.: Was ist anders bei Jung? – Grundzüge des Menschenbildes und des Krankheitsver-
    ständnisses der Analytischen Psychologie, *MAP TEXTE 11*, München (2001)

Humboldt, W. v.: *Aesthetische Versuche*, 1. Theil, Vieweg, Braunschweig (1799)

Ifrah, G.: *Universalgeschichte der Zahlen*, Campus, Frankfurt/M. (1991)

Jacobi, J.: *Die Psychologie von C. G. Jung*, Fischer, Frankfurt/M (1978)

Jacoby, M.: *Grundformen seelischer Austauschprozesse*, Walter, Zürich (1998)

Joos, E. und Zeh, H.: The Emergence of Classical Properties Through Interaction with the Envi-
    ronment, *Zeitschr. F. Physik B, 59* (1985) 223–243

Jung, C. G.: GW, *Gesammelte Werke*, Walter, Olten (1971–1985)

Jung, C. G.: *Ausgewählte Werke*, dtv, München (1990–1991)

Jung, C. G.: *Psychologie und Religion*, dtv, München (1991)

Jung, C. G.: *Typologie*, dtv, München (1990)

Jung, C. G.: *Synchronizität*, dtv, München (1990)

Jung, C. G.: *Bewußtes und Unbewußtes*, Fischer, Frankfurt (1957, 1983)

Jung, C. G.: *Gedanken und Erinnerungen*, aufgezeichnet von Jaffé, A., Walter, Olten (1971, 1985)

Jung, C. G. und v. Franz, M.-L., Henderson, J. L. Jacobi, J., Jaffé, A.: *Der Mensch und seine Symbole*, Solothurn und Düsseldorf, Walther (1995)

Kandel, E. R., Schwartz, J. H., Jessell, Th. M. (Hrsg.): *Neurowissenschaften*, Spektrum, Heidelberg (1996)

Kant, I.: *Werke in 6 Bdn.*, Darmstadt (1964), Bd. VI, *Anthropologie*,.

Kernberg, O.: *Borderline-Störungen und pathologischer Narzißmus*, Suhrkamp, Frankfurt (1993⁷)

Kessler, H. (Hrsg.): *Leben durch Zerstörung?. Über das Leiden in der Schöpfung. Ein Gespräch der Wissenschaften*. Beitr. v. Bereiter-Hahn, J /Görnitz, B /Görnitz, T, Echter (2000)

Kesselring, Th.: *Jean Piaget*, Beck, München (1999²)

Kim, Jaegwon: *Philosophie des Geistes*, Springer, Wien, New York (2001)

Klaus, G. und Buhr, M.: *Philosophisches Wörterbuch*, Leipzig (1966)

Köhler, L.: *Von der Biologie zur Phantasie*, in Stork (1986)

Köhler, L.: in Koukkou, M., Leuzinger-Bohleber, M., Mertens, W. (1998),

Köhler, L.: Neuere Ergebnisse der Kleinkindforschung. Ihre Bedeutung für die Psychoanalyse. *Forum Psychoanal.* 6: (1990), S. 42

Kohut, H.: *Narzißmus*, Suhrkamp, Frankfurt (1976)

Kohut, H.: *Die Heilung des Selbst*, Suhrkamp, Frankfurt (1979, 1981)

Koukkou, M., Leuzinger-Bohleber, M., Mertens, W.: *Erinnerung von Wirklichkeiten – Psychoanalyse und Neurowissenschaften im Dialog*, VIP , Stuttgart (1998)

Krause, R.: *Allgemeine psychoanalytische Krankheitslehre*, Bd. I und II, Kohlhammer, Stuttgart (1998)

Lacan, J.: *Propos sur la causalité psychique* in *L Evolution psychiatrique* (1947), u. Ecrits, Edition du Seuil, Paris (1966) 34 in Laplanche, J. Pontalis, J.-B. suhrkamp (1980) S. 474 f.

Laplanche, J. Pontalis, J.-B.: *Das Vokabular der Psychoanalyse*, Suhrkamp, Frankfurt (1972, 1980⁴)

Lewin, R.: *Spuren der Menschwerdung, Die Evolution des Homo Sapiens*, Spektrum, Heidelberg (1992)

Libet, B., Gleason, C. A., Wright, E. W., Pearl, D. K.: Time of Conscious Intention to Act in Relation to Onset of Cerebral Activity, *Brain 106* (1983) 623–642,

Libet, B.: Unconscious cerebral initiative and the role of conscious will in voluntary action, *The Behavioral and Brain Sciences 8* (1985) 529–566

Lichtenberg, J. D., Lachmann, F. M., Fosshage, J. L: *Das Selbst und die motivationalen Systeme. Zu einer Theorie psychoanalytischer Technik*. Brandes & Apsel (2000)

Lill, M.: *Simulate Proton Transport*, Thesis, MPI für Biophysik, Frankfurt (2002) .

Logothetis, N. K., Pauls, J., Augath, M., Trinath, T., Oeltermann, A.: Neurophysiological investigation of the basis of the fMRI signal, *Nature, 412* (2001) 150 ff.

Lyre, H.: *Quantentheorie der Information*, Springer, Wien (1998)

Lyre, H.: *Informationstheorie, eine philosophisch-naturwissenschaftliche Einführung*, Wilhelm Fink Verlag (UTB) München (2002)

Mahler, M., Pine, F., Bergmann, A.: *Die psychische Geburt des Menschen*, Fischer, Frankfurt (1978)

Mahler, M. S.: *Studien über die drei ersten Lebensjahre*, Fischer, Frankfurt/M (1992)

Malsburg, Ch. von der: *The correlation theory of Brain Function* (1981), in Schulten, K. und Hemmen, H.-J. (Hrg.) (1994)

Malsburg, Ch. von der: *Gehirn und Computer* , in Fedrowitz et al (Hrg.) (1994)

Markowitsch, H. J., Kessler, J., van der Ven, C., Weber-Luxenburger, G., Heiss, W.-D.: Psychic Trauma causing grossly reduced brain metabolism and cognitive deterioration, *Neuropsychologia 36* (1998) 77–82

Marx, D., Tuckerman, M. E., Hutter, J., Parrinello, M.: The nature of the hydrated excess proton in water, *Nature 397* (1999) 601

Meltzoff, A. und Borton, R.: Intermodal matching by human neonates, Nature, 282 (1979), 403–404, zitiert nach Dornes (1997)

Mentzos S.: *Neurotische Konfliktverarbeitung*, Geist und Psyche, Fischer Taschenbuchverlag, Frankfurt (1993)

Mentzos S.: *Hysterie*, Geist und Psyche, Fischer Taschenbuchverlag, Frankfurt (1995);

Mertens, W.: *Traum und Traumdeutung*, Beck, München (1999)

Mertens, W.: in Koukkou, M., Leuzinger-Bohleber, M., Mertens, W. (1998) , S. 79

Metzinger, T.: *Neuronal correlates of consciousness*, Cambridge, Mass. (2000)

Meyer, C. A. (Ed.): *Wolfgang Pauli und C. G. Jung: Ein Briefwechsel*, Springer, Heidelberg (1992),

Mohideen, U. and Anushree Roy, *Phys.Rev. Lett 81*, 4549–4552 (1998)

Müller-Pozzi, H.: *Psychoanalytisches Denken*, Hans Huber, Bern, Stuttgart (1995)

Muñoz Caro, G. M., Meierhenrich, U. J., W. A. Schutte, B. Barbier, A. Arcones Segovia, H. Rosenbauer, W. H.-P. Thiemann, A. Brack & J. M. Greenberg: Amino acids from ultraviolet irradiation of interstellar ice analogues, *Nature 416* (2002)403–406

Nagel, Th.: *Wie ist es, eine Fledermaus zu sein*, in Bieri (1993)

Neuser, W.: *Natur und Begriff, Studien zur Theoriekonstitution und Begriffsgeschichte von Newton bis Hegel*, Metzler, Stuttgart (1995)

Newen, A. und Vogeley, K. (Hrsg.): *Das Selbst und seine neurobiologischen Grundlagen*, Mentis, Paderborn (2001)

Nimtz, G. und Haibel, A.: Basics of Superluminal Signals, *Ann. Phys. (Leipzig) 11* (2002) 163–171

Nørretranders, T.: *Spüre die Welt, Die Wissenschaft des Bewusstseins*, Rowohlt TB, Reinbek (1997)

Obhi, S.S. and Haggard, P.: *Der freie Wille auf dem Prüfstand*, Spektrum der Wissenschaft, Heft 4, 2005, S. 90-97

Papousek, H., Papousek, M., Giese, R.: *Neue wissenschaftliche Ansätze zum Verständnis der Mutter-Kind-Beziehungen*, in Stork, J. (1986)

Pauli, W.: *Wissenschaftlicher Briefwechsel*, Bd. IV, Hrsg. von K. von Meyenn, Berlin et al, Springer (1996–2001)

Penrose, R.: *The Emperor's New Mind*, University Press, Oxford (1989), deutsch: *Computer-denken*, Spektrum, Heidelberg (1991)

Penrose, R.: *Schatten des Geistes. Wege zu einer neuen Physik des Bewusstseins*. Spektrum Akademischer Vlg., Heidelberg (1995)

Peters, D. S.: *Biologische Anmerkungen zur Frage nach dem Sinn des Leidens in der Natur*, in Kessler (2000)

Piaget, J.: *Probleme der Entwicklungspsychologie*, Europ. Verlagsanstalt, Hamburg (1993)

Piaget, J.: *Das moralische Urteil beim Kinde*, dtv/Klett-Cotta, München (1986)

Planck, M.: *Neue Bahnen der physikalischen Erkenntnis*, in *Wege zur physikalischen Erkenntnis*, S. Hirzel, Leipzig (1944)

Popp, F., Chang, J. J., Herzog, A., Yan, Z., Yan, Y., *Physics Letters A 293*, 98–102 (2002)

Popp, F., Yan, Y., *Physics Letters A 293* (2002) 93–98

Primas, H.: (1981, 1983²): *Chemistry, Quantum Mechanics and Reductionism*, Springer, Berlin et al.

Primas, H. (1987): *Contextual Quantum Objects and their Ontic Interpretation*, in P. Lahti and P. Mittelstaedt (eds.): Proc. of the Symposium on the Foundations of Mod. Phys. Joensuu (1987), World Scientific

Raichle, M., Bold Insights, *Nature 412* (July 2001) 128

Rizzolatti, G., Arbib, M. N., *Trends in Neuroscience 21* (1998) 95–99

Roth, G., Prinz, W. (Hrsg.): *Kopfarbeit, Gehirnfunktion und kognitive Leistung*, Spektrum, Heidelberg (1996)

Roth, G.: *Kleine Gehirne – große Gehirne, evolutive Aspekte und funktionelle Konsequenzen*, in Ganten et al. (1999)

Roth, G. : *Denken, Fühlen , Handeln*, Suhrkamp, Frankfurt (2001)

Sacks, O.: *Der Mann, der seine Frau mit einem Hut verwechselte*; Rowohlt Sachbuch 8780, Reinbeck (1990)

Sacks, O.: *Der Tag, an dem mein Bein fortging*, Rowohlt Sachbuch 8884, Reinbeck (1991)

Schacter, D.: *Wir sind Erinnerung*, Rowohlt, Reinbek (1999), S. 306

Schandry, R.: *Lehrbuch Psychophysiologie, körperliche Indikatoren psychischen Geschehens*, Beltz, Psychologische Verlagsunion (1998)

Scharf, J.-H. (Hrsg.): *Informatik*, Nova Acta Leopoldina, Neue Folge, Nr 206, Band 37/1, Barth, Leipzig (1972)

Scheibe, E., Suessmann, G., and Weizsäcker C. F. v.: Mehrfache Quantelung, Komplementarität und Logik III, *Zeitschrift für Naturforschung, 13a* (1958) 705.

Schelling, F. W.: *System des transzendenten Idealismus*, Tübingen (1800)

Schopenhauer, A.: *Die Welt als Wille und Vorstellung*, Leipzig (1819)

Schulten, K. und Hemmen, H.-J. (Hrg.): *Models of Neural networks*, Berlin (1994)

Shor, P.: *Algorithms for Quantum Computation: Discrete Logarithms and Factoring*, Proceedings of the 35th Annual Symposium on Foundations of Computer Science (1994), pp. 124–134 oder quant-ph/9508027

Singer, W., Engel, A. K., Kreiter, A. K., Munk, H. J., Neuenschwander, S., Roelfsema, P. R.: Neuronal assemblies: necessity, signature and detectability, *Trends in Cognitive Sciences, 1* (1997) 252–261

Singer, W.: *Das Bild im Kopf*, in Ganten (1999)

Singer, W.: *Phenomenal awareness and consciousness from a neurobiological perspective*, in Metzinger,T. (2000)

Singer, W.: *Vom Gehirn zum Bewusstsein*, in Elsner und Lüer (2000)

Spencer-Brown, G.: *Wahrscheinlichkeit und Wissenschaft*, Carl-Auer-Systeme, Heidelberg (1996)

Spitz, R.: *Vom Säugling zum Kleinkind*, Klett-Cotta, Stuttgart (1985[8])

Spitzer, M.: *Der Geist im Netz*, Spektrum, Heidelberg (2000)

Spitzer, M.: *Ketchup und das kollektive Unbewusste*, Schattauer, Stuttgart (2001)

Stern, D.: *Die Lebenserfahrung des Säuglings*, Klett-Cotta Stuttgart (1994[2])

Stevens, A.: *Das Phänomen C. G. Jung, Biographische Wurzeln einer Lehre*, Walther, Solothurn und Düsseldorf (1993)

Stork, J.(Hrsg.): *Zur Psychologie und Psychopathologie des Säuglings*, Frommann-Holzboog, Stuttgart-Bad Cannstatt (1986)

Thomä, H., Kächele, H.: *Lehrbuch der psychoanalytischen Therapie*, Springer, Berlin et al. (1996)

Tömmel, S. E.: *Die Evolution der Psychoanalyse, Beitrag zu einer evolutionären Wissenschaftssoziologie*, Campus, Frankfurt, NewYork (1985), S. 179

Tomasello, M.: Primate Cognition: Introduction to the Issue, *COGNITIVE SCIENCE Vol. 24* (3) (2000), pp. 351– 361

Varela, F. J.: *Traum, Schlaf und Tod, Grenzbereiche des Bewusstseins. Der Dalai Lama im Gespräch mit westlichen Wissenschaftlern*, Hugendubel, München (1998)

Vollmer, G.: *Evolutionäre Erkenntnistheorie*, Hirzel, Stuttgart (1995)

Wagner A., *Phys. Blätter*, Heft 2 (2000) S. 3

Walter, H.: *Neurophilosophie der Willensfreiheit*, Schöningh, Paderborn (1998)

Weinberg, Steven: *Die ersten drei Minuten, Der Ursprung des Universums*, Dt. Taschenbuch-Verl., München (1989)

Weizsäcker, C. F. v.: Komplementarität und Logik I, *Naturwissenschaften* 42 (1955) 521–529, 545–555

Weizsäcker, C. F v.: Komplementarität und Logik II, *Zeitschrift für Naturforschung*, 13a (1958) 245

Weizsäcker, C. F. v.: *Aufbau der Physik*, Hanser, München (1985)

Weizsäcker, Ch. und E. U. v. : *Wiederaufnahme der begrifflichen Frage: Was ist Information?*, in: Scharf, J.-H. (Hrsg.) (1972)

Weizsäcker, E. U. v.: *Erstmaligkeit und Bestätigung als Komponenten der pragmatischen Information* (1974a) in: Weizsäcker, E. U. v. (Hrsg.) (1974b)

Weizsäcker, E. U. v. (Hrsg.): *Offene Systeme I*, Klett-cotta, Stuttgart (1974b)

Weizsäcker, V. v.: *Gesammelte Schriften*, Suhrkamp, Frankfurt (1988)

Wehr, G.: *Carl Gustav Jung*, Kösel, München (1985)

Williams, C. P., Clearwater, S. H.: *Explorations in Quantum Computing*, Springer, New York (1998)

Winnicott, D. W.: *Das Baby und seine Mutter*, Ernst Klett Verlag, Stuttgart (1990)

Winnicott, D. W.: *Von der Kinderheilkunde zur Psychoanalyse*, Kindler, München (1976)

Young, M. P.: The Organization of Neural Systems in the Primate Cerebral Cortex, *Proc. R. Soc. Lond. B 252* (1993) 13–18

Abbildungen und Tabellen

14 Mathematisch-physikalischer Anhang

14.1 Die mathematische Grundstruktur der klassischen Physik

Die klassische Physik geht in ihrer Grundstruktur auf die mathematischen Modelle zurück, die unabhängig von einander Newton und Leibniz gefunden haben. Newtons fundamentale Aussage, dass Kraft gleich Masse mal Beschleunigung ist, wird erst dadurch sinnvoll, dass die Beschleunigung als eine momentane Änderung einer Momentangeschwindigkeit definierbar wurde. Wenn Geschwindigkeit verstanden wird als das Verhältnis einer Weglänge zu der Zeitdauer, in der sie zurückgelegt wird, so ist dies immer lediglich eine Durchschnittsgeschwindigkeit, und aus dieser lässt sich keine Beschleunigung herleiten.

14.1.1 Infinitesimalrechnung

Einen Ausweg aus diesem Problem hat die Idee gewiesen, zu immer kleineren Weg- und Zeitabschnitten überzugehen, ohne diese tatsächlich zu Null werden zu lassen. Die Division durch Null blieb weiterhin sinnlos, aber mit dem Übergang zu den so genannten infinitesimalen Größen wurde es möglich, eine Augenblicksgeschwindigkeit zu definieren. Deren Änderung ergibt dann die Beschleunigung. Diese Vorstellung, dass es möglich ist, Zahlwerte immer kleiner werden lassen zu können, ohne dass sie jedoch tatsächlich zu Null werden, ist die Grundlage der ganzen klassischen Physik. Es gibt keinen *kleinsten* positiven Wert, denn zu jedem Wert und zu jeder Zahl größer als Null, die man vorschlagen würde, könnte man sofort eine kleinere nennen, z.B. in dem man sie halbiert oder indem man hinter dem Komma noch eine Null einschiebt.

Da in den mathematischen Strukturen der klassischen Physik der Zusammenhang zwischen den einzelnen Objekten immer kleiner gemacht werden kann, so dass die Wechselwirkung unter jede Nachweisgrenze sinkt, darf man mit gutem Gewissen diese Objekte als „getrennt" ansehen. Aus der Hypothese einer Zerlegung und Trennung der Welt in einzelne Objekte folgt auch eine Trennung zwischen der Welt und dem sie beobachtenden Menschen ("detached observer").

14.1.2 Gesetze, Anfangswerte, Invarianten und Zustände

Aus diesem Gebiet der Mathematik, der *Infinitesimalrechnung*, folgt mit den *Differentialglei-chungen* eine äußerst wirkungs- und machtvolle Anwendungsmöglichkeit. Die Differentialglei-chungen liefern die mathematische Form der Naturgesetze und erlauben es, Prozesse und Bewegungen zu beschreiben. In diese Differentialgleichungen gehen einerseits die Größen ein, die als Invarianten die unveränderlichen Größen des Systems stellen. Dies kann z.B. die Ladung oder die Ruhmasse sein. *Diejenigen Größen, die sich durch die Dynamik verändern können und die benötigt werden, um die zeitliche Veränderung des Systems zu beschreiben, werden unter dem Begriff „Zustand" zusammengefasst.* Der Zustand des Systems, der zu demjenigen Zeitpunkt vorliegt, von dem an die Berechnung des Systemverlaufes erfolgen soll, wird als Anfangsbedingung bezeichnet.

Bei dem einfachsten System der klassischen Physik, einem Punktteilchen, wird der Zustand durch den Ort und die Geschwindigkeit zu einem Zeitpunkt festgelegt. Daraus lässt sich dann bei bekannter Kraft die ganze Bahn berechnen, d.h. alle früheren und alle späteren Zustände. Durch die Trennung zwischen den Kraftgesetzen und Invarianten einerseits und den Anfangsbe-dingungen bzw. dem Zustand andererseits wird es möglich, die kontingenten[293] Eigenschaften von den unveränderlichen zu trennen:

Das Naturgesetz wird durch die Differentialgleichung erfasst und die konkrete Situati-on durch die Anfangsbedingung.

Die Mathematik der Differentialgleichung lässt aus einem Anfangswert nur *eine einzige Lösung* entstehen, die sich auch nicht verzweigen kann. Damit wird mit diesem Modell eine streng deterministische Struktur festgeschrieben, aus der es im Rahmen dieses theoretischen Ansatzes auch keinen Ausweg gibt. Wir hatten dafür das Bild der Gleise ohne Weichen zur Veranschauli-chung verwendet.

Diese mathematisch zwingenden Folgerungen finden natürlich auch ihren Niederschlag in den philosophischen Beschreibungen der Welt, die auf diesem Modell aufbauen. Zufall kann es dann nur für den Betreffenden geben, dessen theoretische Kenntnis nicht ausreicht, diese feststehende Zukunft auszurechnen. Ein solcher absoluter Determinismus kann die Frage nach der Willensfreiheit notwendig nur negativ beantworten. Allerdings folgt aus dieser eindeutigen „Wenn-dann-Struktur" auch die Machtförmigkeit, die die klassischen Naturwissenschaften auszeichnet.

Die neuronalen Netze gehören zum Geltungsbereich der klassischen Physik. Auch mit ihnen werden die Strukturen der Differentialgleichungen nicht durchbrochen. Daher kann in ihrem Gültigkeitsbereich auch nichts Neues entstehen.

---

[293] Vom lat. *contingit*, es trifft sich; zufällig, von den Umständen abhängig, nicht naturgesetzlich festgelegt

14.1.3 Warum reicht die klassische Physik nicht aus?

Im Rahmen der klassischen Physik kann nicht ein einziges der Objekte verstanden werden, mit denen in ihr gearbeitet wird.

Elektrisch neutrale Atome könnten nur durch Gravitation zusammengefügt und zusammengehalten werden. Dies würde höchstens Materiehaufen mindestens von der Größe eines Sternes erlauben – nicht wesentlich kleiner als die Sonne – aber keine kleineren Körper. Wenn man in den Atomen – wie es die Experimente zeigen – Teile mit elektrischen Ladungen zulässt, so müssten nach den Gesetzen der Elektrodynamik und der Relativitätstheorie diese Atome zerstrahlen. Sie müssten wegen der elektrischen Anziehung ineinander stürzen. Die Lösung beim Planetensystem, der Umlauf auf elliptischen Bahnen umeinander, hilft in der Elektrodynamik nicht weiter. Die Bewegung auf geschlossenen Bahnen ändert fortwährend die Richtung der Geschwindigkeit, ist also beschleunigt – und beschleunigte Ladungen strahlen Energie ab. Durch diese Abstrahlung wird der Abstand zwischen den Ladungen immer kleiner und sie stürzen ineinander. Es könnte somit kein stabiler Grundzustand der Atome existieren. Damit wären dann auch keine festen Körper, Flüssigkeiten oder Moleküle von Gasen möglich. Den Ausweg aus diesem Dilemma hat die Quantentheorie eröffnet.

14.2 Die mathematische Grundstruktur der Quantenphysik

Beziehungen bewirken, dass ein aus Teilen gebildetes Ganzes mehr ist als lediglich die Summe dieser Teile.

Daher ist wahrscheinlich die einfachste Weise, die mathematische Grundstruktur der *Quantenphysik* in Worten zu beschreiben und um ihr Wesen zu erfassen, sie als eine *Physik der Beziehungen* zu verstehen. Eine dazu äquivalente Beschreibung erlaubt die Interpretation der Quantenphysik als eine *Physik der Möglichkeiten*. Während die klassische Physik als eine Schilderung von Fakten begriffen werden kann, kann die Quantentheorie als eine Wiedergabe der sich aus solchen Fakten ergebenden Möglichkeiten verstanden werden. In einer mehr mathematischen Sprache erfolgt die quantentheoretische Beschreibung durch die Funktionen über den klassischen Fakten. Daher wird der *Zustand* eines Quantensystems nicht mehr, wie in der klassischen Physik, durch die punktuelle Angabe von Ort und Geschwindigkeit festgelegt, sondern durch eine im ganzen Raum ausgedehnte Funktion, die Wellenfunktion. Die Schichtenstruktur macht verständlich, dass eine solche Funktion wiederum in einem verallgemeinerten Raum, dem in der Regel unendlichdimensionalen Hilbert-Raum, als Vektor aufgefasst werden darf, weshalb auch oft vom Zustandsvektor gesprochen wird.

Für die Zusammensetzung von Systemen gelten in Quantentheorie ebenfalls andere Regeln als in der klassischen. In der klassischen Physik ergeben sich die Fakten eines zusammengesetzten Systems aus der *Addition der Fakten* seiner Teile. In einer mathematischeren Formulierung kann man sagen, dass der Zustandsraum des Gesamtsystems die *direkte Summe* der Zustandsräume der Teile ist. Für die Quantentheorie müssen wir zum *Raum der Funktionen* übergehen. Der Raum der Funktionen über einer direkten Summe ist das *direkte Produkt* der Funktionenräume über den Zustandsräumen der Teile. Dies führt dazu, dass in der Quantentheorie ein zusammengesetztes System wesentlich mehr und völlig neuartige Zustände haben kann, die an seinen Ausgangsteilen nicht zu erkennen gewesen waren.

Die lineare Struktur der Quantentheorie ist ihr wesentlichstes mathematisches Charakteristikum. Daher können Zustände in andere zerlegt werden, wie es in der Schule beim Parallelogramm der Kräfte gelehrt wird. Während die Zustände für Quantensysteme als Vektoren verstanden werden, werden die beobachtbaren Größen, die Observablen, durch *Operatoren* erfasst. Einen Operator darf man sich als *Matrix* vorstellen, d.h. als eine quadratische Anordnung von Zahlwerten, die mit dem Matrizenprodukt auf die Vektoren wirken. Da die Messwerte von physikalischen Größen reell sein müssen, ergeben sich daraus noch Symmetriebedingungen an diese Matrizen, die uns aber jetzt nicht weiter interessieren sollen. Ein Operator vermittelt eine *lineare Abbildung* der Vektoren. Darunter darf man sich eine Verschiebung, eine Drehung und eine Streckung, bzw. die Kombination dieser Operationen vorstellen.

Die Wahrscheinlichkeit, beim Vorliegen eines Zustandes b einen anderen a finden zu können, wird durch das Skalarprodukt zwischen den beiden Vektoren gegeben:

$$< a \mid b >$$

Den wahrscheinlichsten Messwert, den so genannten *Erwartungswert* eines Operators A in einem bestimmten Zustand a erhält man dadurch, dass man das Skalarprodukt dieses Zustandes a mit dem Vektor bildet, der aus ihm durch die Transformation mit dem Operator entsteht:

$$< a \mid A\,a >$$

Die Wahrscheinlichkeit dafür, einen bestimmten Zustand a zu erhalten, wenn ein Operator A auf einen Zustand b einwirkt, die so genannte *Übergangswahrscheinlichkeit*, erhält man dadurch, dass man das Skalarprodukt dieses Zustandes a mit dem Vektor bildet, der aus ihm durch die Transformation von b mit dem Operator A ergibt:

$$< a \mid A\,b >$$

14.3 Klassische und Quanten-Information – das Non-Cloning-Theorem

Die klassische Information ist heute durch die fast überall zu findenden Computer zu etwas geworden, an das man sich gewöhnt hat. Dabei hat man gelernt, dass sich jede Information in Bits zerlegen lässt, also in eine Menge von Ja-Nein-Alternativen. Dies gilt für mathematische Daten, für Texte, Bilder und Musik.

Was ist dann eine quantisierte Alternative, ein Qubit? Wir hatten in Kapitel 5 bei der Einführung in die Quantentheorie deutlich gemacht, dass das Qubit verstanden werden darf als die Menge der Möglichkeiten, die aus einem einfachen klassischen Bit erwachsen können. Damit wird aus einer Zwei-Punkte-Menge der klassischen Alternative die zweidimensionale komplexe Mannigfaltigkeit der quantisierten.

Die Quantenzustände sind als Vektoren zu verstehen, woraus sich ohne weiteres herleiten lässt, dass beim Vorhandensein eines Zustandes auch andere Zustände (Unbestimmtheit) gefunden werden können. Für Quanteninformation gilt das „Non-Cloning-Theorem", was bedeutet, dass eine unbekannte Quanteninformation nicht dupliziert werden kann. Dieser wichtige Sachverhalt soll hier kurz skizziert werden.

Ein Zustandsvektor sei Φ normiert, d.h. $|<\Phi|\Phi>| = 1$, was bedeutet, wenn er vorliegt, ist die Wahrscheinlichkeit, ihn zu finden, gleich 1. Sei U ein hypothetischer unitärer, d.h. wahrscheinlichkeitserhaltender Operator, der mit Hilfe eines Vorratszustandes Ψ einen beliebigen Zustand Φ in einen Zustand umwandeln soll, der zweimal diesen Zustand umfasst: $\Phi \times \Phi$. Für U wird also gefordert:

$$U\,\Phi \times \Psi = \Phi \times \Phi \quad \text{für jedes beliebige } \Phi$$

Dann folgt also für zwei Vektoren Ψ und ξ

$$U\,\Phi \times \Psi = \Phi \times \Phi \quad \text{und} \quad U\,\xi \times \Psi = \xi \times \xi \tag{*}$$

Für die Wahrscheinlichkeiten zwischen den untransformierten linken Seiten ergibt sich

$$|<\Phi \times \Psi|\xi \times \Psi>| = |<\Phi|\xi><\Psi|\Psi>| = |<\Phi|\xi>| \tag{1}$$

Die Wahrscheinlichkeit der rechten Seiten ist

$$|<\Phi \times \Phi|\xi \times \xi>| = |<\Phi|\xi><\xi|\Phi>| = |<\Phi|\xi>|\,|<\xi|\Phi>| = |<\Phi|\xi>|^2 \tag{2}$$

Eine Gleichheit von (1) und (2) kann aber nur gelten, wenn gilt

$$|<\Phi|\xi>| = |<\Phi|\xi>|^2$$

Das bedeutet aber, dass gelten muss

$$|<\Phi|\xi>| = 0 \text{ oder } = 1 \tag{**}$$

Solche Zustände, die miteinander nur die Wahrscheinlichkeiten 0 oder 1 besitzen, sind aber gerade die Zustände, die zu einer Basis, d.h. zu einer vollständigen Frage an unser Quantensystem gehören, und die die möglichen Antworten repräsentieren, die als Fakten klassisch sind. Allerdings muss dann auch, im Gegensatz zur linearen Struktur der Quantentheorie und wie in der klassischen Physik üblich, auf die Kombination solcher Zustände verzichtet werden. Denn zwei verschiedene Vektorsummen aus Φ und ξ müssen keineswegs auch die Eigenschaft (**) miteinander haben.

14.3.1 Duplizierbare Information

Im Rahmen der Weizsäckerschen Ur-Theorie wurden quantisierte abstrakte binäre Alternativen als *Ur-Alternativen* oder *Ure* bezeichnet.[294] Diese Bezeichnung ist zwar die originale Bezeichnung, wird aber heute nur von wenigen verstanden, da sich in der Quanteninformatik das aus dem Englischen stammende *Qubit* durchgesetzt hat. Um duplizierbare Information zu erhalten, müssen wir die Quanteninformation ankoppeln an einen Zustand, der klassische Eigenschaften aufweisen kann, man spricht von *Superauswahlregeln*. Wenn ein einzelnes Qubit an endlich viele Ure gekoppelt ist, kann keine strenge Superauswahlregel gelten, aber an *unendlich* viele Ure gekoppelt wird dies möglich. Wenn also die interessierenden Qubits an endlich viele Ure gekoppelt sind, verbleiben wir im Rahmen der reinen Quanteninformation und können nicht klassisch werden. Dies wird der Fall sein bei üblichen Quantenobjekten, die vom Rest der Welt gut isoliert sind. Dann ist wegen der endlichen Gesamtenergie auch die Zahl der Qubits beschränkt. Wollen wir zu unendlich vielen Uren bzw. kosmischen Qubits übergehen, dann gelangen wir in den Bereich, in welchem die Teilchen der *relativistischen Quantentheorie* definiert sind, d.h. in den Bereich von masselosen oder massiven Darstellungen der Poincaré-Gruppe. Mit beliebig vielen Uren lassen sich z.B. die masselosen, aber Energie besitzenden Teilchen des Lichts, die Photonen, konstruieren sowie die Masse tragenden Protonen und Neutronen, die ihrerseits die Atomkerne konstituieren.

Daraus kann geschlussfolgert werden, dass es klassische Information stets erforderlich macht, dass die Information an einen materiellen oder energetischen Träger gekoppelt ist. Für reine Quanteninformation gilt diese Schlussfolgerung in dieser Form nicht, d.h. Quanteninformation kann auch immateriell – d.h. ohne Energie oder Masse – existieren.

---

[294] Weizsäcker, C. F. v. (1955, 1958, 1985); Scheibe, Suessmann und Weizsäcker, C. F. v. (1958)

14.4 Die Schichtenstruktur der Physik

Aus dem Non-Cloning-Theorem ist ablesbar, dass die klassische Physik immer dann unverzichtbar wird, wenn es um kommunizierbare Information geht. Mitteilbare Information muss geteilt werden können, d.h. vervielfältigt, und das ist für beliebige Information nicht möglich, sondern nur für klassische. Erst im Rahmen der klassischen Physik kann es Objekte und Fakten geben. Da einerseits kein Objekt der klassischen Physik aus dieser Theorie heraus verstanden werden kann, sondern seine Existenz und Stabilität erst durch die Quantentheorie begründet werden kann, und andererseits Quanteneigenschaften erst an isolierten Objekten deutlich werden, die es im Rahmen der Quantentheorie nicht gibt, wird sofort deutlich, dass eine zutreffende Beschreibung der Welt nur in Kombination von klassischer und quantischer Theorie möglich sein wird.

Diese Kombination nennen wir die Schichtenstruktur der Physik. Sie ist eine dynamische Bildung, da nur sie es erlaubt, die Zeit im Rahmen der Naturwissenschaften ernst zu nehmen.

14.5 Über die Äquivalenz von Masse, Energie und Quanteninformation – Protyposis

Wir hatten in Kapitel 6 daran erinnert, dass die Quantentheorie eine Äquivalenz von Bewegung und Masse ermöglicht, und dann darauf verwiesen, dass eine Äquivalenz von Masse und Energie mit der Quanteninformation aus dieser Theorie abgeleitet werden kann. Wir wollen uns hier zuerst der Frage zuwenden, warum von Einsteins berühmter Formel $E = mc^2$ im Alltag nichts zu verspüren ist, denn trotz der Gültigkeit dieser Formel ist im täglichen Leben die Bewegung, d.h. kinetische Energie, vollkommen verschieden von Materie. Während also die beiden fundamentalen physikalischen Theorien, die Relativitätstheorie und die Quantentheorie, die Behauptung aufstellen, dass es zwischen den Konzepten von Energie und Masse keinen *prinzipiellen* Unterschied gäbe, ist es im Alltag vernünftig und sinnvoll, sehr wohl zwischen ihnen zu unterscheiden. Dies soll an einem sehr einfachen Beispiel erläutert werden: Zwei Lastwagen mit je 10 t Masse sollen mit einer Geschwindigkeit von je 108 km/h, natürlich nur theoretisch, frontal aufeinander stoßen.

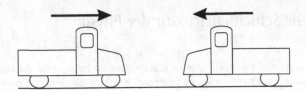

Abb. 14.1: Zwei Lastwagen stoßen mit je 108 km/h frontal gegeneinander

Nach dem Unfall wird die kinetische Energie der beiden Wagen im Wesentlichen in Verformungsarbeit und schließlich in Wärme umgewandelt sein und in die Umwelt abgestrahlt werden. Die Gesamtenergie eines Lkw sei E und die kinetische Energie E_{kin}. In guter Näherung gilt

$$E = (m \cdot c^2) / (1 - v^2/c^2)^{\frac{1}{2}} \qquad \text{ist etwa gleich} \qquad E = m \cdot c^2 + \frac{1}{2} m \cdot v^2$$

Die kinetische Energie eines LKWs beträgt

$$
\begin{aligned}
E_{kin} &= \frac{1}{2} m \cdot v^2 \\
&= 5t \cdot (30 \text{ m/s})^2 \\
&= 45 \cdot 10^{-4} \text{ t km}^2/\text{s}^2
\end{aligned}
$$

Nach dem Stoß ist natürlich die kinetische Energie Null, so dass die gesamte *Energieänderung* der beiden LKWs durch den Stoß von $9 \cdot 10^{-3}$ tkm^2/s^2 auf 0 erfolgt. Nun wollen wir die *Änderung der Gesamtenergie* E betrachten, was für kleine Geschwindigkeiten v in sehr guter Näherung

$$E = E_{rest} + E_{kin}$$

ergibt. Die Lichtgeschwindigkeit ist c = 300.000 km/s, die Masse eines LKWs war 10 t. Werden die Zahlwerte eingesetzt, so folgt

$$E = 10 \text{ t} \cdot 9 \cdot 10^{10} \text{ km}^2/\text{s}^2 + 4{,}5 \cdot 10^{-3} \text{ t km}^2/\text{s}^2$$

Damit ist für die beiden Lastwagen die Gesamtenergie vor dem Stoß

$$
\begin{aligned}
E_{vor} &= 2 \cdot m \cdot c^2 + m \cdot v^2 \\
&= 20 \cdot 9 \cdot 10^{10} \text{ t km}^2/\text{s}^2 + 9 \cdot 10^{-3} \text{ t km}^2/\text{s}^2 \\
&= (\,1.800.000.000.000,\,009\,)\ \text{t km}^2/\text{s}^2
\end{aligned}
$$

Nach dem Unfall, wenn die Wärme abgestrahlt ist und nur die Masse noch – wenn auch verformt – zurückbleibt, haben wir die Gesamtenergie

$$
\begin{aligned}
E_{nach} &= 2 \cdot m \cdot c^2 \\
&= (1.800.000.000.000,\,000)\ \text{t km}^2/\text{s}^2
\end{aligned}
$$

Das Verhältnis zwischen E_{vor} und E_{nach} ist

$$E_v/E_n = 1.800.000.000.000,009 \,/\, 1.800.000.000.000 = 1,000.000.000.000.005$$

erst an der fünfzehnten Stelle hinter dem Komma zeigt an ihr sich eine Änderung, so dass es in der Rechnung so aussieht, als ob überhaupt nichts passiert war.

Wenn es nicht tatsächlich reale Prozesse in der Natur geben würde, bei denen sich die Gesamtenergie merklich ändern würde, könnte man die Einsteinsche Formel für etwas ziemlich Verrücktes halten.

Natürlich kann man die Formel nicht mit LKWs verifizieren, aber mit Elementarteilchen passiert derartiges in den großen Beschleunigern, oder auch in der Sonne. Wenn ein Teilchen mit seinem Antiteilchen zusammentrifft, so können beide in reine Energie umgewandelt werden, so dass nichts mehr von der Ruhmasse übrig bleibt. Und umgekehrt kann in den Beschleunigern wie CERN oder DESY aus einem Stoß zweier Protonen mit extrem hoher kinetischer Energie nach dem Stoß die Ruhmasse von 1000 Protonen entstanden sein. Bei der Energieproduktion der Sonne werden in der Kernfusionsreaktion etwa 4 % der Ruhmasse in Strahlungsenergie umgewandelt.

Wir sehen an diesem Beispiel, dass für unsere tägliche Erfahrung die Formel $E = m \cdot c^2$ vollkommen irrelevant ist, denn der Teil der Energie, der von uns umgewandelt werden kann und uns daher interessiert, ist nur eine winzige Schicht auf der „Oberfläche" der Gesamtenergie. Für die prinzipiellen Überlegungen hingegen ist wiederum die Frage der täglichen Erfahrung belanglos. Wenn also die Äquivalenz von Masse und Energie eine prinzipielle und (fast) keine praktische Frage ist, dann wird es leichter fallen, gleichartiges auch für die prinzipielle Äquivalenz von Masse, Energie und Quanteninformation akzeptieren zu können.

14.6 Entropie Schwarzer Löcher und abstrakte kosmische Information

Der erste, der die Bedeutung von abstrakten binären quantisierten Alternativen für die Physik gesehen hat, war C. F. v. Weizsäcker[295]. Sein Konzept der *Ur-Theorie* startete von der Logik und der Quantentheorie und zielte darauf, daraus die Physik zu rekonstruieren. Um den Anschluss an die empirisch bekannte Physik und auch an die Gravitationstheorie zu erreichen, habe ich (T. G.) dort angesetzt, wo im Rahmen einer Gravitationstheorie die Quanteneffekte nicht mehr zu vernachlässigen sind, bei den Schwarzen Löchern.

Die Entropie der Schwarzen Löcher erweist sich als die Nahtstelle, an der sich die urtheoretischen Konzepte an die konventionelle Physik, d.h. an die allgemeine Relativitätstheorie und die relativistische Quantentheorie anschließen lassen.

---

[295] Weizsäcker, C. F. v. (1955, 1958, 1985)

Entropie ist diejenige Information über ein System, die für eine Beschreibung desselben nicht zur Verfügung steht, die sich aber in ihrer Größe aufgrund von Modellen über die interne Systemstruktur berechnen lässt. Wenn daher Gebilde untersucht werden, die – wie Schwarze Löcher – wegen ihres Horizontes aus naturgesetzlichen Gründen keine Information über ihren inneren Zustand in die Außenwelt gelangen lassen, müssen daher deren Entropien alle bis dahin bekannten Größenordnungen übersteigen. Mit den Ansätzen von Bekenstein[296] und Hawking[297] konnte die Entropie der Schwarzen Löcher mit der bestehenden Physik verkoppelt werden. Für die einfachsten Schwarzen Löcher, die keine elektrische Ladung und keinen Drehimpuls besitzen, ist die Entropie S proportional zum Quadrat ihrer Masse M_{SL}.

$$S = \text{konst} \cdot M_{SL}^2$$

Diese quadratische Abhängigkeit der Entropie von der Masse hat zur Folge, dass eine kleine Massenänderung um δm zu einer linearen Änderung der Entropie führt, die proportional zur Masse des Schwarzen Loches M_{SL} ist. Wenn die verschwindend kleine Größe δm^2 vernachlässigt wird, gilt:

$$\begin{aligned}
\Delta S &= S_1 - S_2 = \text{konst} \cdot \{ (M_{SL} + \delta m)^2 - M_{SL}^2 \} \\
&= \text{konst} \cdot \{ (M_{SL}^2 + 2\,M_{SL}\,\delta m + (\delta m)^2 - M_{SL}^2 \} = \text{konst} \cdot \{ 2\,M_{SL}\,\delta m \}
\end{aligned}$$

Unter dieser Näherung hängt ΔS linear von δm ab. Der Entropiezuwachs beim Hineinfallen eines Objektes zeigt, welches Maß an Information I damit im Außenraum verloren geht. Es ist im Wesentlichen abhängig von der Masse oder der Energie des einfallenden Objektes m_{Obj} und der Masse des Schwarzen Loches M_{SL}:

$$\Delta S = I = \text{konst} \cdot M_{SL} \cdot m_{Obj}$$

Während das Verständnis der Entropie der Schwarzen Löcher im Rahmen quantenfeldtheoretischer Modelle große Probleme bereitete, konnten sie leicht mit den urtheoretischen Überlegungen zusammengeführt werden.[298]

Für ein gegebenes Objekt der Masse m_{Obj} wird ΔS maximal, wenn M_{SL} maximal wird, d.h. wenn M_{SL} die Masse des Kosmos besitzt. Der lineare Zusammenhang erlaubt, eine Äquivalenz der Größen zu postulieren, *falls ein physikalisches Modell für eine Umwandlung der einen Größe in die andere angegeben werden kann. Genau dieses ist aber durch die mehrfache Quantisierung der Qubits möglich.*

In Analogie zu Einsteins Formel

$$m = E/c^2$$

kann daher formuliert werden

$$m = I\,\hbar\,/\,(6\,\pi\,c\,R\,k_B)$$

---

[296] Bekenstein (1972, 1983)

[297] Hawking (1975)

[298] Görnitz (1986, 1988)

Dabei ist I die Zahl der Bits (Protyposis), die das Teilchen gestalten, k_B ist die Boltzmann-Konstante, R ist der (vom Weltalter abhängige) kosmische Krümmungsskalar, der proportional zur kosmischen Gesamtenergie M_{Kosmos} ist, $\hbar$ ist das Plancksche Wirkungsquantum und c die Lichtgeschwindigkeit.

Schreiben wir die Energie E in der Form $E = m \cdot konst_1$ und vergleichen sie mit $I = konst \cdot M_{Kosmos} \cdot m$, die wir natürlich auch in der Form $I = m \cdot konst_2$ darstellen können, so erkennen wir, dass die gleiche Struktur vorliegt und die Einsteinsche Äquivalenz tatsächlich erweitert werden kann.

14.7 Qubits und Kosmos

Wenn man mit den abstrakten kosmischen Qubits startet, ist die erste Aufgabe, ein Modell des kosmischen Raumes zu erstellen. Ein einzelnes Qubit hat als Symmetriegruppe die Gruppe SU(2) der unitären Transformationen im zweidimensionalen Hilbert-Raum seiner Zustände. Die Physiker kennen dies als die Darstellung der Drehgruppe zum Spin ½. Wie jede Darstellung dieser Gruppe kann auch diese als eine Teildarstellung der regulären Darstellung aufgefasst werden. Das ist eine Darstellung im Raum aller Funktionen über der Gruppe selber. Diese ist eine S^3, die Einheitskugel in einem vierdimensionalen reellen Raum. Dieser mathematische Zusammenhang erlaubt es, die Zustands- oder „Wellenfunktion" von einem einzigen kosmischen Qubit als eine Funktion über diesem Raum aufzufassen, die überall ausgebreitet ist, lediglich eine Knotenfläche besitzt und die damit diesen Raum in zwei Hälften teilt. Die zugehörige Wellenlänge ist somit gleich dem Krümmungsradius dieses Raumes.

Wenn viele solcher Qubits vorhanden sind, dann wird durch diese ein Tensorprodukt von solchen zweidimensionalen Darstellungen erzeugt. So eine hochdimensionale Darstellung kann dann in eine Clebsch-Gordan-Reihe von irreduziblen Darstellungen zerlegt werden. Die Multiplizitäten geben an, wie oft eine bestimmte Darstellung in dieser Zerlegung vorkommt. Jede irreduzible Darstellung besteht aus Funktionen, die allerdings jetzt mehr Struktur besitzen, da zu ihnen kürzere Wellenlängen gehören. Daher erlauben die höherdimensionalen Darstellungen eine feinere Zerlegung des Raumes als nur eine in zwei Hälften. Wenn man nun annimmt, dass es eine endliche Zahl von solchen Qubits gibt, dann kann man ausrechnen, wie fein die damit maximal mögliche Aufteilung des Raumes erfolgen kann. Die kleinste Länge, die so erreichbar ist, soll dann mit der kleinsten Länge identifiziert werden, die es in der Natur geben kann, mit der Planck-Länge λ_0. Wir bezeichnen mit R den Krümmungsradius dieses Raumes, der als mathematisches Modell des realen kosmischen Raumes verstanden wird, und mit N die Gesamtzahl der kosmischen Qubits zu einer bestimmten Zeit. Es zeigt sich dann[299], dass diese kleinste Länge λ_0 damit den Wert

---

[299] Görnitz (1986, 1988)

$$\lambda_0 = R/N^{1/2}$$

erhält. Das einzelne Qubit hat dann eine Wellenlänge der Größenordnung

$$R = \lambda_0 N^{1/2}$$

In der Quantentheorie ordnet man einer Erscheinung mit einer Wellenlänge λ eine Energie der Größenordnung $1/\lambda$ zu, damit erhält ein einzelnes Qubit die Energie

$$E_q = 1/N^{1/2} = 1/R$$

und die gesamte Energie U aller N Qubits wird gleich

$$U = N \left(1/N^{1/2} \right) = R$$

Die Energiedichte ist dann U, geteilt durch das Volumen, welches von der Größenordnung R^3 ist

$$\mu = U / R^3 = 1/R^2$$

Da in der Quantentheorie einer Energie auch eine Frequenz, d.h. das Inverse einer Zeit zugeordnet ist, kann eine Zeit definiert werden, die den Wert des Radius besitzt. Dann würde die Zahl der Qubits in dieser so festgelegten Zeit nach dem Gesetz

$$N = T^2$$

quadratisch ansteigen und der Radius würde in dieser Zeit linear wachsen, womit zugleich eine universale Geschwindigkeit eingeführt würde:

$$R = T$$

Da der kosmische Raum abgeschlossen ist, denn ihm kann nichts entkommen oder hinzugefügt werden, ergibt der erste Hauptsatz der Thermodynamik

$$dU + p\, dV = 0$$

oder, wenn die obigen Werte eingesetzt werden,

$$(1 + p\, 3R^2)\, dR = 0$$

und daraus folgt

$$p = -1 / (3\, R^2) = -\mu / 3$$

Ein negativer Druck ist in der Physik stets ein Hinweis auf eine Instabilität, und ein expandierender Kosmos ist tatsächlich nichts Statisches. Wenn man diese Werte in die Einsteinschen Gleichungen einsetzt, erhält man in der Tat eine Lösung, die genau die beschriebenen Eigenschaften hat.[300] All die Bedingungen an Energie und Druck, die man aus physikalischen Grün-

---

[300] Görnitz (1988)

den an eine vernünftige Kosmologie stellen muss[301], sind für diesen Ansatz erfüllt.[302] Man erhält einen Robertson-Walker-Kosmos mit der Metrik

$$ds^2 = dt^2 - R^2(t) \left[(1 - r^2)^{-1} dr^2 + r^2 \, d\Omega^2 \right]$$

wobei R der mit konstanter Geschwindigkeit wachsende Krümmungsradius des Kosmos ist.

$$R(t) = R_0 + konst \cdot t$$

Man kann die kosmische Information zerlegen in Anteile von Licht, Materie und einen effektiven „kosmologischen Term" mit den entsprechenden Dichten $\mu_{(matter)}$, $\mu_{(light)}$ und λ. Der kosmologische Term hat physikalische Eigenschaften wie das Vakuum und soll deshalb auch so bezeichnet werden. Allerdings ist er im Gegensatz zum Vakuum der Elementarteilchenphysik nicht von der Expansion des Kosmos unabhängig, sondern wird mit dem Wachstum des Kosmos kleiner. Wenn mit ω das Verhältnis der Energie-Materie-Dichte zum Vakuum bezeichnet wird, dann gilt mit

$$(\mu_{(matter)} + \mu_{(light)}) / \lambda = \omega$$

und

$$\mu = (\omega + 1) \, \lambda$$

das Ergebnis ist

$$\lambda = \mu / (\omega + 1)$$
$$\mu_{(light)} = \mu (2 - \omega) / (\omega + 1)$$
$$\mu_{(matter)} = \mu (2 \, \omega \cdot 2) / (\omega + 1) \qquad mit \;\; 2 \geq \omega \geq 1$$

Wenn für dieses Modell als empirischer Input das gegenwärtige Weltalter von rund 15 Milliarden Jahren (in Planck-Zeiten 10^{61} τ_{pl}) als Input angenommen wird, so ergibt sich für die abstrakte kosmische Information ein Wert von rund $N = 10^{122}$ Bit. Für die Anzahl der Nukleonen, die die Atomkerne und damit im Wesentlichen die chemischen Elemente bilden, kann man eine Zahl von 10^{80} ableiten, für die Anzahl der Photonen und Neutrinos ergeben sich Werte von 10^{90}.[303] Alle diese Größen passen heute zu den aktuellen kosmologischen Daten recht gut, während vor 14 Jahren die Situation ungünstiger zu sein schien. Der kosmologische Term, für den mit quantenfeldtheoretischen Methoden Werte errechnet werden, die um einen Faktor von über 10^{100} falsch sind, ergibt sich hier in der richtigen Größenordnung.

---

[301] Siehe z.B. Hawking and Ellis (1973), pp. 137
[302] Das so genannte „Inflationäre Modell" verletzt diese physikalischen Bedingungen ganz massiv.
[303] Görnitz (1988)

14.8 Quanten-Teilchen als zweite Quantisierung der Quanten-Information

Ein Objekt ist etwas, das im Raum bewegt werden kann und das eine Zeitlang existieren kann, ohne sich dabei selbst wesentlich ändern zu müssen. Das bedeutet, ein Objekt hat bestimmte unveränderliche Merkmale, die unter der Veränderung seines Zustandes bleiben, während beispielsweise der Ort oder seine zeitliche Gegenwart, die seinen Zustand mit festlegen, sich ändern können. Für eine mathematische Behandlung ist es wichtig, die Situation so abstrakt zu fassen wie möglich, um dann später konkrete Einzelheiten hinzufügen zu können. Wenn alles Konkrete weggedacht wird, verbleibt ein Raum mit den 3 Dimensionen von Länge, Breite und Höhe, und als eine weitere Dimension die Zeit. Die Verallgemeinerung davon führt zu dem, was als „Minkowski-Raum" bezeichnet wird. Es ist ein vierdimensionaler Raum, in dem aber der Unterschied von Ortsraum und Zeit berücksichtigt ist, denn es ist zwar ohne weiteres möglich, Länge mit Höhe zu vertauschen, nicht aber „links" mit „vorhin".

In der Schulgeometrie hat man Kongruenzsätze über Dreiecke lernen müssen. Diese sind die mathematische Formulierung dafür, welche Größen an Dreiecke festlegen, dass sie *mit einer Bewegung* so aufeinander gelegt werden können, dass dann kein Unterschied zu erkennen ist. Für den Minkowski-Raum kann die Mathematik ebenfalls zeigen, was ein *Objekt* auszeichnet, damit es bei einer Bewegung an eine andere Stelle wieder mit sich selbst zusammenfällt. Alle Bewegungen bilden eine Gruppe, und die *Gruppe der Bewegungen im Minkowski-Raum* wird nach dem großen französischen Mathematiker Poincaré benannt.

Ein elementares Objekt ist also etwas, das bei Bewegungen in sich selbst übergehen wird, und das als nicht weiter zerlegbar angesehen wird. Alle seine Zustände bilden eine irreduzible Darstellung der Poincaré-Gruppe, und zwei Objekte, die unter die gleiche Darstellung fallen, können nicht unterschieden werden. Deshalb formuliert man in der Physik, dass ein Elementarteilchen durch eine irreduzible Darstellung der Poincaré-Gruppe mathematisch erfasst wird. Da wir wissen, dass aus den Elementarteilchen alle komplexen Systeme aufgebaut werden können, ist es notwendig und hinreichend, diese Elementarteilchen zu klassifizieren und ihre Struktur zu verstehen.

Wenn wir unsere These der Äquivalenz von Information mit Materie und Energie mathematisch belegen wollen, ist zu zeigen, wie dies geschehen kann. *Dazu müssen wir zeigen, wie aus Qubits die Elementarteilchen entstehen können.* Da nur im Minkowski-Raum in einer mathematisch einwandfreien Weise definiert ist, was ein Teilchen ist, werden wir ihn als Modell der Raumzeit verwenden. Das kosmologische Modell aus dem vorhergehenden Abschnitt ist nicht flach wie der Minkowski-Raum, sondern gekrümmt. Wenn wir in diesem Modell aber die Zahl der abstrakten kosmischen Qubits gegen Unendlich gehen lassen, dann wird auch der Krümmungsradius unendlich groß und die Raumzeit flach. Daraus ist zu folgern, dass es Teilchen im mathematischen Sinne nur für potenziell unendlich viel Qubits geben kann. Wenn potenziell unendlich viele Qubits vorhanden sind, dann können damit alle möglichen Zustände aller

Teilchen erzeugt werden. Dies soll noch kurz skizziert werden, ansonsten sei auf die Literatur verwiesen.[304]

Wenn die kosmischen Qubits, die *Ure*, genauer untersucht werden, so kann man zuerst die Abstraktion so weit treiben, sie als *vollkommen ununterscheidbar* anzusehen. Bereits bei dem kosmologischen Modell der S^3 zeigt es sich, dass die Ure als „Rechtschrauben" oder als „Linkschrauben" auftreten können. Wenn diese Unterscheidung mit der zeitlichen Entwicklung verkoppelt wird, wird die erste Unterteilung in *Ure* und *Anti-Ure* möglich, und insgesamt vier Zustände können definiert werden, (1 und 2 für ein Ur und 3 und 4 für ein Anti-Ur). Dieser Ur-Index werde mit r bzw. s bezeichnet und läuft also von 1 bis 4.

Führt man ein Vakuum der Ure ein, wo es absolut nichts gibt:

Vakuum der Ure: $|\Omega>$

kann mit einem so genannten Erzeugungsoperator aus diesem Vakuum ein Ur erzeugt werden:

Erzeuger eines Urs: e[r]   Vernichter eines Urs: v[s]
Ein-Ur-Zustand·   e[r] $|\Omega\neg$

Um zu den Darstellungen der Teilchen zu gelangen, ist es nötig, weitere Operatoren zu definieren.

Doppelerzeuger   f[r, s] = 1/2 (e[r]**e[s] + e[s]**e[r])
Doppelvernichter   w[r, s] = 1/2 (v[r]**v[s] + v[s]**v[r])
Drehung   d[r, s] = 1/2 (e[r]**v[s] + v[s]**e[r])

Dabei bezeichnet * ein normales Produkt und ** ein Operatorprodukt, das, wie bei Matrizen üblich, als nichtkommutativ definiert wird. Daraus können die 10 Erzeuger der Poincaré-Gruppe gebildet werden. Es sind die vier Translationen im Raum (Koordinaten 1-3) und in der Zeit (Koordinate 0)

poinc[t,1] = (−1/2){ d[2,1] + d[1,2] + d[3,4] + d[4,3] + w[2,3] + f[3,2] + w[1,4] + f[4,1]};
poinc[t,2] = (−i/2) { d[1,2] − d[2,1] + d[4,3] − d[3,4] + w[2,3] − f[3,2] − w[1,4] + f[4,1] } ;
poinc[t,3] = (−1/2){ d[1,1] + w[1,3] − d[2,2] − w[2,4] + f[3,1] + d[3,3] − f[4,2] − d[4,4] };
poinc[t,0] = (−1/2){ d[1,1] + d[2,2] + d[3,3] + d[4,4] + w[1,3] + f[3,1] + w[2,4] + f[4,2] };

ferner gibt es 3 Drehungen

poinc[2,3] = (−1/2){ d[2,1] + d[1,2] − d[3,4] − d[4,3] };
poinc[1,3] = (−i/2) { d[2,1] − d[1,2] − d[3,4] + d[4,3] } ;
poinc[1,2] = (−1/2){ d[1,1] − d[2,2] − d[3,3] + d[4,4] } ;

[304] Görnitz (1986, 1988), Görnitz, Ruhnau (1989), Görnitz, Weizsäcker C. F. v. (1986), Görnitz (1991), Görnitz, Graudenz, Weizsäcker, C. F. v. (1992), Görnitz, Schomäcker (1997)

und 3 Boosts, bei denen die Teilchen eine konstante Geschwindigkeit erhalten

poinc[0,3] = (–i/2) { w[1,3] – f[3,1] – w[2,4] + f[4,2] } ;
poinc[0,2] = (–1/2){ w[1,4] + f[4,1] – w[2,3] – f[3,2] };
poinc[0,1] = (–i/2) { w[1,4] – f[4,1] + w[2,3] – f[3,2] };

Mit der Abkürzung f[r, s, p[i]] werde die i-te Potenz von f[r, s] bezeichnet. Dann kann man mit potenziell unendlich vielen Uren einen Zustand erzeugen, der unter allen Bedingungen die Aussage erlaubt: *Es ist kein Teilchen da*! Eine solche Aussage enthält also potenziell unendlich viel an Information. Dieser Zustand wird als das *Lorentz-Vakuum* „lvac" bezeichnet, da Lorentz mit Poincaré die Mathematik der speziellen Relativitätstheorie geschaffen hatte.

$$\text{lvac} = \sum_{p[1]} \sum_{p[2]} (-1)^{p[1]+p[2]} * \{p[1]!\, p[2]!\}^{-1} * f[1,3,p[1]] ** f[2,4,p[2]] ** |\Omega>$$

Die Summen über die beiden Laufindizes gehen von 0 bis unendlich. Diesen Zustand lvac kann man nun zur Erleichterung der Darstellung als Abkürzung verwenden und zusehen, wie aus ihm Teilchen erzeugt werden können. Diese werden erst einmal ohne Ruhmasse sein, so wie die Teilchen des Lichtes, die Photonen.

Wir beschreiben nun einen Zustand $\Phi(m_+, p[2])$ eines Teilchens ohne Ruhmasse, eines Bosons mit der Energie ½ m_+ und einem Spin p[2], das sich mit Lichtgeschwindigkeit in z-Richtung bewegt.

$$m^2 = m_+ * m_- = 0, \quad P^0 = P_3 = \tfrac{1}{2} m_+, \quad P^1 = P^2 = 0$$

$$\Phi(m_+, p[2]) = \sum_{p[1]} (-m_+)^{p[1]} * (2*p[2]+p[0]-1)! * \{p[1]!(p[1]+2*p[2]+p[0]-1)!\}^{-1}$$
$$* f[3,1,p[1]] ** f[1,1,p[2]] ** \text{lvac}$$

Der Operator, der die Ruhmasse eines Teilchens misst, hat die Form

$P*P = m*m =$
   $= (+ d[1,1] + d[3,3] + f[3,1] + f[4,2] + w[1,3] + w[2,4]$
   $- d[1,1] ** w[2,4] - d[2,2] ** d[1,1] - d[2,2] ** w[1,3]$
   $- d[3,3] ** d[2,2] - d[3,3] ** w[2,4] - d[4,4] ** d[1,1]$
   $- d[4,4] ** d[3,3] - d[4,4] ** w[1,3] - f[3,1] ** d[2,2]$
   $- f[3,1] ** d[4,4] - f[3,1] ** w[2,4] - f[4,2] ** d[1,1]$
   $- f[4,2] ** d[3,3] - f[4,2] ** f[3,1] - f[4,2] ** w[1,3] - w[1,3] ** w[2,4]$
   $+ d[1,2] ** w[1,4] + d[2,1] ** d[1,2] + d[2,1] ** w[2,3]$
   $+ d[3,4] ** d[1,2] + d[3,4] ** w[2,3] + d[4,3] ** d[2,1]$
   $+ d[4,3] ** d[3,4] + d[4,3] ** w[1,4] + f[3,2] ** d[1,2]$
   $+ f[3,2] ** d[4,3] + f[3,2] ** w[2,3] + f[4,1] ** d[2,1]$
   $+ f[4,1] ** d[3,4] + f[4,1] ** f[3,2] + f[4,1] ** w[1,4] + w[1,4] ** w[2,3])$

Wenn zwei Photonen mit Lichtgeschwindigkeit auseinander fliegen, dann kann der Schwerpunkt ihrer Energie in Ruhe bleiben und man hat ein System, dem Ruhmasse zugesprochen werden kann. Wenn man daher für Teilchen mit Ruhmassen mindestens zwei masselose Objekte benötigt, dann ist es sinnvoll, den Uren eine weitere Unterscheidung zuzubilligen. Man kann ihnen eine – von außen nicht sichtbare – Nummer zuteilen, so dass es einen Unterschied machen kann, ob man Ure mit der gleichen oder einer verschiedenen „Hausnummer" vertauscht. Dies führt auf eine neue Statistik, die in der Physik als Parabose-Statistik bezeichnet wird.

Für die Erzeuger eines Urs e[r] und die Vernichter eines Urs: v[s] gelten dann die Vertauschungsregeln:

$$[e[s], \{ e[r], e[s] \}] = 0 \qquad\qquad [v[s], \{ v[r], v[s] \}] = 0$$
$$[e[s], \{ e[r], e[s] \}] = 0 \qquad\qquad [v[s], \{ v[r], v[s] \}] = 0$$
$$[e[t], \{ v[r], v[s] \}] = -2\delta_{rt}\, v[s] - 2\delta_{st}\, v[r]$$

und für den Ein-Ur-Zustand: e[r] $|\Omega>$ gilt

$$v[s]\, e[r] \mid \Omega > \; = \delta_{rs}\, p \mid \Omega >$$

Die Zahl p wird als Parabose-Ordnung bezeichnet, sie gibt an, „wie viele verschiedene Wohnungen in einem Hause" sind. Für Ure ist $p = 1$, dann liegt Bose-Statistik, oder $p = 2, 3, 4$, die eigentliche Parabose-Statistik vor. Mit Parabose-Statistik kann man dann auch die massiven Elementarteilchen aufbauen. Als Beispiel sei ein Zustand □ eines ruhenden Fermi-Teilchens mit Masse m und Spin 1/2 angeführt. Die Formeln sind nicht zur Abschreckung gedacht, sondern sollen aufzeigen, dass die Aussagen über die Möglichkeit, aus Quantenbits das Licht und die normale Materie zu erzeugen, durchaus so real sind wie andere physikalische Modelle auch.

Der Spin zeige nach unten, d.h. Spin$_z = -\tfrac{1}{2}$

Der Impuls ist Null: $P^1 = P^2 = P^3 = 0$, dann ist die Gesamtenergie gleich der Ruhmasse: $P^0 = m > 0$

$$\Phi = \sum_{p[3]} \sum_{p[2]} \sum_{p[1]} (-1)^{p[2]+p[3]+p[1]} * m^{p[2]+p[3]+2*p[1]} * (p[0]-1+p[2]+p[3]+p[1])!$$
$$* \{ (p[0]+p[2]+p[3]+2*p[1])! * (p[0]-2+p[1]+p[3])! * (p[0]-1+p[1]+p[2])! * p[1]! * p[2]! * p[3]! \}^{-1}$$
$$* \{ e[1]+m*e[2]**f[4,1] * ((p[0]+1+p[2]+p[3]+2*p[1]) * (p[0]-1+p[1]+p[3]))^{-1} \}$$
$$**f[4,2,p[3]] ** f[4,1,p[1]] ** f[3,2,p[1]] ** f[3,1,p[2]] ** lvac$$

14.9 Eine Bemerkung zu Logik und Quantentheorie

Neben der Auffassung einer universellen Gültigkeit der Logik gibt es eine weitere, die nicht notwendigerweise die Logik für die fundamentalen Zusammenhänge zuständig sieht. So ergänzt z.B. Platon das *Grundprinzip der Einheit* mit dem der *unbegrenzten Zweiheit*, oder Bohr weist darauf hin, dass „jede wahre Philosophie mit einer *Paradoxie* gleich beginnen müsse", wie es von Pauli zitiert wird.[305] Beides sind Ansätze, die in sich widersprüchlich zu sein scheinen. Wir werden also einen kurzen Blick auf die Rolle der Logik werfen und daran erinnern, dass die Logik eine der Voraussetzungen einer sinnvollen Kommunikation sowohl in der Wissenschaft als auch allgemein in der Gesellschaft bedeutet, dass sie aber *keine Eigenschaft der Natur* ist. Jede *Beschreibung* der Natur hat sich an die Vorgaben der Logik zu halten, wenn sie ernst genommen werden will. Allerdings ist eine solche Beschreibung fast immer eine solche, die sich einem *Ausschnitt aus dem Ganzen* widmet. Problematisch wird es immer dann, wenn das Ganze selbst in den Blick gerät. Dabei kann man dann den Eindruck erhalten, dass die stückweise gültige Logik am Ende nicht mehr mit dem Anfang zusammen passt.

Wir möchten dafür plädieren, die Gültigkeit der Logik jeweils nur für einen Ausschnitt der Weltbeschreibung zu fordern.

Für eine solche Forderung gibt es ein Vorbild in der Mathematik der komplexen Zahlen. Dort lassen sich alle wichtigen Funktionen aus ganz einfachen, nämlich aus den Potenzen, aufbauen. Wenn man die Funktion an einer Stelle kennt, dann lässt sich dieser Aufbau in einem Kreis um diese Stelle herum durchführen. Wählt man eine andere Stelle, erhält man einen anderen Kreis. Dort, wo diese Kreise überlappen, passen die beiden Entwicklungen auf eine vollkommene Weise zusammen. Falls es nun einen Ort gibt, für den man keine Aussage über die Funktion machen kann, wo also diese nicht definiert werden kann, dann kann man diese „singuläre Stelle" mit solchen überlappenden und zusammenpassenden Kreisen umzingeln. In vielen Fällen wird dann etwas passieren, weshalb wir diesen mathematischen Sachverhalt hier erwähnen. Es kann nämlich sein, dass nach einem solchen Umlauf all diese Kreise, die so ideal aneinander gepasst haben, diese Passung nicht mehr besitzen, wenn Anfang und Ende verglichen werden. Dann kann sich für die gleiche Stelle etwas Verschiedenes ergeben, also ein Widerspruch. Im Falle der Mathematik kann es sein, dass man die singuläre Stelle mehrmals umkreisen muss, damit der Widerspruch sich auflöst, im Falle der Logik kann ein mehrmaliges Betrachten unter verschiedenen Gesichtspunkten dazu verhelfen, die verdeckte Wahrheit hinter der Paradoxie zu erahnen.

Wenn wir von diesem Sachverhalt auf unsere Beschreibung der Natur schauen, so plädieren wir dafür, zu akzeptieren, dass wir diese nicht „auf einen Schlag" durchgängig der Logik unterwerfen können. Es mag sein, dass die Paradoxie sich dann auflöst, wenn man darauf gefasst ist,

---

[305] Brief Paulis an Jung vom 27. 2.1953, in Meyer (1992), S. 95

dass es vielleicht nur in mehreren „Umläufen" möglich wird, zu einer zufrieden stellenden Beschreibung der Welt zu gelangen.

Der Vergleich der Logik mit der Mathematik ist uns auch deshalb wichtig, weil hier – zumindest von der Struktur her – eine Äquivalenz zur Quantisierung vorliegt.

Wir haben Quantisierung definiert als den Übergang von einer Beschreibung der Fakten zu einer Beschreibung, die die Fülle der Möglichkeiten erfasst, d.h. in mathematischer Sprache von den Punkten zu den Funktionen. In der zweiten Form der Darstellung von Quantisierung, die in dieser Form oft wörtlich als „zweite Quantisierung" bezeichnet wird, startet man mit einem Quantenobjekt, z.B. einem Teilchen, und erlaubt, dass dieses in beliebig vielen Exemplaren auftreten kann, als eines oder als zwei oder als drei usw. Dann kann man zeigen, dass damit ein Quantenfeld erzeugt wird. So kann beispielsweise das elektromagnetische Feld als eine Vielzahl von Photonen definiert werden. Wenn wir diese Prozedur betrachten, dann haben wir zuerst das Objekt selbst, d.h. die lineare Funktion, dann deren zwei, d.h. nach der Quantentheorie ein Quadrat, und dann die höheren Potenzen. Da in der Quantentheorie die Objekte *multiplikativ* miteinander verbunden werden, haben wir damit eine Folge von ansteigenden Potenzen.[306] Damit liegt es auf der Hand, dass man dann auch – wie vorhin bei den komplexen Funktionen erwähnt – wieder die Fülle der Funktionen erhalten kann, die ein Quantenfeld auszeichnet.

---

[306] In der Sprache der Physik nennt man diesen Vorgang die „Quantisierung im Fock-Raum".

Index